物联网架构设计实战
——从云端到传感器

[美] 佩里·莱亚　著

陈　凯　译

清华大学出版社

北京

内 容 简 介

本书详细阐述了与物联网架构相关的基本解决方案，主要包括物联网故事，物联网架构和核心物联网模块，传感器、端点和电源系统，通信与信息论，非基于 IP 的 WPAN，基于 IP 的 WPAN 和 WLAN，远距离通信系统和协议（WAN），路由器和网关，物联网边缘到云协议，云和雾拓扑，云和雾中的数据分析与机器学习，物联网安全性等内容。此外，本书还提供了相应的示例、代码，以帮助读者进一步理解相关方案的实现过程。

本书适合作为高等院校计算机及相关专业的教材和教学参考书，也可作为相关开发人员的自学读物和参考手册。

北京市版权局著作权合同登记号 图字：01-2018-2768

本书封面贴有清华大学出版社防伪标签，无标签者不得销售。

版权所有，侵权必究。举报：010-62782989，beiqinquan@tup.tsinghua.edu.cn。

图书在版编目（CIP）数据

物联网架构设计实战：从云端到传感器 /（美）佩里·莱亚（Perry Lea）著；陈凯译. —北京：清华大学出版社，2021.1

书名原文：Internet of Things for Architects

ISBN 978-7-302-56923-7

Ⅰ．①物…　Ⅱ．①佩…　②陈…　Ⅲ．①物联网　Ⅳ．①TP393.4 ②TP18

中国版本图书馆 CIP 数据核字（2020）第 227542 号

责任编辑：贾小红
封面设计：刘　超
版式设计：文森时代
责任校对：马军令
责任印制：丛怀宇

出版发行：清华大学出版社
　　　网　　　址：http://www.tup.com.cn，http://www.wqbook.com
　　　地　　　址：北京清华大学学研大厦 A 座　　　邮　　　编：100084
　　　社 总 机：010-62770175　　　邮　　　购：010-62786544
　　　投稿与读者服务：010-62776969，c-service@tup.tsinghua.edu.cn
　　　质量反馈：010-62772015，zhiliang@tup.tsinghua.edu.cn
印 装 者：三河市龙大印装有限公司
经　　销：全国新华书店
开　　本：185mm×230mm　　印　　张：29.25　　字　　数：586 千字
版　　次：2021 年 2 月第 1 版　　印　　次：2021 年 2 月第 1 次印刷
定　　价：149.00 元

产品编号：078138-01

译 者 序

"民以食为天"，中国人对粮食安全问题是极其重视的。清雍正三年（公元1725年），福建省遭遇洪灾，次年春夏之际又连降暴雨，导致粮食大面积歉收，百姓食不果腹，聚众抢粮。按理说，当时福建省设有常平仓，应该有不少储备粮，怎么会仅一季歉收就出现万民挨饿的悲惨景象呢？收到奏报之后，雍正皇帝龙颜大怒，立即派出钦差大臣彻查福建各大粮仓，结果发现很多仓库里面根本没有粮食，或者仅有发霉、发黑、潮湿、空瘪的谷子。更有甚者，很多地方官员还在稻谷中掺沙掺土，以求蒙混过关。当然，最终的结果是涉案官员被撤职查办。

2020年，全球范围内爆发了大规模的新型冠状病毒（2019-nCoV）疫情，联合国粮食及农业组织预警可能会出现粮食危机，部分国家宣布禁止粮食出口。那么中国的粮食呢？是否有安全问题？为此，农业农村部发展规划司司长魏百刚2020年4月4日在国务院联防联控机制新闻发布会上表示，这些年我们国家粮食连年丰收，已连续5年稳定在1.3万亿斤以上，2019年粮食产量是13277亿斤，创历史新高，小麦多年供求平衡有余，稻谷供大于求，口粮绝对安全有保障[1]。为了增强民众对我国粮食保障的信心，中国储备粮管理集团有限公司（以下简称"中储粮"）还发布了广州直属库物联网的介绍视频，通过视频可以看到：这个现代化的仓库有6000多个传感器和监控摄像头，仓库粮食颗粒清晰可见。粮堆中，以5米距离为网格，架设了4层约300个测温点，内外还有两个湿度传感器，通过互联网实时向分公司和集团总部回传数据。高清监控摄像头拥有23倍放大、360°旋转能力，让管理部门拥有了全天候、无盲点的远程监控能力，可实时监控每一个直属仓库内外实况。覆盖全国980多个仓库，总共拥有432万个粮情传感器和81158个监控摄像头……物联网不仅实现了在线监测，还能通过人工智能算法控制实地环境，智能通风决策模型可计算出通风方式、通风时长，并远程操控风机、通风窗，实现通风的智能决策[2]。这个视频一经发布，立即有力消除了部分民众心中的"粮荒"疑虑，极大地提高了民众对我国粮食保障的信心。

这两个实例古今对照，充分说明了像物联网这样的科技进步给人类社会带来的巨大变

---

[1] 新华网：www.xinhuanet.com/politics/2020-04/04/c_1125814595.htm

[2] 新华网客户端：https://baijiahao.baidu.com/s?id=1663595050286664956&wfr=spider&for=pc

化。其实，除了中储粮这个例子，2020 年有关物联网方面的新闻还有一条可谓"于无声处听惊雷"，那就是 2020 年 4 月 16 日，央行数字货币首个应用场景在苏州相城区落地。数字货币是人民币国际化的重要一步，这对于世界政治和经济无疑具有深远的影响。除此之外，数字货币还可以充分利用大数据，识别出诸如洗钱之类的行为特征，有效防堵非法交易，遏制贪污腐败等现象。从这个意义上说，物联网技术甚至有可能静悄悄地根治人类社会因为人性贪婪而产生的一些久治不愈的顽症。

本书从一个物联网架构师的角度，深入介绍了物联网在各个领域的用例、物联网架构和核心物联网模块，涵盖了传感器、端点和电源系统，通信理论和信息论基础，非基于 IP 的 WPAN（包括新的蓝牙 5 架构、Zigbee 和 Z-Wave 等），基于 IP 的通信（包括 6LoWPAN、Thread 和 IEEE 802.11 标准等），远距离通信系统和协议（包括蜂窝 LTE 标准、LoRaWAN、Sigfox 以及新的 LTE 窄带和 5G 架构等），边缘路由器和网关，软件定义网络，物联网边缘到云协议（如 MQTT、MQTT-SN、CoAP、AMQP 和 STOMP 等），云和雾拓扑，云和雾中的数据分析与机器学习，以及物联网安全性等方面的知识和应用。总之，对于物联网架构师来说，本书是兼具启发性和实用性的技术宝典。

在翻译本书的过程中，为了更好地帮助读者理解和学习，本书以中英文对照的形式保留了大量的术语，这样的安排不但方便读者理解书中的知识，而且有助于读者通过网络查找和利用相关资源。

本书由陈凯翻译，唐盛、马宏华、黄刚、郝艳杰、黄永强、黄进青、熊爱华等也参与了本书的翻译工作。由于译者水平有限，错漏之处在所难免，在此诚挚欢迎读者提出宝贵的意见和建议。

前　　言

现代人可能在工作和生活的每一天都会体验到物联网。公众对物联网的印象大部分来自与健身追踪器、智能手表或家庭智能恒温器等的互动。

2017 年，笔者在职场社交平台领英（LinkedIn）上搜索关键词 IoT（物联网）时，发现 7189 个与 IoT 相关的职位发布。Glassdoor 职场社区显示了 5440 个请求，而 http://monster.com/则显示了超过 1000 个请求。物联网市场在人才和解决方案方面正在蓬勃发展。一般来说，技术人员会采取最小的阻力将未连接的对象绑定到互联网。这种方法当然有效，但是它与架构师的角色仍然是有区别的。架构师需要全盘考虑各种技术选项、方案在未来的可扩展性、安全性保证和能源消耗等问题，以构建不仅有效而且可以为其公司、客户和股东带来价值的物联网解决方案。

许多物联网项目失败或被卡在研发过程中有两个原因。首先，从安全性和健壮性的角度来看，为物联网构建一个健壮的系统本身就是有困难的；其次，往往会出现虽然某个物联网解决方案在技术上可行，但从 IT 采购经理的角度来看却不现实的情况。例如，现在人们越来越倾向于在 Internet 上连接更多的东西，而作为架构师，则需要同时考虑企业实际需要以及 IT 世界是一个已有 50 年历史的成熟行业。在智能灯泡上放一个 IP 地址当然是可能的，但是从客户的角度来看就不一定是现实可行的。本书试图从企业、工业或商业角度而不是业余爱好者的角度来看待物联网问题。

本书从传感器和云的架构及整体角度介绍了物联网，包括两者之间的所有物理传输和转换。因为这是一本有关架构方面的指南，所以它试图保持足够的深度来给另一位架构师提供有关底层系统的约束和准则等知识。关于物联网特定内容的书籍和教程不计其数，如MQTT 协议、云设计和 DevOps、电源和电池设计以及 RF 信号分析等，这些都是物联网系统的重要组成部分，合格的架构师应能够跨越广度来设计健壮的系统。当然，架构师还必须能够从设计细节中汲取灵感，这样才能展现架构师应有的价值。

我们预计读者不会对每个工程领域都有特别深入的理解。本书涉及射频信号、功率和能量以及电路原理等，同时涉及互联网协议编程和云配置等方面的知识。在本书的最后，还深入研究了卷积神经网络等机器学习应用程序。架构师应该具备将这些技术和工具整合在一起并熟练驾驭的能力。本书可以帮助读者达到这一水平，但是并不期望读者对每种技术和工具都有深刻的了解。

物联网可以做的事情超出人们的想象，它将带动制造业、医疗保健、政府和企业的下一次重大革命。这将对世界 GDP、就业和市场产生重大影响。当然，这也不可避免地给安全带来了严重的挑战和风险。

在前面提到的领英等网站列出的数千个工作机会中，许多工作都是需要由物联网架构师、技术人员和项目负责人来构建物联网解决方案，而不是开发小部件。本书将帮助读者学习和应用针对此类项目的技术。

最后，有必要特别指出的是，本书有些内容是很有趣的。例如，介绍了如何设计一种设备来监视家庭照明，或者通过无人机来控制路灯。这虽然只是研究项目，但却包含着非常先进的技术，不仅适用于技术爱好者，架构师也可以一试。

本书读者

本书面向希望了解物联网生态系统，需要综合使用各种技术进行物联网架构设计的架构师、系统设计师、技术人员和技术经理。

内容介绍

本书共分 13 章，具体内容如下。

第 1 章"物联网故事"，从一个虚拟的时间点开始，站在未来的角度介绍了物联网的发展、重要性和对日常生活的影响。本章还详细阐述了物联网在各个领域的用例，包括工业物联网、智慧城市、交通和医疗保健等。

第 2 章"物联网架构和核心物联网模块"，介绍了本书讨论的技术组合的整体情况。物联网生态系统的每个部分都有其目的，并且会在不知不觉中相互影响。对于架构师而言，这是非常重要的一章，因为他们能够通过本章内容高屋建瓴地理解各种相互关联的技术的全貌。本章还探讨了赋予物联网价值的方法。

第 3 章"传感器、端点和电源系统"，探讨了放置在 Internet 上的数十亿个边缘端点和相应的传感器技术。本章还阐述了传感器设计、架构和电源系统的基础知识。

第 4 章"通信与信息论"，详细介绍了有关通信理论、信息论、无线电频谱和相关数学模型的重要知识基础，这些基础知识定义了对物联网来说非常重要的通信系统。在选择适当的电信形式时，架构师需要理解决策背后的理论基础。

第 5 章"非基于 IP 的 WPAN"，讨论了物联网边缘上非基于 IP 的主要协议和技术，对新的蓝牙 5 架构、Zigbee、Z-Wave 和用于传感器网络的网格拓扑进行了深入介绍。

第 6 章"基于 IP 的 WPAN 和 WLAN"，通过处理基于 IP 的通信（包括 6LoWPAN、

Thread 和 IEEE 802.11 标准）来完成近距离通信。本章还详细介绍了新的 802.11 协议，如用于车辆通信的 802.11p 和用于物联网的 802.11ah。

第 7 章 "远距离通信系统和协议（WAN）"，讨论了广域网通信系统，阐述了从物联网到云的远程通信协议。本章详细介绍了所有蜂窝 LTE 标准、LoRaWAN、Sigfox 以及新的 LTE 窄带和 5G 架构。

第 8 章 "路由器和网关"，阐述了边缘路由和网关功能的重要性。本章详细介绍了路由系统、网关功能、VPN、VLAN 和流量整形，并讨论了软件定义网络（SDN）。

第 9 章 "物联网边缘到云协议"，详细介绍了流行的物联网到云协议，如 MQTT、MQTT-SN、CoAP、AMQP 和 STOMP。

第 10 章 "云和雾拓扑"，详细介绍了云服务模型和类型，并且以 OpenStack 为参考，探讨了云架构的基础。本章还阐释了云架构的约束以及雾计算（使用诸如 OpenFog 标准之类的框架）解决这些问题的方式。

第 11 章 "云和雾中的数据分析与机器学习"，介绍了使用工具（如规则引擎、复杂事件处理和 Lambda 架构）有效分析大量物联网数据的技术和用例。本章还探讨了用于物联网数据的机器学习以及它们的应用环境。

第 12 章 "物联网安全性"，从全局角度讨论了本书涉及的每个物联网组件的安全性。本章详细介绍了有关协议、硬件、软件定义边界和区块链安全性的理论和架构。

第 13 章 "联盟和技术社区"，详细介绍了许多围绕物联网标准和规则创建的产业联盟和技术社区，包括个人局域网联盟、协议联盟、广域网联盟、雾和边缘联盟以及伞状组织等。

充分利用本书

本书中有若干个硬件设计示例和编码示例。大多数编码示例都是基于 Python 语法的伪代码。工作示例还基于可在 Mac OS X、Linux 和 Microsoft 上使用的 Python 3.4.3。在某些领域（如第 9 章 "物联网边缘到云协议" 介绍的内容）中，需要用到 MQTT 库（如 Paho），这可以在 Python 中免费使用。

如果读者已经熟悉一些基础演算、信息论、电气特性和计算机科学，则这对于从架构师的角度深入了解物联网是大有裨益的。

在第 10 章 "云和雾拓扑" 中提供了一些脚本，使用了 OpenStack 或 Amazon AWS/Greengrass。在这些情况下，可能需要获得云账户。当然，如果仅仅是要了解架构目标，则这并非绝对必要。

本书约定

本书中使用了许多文本约定。

（1）CodeInText：表示文本中的代码字、数据库表名、文件夹名、文件名、文件扩展名、路径名、虚拟 URL、用户输入和 Twitter 句柄等。以下段落就是一个示例：

> 5G 拥有 3 个不同的目标，有关详细信息，可参考以下链接：
> http://www.gsmhistory.com/5g/

（2）有关代码块的设置如下所示：

```
rule "Furnace_On"
when
Smoke_Sensor(value > 0) && Heat_Sensor(value > 0)
then
insert(Furnace_On())
end
```

（3）当希望引起读者对代码块的特定部分的注意时，相关的行或项目以粗体显示：

```
rule "Furnace_On"
when
Smoke_Sensor(value > 0) && Heat_Sensor(value > 0)
then
insert(Furnace_On())
end
```

（4）任何命令行输入或输出都采用如下所示的粗体代码形式：

aws greengrass create-function-definition --name "sensorDefinition"

（5）术语或重要单词使用粗体显示，并且在括号内保留其英文原文，方便读者对照查看。示例如下：

> 从左到右可以看到，5G 网络通过**小型蜂窝小区**（Small Cell）和**宏小区**（Macrocell，也称为**宏蜂窝**）部署，节点密度为每平方千米一百万个物联网设备。在室内和家庭使用的是 60 GHz 频率（宏小区使用的是 4 GHz 回程）。

（6）本书还使用了以下两个图标。

🛈表示警告或重要的注意事项。

💡表示提示或小技巧。

关于作者

Perry Lea 在惠普公司工作了 21 年，是一位杰出的技术专家和首席架构师。他还曾担任 Micron Technologies 的技术人员和战略总监，领导一支致力于先进计算设备研发的团队。他目前是 Cradlepoint 的技术总监，负责物联网和雾计算的发展和研究。

Perry Lea 拥有计算机科学、计算机工程学位和哥伦比亚大学的电子工程师学位。他是电气和电子工程师协会（IEEE）的高级成员，也是国际计算机学会（ACM）的资深成员、发言人。他拥有 8 项专利，另外还有 40 项技术正在申请专利。

作者致谢

感谢我的妻子 Dawn、家人和朋友，正是因为有了他们的支持我才能完成本书。

感谢 Ambient Sensors 的 Sandra Capri 对有关传感器和近距离通信内容的批评指正。

感谢 Cradlepoint 的 David Rush 对有关远程连接和蜂窝系统内容的指正。

最后，还要感谢众多的协会和技术社区，如 IEEE 和 ACM。

关于审稿者

Parkash Karki 是一位首席架构师和产品开发经理，在 IT 领域拥有 20 多年的经验。他拥有德里大学的物理学学士学位（荣誉）和 BIAS 的计算机应用硕士学位，获得了 PMP 认证，并且还拥有 Microsoft 技术的其他认证。他主要从事各种 Microsoft 和开源技术方面的工作，在 DevOps 和 Azure Cloud 方面拥有丰富的经验。他是一个 DevOps 和云架构师，对物联网、人工智能和自动化技术都非常感兴趣。

目　　录

第1章　物联网故事 1

1.1　物联网的历史 4

1.2　物联网的潜力 6

1.2.1　工业和制造业 9

1.2.2　消费者 10

1.2.3　零售、金融和营销 11

1.2.4　医疗保健 11

1.2.5　运输和物流 12

1.2.6　农业与环境 13

1.2.7　能源 13

1.2.8　智慧城市 14

1.2.9　政府和军事 15

1.3　小结 15

第2章　物联网架构和核心物联网模块 17

2.1　物联网生态系统 17

2.1.1　物联网与机器对机器的对比 19

2.1.2　网络的价值和梅特卡夫定律 19

2.1.3　物联网架构 21

2.1.4　架构师的角色 23

2.2　核心物联网模块 24

2.2.1　第1部分——传感与电源 24

2.2.2　第2部分——数据通信 24

2.2.3　第3部分——互联网路由和协议 25

2.2.4　第4部分——雾和边缘计算、数据分析和机器学习 26

2.2.5　第5部分——物联网中的威胁和安全性 26

2.3　小结 27

第3章 传感器、端点和电源系统 29
 3.1 感应装置 29
  3.1.1 热电偶和温度感应 30
  3.1.2 霍尔效应传感器和电流传感器 32
  3.1.3 光电传感器 33
  3.1.4 热释电红外传感器 34
  3.1.5 激光雷达和有源传感系统 35
  3.1.6 微机电系统传感器 37
 3.2 智能物联网终端 42
 3.3 传感器融合 44
 3.4 输入设备 45
 3.5 输出设备 45
 3.6 功能示例 46
  3.6.1 功能示例——德州仪器 CC2650 SensorTag 46
  3.6.2 传感器到控制器 49
 3.7 能源和电源管理 50
  3.7.1 电源管理 51
  3.7.2 能量收集 52
  3.7.3 能源储备 57
 3.8 小结 62

第4章 通信与信息论 63
 4.1 通信理论 64
  4.1.1 射频能量和理论范围 64
  4.1.2 射频干扰 68
 4.2 信息论 69
  4.2.1 比特率限制和香农-哈特利定理 70
  4.2.2 误码率 74
  4.2.3 窄带与宽带通信 76
 4.3 无线电频谱 79
 4.4 小结 83

第5章 非基于 IP 的 WPAN 85
 5.1 无线个人局域网标准 85

5.1.1　关于 802.15 标准 86

5.1.2　蓝牙 87

5.1.3　关于 IEEE 802.15.4 123

5.1.4　关于 Zigbee 133

5.1.5　关于 Z-Wave 143

5.2　小结 151

第 6 章　基于 IP 的 WPAN 和 WLAN 153

6.1　互联网协议和传输控制协议 153

6.2　使用 IP 的 WPAN——6LoWPAN 155

6.2.1　关于 6LoWPAN 拓扑 156

6.2.2　关于 6LoWPAN 协议栈 158

6.2.3　网格寻址和路由 159

6.2.4　报头压缩和分段 162

6.2.5　邻居发现 164

6.2.6　关于 6LoWPAN 的安全性 166

6.3　使用 IP 的 WPAN——Thread 166

6.3.1　Thread 架构和拓扑 167

6.3.2　Thread 协议栈 169

6.3.3　Thread 路由 170

6.3.4　Thread 寻址 170

6.3.5　邻居发现 171

6.4　IEEE 802.11 协议和 WLAN 171

6.4.1　IEEE 802.11 协议套件和比较 172

6.4.2　IEEE 802.11 架构 174

6.4.3　IEEE 802.11 频谱分配 176

6.4.4　IEEE 802.11 调制和编码技术 179

6.4.5　IEEE 802.11 MIMO 183

6.4.6　IEEE 802.11 数据包结构 187

6.4.7　IEEE 802.11 操作 190

6.4.8　IEEE 802.11 安全性 191

6.4.9　IEEE 802.11ac 192

6.4.10　IEEE 802.11p 194

6.4.11　IEEE 802.11ah 197

6.5　小结 203

第 7 章　远距离通信系统和协议（WAN） 205

7.1　蜂窝连接 205

7.1.1　治理模型和标准 206

7.1.2　蜂窝接入技术 211

7.1.3　关于 3GPP 用户设备类别 211

7.1.4　关于 4G-LTE 频谱分配和频段 213

7.1.5　关于 4G-LTE 拓扑和架构 218

7.1.6　关于 4G-LTE E-UTRAN 协议栈 222

7.1.7　关于 4G-LTE 地理区域、数据流和切换过程 224

7.1.8　关于 4G-LTE 报文结构 227

7.1.9　LTE Cat-0、Cat-1、Cat-M1 和 Cat-NB 228

7.1.10　5G 233

7.2　LoRa 和 LoRaWAN 239

7.2.1　LoRa 物理层 240

7.2.2　LoRaWAN MAC 层 241

7.2.3　LoRaWAN 拓扑 243

7.2.4　LoRaWAN 小结 245

7.3　Sigfox 246

7.3.1　Sigfox 物理层 247

7.3.2　Sigfox MAC 层 248

7.3.3　Sigfox 协议栈 250

7.3.4　Sigfox 拓扑 251

7.4　小结 253

第 8 章　路由器和网关 255

8.1　路由功能 255

8.1.1　网关功能 255

8.1.2　路由 256

8.1.3　故障转移和带外管理 259

8.1.4　虚拟局域网 260

8.1.5　虚拟专用网 262

8.1.6　流量整形和 QoS ……………………………………………………… 264
8.1.7　安全功能 …………………………………………………………… 266
8.1.8　指标和分析 ………………………………………………………… 267
8.1.9　边缘处理 …………………………………………………………… 267
8.2　软件定义网络 ………………………………………………………… 268
8.2.1　SDN 架构 …………………………………………………………… 269
8.2.2　传统互联网络 ………………………………………………………… 271
8.2.3　SDN 的好处 ………………………………………………………… 272
8.3　小结 …………………………………………………………………… 273
第 9 章　物联网边缘到云协议 ………………………………………………… 275
9.1　协议 …………………………………………………………………… 275
9.2　MQTT ………………………………………………………………… 277
9.2.1　MQTT 发布-订阅模型 ………………………………………………… 278
9.2.2　MQTT 架构细节 ……………………………………………………… 280
9.2.3　MQTT 封包结构 ……………………………………………………… 282
9.2.4　MQTT 通信格式 ……………………………………………………… 283
9.2.5　MQTT 工作示例 ……………………………………………………… 286
9.3　MQTT-SN ……………………………………………………………… 289
9.3.1　MQTT-SN 架构和拓扑 ………………………………………………… 289
9.3.2　透明和聚合网关 ……………………………………………………… 291
9.3.3　网关广告和发现 ……………………………………………………… 292
9.3.4　MQTT 和 MQTT-SN 之间的区别 ……………………………………… 292
9.4　受限应用协议 ………………………………………………………… 293
9.4.1　CoAP 架构详解 ……………………………………………………… 293
9.4.2　CoAP 消息格式 ……………………………………………………… 297
9.4.3　CoAP 用法示例 ……………………………………………………… 302
9.5　其他协议 ……………………………………………………………… 304
9.5.1　STOMP ………………………………………………………………… 304
9.5.2　AMQP ………………………………………………………………… 304
9.6　有关协议的总结和比较 ………………………………………………… 308
9.7　小结 …………………………………………………………………… 308

第 10 章　云和雾拓扑 309

　10.1　云服务模型 310

　　10.1.1　NaaS 311

　　10.1.2　SaaS 311

　　10.1.3　PaaS 311

　　10.1.4　IaaS 312

　10.2　公共、私有和混合云 312

　　10.2.1　私有云 313

　　10.2.2　公共云 313

　　10.2.3　混合云 313

　10.3　OpenStack 云架构 313

　　10.3.1　Keystone：身份和服务管理 315

　　10.3.2　Glance：镜像服务 315

　　10.3.3　Nova 计算 316

　　10.3.4　Swift：对象存储 318

　　10.3.5　Neutron：网络服务 318

　　10.3.6　Cinder：块存储 318

　　10.3.7　Horizon 319

　　10.3.8　Heat：编排引擎（可选） 319

　　10.3.9　Ceilometer：计费（可选） 320

　10.4　物联网云架构的约束 320

　10.5　雾计算 324

　　10.5.1　雾计算的 Hadoop 哲学 324

　　10.5.2　雾计算、边缘计算与云计算 325

　　10.5.3　OpenFog 参考架构 326

　　10.5.4　Amazon Greengrass 和 Lambda 函数 332

　　10.5.5　雾拓扑 334

　10.6　小结 339

第 11 章　云和雾中的数据分析与机器学习 341

　11.1　物联网中的基本数据分析 342

　　11.1.1　顶层云管道 344

　　11.1.2　规则引擎 346

11.1.3　采集：流、处理和数据湖 ……………………………………… 349

11.1.4　复合事件处理 …………………………………………………… 352

11.1.5　Lambda 架构 …………………………………………………… 353

11.1.6　行业用例 ………………………………………………………… 354

11.2　物联网中的机器学习 ……………………………………………………… 357

11.2.1　机器学习模型 …………………………………………………… 360

11.2.2　分类 ……………………………………………………………… 361

11.2.3　回归 ……………………………………………………………… 364

11.2.4　随机森林 ………………………………………………………… 364

11.2.5　贝叶斯模型 ……………………………………………………… 366

11.2.6　卷积神经网络 …………………………………………………… 368

11.2.7　循环神经网络 …………………………………………………… 377

11.2.8　物联网的训练和推理 …………………………………………… 383

11.2.9　物联网数据分析和机器学习的比较与评估 …………………… 384

11.3　小结 ………………………………………………………………………… 386

第 12 章　物联网安全性 …………………………………………………………… 387

12.1　网络安全术语 ……………………………………………………………… 387

12.1.1　攻击和威胁术语 ………………………………………………… 387

12.1.2　防御术语 ………………………………………………………… 389

12.2　物联网网络攻击剖析 ……………………………………………………… 391

12.2.1　Mirai ……………………………………………………………… 392

12.2.2　Stuxnet …………………………………………………………… 393

12.2.3　链式反应 ………………………………………………………… 394

12.3　物理和硬件安全 …………………………………………………………… 396

12.3.1　信任根 …………………………………………………………… 396

12.3.2　密钥管理和可信平台模块 ……………………………………… 399

12.3.3　处理器和内存空间 ……………………………………………… 399

12.3.4　存储安全 ………………………………………………………… 400

12.3.5　物理安全 ………………………………………………………… 400

12.4　密码学 ……………………………………………………………………… 402

12.4.1　对称密码学 ……………………………………………………… 404

12.4.2　非对称密码学 …………………………………………………… 407

12.4.3 加密哈希（身份验证和签名） 412

12.4.4 公共密钥基础结构 413

12.4.5 网络堆栈——传输层安全 415

12.5 软件定义边界 417

12.6 物联网中的区块链和加密货币 419

12.6.1 比特币（基于区块链） 421

12.6.2 IOTA（基于有向无环图） 426

12.7 政府法规和干预 427

12.7.1 美国国会的物联网相关法案 427

12.7.2 其他政府机构 428

12.8 物联网安全最佳实践 429

12.8.1 整体安全性 430

12.8.2 安全建议列表 433

12.9 小结 434

第 13 章 联盟和技术社区 437

13.1 个人局域网联盟 437

13.1.1 蓝牙 SIG 437

13.1.2 Thread Group 438

13.1.3 Zigbee 联盟 438

13.1.4 其他个人局域网联盟 439

13.2 协议联盟 439

13.2.1 开放互连基金会 439

13.2.2 OASIS 440

13.2.3 对象管理组 440

13.2.4 IPSO 联盟 441

13.2.5 其他协议联盟 441

13.3 广域网联盟 442

13.3.1 Weightless 442

13.3.2 LoRa 联盟 442

13.3.3 互联网工程任务组 443

13.3.4 Wi-Fi 联盟 443

13.4 雾和边缘联盟 444

　　　13.4.1　OpenFog 444

　　　13.4.2　EdgeX Foundry 444

13.5　伞状组织 445

　　　13.5.1　工业互联网联盟 445

　　　13.5.2　IEEE 物联网 445

　　　13.5.3　其他伞状组织 446

13.6　美国政府物联网和安全实体 446

13.7　小结 447

第1章 物联网故事

2026 年 5 月 18 日，星期一，你像往常一样在北京时间清晨 6:30 醒来。你不需要闹钟，因为你就是具有某种形式的生物钟的族群中的一员。紧接着，你的眼睛睁开，看到了一个奇妙的阳光明媚的早晨，此时的室外温度接近 21℃，你将开始全新的一天。这一天与 2020 年 5 月 18 日完全不同。你的生活方式、健康状况、财务状况、工作、通勤，甚至停车位的一切都将有所不同。你所生活的世界的一切都将发生很大的变化：能源、医疗保健、农业、制造业、物流、公共交通、环境、安全、购物乃至服装款式都已不同。这就是将普通事物连接到 Internet 或物联网（Internet of Things，IoT）的影响。我认为"物联网"更贴切的称谓应该是万物互联（Internet of Everything）。

在你还没有醒来之前，你周围的物联网已经发生了很多事情。你的睡眠行为已被睡眠传感器或智能枕头监控。数据已发送到物联网网关，然后流式传输到免费使用的云服务，该服务将报告到手机上的仪表盘页面。你不需要闹钟，但是如果你需要在凌晨 5:00 赶飞机，则可以对其进行设置，同样是由云代理控制，使用的是"如果这样则那样"（IF This Then That，IFTTT）协议。你家的中央空调系统已经通过家庭 802.11 Wi-Fi 连接到云提供商，并且烟雾警报器、智能门铃、花园灌溉系统、车库门、监控摄像头和安全系统也大抵如此。你家的小狗也佩戴了使用太阳能收集装置的接近传感器，该传感器可以让它打开狗窝的小门并随时告诉你它在哪里玩耍。

你实际上不再需要 PC。当然，你仍然可以使用一台平板电脑和一部智能手机作为你的中央设备，但是你的世界是基于使用 VR/AR 护目镜的，因为屏幕要好得多，也更大。你的客厅中确实有一个雾计算（Fog Computing）网关。它已连接到 5G 或者 6G 服务提供商，从而使你可以访问 Internet 和 WAN，因为有线连接无法满足你的生活方式——无论身在何处，你都可以移动、连接和在线，并且 5G 和你喜欢的运营商可确保你的体验在深圳的酒店房间中和在北京的家中都一样很棒。网关还会在你的家里为你执行很多操作，如处理来自这些网络摄像头的视频流，以检测房屋中是否有损坏或意外事故。它将对安全系统进行扫描以检查异常（例如，奇怪的声音、可能的漏水、灯一直亮着、小狗又在拿家具磨牙）。边缘节点（Edge Node）可以充当你的家庭集线器，每天都会备份你的电话（因为你很可能会将它们搞乱），它也可以用作你的私有云，即使你对云服务一无所知。

现在你骑自行车去办公室，你的骑行服使用了可输出的传感器，并且可以监视你的心律和体温。当你收听从手机流向蓝牙耳机的蓝牙音频时，这些数据会同时通过低功耗蓝牙流式传输到智能手机。在途中，你路过了几个广告牌，它们全都显示视频和实时广告。你在咖啡店停了下来，前面有一个数字标牌显示屏，它热情地呼叫着你的名字，问你是否还需要像昨天一样，来一杯咖啡，里面还要放点奶油。它能做到这一点是因为有信标和网关。当你靠近显示屏 1.5 m 范围内时，它就会"认出"你并像熟人一样招呼你。当然，你选择了"需要"。大多数人通过自动驾驶的汽车到达工作地点，并通过每个停车位中的智能传感器将他们导航到最佳停车位。当然，你会和其他骑自行车的环保人士一样获得最佳的停放自行车的位置。

你的办公室是绿色能源计划的一部分，因为公司执行了关于零排放办公空间的强制性政策。每个房间都有接近传感器，不仅可以检测房间是否有人，还可以检测房间中人的状态。你进入办公室的名字标牌其实是一个信标设备，它的电池足够使用 10 年。进入大门后，你便会被感知到，照明灯、供热通风与空气调节（HVAC）系统、自动窗帘，甚至数字标牌都将自动连接。中央雾节点（Fog Node）负责监视所有建筑物信息并将其同步到云主机。规则引擎（Rule Engine）已经实现，它将根据使用情况、一天中的时间、一年中的季节以及内外温湿度做出实时决策，它可以提高或降低环境条件以最大限度地利用能源。在主断路器上甚至还装有传感器，它们会监听能源使用的模式，检查是否有不正常的能源使用情况，并对雾节点做出决策。

它将使用若干种实时流的边缘分析和机器学习算法来完成所有工作，这些算法已经在云上进行了训练，并已推送到边缘节点。该办公室托管着一个 5G 小型蜂窝小区，可与上游运营商进行外部通信，但它们还可以在内部托管多个小型蜂窝网关，以便将信号集中在建筑物范围内。内部 5G 也可以用作局域网（LAN）。

你的手机和平板电脑已切换到内部 5G 信号，并且打开了软件定义网络的重叠网，立即连接到公司的局域网上。智能手机可以为你完成很多工作，它实际上是你通往围绕你自己的个人局域网的个人网关。你参加了今天的第一次会议，但是你的同事还没到，几分钟之后他才到来。他表示歉意，解释说自己的汽车出了点毛病。他的新车此前已经自动通过物联网向制造商报告了压缩机和涡轮增压器的异常情况，制造商在获悉了该情况之后，告知他该车辆不宜再用，因为预测性维护的大数据分析表明，如果该车继续行驶的话，在两天之内有 70% 的几率会发生涡轮故障。此后他们安排了与销售此车的 4S 店的约见，并准备了新零件来修理压缩机。这为他节省了更换涡轮的大量成本，并减少了许多潜在的麻烦。

午饭时间到了，团队决定去市中心一家新开的烤鱼店。你们四个人分乘两辆车，因为一车两个人比一车四个人更舒适。当然，停车费也会更贵。

停车费是动态的，并遵循供求关系。由于车位紧张，即使在星期一中午，费率也翻了一番。从好的方面来说，在提高停车费的同时，系统也提升了服务，它可以给你的汽车和智能手机提示确切的车位和行驶路线。输入目标烤鱼店的地址，就会弹出车位和容量，你可以在到达之前预订一个位置。汽车驶近大门，大门在识别出你的手机签名之后才会放行。你的车辆将准确停放到预订的车位，而应用程序则可以通过正确的传感器在停车云上注册你所在的车位。

当天下午，你需要去小镇对面的生产车间。这是典型的工厂环境，包括若干台注塑机、拾放（Pick-and-Place）设备、包装机以及所有支持的基础设施。最近，产品质量一直在下滑。最终产品存在接头连接问题，并且在外观上也不如上个月的产品。到达现场后，你与经理交谈并检查现场。一切看起来都很正常，但是质量肯定有严重问题。你们两个见面并调出了工厂车间的仪表板。

该系统使用了许多传感器（振动、温度、速度、视觉和跟踪信标）来进行车间的监视。数据是实时累积和可视化的。有许多预测性维护（Predictive Maintenance）算法可监视各种设备的磨损和出错迹象。该信息将流式传输到设备制造商和你的团队。日志和趋势分析已由最佳专家进行了训练，未发现任何异常行为。看起来，这个问题变得有点棘手，如果在以前，这可能需要由组织中最优秀和最聪明的人来参加昂贵的每日 SWOT 团队会议。然而，现在不一样了，现在你有很多数据，来自工厂车间的所有数据都保存在一个长期存储的数据库中。这项服务是有成本的，起初很难证明其合理性，但是现在你认为它可能已经为你带来了上千倍的收益。通过复杂的事件处理器（Event Processor）和分析程序包（Analytics Package）获取所有历史数据，你可以快速制定一套规则来对故障零部件的质量建模。通过追溯导致失败的事件，你意识到这不是某个点的失败，而是在以下若干方面存在问题。

❑　工作空间的内部温度上升了 2℃，这是由夏季要节约能源引起的。

❑　由于供应问题，该装配线将产量降低了 1.5%。

❑　其中一台成型机正接近预测性维护的周期，而温度和组装速度的变化导致其故障情况超过了预期值。

最终你准确地发现了问题，并使用新参数对预测性维护模型进行了重新训练，以适应将来的这种情况。总体而言，这是很充实的一个工作日。

尽管这个虚构的案例可能是正确的，也可能是不正确的，但它与当今的现实非常接近。有关物联网的详细信息，可参考以下 Wikipedia 页面：

https://en.wikipedia.org/wiki/Internet_of_things

在该页面中，将物联网定义为：物联网（IoT）是物理设备、装置（也称为"连接设备"和"智能设备"）、建筑物和其他设备的互连网络。这里的"其他设备"是指嵌有电子、软件、传感器、执行器和网络连接的物品，网络使得这些物品能够收集和交换数据。

1.1　物联网的历史

"物联网"一词最有可能归因于 Kevin Ashton 于 1997 年在 Proctor and Gamble（宝洁）公司进行的工作，当时他使用射频识别（Radio Frequency Identification，RFID）标签管理供应链。这项工作于 1999 年将他带到了麻省理工学院，在那里他和一群志趣相投的人共同创立了自动 ID 中心研究联盟。有关更多信息，请访问：

http://www.smithsonianmag.com/innovation/kevin-ashton-describes-the-internet-of-things-180953749/

从那时起，物联网已经从简单的 RFID 标签发展成为一个生态系统和行业。从本质上讲，物联网就是连接在所有方面都可以充当计算机的事物。1969 年 11 月，美国国防部高级研究计划管理局开始建立一个名为 ARPAnet 的网络，它是今天的全球互联网（Internet）的始祖，而那时围绕物联网的大多数技术尚不存在。直到 2000 年，与 Internet 关联的大多数设备仍然是各种大小的计算机。表 1-1 中的时间轴显示了物联网发展的缓慢进程。

表 1-1　物联网的历史

年　　份	设备或事件	参　考　资　料
1973 年	Mario W. Cardullo 获得了首个 RFID 标签的专利	美国专利 US 3713148 A
1982 年	Carnegie Mellon 联网的苏打水机	https://www.cs.cmu.edu/~coke/history_long.txt
1989 年	John Romkey 的 Internet 烤面包机接入 Internet，并在 Interop 会议上初次亮相	IEEE Consumer Electronics Magazine（Volume: 6, Issue: 1, Jan. 2017）
1991 年	HP 推出了 HP LaserJet IIISi：第一台通过以太网连接的网络打印机	http://hpmuseum.net/display_item.php?hw=350
1993 年	在剑桥大学出现了连接互联网的咖啡壶（实际上是使用了第一台连接互联网的相机）	https://www.cl.cam.ac.uk/coffee/qsf/coffee.html
1996 年	通用汽车 OnStar（安吉星）系统（2001 年实现了远程车况诊断）	https://en.wikipedia.org/wiki/OnStar
1998 年	蓝牙技术联盟（Bluetooth SIG）成立	https://www.bluetooth.com/about-us/our-history
1999 年	LG Internet 新概念 DIOS 冰箱	https://www.telecompaper.com/news/lg-unveils-internetready-refrigerator--221266

续表

年　份	设备或事件	参　考　资　料
2000 年	Cooltown 普及计算概念的第一个实例：HP Labs，这是一种计算和通信技术的系统，它将两者结合在一起，可以为人员、地方和物体创建 Web 连接的体验	https://www.youtube.com/watch?v= U2AkkuIVV-I
2001 年	推出首款蓝牙产品：KDDI 蓝牙手机	http://edition.cnn.com/2001/BUSINESS/asia/04/17/tokyo. kddibluetooth/index.html
2005 年	联合国国际电信联盟的报告首次预测了物联网的兴起	http://www.itu.int/osg/spu/publications/internetofthings/InternetofThings_summary.pdf
2008 年	IPSO 联盟成立，以促进智能物件上的 IP 连接，这是第一个以物联网为重点的联盟	https://www.ipso-alliance.org
2010 年	成功开发固态 LED 灯泡后，形成了智能照明的概念	https://www.bu.edu/smartlighting/files/2010/01/BobK.pdf
2014 年	Apple 公司为信标创建了 iBeacon 协议	https://support.apple.com/en-us/HT202880

当然，术语物联网（Internet of Things，IoT）在引起了人们极大兴趣的同时，也免不了被一些人借机炒作。如图 1-1 所示，从流行语的角度来看，很容易发现，自 2010 年以来，已发布的和物联网相关的专利数量呈指数级增长，详情可访问以下地址：

https://www.uspto.gov

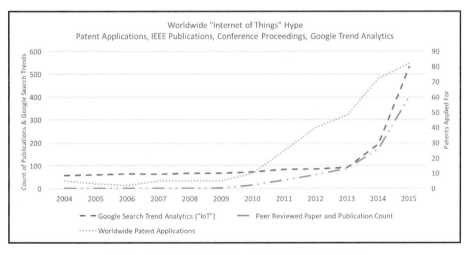

图 1-1　物联网关键字搜索、专利和技术出版物分析

原　　文	译　　文
Worldwide"Internet of Things" Hype	全球热炒"物联网"
Patent Applications, IEEE Publications, Conference Proceedings, Google TREND Analytics	专利申请、IEEE 出版物、会议论文集、Google 趋势分析
Count of Publications & Google Search Trends	出版物数量和 Google 搜索趋势
Patents Applied For	申请专利数量
Google Search Trend Analytics("IoT")	Google 搜索趋势分析（以 IoT 为关键字）
Peer Reviewed Paper and Publication Count	同行评审论文和发表数
Worldwide Patent Applications	全球专利申请

以 Internet of Things（IoT）为关键字的 Google 搜索的数量和 IEEE 同行评审的论文出版物在 2013 年也达到了顶峰，详情可访问以下地址：

https://trends.google.com/Trends/

1.2　物联网的潜力

物联网将涉及工业、企业、健康和消费产品的几乎每个细分市场。重要的是要了解其影响以及为什么这些不同的行业将被迫改变其产品和服务提供方式。也许架构师的角色迫使你专注于某个特定领域，但是了解与其他用例的重叠也会对你有所帮助。

有观点认为，与物联网相关的产业、服务和贸易将影响全球 GDP 的 3%。详见 ARM Ltd 2017 年报告：*The route to a trillion devices*（通往万亿设备之路），其网址如下：

https://community.arm.com/cfs-file/key/telligent-evolution-components-attachments/01-1996-00-00-00-01-30-09/ARM-_2D00_-The-route-to-a-trillion-devices-_2D00_-June-2017.pdf

也有人认为这个占比应该是 4%。详见 McKinsey and Company 2015 年报告：*The Internet of Things: Mapping Value Beyond the Hype*（物联网：超越炒作的价值映射），其网址如下：

https://www.mckinsey.com/~/media/McKinsey/Business%20Functions/McKinsey%20Digital/Our%20Insights/The%20Internet%20of%20Things%20The%20value%20of%20digitizing%20the%20physical%20world/Unlocking_the_potential_of_the_Internet_of_Things_Executive_summary.ashx

2016 年全球 GDP 为 75.64 万亿美元，当时权威机构估计到 2020 年全球 GDP 将增长到 81.5 万亿美元。这意味着，按照上述两种预测观点，2020 年物联网解决方案的产值规模将达到 2.4 万亿～3.3 万亿美元。

虽然物联网连接的设备的规模是空前的，但是对行业增长的投机仍然是有风险的。为了使这种影响正常化，我们仔细查看了几家研究公司的报告，也对比了他们预估的到 2020 年连接设备的数量。这个范围虽然很大，但仍处于相同的数量级。笔者创作本书时调研的 10 位分析师的平均预期是，到 2020 年至 2021 年，约有 334 亿个互联设备。ARM 进行的一项研究中预测到 2035 年将有 1 万亿个互联设备投入使用。从所有数字来看，短期内连接设备的增长率每年约为 20%，如图 1-2 所示。

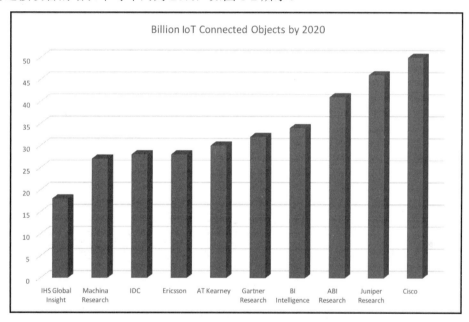

图 1-2　不同分析师和业界对互联设备数量的预测

原　文	译　文
Billion IoT Connected Objects by 2020	到 2020 年物联网连接的设备（单位：10 亿）

这些数字应该可以给读者留下深刻的印象。例如，如果我们采取非常保守的态度，并预测将仅部署 200 亿个新连接的设备（不包括传统的计算和移动产品），那么就可以说每秒有 211 个新的 Internet 连接对象上线。

为什么这对技术行业和 IT 部门很重要？因为世界人口目前每年以大约 0.9%～1.09% 的速度增长，有关详细信息可访问：

https://esa.un.org/unpd/wpp/

世界人口增长率在 1962 年达到峰值，其时的年增长率为 2.6%，但由于多种因素，此后一直在稳步下降。首先，世界 GDP 和经济的改善有降低出生率的倾向。其他因素包括战争和饥荒。这种增长意味着人类连接的设备将达到平稳状态，而机器和机器之间连接的设备将代表连接到互联网的大多数设备。这很重要，因为 IT 业不一定要通过使用多少数据而是通过存在多少连接来赋予网络价值。从一般意义上讲，这就是梅特卡夫定律（Metcalfe's Law），我们将在后面详细讨论该定律。还值得注意的是，自 1990 年第一个公共网站在 CERN 启用以来，花了 15 年的时间才通过 Internet 连接了地球上的 10 亿人口，而物联网却正在寻求每年增加 60 亿个互联设备。这当然会影响整个行业。如图 1-3 所示，人口增长与连接的设备增长的大趋势是连接的设备增长 20%，而人口增长几乎是平的，仅接近 0.9%。所以，人口数量将不再是网络和 IT 容量的驱动因素。

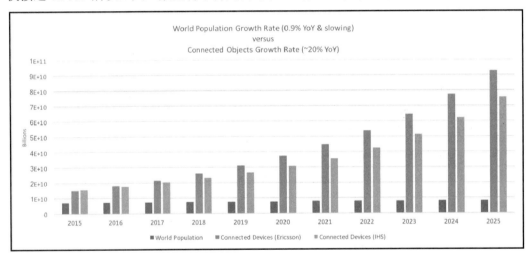

图 1-3　人口增长与连接的设备增长之间的差距

原　　文	译　　文
World Population Growth Rate(0.9% YoY & slowing)	世界人口增长率（年增长 0.9%并逐步下降）
versus	对比
Connected Objects Growth Rate(~20% YoY)	连接设备的增长率（年增长约 20%）
Billions	单位：10 亿
World Population	世界人口
Connected Devices(Ericsson)	连接的设备（Ericsson 的数据）
Connected Devices(IHS)	连接的设备（HIS 的数据）

应该指出的是，物联网所带来的经济影响不只是创造利润这样简单。物联网或任何

技术带来的影响包括以下方面。

- ❑ 新的收入流（如绿色能源解决方案）。
- ❑ 降低成本（如患者居家医疗保健）。
- ❑ 缩短上市时间（如工厂生产自动化）。
- ❑ 改善供应链物流（如物流跟踪系统）。
- ❑ 减少生产损失（如减少盗窃、易腐烂变质现象）。
- ❑ 提高生产率（如进行机器学习和数据分析）。
- ❑ 侵蚀效应（指新产品的销售会挤占原有产品的销售，如用各种智能家居产品代替传统的家用电器）。

在本书的讨论中，我们应该始终将"物联网解决方案可以带来什么价值"这一思考放在首位。如果仅仅是一个新产品，则市场范围将有限。只有在可预见的收益超过成本的情况下，该行业才能蓬勃发展。

一般而言，采用物联网解决方案的目标应该是相比传统技术有 5 倍以上的提升。这也是我们在 IT 行业中的目标。考虑到变更、训练、采购、技术支持等方面的成本，5 倍的差异是一个合理的经验法则。

接下来，我们将详细介绍行业领域以及物联网将如何影响它们。

1.2.1　工业和制造业

工业物联网（Industrial IoT，IIoT）是物联网整体中最大的细分市场之一，其物联网数量以及这些服务为制造和工厂自动化带来的价值也是最大和最迅速的。传统上，该细分市场是运营技术（Operations Technology，OT）的领域，这涉及用于监视物理设备的硬件和软件工具。传统信息技术角色的管理方式不同于 OT 角色。OT 将关注产量指标、正常运行时间、实时数据收集和响应以及系统安全性。IT 角色的关注重点则在安全性、分组、数据交付和服务上。随着物联网在工业和制造业中的普及，这些网络将与数千家工厂和生产机器的预测性维护相结合，从而为私有云和公共云基础架构提供前所未有的数据量。

该细分市场的一些特征包括需要为 OT 提供近乎实时或完全实时的决策。这意味着延迟是工厂车间物联网的主要问题。

此外，停机时间和安全性是最重要的问题。这意味着需要冗余，并且可能需要私有云网络和数据存储。

工业物联网是增长最快的市场之一。这个行业的一个微妙之处是对棕地（Brownfield）技术的依赖，这意味着它所使用的不是主流的硬件和软件接口。一般来说，已有 30 年历史的生产机器通常都依赖于 RS485 串行接口，而不是现代的无线网格网络结构。

TIP 提示：

棕地（Brownfield）这个概念就是源于它字面上的意思：棕色的土地。棕地是指在城市不断扩张过程中留下的大量工业旧址。它们往往被闲置荒废，并且可能含有危害性物质和污染物，导致再利用变得非常困难。与棕地相对应的概念是绿地（Greenfield），绿地一般指未用于开发和建设并覆盖有绿色植物的土地。

物联网领域借用了棕地和绿地的概念，绿地指的是在全新环境中从头开发的软件项目；而棕地技术指的是在遗留系统之上开发和部署新的软件系统，或者需要与已经在使用的其他软件共存。

工业和制造业物联网用例及其影响如下。

- ❑ 对新旧设备进行预防性维护。
- ❑ 通过实时需求提高吞吐量。
- ❑ 节约能源。
- ❑ 安全系统，如热感测、压力感测和气体泄漏。
- ❑ 工厂车间专家系统。

1.2.2　消费者

基于消费者的设备是最早采用互联网连接的设备之一。消费者物联网在 20 世纪 90 年代就已经出现，那就是表 1-1 中提到的在剑桥大学出现的连接互联网的咖啡壶。在 21 世纪初，随着蓝牙技术在消费者中的应用，消费者物联网技术得以蓬勃发展。

现在，已经有数百万个家庭拥有 Nest 恒温器、Hue 灯泡、Alexa 助手和 Roku 机顶盒等智能家居产品。另外，还有很多人喜欢与 Fitbit（运动计步器之类的智能手环品牌）和其他应用了可穿戴技术的设备连接在一起。消费市场通常首先采用这些新技术。我们也可以将它们视为小配件。所有设备都经过整齐的打包和封装，基本上即插即用。

消费市场的限制之一是标准的分歧。例如，我们看到若干种 WPAN 协议都具有蓝牙、Zigbee 和 Z-wave 之类的基础，但它们却是不可互操作的。

该细分市场在可穿戴设备和家庭健康监视器方面也具有医疗保健市场的共同特征。在本次讨论中，我们将它们分开，医疗保健将不仅仅是连接家庭保健设备那样简单。例如，我们所讨论的医疗保健将远远超出 Fitbit 的功能。

以下是消费物联网的一些用例。

- ❑ 智能家居产品：智能灌溉系统、智能车库门、智能锁、智能灯、智能恒温器和智能安全系统。
- ❑ 可穿戴设备：健康和运动跟踪器、智能服装/可穿戴设备。
- ❑ 宠物相关产品：宠物定位系统、智能宠物门锁。

1.2.3　零售、金融和营销

零售、金融和营销类别是指以消费者为基础进行交易的任何空间，可以是实体店，也可以是自助式服务设备。此外，该类别还包括金融机构和营销领域，因为该类别的服务既包括传统的银行和保险公司的服务，也包括休闲和招待服务，零售物联网带来的影响是实实在在的，其目的是降低销售成本并改善客户体验。这可以通过多种物联网工具来完成。为了简化本书的讨论，我们还将广告和营销服务添加到此类别。

此类别衡量的是即时金融交易中的价值。如果物联网解决方案无法提供这种响应，则必须仔细检查其投资。这推动了寻找新方法以节省成本或增加收入的努力。允许客户提高效率可以使零售商和服务行业迅速转移客户，并以更少的人力资源做到这一点。

零售物联网的一些用例如下。

- ❑ 有针对性的广告。例如，按距离查找已知或潜在客户并提供销售信息。
- ❑ 信标。例如，以接近程度感测客户、流量模式和到达时间，并进行营销分析。
- ❑ 资产跟踪。例如，库存控制、损失控制和供应链优化。
- ❑ 冷库监控。例如，分析易腐库存的冷库，将预测分析应用于食品供应。
- ❑ 资产的保险跟踪。
- ❑ 驾驶员的保险风险衡量。
- ❑ 零售、酒店或城市范围内的数字标牌。
- ❑ 娱乐场所、会议、音乐会、游乐园和博物馆中的信标系统。

1.2.4　医疗保健

医疗保健行业将在收益和对物联网的影响方面与工业物联网和物流行业争夺头把交椅。因为几乎在每个发达国家，任何改善生活质量并降低健康成本的系统都至关重要。物联网已经做好准备，无论患者身在何处，都可以对其进行远程和灵活的监控。先进的分析和机器学习工具将观察患者，以诊断疾病并开出治疗方案。在需要生命攸关的护理时，此类系统也将成为类似"看门狗"的存在。当前，大约有 5 亿可穿戴式健康监护仪，并且在未来几年内将以两位数的速度增长。

值得一提的是，对医疗保健系统的约束非常重要。从美国 HIPAA（Health Insurance Portability and Accountability Act/1996，Public Law 104-191，健康保险携带和责任法案）合规性到数据安全性，物联网系统都需要像医院的工具和设备一样工作。如果在家中对患者进行监控，则现场系统需要与医疗中心进行 24×7（全天 24 小时，每周 7 天）可靠、零停机的通信。系统可能需要连接到医院网络中，同时还应该能够监视紧急救援车辆中的患者。

医疗保健物联网的一些用例如下。

- ❏　居家病人护理。
- ❏　预测性和预防性保健的学习模型。
- ❏　痴呆症和老人护理与跟踪。
- ❏　医院设备和供应资产跟踪。
- ❏　药品跟踪和安全。
- ❏　远程现场医疗。
- ❏　药物研究。
- ❏　患者跌倒指示器。

1.2.5　运输和物流

如前文所述，运输和物流、医疗保健行业和工业物联网这 3 个行业都在争夺对物联网影响的头把交椅，由此可见运输和物流行业在物联网中的重要性。该类用例涉及跟踪正在起运、运输或交付的设备上的资产，无论这些资产是在卡车、火车、飞机还是在船上。这也是联网车辆进行通信以便为驾驶员提供帮助或代表驾驶员进行预防性维护的领域。目前，新购车辆平均配备约 100 个传感器。这个数字很快将翻倍，因为车对车通信、车对路通信和自动驾驶将成为提高安全性与舒适性的必备功能。这不仅在消费者车辆上发挥着重要作用，而且还可以扩展到无法容忍任何停机时间的铁路沿线和船队。我们还将看到可以跟踪服务车辆中资产的服务卡车。一些用例可能非常简单，但也非常昂贵，如在库存交付中监视服务车辆的位置。我们需要这样的系统来根据需求与常规情况自动将卡车和服务人员导航到正确的地点。

此移动类型的类别具有地理位置意识的要求，其中大部分来自 GPS 导航。从物联网的角度来看，分析的数据将包括资产和时间，以及空间坐标。

运输和物流物联网的一些用例如下。

- ❏　车队跟踪和位置识别。
- ❏　铁路识别和跟踪。

❑　车队内的资产和包裹跟踪。
❑　道路上车辆的预防性维护。

1.2.6　农业与环境

农业和环境物联网包括牲畜健康、土地和土壤分析、微气候预测、有效用水，甚至还包括与地质和天气有关的灾难预测等要素。在世界人口增长放缓的同时，世界经济也变得更加富裕，饥饿危机逐渐减少。据估计，到 2035 年，粮食生产的需求将增加一倍。通过物联网可以实现农业生产效率的显著提高。基于养鸡场的压力，使用智能照明，根据家禽年龄调整频率可以提高其生长速度并降低死亡率。此外，与目前使用的普通哑光白炽灯相比，智能照明系统每年可节省 10 亿美元能源。

其他用途包括基于传感器的移动和定位来检测牲畜的健康状况。例如，养牛场可以在细菌或病毒感染传播之前找到具有疾病倾向的动物。通过使用数据分析或机器学习方法实时进行运算，并通过边缘分析系统查找、定位和隔离病牛。

该分类还存在偏远地区（如火山地带）或人口稀疏的区域（如玉米田）之类的区别，这会对数据通信系统产生影响，我们将在后面的第 5 章"非基于 IP 的 WPAN"和第 7 章"远距离通信系统和协议（WAN）"中详细讨论这些数据通信系统。

农业和环境物联网的一些用例如下。

❑　智能灌溉和施肥技术可提高产量。
❑　在家禽养殖中的智能照明可提高产量。
❑　牲畜健康和资产跟踪。
❑　通过制造商对远程农业设备进行预防性维护。
❑　基于无人机的土地调查。
❑　通过资产跟踪实现从农场到市场的高效供应链。
❑　机器人农场。
❑　火山和断层线监控，以预防灾害。

1.2.7　能源

能源物联网部分包括能源生产的监控，从源头到客户对能源的使用情况均在监控范围。大量的研究和开发都集中在消费者和商业能源监控器上，如智能电表，它们通过低功率和远程协议进行通信以显示实时能源使用情况。

许多能源生产设施都位于偏远或相当不便的环境中，如太阳能电池板所在的沙漠地区，风电场所在的陡峭山坡以及核反应堆所在的危险地带等。此外，数据可能需要实时或接近实时地响应才能对能源生产控制系统（非常类似于制造系统）做出关键响应。这可能会影响此类别中的物联网系统的部署方式。后面我们将讨论实时响应问题。

能源物联网的一些用例如下。

❑　石油钻井平台将分析成千上万个传感器和数据点，以提高效率。

❑　远程监控和维护太阳能电池板。

❑　核设施的危险分析。

❑　全市部署的智能电表可监控能源使用和需求。

❑　根据天气情况实时调整远程风力涡轮机上的叶片。

1.2.8　智慧城市

智慧城市是一个比喻性的词汇，暗示它可以通过物联网的连接赋予城市"智慧"。智慧城市是物联网中增长最快的部分之一，并且显示出可观的成本/收益比，尤其是当我们考虑税收时。智慧城市还通过安全性、保障性和易用性来影响市民的生活。例如，巴塞罗那等几个城市的垃圾箱都已完全连接并且可以进行监控，根据当前容量以及自上次拾取以来的时间监视垃圾拾取情况。这提高了垃圾收集效率，减少了城市在运输废物时使用的资源，同时还消除了潜在的气味和腐烂的有机物的气味。智慧城市也受到政府指令和法规的影响（我们将在后面进行探讨），因此其与政府部门是密切联系在一起的。

智慧城市部署的特征之一可能是使用的传感器数量。例如，在纽约的每个街角安装一个智能摄像头，将需要3000多个摄像头。在其他情况下，诸如巴塞罗那之类的城市将部署近 100 万个环境传感器，以监控用电量、温度、环境条件、空气质量、噪声水平和停车位。与流视频摄像头相比，这些设备都具有较低的带宽需求，但是传输的数据总量将几乎与纽约的监视摄像头相同。构建正确的物联网架构时，需要考虑数量和带宽的这些特征。

智慧城市物联网的一些用例如下。

❑　通过环境感应进行污染控制和监管分析。

❑　使用全市范围的传感器网络进行小气候（Microclimate）的天气预报。

❑　通过按需提供的废弃物管理服务来提高效率并改善成本。

❑　通过智能交通灯控制和模式改善交通流量和燃油经济性。

❑　按需提供城市照明以提高能源效益。

❑　根据实时道路需求、天气状况和附近的铲雪车情况来进行智能除雪。

❑　根据天气和当前使用情况对公园和公共场所进行智能灌溉。

❑　可监视犯罪和实时执行自动安珀警报（AMBER Alert）的智能摄像头。
❑　智能停车场可根据需要自动找到最佳的停车位。
❑　提供桥梁、街道和基础设施的磨损和使用情况监控，以提高其使用寿命和服务水平。

1.2.9　政府和军事

美国城市、州和联邦政府以及军方都对物联网部署非常感兴趣。以加利福尼亚州的行政命令 B-30-15（https://www.gov.ca.gov/news.php?id=18938）为例，该命令指出，到 2030年，影响全球变暖的温室气体排放量将比 1990 年的水平降低 40%。为了实现这一目标，环境监测器、能源传感系统和机器智能将需要发挥作用，以按需改变能源模式，同时仍保持加利福尼亚州经济的增长。其他案例包括 Internet Battlefield of Things（物联网战地）等项目，目的是提高人员协作和对敌反击的效率。当我们考虑对公路和桥梁等政府基础设施进行监控时，该细分市场也属于智慧城市类别。

政府在物联网中发挥作用的形式包括标准化、频谱分配和合规化监管等。例如，政府将负责如何将频率空间分配给各个服务提供商并保证安全。我们将在后文讨论某些技术是如何通过联邦控制实现的。

政府和军事物联网的一些用例如下。

❑　通过物联网设备模式分析和信标进行恐怖威胁分析。
❑　通过无人机进行人群聚集扫描。
❑　将传感器炸弹部署在战场上以形成传感器网络并监视威胁。
❑　政府资产追踪系统。
❑　实时军事人员跟踪和定位服务。
❑　用于监视恶劣环境的合成传感器。
❑　进行水位测量以监控大坝和防洪堤。

1.3　小　　结

欢迎来到物联网世界。作为这个新领域的架构师，我们必须理解客户要构建的东西以及用例的需求。物联网系统不是一劳永逸的设计，客户搭上物联网的快车，自然是想从中受益。

首先，我们必须要有正向的回报。这取决于你的业务和客户的意图。根据我们的经验，可以将收益目标定位为提高 5 倍，并且要能够很好地将新技术融入现有行业或设备（想一想前文介绍的"棕地技术"的概念）。其次，物联网设计本质上需要考虑的是众多设备的集成。物联网的价值不单体现在某个设备或能够向服务器广播数据的某个位置。它考虑的是一组设备，能够广播信息并以聚合的形式理解信息，同时试图告诉你这些信息的价值。无论你的设计是否需要扩展，还是以后才考虑扩展，这些都是在前期设计中就必须考虑的问题。

接下来我们将开始探索整个物联网系统的拓扑，然后在本书的其余章节中详细探讨各个组成部分。

请记住，数据是新时代的石油。

第 2 章　物联网架构和核心物联网模块

物联网生态系统可以从位于地球最偏远角落的最简单的传感器开始，将模拟物理效果转换为数字信号（这是互联网的语言）。然后，数据在到达互联网和以太网之前，要经历有线和无线信号、各种协议、自然干扰和电磁冲突的复杂过程。在此之后，打包的数据将通过各种不同的渠道到达云或大型数据中心。物联网的优势不仅仅是来自一个传感器的一个信号，而是可以聚合成百上千，甚至可能是数百万个传感器、事件和设备的数据。

本章将从物联网架构（IoT Architecture）定义与机器对机器架构（Machine-to-Machine Architecture）定义之间的对比开始。它还解决了架构师在构建可扩展、安全和企业物联网架构中的角色问题。架构师必须能够清晰阐述自己的设计带给客户的价值。架构师还必须在平衡不同的设计选择时扮演多个工程和产品经理的角色。

本章的讨论涵盖了从物理到数字感测的转换、电力系统和能量存储、管理数十亿个设备的通信系统和协议（这些设备的通信距离可能是以米为单位，也可能是以千米为单位，甚至极限范围）、网络和信息论、互联网协议、边缘路由和网关的作用等所有和物联网相关的内容。此外，本章还讨论了云和雾计算、高级机器学习和复杂事件处理的数据应用。最后，我们还讨论了物联网面对攻击时的安全性和脆弱性方面的话题。

2.1　物联网生态系统

物联网行业将依赖大部分 IT 行业提供的硬件、软件和服务。几乎每家大型技术公司都将在物联网领域投资或已经投入巨资。新的市场和技术已经形成（当然也有一些公司已经折戟沉沙或被收购转卖）。本章讨论的内容几乎涉及信息技术的每个领域，因为它们各自在物联网中发挥着不同的作用。

- ❑ 传感器：嵌入式系统、实时操作系统、能量收集源头、微机电系统（Micro-Electro-Mechanical System，MEMS）。
- ❑ 传感器通信系统：无线个人区域网络的范围是 0 cm～100 m。通常非基于 IP 的低速和低功耗通信通道在传感器通信中占有一席之地。
- ❑ 局域网（LAN）：一般来说，基于 IP 的通信系统（如 802.11 Wi-Fi）通常用于点对点或星形拓扑中的快速无线电通信。

❏ 聚合器（Aggregator）、路由器、网关：嵌入式系统提供商、最便宜的供应商（处理器、DRAM 和存储介质）、模块供应商、无源组件制造商、瘦客户机制造商、蜂窝和无线射频制造商、中间件提供商、雾框架提供商、边缘分析软件包、边缘安全提供商、证书管理系统。

❏ 广域网（WAN）：蜂窝网络提供商、卫星网络提供商、低功耗广域网（Low-Power Wide-Area Network，LPWAN）提供商。通常使用针对物联网和受限设备的互联网传输协议（如 MQTT、CoAP，甚至还包括 HTTP）。

❏ 云：基础设施即服务（Infrastructure as a Service，IaaS）提供商、平台即服务（Platform as a Service，PaaS）提供商、数据库制造商、数据流和批处理制造商、数据分析包、软件即服务（Software as a Service，SaaS）提供商、数据湖（Data Lake）提供商、软件定义网络（Software-Defined Network，SDN）/软件定义边界（Software-Defined Perimeter，SDP）提供商以及机器学习（Machine Learning）服务。

❏ 数据分析：随着信息传播到云中，数据分析的能力也在不断增强。处理大量数据并提取其中的价值变成了一项必须结合复杂事件处理（Complex Event Processing，CEP）、数据分析和机器学习技术进行的工作。

❏ 安全性：将整个架构捆绑在一起必须要考虑安全性问题。物联网的安全性涉及从物理传感器到 CPU 和数字硬件，再到无线电通信系统以及通信协议本身的每个组成部分。每个层级都需要确保安全性、真实性和完整性。物联网将构成地球上最大的受攻击面，因此在该链条中不能存在薄弱环节。

物联网生态系统将需要大量的工程学科人才，如开发新传感器技术和多年寿命电池的物理学家、致力于驱动边缘传感器的嵌入式系统工程师、能够让个人局域网或广域网以及软件定义网络正常工作的网络工程师、研究边缘计算和云计算中新颖的机器学习模式的数据科学家、可以成功部署可扩展的云解决方案以及雾解决方案的 DevOps 工程师等。

💡 提示：

DevOps 一词来源于 Development（开发）和 Operation（运营）的组合，DevOps 工程师也就是指参与开发和 IT 运维的工程师。

物联网还需要各种服务供应商的参与，如解决方案供应公司、系统集成商、增值经销商和 OEM（代工厂）等。

2.1.1　物联网与机器对机器的对比

物联网世界中一个常见的容易引起困惑的领域是它与机器对机器（Machine-to-Machine，M2M）技术的区别。在物联网成为主流话语的一部分之前，就已经有人在炒作 M2M 了。M2M 和物联网是非常相似的技术，但是它们也有很大的区别。

- ❑　M2M：这是一个一般性的概念，涉及一个自治设备直接与另一个自治设备进行通信。自治（Autonomous）是指节点在没有人工干预的情况下实例化并与另一节点进行通信的能力。通信形式对应用开放。M2M 设备很可能不使用固有的服务或拓扑进行通信，这意味着它避开了通常用于云服务和存储的典型互联网设备。M2M 系统也可以通过非基于 IP 的通道进行通信，如串行端口或自定义协议。
- ❑　物联网：物联网系统可能包含一些 M2M 节点（如使用非 IP 通信的蓝牙网格），但会在边缘路由器或网关处聚合数据。诸如网关或路由器之类的边缘设备将充当 Internet 的入口点。或者，某些具有更大计算能力的传感器可以将 Internet 网络层推入传感器本身。不管互联网入口存在于何处，它都具有绑定到互联网结构的方法，这一事实是物联网定义着重强调的。

通过将数据移动到传感器、边缘处理器和智能设备的互联网上，云服务的传统世界也可以应用于最简单的设备。在云技术和移动通信成为主流且具有成本效益的方法之前，该领域的简单传感器和嵌入式计算设备还没有很好的手段在几秒钟内在全球范围内进行数据通信、永久存储信息和分析数据以找到趋势和模式。随着云技术的发展，无线通信系统变得越来越普及，锂离子电池等新能源设备变得具有成本效益，并且机器学习模型也在不断发展，从而产生了可运营的价值。这极大地改善了物联网的价值吸引力。如果没有这些技术的结合，那么我们将仍然处在 M2M 的世界中。

2.1.2　网络的价值和梅特卡夫定律

有人认为，网络的价值是基于梅特卡夫定律（Metcalfe's Law）的。罗伯特·梅特卡夫（Robert Metcalfe）在 1980 年提出了一个概念，即任何网络的价值都与系统所连接用户个数的平方成正比。就物联网而言，用户可能意味着传感器或边缘设备。

一般而言，梅特卡夫定律可表示为

$$V \propto N^2$$

其中：V——网络价值；

　　　N——网络内的节点数。

图形模型有助于对该公式以及交叉点（Crossover Point）的解释。所谓交叉点，就是可望获得正向投资回报率（Return On Investment，ROI）的黄金交叉点，如图 2-1 所示。

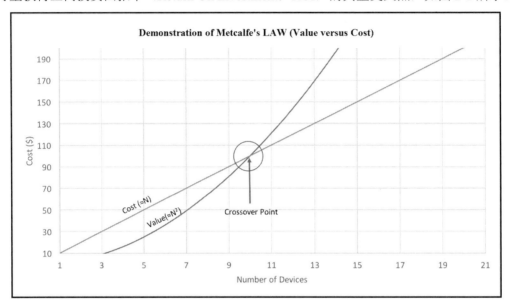

图 2-1　梅特卡夫定律

原　　文	译　　文
Demonstration of Metcalfe's LAW(Value versus Cost)	梅特卡夫定律示意图（物联网价值与成本对比）
Cost($)	成本（单位：美元）
Crossover Point	交叉点
Number of Devices	设备数量

图 2-1 中，网络的值表示为与 N^2 成正比。每个节点的成本表示为 kN，其中 k 是任意常数。在这里，k 代表每个物联网边缘传感器 10 美元的常数。关键要点是，由于价值的扩展而迅速出现了黄金交叉点，它指示了该物联网部署何时实现正向投资回报率（ROI）。

最近有一个新示例，就是用梅特卡夫定律说明区块链和加密货币的价值取决于网络的规模。我们将在本书第 12 章"物联网安全性"中更深入地介绍区块链。

🛈 注意：

Ken Alabi 的最新白皮书发现，区块链网络似乎也遵循梅特卡夫定律，详见 Electronic Commerce Research and Applications, Volume 24, C (July 2017), page number 23-29.

随着用户数量和数据消耗量的增加，服务质量会下降，网络带宽会遇到这个现实，但是梅特卡夫定律却不会考虑服务质量下降的问题，同时它也不会考虑各种级别的网络服务、不可靠的基础架构（如行驶的车辆中的 4G LTE）或影响网络的不良行为（如拒绝服务攻击）。

为了解决这些问题，可以使用 Beckstrom 定律：

$$\sum_{i=1}^{n} V_{i,j} = \sum_{i=1}^{n} \sum_{k=1}^{m} \frac{B_{i,j,k} - C_{i,j,k}}{(1 + r_k)^{t_k}}$$

其中：$V_{i,j}$——网络 j 上设备 i 的网络现值；

$\quad i$——网络上的单个用户或设备；

$\quad j$——网络本身；

$\quad k$——单笔交易；

$\quad B_{i,j,k}$——值 k 将带给网络 j 上的设备 i 的收益；

$\quad C_{i,j,k}$——向网络 j 上的设备 i 交易 k 的成本；

$\quad r_k$——相对于交易时间 k 的利率折现率；

$\quad t_k$——交易 k 经过的时间（以年为单位）；

$\quad n$——个体设备的数量；

$\quad m$——交易数量。

Beckstrom 定律告诉我们，在考虑网络（如物联网解决方案）的价值时，需要考虑来自所有设备的所有交易并对其价值求和。如果网络 j 出于某种原因中断，那么对用户来说将付出什么代价？这是物联网网络带来的影响，是现实世界中更具代表性的价值归因。等式中最难建模的变量是 $B_{i,j,k}$。在查看每个物联网传感器时，该值可能很小且无关紧要（例如，某台机器上的温度传感器丢失了一个小时），但在其他时候，它可能会非常重要（例如，如果某个水管的传感器电池没电了，导致零售商的地下室被淹没，那么这会导致大量的库存商品损坏和保险价格调整）。

架构师构建物联网解决方案的第一步应该是了解他们设计的东西所带来的价值。在最坏的情况下，物联网部署反而可能成为累赘，并实际上为客户带来负面价值。

2.1.3 物联网架构

物联网架构将涵盖许多技术。作为一名架构师，需要了解选择某个设计方案对可伸缩性和系统其他部分的影响。物联网的复杂性和关系，因为其规模问题，要比传统技术复杂得多，而且还要归因于不同的架构类型。现在有许多令人迷惑的设计选择。例如，截至撰写本文时，有七百多家物联网服务提供商提供了基于云的存储、软件即服务（SaaS）组件、物联网管理系统、物联网安全系统以及人们可以想象的各种形式的数据分析平台。

除此之外，不同的个人局域网（Personal Area Network，PAN）、局域网（LAN）和广域网（WAN）协议的数量也在不断变化，并随地区而变化。选择错误的 PAN 协议可能会导致通信质量差和信号质量明显降低，只有通过添加更多节点才能完善网格以解决问题。架构师需要考虑 LAN 和 WAN 中的干扰影响——数据如何从边缘传输到 Internet？架构师需要考虑弹性以及数据丢失的代价——应在堆栈的较低层内还是在协议本身中管理弹性？架构师还必须选择 Internet 协议，如 MQTT、CoAP 和 AMQP 等。此外，如果决定迁移到另一个云供应商，则还应该考虑它的工作方式问题。

关于数据处理应驻留的位置的选择也需要考虑。这开创了雾计算的概念，它可以处理源头附近的数据以解决延迟问题，但更重要的是，雾计算可以减少带宽并降低通过 WAN 和云传输数据的成本。接下来，我们将在分析收集的数据时考虑所有选择。使用错误的分析引擎可能会导致无用的噪声或算法，这些算法也可能由于需要的资源过于密集而无法在边缘节点上运行。还需要考虑的是，从云端返回传感器的查询将如何影响传感器设备本身的电池寿命。除此以外，还必须考虑安全性问题，因为我们已构建的物联网部署现已成为城市最大的受攻击面。总之，我们的选择是多种多样的，并且彼此之间有着各种联系。

如图 2-2 所示，现在有超过 150 万种不同的架构组合可供选择。

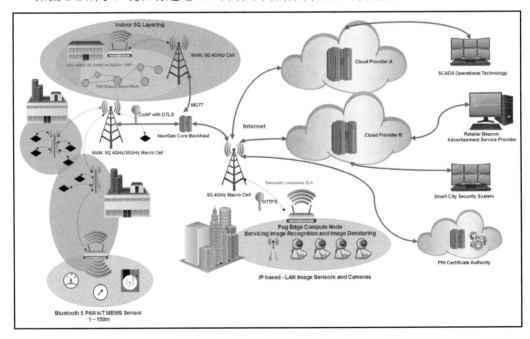

图 2-2　物联网设计选择

原　　文	译　　文
Indoor 5G Layering	室内 5G 分层
LAN indoor 5G SmallCell 60GHz/WiFi	局域网室内 5G 小型蜂窝 60GHz/WiFi
PAN Beacon Based Mesh	PAN 信标网格
WAN:5G 4GHz/Cell	广域网：5G 4GHz 蜂窝
WAN:5G 4GHz/30GHz Macro Cell	广域网：5G 4GHz/30GHz 宏蜂窝
CoAP with DTLS	带 DTLS 加密的 CoAP 协议
NextGen Core Backhaul	下一代核心回程网络
Bluetooth 5 PAN IoT MEMS Sensor	蓝牙 5 PAN 物联网 MEMS 传感器
5G 4GHz Macro Cell	5G 4GHz 宏蜂窝
Bandwidth constrained SLA	带宽受限的 SLA
Fog Edge Compute Node Servicing Image Recognition and Image Denaturing	可进行图像识别和变性处理的雾计算/边缘计算节点
IP based-LAN Image Sensors and Cameras	基于 IP 的局域网图像传感器和摄像头
Cloud Provider A	云提供商 A
Cloud Provider B	云提供商 B
SCADA Operational Technology	SCADA 运营技术
Retailer Beacon Advertisement Service Provider	零售商信标广告服务提供商
Smart City Security System	智慧城市安全系统
PKI Certificate Authority	PKI 证书颁发机构

图 2-2 展示了从传感器到云，再返回到传感器，各种级别的物联网架构的全貌。

2.1.4　架构师的角色

术语架构师（Architect）通常用于技术领域。我们常听到的有软件架构师、系统架构师和解决方案架构师等。即使在计算机科学和软件工程等特定领域，也可能会看到具有软件即服务（SaaS）架构师、云架构师、数据科学架构师等称号的人。这些人都是公认的专家，在某个领域具有切实的技能和经验。这些类型的专业垂直领域跨越了许多横向技术。

在本书中，我们瞄准的目标是物联网架构师。这是一个横向角色，这意味着他将涉及多个领域，并将它们整合在一起，以形成一个可用、安全和可扩展的系统。

我们需要深入了解整个物联网系统才能将系统整合在一起。有时，我们将讨论纯粹的理论，如信息和传播理论。有时，我们将讨论物联网系统外围设备或植根于其他技术的主题。总之，通过认真阅读和参考本书，架构师将获得有关构建成功系统所需的物联网各个方面知识的全能指导。

无论你是在电气工程还是在计算机科学领域受过训练，或是在云架构方面具有领域专业知识，本书都将帮助你理解物联网整体系统，按照定义，该系统应该是架构师角色需要掌握的一部分。

本书还将面向应用于全球和大规模扩展的物联网系统。尽管每个主题都可以用于爱好者和某些厂商的设计，但物联网系统本身旨在扩展到全球企业系统那些数量在数千到数百万个的边缘设备上。

2.2　核心物联网模块

本书后续章节将分 5 个部分介绍核心物联网模块。

2.2.1　第 1 部分——传感与电源

物联网中的连接以一个事件开始或结束，它可以是一个简单的动作、一个温度的变化，或者一个门锁上执行器的运动。与现有的许多 IT 设备不同，物联网在很大程度上与物理行动或事件有关。它响应的是影响现实世界的属性。有时，这涉及从单个传感器生成大量数据，如用于预防性维护机器的听觉传感器。在其他时候，它是一小部分数据，指示患者的重要健康数据。无论哪种情况，现在的传感系统都得到了长足发展，利用摩尔定律扩展到亚纳米尺寸，并显著降低了成本。本书将从物理和电气角度探讨微机电系统（MEMS）、传感系统和其他形式的低成本边缘设备的原理和参数。本书还将详细介绍驱动这些边缘机器所需的电力和能源系统。对于边缘设备的供电问题不能漠视，因为数十亿个小型传感器数据的收集仍将需要大量的能源来供电。本部分将着重讨论电源，以及云中的无意变化将如何严重影响系统的整体电源架构。

2.2.2　第 2 部分——数据通信

本书的很大一部分内容都将围绕着连通性和网络展开。另外，还包括对应用程序开发、预测性分析和机器学习的深入讨论。除了这些主题之外，同样重要的还有数据通信。如果没有关键技术来将数据从最偏远和最恶劣的环境转移到 Google、Amazon、Microsoft或 IBM 的最大数据中心，则物联网的意义也就无从谈起。

物联网的首字母缩写是 IoT，其 I 指的就是互联网，因此我们需要深入研究网络、通信乃至信号理论。物联网的起点不是传感器或应用程序，而是和连通性（Connectivity）

相关，你将在本书中看到这一点。一个合格的架构师将能够理解从传感器到广域网（WAN）再返回到传感器的互联网络的限制。

本书的通信和网络部分将从通信和信息的理论和数学基础开始。一个成功的架构师需要预备一些工具和模型，这要求架构师不仅要了解为什么某些协议受到约束，还需要设计可以在物联网级别成功扩展的未来系统。可用的工具包括无线射频动态（如范围和功率分析）、信噪比、路径损耗和干扰分析等。本书还将详细介绍信息理论的基础知识以及影响总体容量和数据质量的约束。我们将阐述香农定律的基础知识。另外，还会对无线频谱知识做有限的介绍，因为部署大规模物联网系统的架构师需要了解频谱的分配和管理方式。

本部分探讨的理论和模型将在本书的其他部分重复使用。

一般来说，可以使用非互联网协议消息，通过称为个人局域网（Personal Area Network，PAN）的近距离通信系统建立数据通信和联网。有关 PAN 的章节将深入介绍新的蓝牙（Bluetooth 5）协议和网格，以及 Zigbee 和 Z-Wave。这些代表了大部分物联网无线通信系统。接下来将探讨无线局域网和基于 IP 的通信系统，包括各种各样的 IEEE 802.11 Wi-Fi 系统、Thread 和 6LoWPAN。本部分还将研究新的 Wi-Fi 标准，如用于车载通信的 802.11p。

本部分最后将介绍使用蜂窝（4G LTE）标准的远程通信，并深入阐述支持 4G LTE 的基础架构以及专用于物联网和机器对机器通信的新标准，如 Cat-1 和 Cat-NB。本部分还将详细介绍已批准和设计的新 5G 标准的最有希望的功能，以使架构师为将来的远程传输做好准备。在这种传输中，每个设备都以某种容量连接。此外，本部分还将讨论诸如 LoRaWAN 和 Sigfox 之类的专有协议，以帮助读者了解架构之间的差异。

2.2.3　第 3 部分——互联网路由和协议

为了将数据从传感器桥接到 Internet，需要两种技术：网关路由器和对基于 IP 的协议的支持（这是为提高效率而设计的）。本部分将深入探讨边缘技术中路由器技术的作用，它们可以将 PAN 网络上的传感器桥接到 Internet。路由器的角色在保护、管理和控制数据方面尤其重要。边缘路由器将编排和监视基础网格网络，并平衡和提高数据质量。数据的私有化和安全性也至关重要。本部分将探讨路由器在创建虚拟专用网络、虚拟 LAN 和软件定义广域网中的作用。一个边缘路由器实际上可以服务数千个节点，从某种意义上说，它是对云的扩展，这在本书第 10 章"云和雾拓扑"中将会有详细的讨论。

本部分还将介绍节点、路由器和云之间的物联网通信中使用的协议。物联网已经让位于新协议，而不是数十年来使用的传统 HTTP 和 SNMP 类型的消息传递。物联网数据需要高效、低功耗、低延迟的协议，这些协议可以轻松地在云中进行控制和保护。本部分将探讨诸如普适的 MQTT 以及 AMPQ 和 CoAP 之类的协议，并给出示例以说明其用法和效率。

2.2.4 第 4 部分——雾和边缘计算、数据分析和机器学习

在本部分中，我们将考虑如何处理从边缘节点流入云服务的数据。首先，将讨论诸如软件即服务（SaaS）、基础设施即服务（IaaS）和平台即服务（PaaS）系统之类的云架构的各个方面。架构师需要了解云服务的数据流和典型设计（具体了解它们各有什么特点以及如何使用）。我们将 OpenStack 用作云设计的模型，并详细讨论从采集器（Ingestor）引擎到数据湖（Data Lake）再到分析引擎的各种组件。了解云架构的约束对于正确判断系统的部署和扩展规模也很重要。

架构师还必须了解延迟对物联网系统的影响。另外，并非所有的东西都需要云。将所有物联网数据移至云计算而不是在边缘进行处理（边缘处理），或将云服务向下扩展至边缘路由器（雾计算），这本身也存在一个成本衡量的问题。本部分将深入研究雾计算的新标准，如 OpenFog 架构。

从物理模拟事件转换为数字信号的数据可能会产生可操作的结果，这就是物联网的分析和规则引擎发挥作用的地方。物联网部署的复杂程度取决于所设计的解决方案。在某些情况下，可以在监视多个传感器的边缘路由器上轻松部署寻找异常极端温度的简单规则引擎；而在另外一些情况下，大量的结构化和非结构化数据可能实时流式传输到基于云的数据湖，并且既需要快速处理以进行预测分析，又需要使用高级机器学习模型（如与时间相关的信号分析包中的循环神经网络）进行长期预测。本部分将详细介绍数据分析的使用和约束，包括复杂事件处理器、贝叶斯网络以及神经网络的推理和训练等。

2.2.5 第 5 部分——物联网中的威胁和安全性

在本书的结尾部分，我们对物联网入侵和攻击进行了详细介绍。在许多情况下，物联网系统都将无法获得像在家庭或公司中那样的保护，因为它们有可能部署在公共场所、非常偏远的地区、行驶的车辆中，甚至是在人体内。对于任何类型的网络攻击来说，物联网都代表了最大的单一攻击面。我们已经看到过无数的学术黑客、组织化的网络攻击，甚至国家安全破坏都以物联网设备为目标。本部分将详细介绍此类破坏行为的各个方面以及任何架构师必须考虑的补救措施，以使消费者或企业物联网部署成为互联网的良好公民。我们将探讨拟议的保护物联网的法律法规，并了解这种政府授权的动机和影响。

本部分将列出物联网或任何网络组件所需的典型安全性规定，还将探讨诸如区块链和软件定义边界（Software Defined Perimeter，SDP）之类的新技术的细节，以深入理解确保物联网安全所需的未来技术。

2.3　小　　结

本书将全面介绍构成物联网的各种技术。本章总结了本书涵盖的领域和主题。架构师必须意识到这些不同的工程学科之间的相互作用，才能构建可扩展的、强大且优化的系统。架构师需要提供支持证据，证明物联网系统为最终用户或客户提供了价值，因此本章也介绍了梅特卡夫定律和 Beckstrom 定律的应用，它们可以作为支持物联网部署的工具。

在第 3 章及后续章节中，我们将深入探讨从传感器到云的物联网架构，以及介于两者之间的所有内容。

第3章　传感器、端点和电源系统

物联网（IoT）从执行操作的数据源或设备开始。这些东西我们称之为端点（Endpoint），它们与 Internet 相关。一般来说，在讨论物联网时，通常会忽略实际数据源。这些源是输出与时间相关的数据流的传感器，这些数据必须安全地传输，并且可能需要进行分析，也可能需要存储。物联网的价值在于聚合数据。

有鉴于此，传感器提供的数据至关重要。但是，对于架构师而言，理解数据以及如何解释数据至关重要。在大规模物联网部署中，除了理解要收集什么数据以及如何获取数据之外，了解可以感知的内容以及各种传感器的约束也很有用。例如，系统必须考虑发生设备丢失或数据出错的情况。架构师必须了解传感器数据可能不可靠的原因，以及传感器在现场发生故障的可能缘由。

本质上，我们是在将模拟世界连接到数字世界。连接的大部分物件都是传感器，因此理解它们的作用非常重要。

简而言之，物联网就是将物件连接在一起的网络。大量增长的互联物件和对象将是传感器（Sensor）和执行器（Actuator），因此理解它们在架构中的关系非常重要。本章将从电子学和系统的角度重点介绍传感器设备。重要的是要了解被测量的对象的原理以及原因。

也许有人会问："我要解决的问题应该考虑使用哪种类型的传感器或边缘设备？"架构师在部署物联网解决方案时应考虑成本、功能、尺寸、使用寿命和精度等方面的要素。此外，物联网文献很少讨论边缘设备的功率和能量，但是这对于构建可靠和持久的技术却是至关重要的。本章将详细介绍物联网感应设备的原理和参数等，相信在阅读完本章之后，读者会对传感器技术及其约束有一个较高水平的了解。

本章将讨论以下主题。

❑　从热电偶到 MEMS 传感器再到视觉系统的感应装置。

❑　发电系统。

❑　储能系统。

3.1　感　应　装　置

我们首先要关注的是感应或输入设备。从简单的热电偶到先进的视频系统，感应装置的形式可谓多种多样。当有人提到"数十亿的物联网设备"时，所指的应该就是本节介绍的广泛的感应装置。物联网设备之所以能够迅猛增长，原因之一就是，随着半导体制造和微加工的发展，这些传感系统的尺寸大大减小，成本大大降低。

3.1.1　热电偶和温度感应

温度传感器是传感器产品中最普遍的形式。它们几乎无处不在。从智能恒温器到物联网冷链物流，从冰箱到工业机械，它们都普遍存在，并且很可能是你将在物联网解决方案中接触到的第一个感应设备。

1. 热电偶

热电偶（ThermoCouple，TC）是一种不依赖激励信号进行操作的温度传感设备。因此，它们产生非常小的信号（幅度通常为微伏）。不同材料的两条线在需要对温度测量值进行采样的地方相遇，每种金属彼此独立地产生电压差，该效应被称为塞贝克电动势（Seebeck Electromotive Effect），其中两种金属的电压差与温度呈非线性关系。

电压的大小取决于所选的金属材料。电线的末端与系统保持热绝缘是至关重要的（电线必须处于相同的受控温度下）。在图 3-1 中，温度块（Thermal Block）的温度由传感器控制。这通常是通过一种称为冷端补偿（Cold Junction Compensation）的技术来控制的，该技术可以改变温度，并且可以通过块传感器进行精确测量。

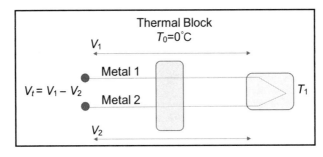

图 3-1　热电偶示意图

原　　　　文	译　　　　文
Thermal Block	温度块
Metal 1	金属 1
Metal 2	金属 2

采样电压差时，软件通常会有一个查找表，用于根据所选金属（Metal）的非线性关系得出温度。

　　热电偶可应用于简单的测量。该系统的精度也会有所不同，因为细微的杂质会影响导线的成分并导致查找表不匹配。有时可能需要精密级的热电偶，但成本较高。

　　另外还有一个影响是老化。由于热电偶通常用于工业环境中，因此随着时间的流逝，高温环境会降低传感器的精度。有鉴于此，物联网解决方案必须考虑到传感器随着使用时间的增加而出现的变化。

　　热电偶适用于较宽的温度范围，对不同的金属组合使用颜色编码，并按类型进行标记（例如，E、M、PT-PD 等）。一般来说，这些传感器适用于长引线的远距离测量，通常用于工业和高温环境。

　　图 3-2 显示的是各种热电偶金属类型（Type）及其在一定温度范围内的各自能量线性。

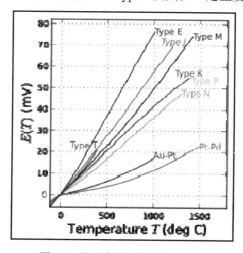

图 3-2　热电偶类型表征 $E(T)$：T

原　　文	译　　文
Temperature T(deg C)	温度 T（℃）

2. 电阻温度检测器

　　电阻温度检测器（Resistance Temperature Detector，RTD）在较窄的温度范围（低于 600℃）内工作，但其精度要比热电偶好得多。RTD 通常由非常细的铂丝构造而成，铂丝紧密地包裹在陶瓷或玻璃上，这产生了电阻与温度的关系。由于这是基于电阻的测量，因此需要激励电流（1 mA）来运行 RTD。

　　RTD 的电阻遵循预定的斜率。RTD 用基本电阻指定。一个 200 PT100 RTD 在 0～100℃ 的斜率为 0.00200 Ω/℃。在此范围（0～100℃）内，斜率将是线性的。RTD 分为两线、三线和四线封装，其中四线型号用于高精度校准系统。RTD 通常与电桥电路一起使用以提高分辨率，并通过软件线性化其结果。如图 3-3 所示就是绕线 RTD 元件的示意图。

RTD 很少在 600℃以上使用，这限制了其在工业中的应用。在高温下，铂金可能被污染，从而导致错误的结果。但是，在指定范围内进行测量时，RTD 的结果相当稳定且准确。

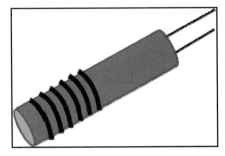

图 3-3　绕线 RTD 元件示意图

3．热敏电阻

最后要介绍的温度感测设备是热敏电阻（Thermistor）。这些传感器也是基于电阻的关系传感器（和 RTD 是一样的），但对于给定温度，其变化程度要比 RTD 更高。本质上，这些是随温度变化的电阻器。它们还可用于电路中以减轻浪涌电流。RTD 与温度变化呈线性关系，而热敏电阻则与温度变化具有高度非线性关系，适合在狭窄温度范围内需要高分辨率的情况下使用。有两种类型的热敏电阻：一种是 NTC，其电阻随着温度的升高而减小；另一种是 PTC，其电阻随着温度的升高而增大。热敏电阻与 RTD 的主要区别在于，它使用的材料是陶瓷或聚合物，而 RTD 的基础材料是金属。

热敏电阻经常使用在医疗设备、科学设备、食品加工设备、保温箱以及恒温器等家用电器中。

4．温度传感器小结

表 3-1 显示了特定温度传感器的用例和优势。

表 3-1　温度传感器

类别	热电偶	电阻温度检测器	热敏电阻
温度范围（单位：℃）	−180～2320	−200～500	−90～130
响应时间	快（μs）	慢（s）	慢（s）
尺寸	大（~1 mm）	小（5 mm）	小（5 mm）
精度	低	中	非常高

3.1.2　霍尔效应传感器和电流传感器

霍尔效应传感器（Hall Effect Sensor）由通过电流的金属带组成。穿过磁场的带电粒子流将导致波束偏离直线。如果将导体放置在垂直于电子流的磁场中，它将聚集电荷载流子并在金属带的正侧和负侧之间产生可以测量的电压差。该电压差称为霍尔电压（Hall Voltage），它负责产生称为霍尔效应（Hall Effect）的现象。图 3-4 对此进行了说明。如果在磁场内向金属带施加电流，则电子（Electron）将被吸引到带的一侧，而空穴（Hole）将吸引到另一侧（可以看到曲线）。这将感应出可以测量的电场。如果该电场足够强，它将抵消磁力，并且电子将沿直线运动。

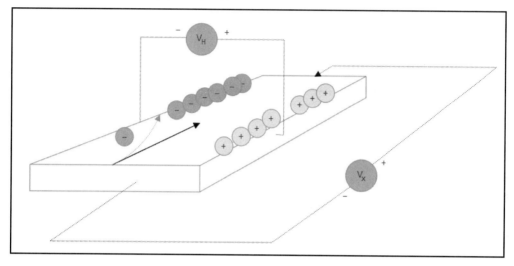

图 3-4 霍尔效应示意图

电流传感器使用霍尔效应来测量系统的交流和直流电流。电流传感器有两种形式：开环和闭环。闭环比开环传感器更昂贵，并且常用于电池供电的电路。

霍尔传感器的典型用途包括位置感应、磁力计、高度可靠的开关和水位检测等。它们可用于工业传感器中，以测量不同机器和电机的转速。另外，它们的制造成本非常低，并且可以忍受恶劣的环境条件。

3.1.3 光电传感器

光和光强度的检测已在许多物联网传感器设备中使用，如安全系统、智能开关和智能路灯等。顾名思义，光敏电阻器（Photoresistor）的电阻会随着光强度而变化，而光电二极管（Photodiode）则可以将光转换成电流。

光敏电阻器是使用高电阻半导体制造的。随着吸收的光增多，其电阻将下降。在黑暗中，光敏电阻可能具有很高的电阻（在兆欧范围内）。半导体吸收的光子将使电子跃迁到导带（Conduction Band）并导电。光敏电阻器对波长敏感，具体取决于其类型和制造商。但是，光电二极管是具有 p-n 结的真正的半导体。该器件通过产生电子-空穴对来对光做出响应。空穴向阳极移动，电子迁移到阴极，并产生电流。传统的太阳能电池以这种光伏模式运行，产生电能。另外，如果需要的话，也可以在阴极上使用反向偏置以改善延迟和响应时间。光电传感器的分类详见表 3-2。

表 3-2　光电传感器

类别	光敏电阻器	光电二极管
感光度	低	高
主动/被动（半导体）	被动	主动
温度灵敏度	高灵敏度	低灵敏度
灯光变化的延迟时间	长（10 ms 开，1 s 关）	短

3.1.4　热释电红外传感器

热释电红外（Pyroelectric Infrared，PIR）传感器包含两个插槽，插槽中填充了对红外线辐射和热量起反应的材料。典型的用例是安全监控或人体移动探测。在其最简单的形式中，一般在该传感器的前方装设一个菲涅尔透镜，从而允许两个插槽向外形成加宽弧。这两个弧线即形成了检测区域。当温暖的物体（如人体或动物）进入其中一个弧线或离开其中一个弧线时，会生成一个被采样的信号。PIR 传感器使用一种高热电系数的材料（如锆钛酸铅系陶瓷、钽酸锂、硫酸三甘钛等），该材料在受到红外线辐射时会产生电流。场效应晶体管（Field Effect Transistor，FET）检测电流变化，并将信号发送到放大单元。PIR 传感器在 8～14 μm 的范围内响应良好，而这正是人体红外辐射的典型值。

如图 3-5 所示，是检测两个区域的两个红外辐射区域。尽管对于某些目的而言这是很好的，但是通常我们需要检查整个房间或区域的移动或活动。

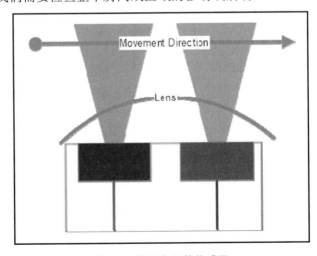

图 3-5　热释电红外传感器

原　　文	译　　文
Movement Direction	移动方向
Lens	菲涅耳透镜

通过图 3-5 可以看出,热释电红外传感器有两个探测元件可以对红外辐射在其视野内的移动来源做出响应。要使用单个传感器扫描更大的区域,需要多个菲涅耳透镜,这些透镜将会聚来自房间区域的光,以在 PIR 阵列上创建不同的区域。这也具有将红外能量聚集到离散的 FET 区域的作用。一般来说,此类设备将允许架构师控制灵敏度(范围)以及保持时间。

保持时间是指在检测到对象在 PIR 路径上移动后输出移动事件的时间。保持时间越短,可能输出的事件就越多。图 3-6 是典型的 PIR 传感器的示意图,其中菲涅耳透镜以固定焦距聚焦固定在基板上。

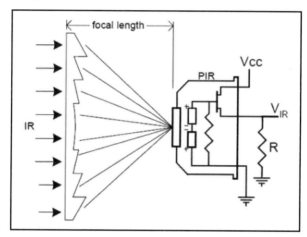

图 3-6　菲涅耳透镜将红外辐射区域聚焦到 PIR 传感器上

(资料来源：Cypress Microsystems Application Note AN2105)

原　　文	译　　文
focal length	焦距

3.1.5　激光雷达和有源传感系统

本节将介绍有源传感系统(Active Sensing System,也称为主动传感系统)。前面我们讨论了许多无源传感器(Passive Sensor,也称为被动传感器),它们只能对环境变化做出被动响应。主动感应涉及广播一个参考信号,以在空间或感官上测量环境。这一领域非常广泛，我们将专注于将激光雷达（LiDAR）作为有源传感系统的基础。

LiDAR 从字面上代表的是光检测和测距（Light Detection And Ranging），但是它常被称为激光雷达（Laser Radar）或激光检测和测距（Laser Detection And Ranging，LADAR）。这种类型的传感器可通过测量目标上的激光脉冲反射来测量到目标的距离。PIR 传感器能检测目标在检测范围内的移动，而 LiDAR 则可以测量范围。该过程在 20 世纪 60 年代首次得到证明，现在已广泛用于农业、自动化和自动驾驶汽车、机器人技术、监视和环境研究中。这种类型的有源传感器还能够分析任何跨越其路径的东西。它们可用于分析气体、大气、云层和成分、微粒、移动物体的速度等。

LiDAR 是一种主动传感器技术，可广播激光能量。当激光撞击物体时，一些能量将被反射回 LiDAR 发射器。所使用的激光器通常在 600～1000 nm 波长内，并且相对便宜。出于安全考虑，限制了电源，以防止眼睛受伤。某些 LiDAR 单元工作在 1550 nm 范围内，因为该波长无法被眼睛聚焦，所以即使在高能量下也无害。LiDAR 系统甚至可以从卫星上进行非常长的测距和扫描。激光每秒将产生高达 150000 个脉冲的脉冲，可以反射回光电二极管阵列。激光设备还可以通过旋转镜扫描场景，以构建环境的综合 3D 图像。广播的每个光束代表一个角度、飞行时间（Time Of Flight，TOF）测量结果和 GPS 位置。这允许光束形成代表性场景。

为了计算到物体的距离（Distance），其方程式相对简单，就是光速（Speed of Light）乘以飞行时间，然后将结果除以 2（因为这里的飞行时间是往返时间）。

$$Distance = \frac{(Speed\ of\ Light \times Time\ of\ Flight)}{2}$$

LiDAR 和其他有源传感器的行为类似。每个传感器都有一个代表性的广播信号，该信号会返回到传感器以生成图像，或指示已发生的事件。这些传感器比简单的无源传感器复杂得多，并且还需要更多的功率、成本和面积。图 3-7 就是其用例之一。

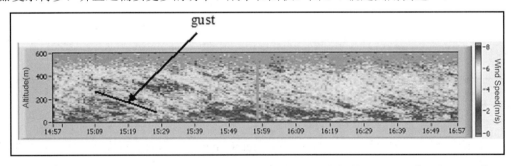

图 3-7　激光雷达：用于分析大气阵风以保护风力涡轮机的 LiDAR 图像示例

（资料来源：美国宇航局）

原　　文	译　　文
gust	阵风
Altitude(m)	海拔（m）
Wind Speed(m/s)	风速（m/s）

3.1.6　微机电系统传感器

自 20 世纪 80 年代首次出现微机电系统（Micro-ElectroMechanical Systems，MEMS）以来，微机电系统一直在工业中使用。但是，第一个 MEMS 压力传感器的起源可以追溯到 20 世纪 60 年代的 Kulite Semiconductor（美国科莱特半导体公司），该公司开发了压阻式压力传感器。

本质上，它们结合了与电子控件相互作用的小型机械结构。一般来说，这些传感器的几何尺寸为 1～100 μm。与本章中提到的其他传感器不同，MEMS 的机械结构可以旋转、拉伸、弯曲、移动或改变形式，进而影响电信号。这是由一个特定传感器捕获并测量的信号。

在典型的硅制造工艺中，可以使用多个掩模、光刻、沉积和蚀刻工艺来制造 MEMS 器件，然后将 MEMS 硅芯片与其他组件封装在一起，如运算放大器、模数转换器和支持电路。一般情况下，将在相对较大的范围（1～100 μm）内制造 MEMS 器件，而典型的硅结构则在 28 nm 或以下制造。该过程涉及薄层沉积和蚀刻，以创建用于 MEMS 器件的 3D 结构。

除传感器系统外，MEMS 设备还可以在喷墨打印机的机头和现代高架投影仪（如数字光处理器（Digital Light Processor，DLP）投影仪）中找到。MEMS 传感设备具有合成为只有针头一样小的封装的能力，这也是物联网连接的设备迅速增长的原因之一。

1．微机电系统加速度计和陀螺仪

如今，加速度计（Accelerometer）和陀螺仪（Gyroscope）在许多移动设备（如计步器和健身跟踪器）中都很常见，并用于定位和运动跟踪。这些设备将使用微机电系统压电器件来产生电压以响应运动。

陀螺仪检测的是旋转运动，而加速度计则可以响应线性运动的变化。图 3-8 说明了加速度计的基本原理。一般来说，通过弹簧固定到校准位置的中心质量块将响应加速度的变化，该变化是通过微机电系统电路中的电容变化来测量的。中心质量块看起来是静止的，以响应在某个方向上的加速度。

加速度计将被合成以响应多个维度(X, Y, Z)而不是一个维度，如图 3-8 所示。

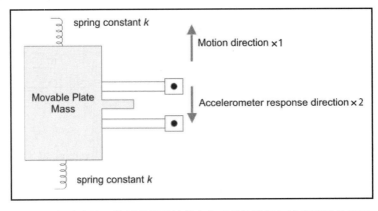

图 3-8　加速度计：使用弹簧悬挂的中心质量块进行加速度测量的原理

原　　文	译　　文
spring constant k	弹簧常数 k
Movable Plate Mass	可移动金属板质量块
Motion direction×1	移动方向×1
Accelerometer response direction×2	加速度计响应方向×2

　　陀螺仪的运行原理略有不同。陀螺仪不依赖于对中心质量的运动响应，而是依赖于旋转参考系的科里奥利效应（Coriolis Effect）。图 3-9 演示了该效应的概念。在圆盘不旋转时，向北移动是非常容易的。但是，当圆盘旋转时，如果不增加速度，则对象将以弧形移动，并且不会到达北向目标。向圆盘外边缘移动需要额外的加速度才能保持向北的路线。

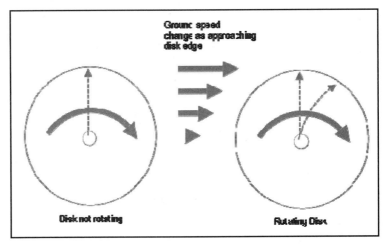

图 3-9　加速度计：旋转的圆盘在向北移动的路径上的作用

原　　　文	译　　　文
Ground speed change as approaching disk edge	接近圆盘边缘时地面速度将发生变化
Disk not rotating	圆盘不旋转
Rotating Disk	旋转的圆盘

　　这就是科里奥利加速度。在微机电系统器件中，没有旋转圆盘。相反，在硅基板上的一系列微机电系统制成的环上施加了谐振频率。

　　这些环是同心的，并切成小弧形。同心环可获得更大的面积来衡量旋转运动的精度。单个环需要刚性支撑梁，并且不那么可靠。通过将环分叉成弧形，结构会失去刚度，并且对旋转力更敏感。直流电源会产生一个在环内共振的静电力，而连接到环上的电极会检测电容器的变化。如果谐振环受到干扰，则会检测到科里奥利加速度。

　　科里奥利加速度由以下公式定义：

$$a = -2\omega \times \upsilon$$

　　该式表明，加速度（a）是图 3-9 所示系统旋转和转盘速度的乘积，或者是如图 3-10 所示微机电系统器件的谐振频率。给定一个直流电源，力会改变间隙尺寸和电路的总电容。外部电极将检测环中的挠度，而内部电极则可以提供电容测量值。

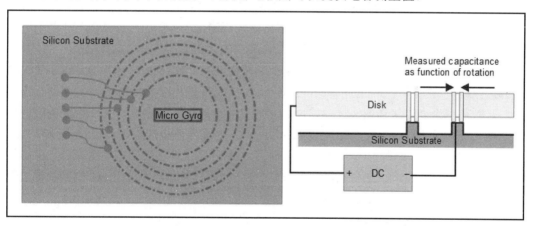

图 3-10　左图为连接到相应电极的圆盘间隙；右图代表陀螺仪传感器的同心切割环位于硅基板上

原　　　文	译　　　文
Silicon Substrate	硅基板
Micro Gyro	微型陀螺仪
Measured capacitance as function of rotation	测得的电容与旋转的关系
Disk	圆盘
DC	直流电源

陀螺仪和加速度计都需要电源和用于信号调节的运算放大器。在调节之后，其输出即可由数字信号处理器进行采样。

这些设备可以在非常小的封装中合成，如 Invensense MPU-6050，即在 4 mm×4 mm×1 mm 的小尺寸封装中包括了 6 轴陀螺仪和加速度计。

该器件仅消耗 3.9 mA 的电流，非常适合低功耗感应检测。

2．微机电系统麦克风

微机电系统器件也可以用于声音和振动检测。这些类型的微机电系统器件与先前讨论过的加速度计有关。对于物联网部署来说，声音和振动测量在工业物联网和预测性维护应用中很常见。例如，在化学制造中，或在离心机中旋转或混合物料的工业机器就需要精确的整平。微机电系统声音或振动单元通常将用于监视此类设备的健康和安全性。

这种类型的传感器将需要具有足够采样频率的模数转换器（Analog-to-Digital Convertor，ADC）。另外，还可以使用放大器来增强信号。微机电系统麦克风的阻抗约为数百欧姆（需要仔细注意所使用的放大器）。微机电系统麦克风可以是模拟或数字的。模拟麦克风将被偏置到一定的直流电压，并将被附加到编解码器以进行模数转换。数字麦克风的 ADC 靠近麦克风源，当编解码器附近的蜂窝或 Wi-Fi 信号存在信号干扰时，此功能很有用。

数字微机电系统麦克风的输出可以是脉冲密度调制（Pulse Density Modulated，PDM）或通过集成电路内置音频（Inter-IC Sound，I^2S）总线格式发送。PDM 是一种高采样率协议，具有从两个麦克风通道采样的能力。它通过共享时钟和数据线，并在不同的时钟周期从两个麦克风之一进行采样来实现此目的。I^2S 的采样率虽然不高，但是音频率（Hz 到 kHz 范围）的抽取将产生不错的质量。这仍然允许在采样中使用多个麦克风，但由于在麦克风中发生抽取，因此可能根本不需要 ADC。具有高采样率的 PDM 则需要通过数字信号处理器（Digital Signal Processor，DSP）进行抽取。

3．微机电系统压力传感器

从智能城市监控基础设施到工业制造，压力传感器（Pressure Sensor）和应变仪（Strain Gauge）常用于各种物联网部署中。这些物件一般用于测量流体和气体压力。传感器的心脏是压电电路（Piezoelectric Circuit）。膜片将被放置在压电基板上压电元件的上方或下方。基板是柔性的，并允许压电元件改变形状。形状的这种变化将直接导致材料中电阻的相应变化，如图 3-11 所示。

这种类型的传感器以及本章中列出的其他基于激励电流的传感器，都依靠惠斯通电桥（Wheatstone Bridge）来测量变化。惠斯通电桥可以采用两线、四线或六线组合。当压电基板弯曲并改变电阻时，即可测量跨桥的电压变化，如图 3-12 所示。

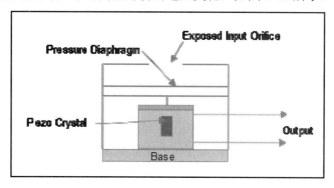

图 3-11　压力传感器解剖

原　　文	译　　文
Pressure Diaphragm	压力膜片
Exposed Input Orifice	暴露的输入孔
Piezo Crystal	压电元件
Base	基板
Output	输出

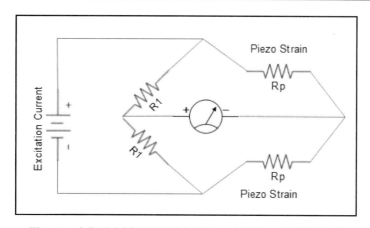

图 3-12　惠斯通电桥可用于放大微机电系统压力传感器的信号

原　　文	译　　文
Excitation Current	激励电流
Piezo Strain	压电应变

3.2　智能物联网终端

到目前为止，我们已经研究了非常简单的传感器，这些传感器仅以二进制或模拟形式返回必须采样的信息。但是，有些物联网设备和传感器在执行任务时具有强大的处理能力和性能。智能传感器包括诸如摄像头和视觉系统之类的设备，它们可以通过高端处理器、数字信号处理器、现场可编程逻辑门阵列（Field Programmable Gate Array，FPGA）和定制专用集成电路（Application Specific Integrated Circuit，ASIC）的形式进行大量处理。本节将详细介绍一种智能传感器类型——视觉系统（Vision System）。

与前面介绍的简单传感器相比，视觉系统要复杂得多，因为它需要大量的硬件、光学元件和成像硅。视觉系统从观察场景的镜头开始。透镜可提供聚焦，但也可为传感元件提供更多的光饱和度。在现代视觉系统中，使用两种类型的传感元件之一：电荷耦合器件（Charge-Coupled Device，CCD）或互补金属氧化物半导体（Complementary Metal-Oxide Semiconductor，CMOS）器件。CCD 和 CMOS 之间的区别可以概括如下。

- ❑ CCD：电荷从传感器传输到芯片的边缘，并通过模数转换器顺序采样。CCD 可以创建高分辨率和低噪声的图像。它们消耗大量功率（是 CMOS 的 100 倍），还需要独特的制造过程。
- ❑ CMOS：单个像素包含用于采样电荷的晶体管，并允许单独读取每个像素。CMOS 更容易受到噪声的影响，但功耗很小。

在当今市场上，大多数传感器都是使用 CMOS 制成的。CMOS 传感器被集成到一个硅芯片中，该硅芯片表现为在硅基板上按行和列排列的晶体管的二维阵列。每个红色、绿色或蓝色传感器上将放置一系列微透镜，将入射光线聚焦到晶体管元件上。这些微透镜中的每一个都会将特定的颜色衰减到对光水平有响应的一组特定的光电二极管（R，G 或 B）。但是，这些镜头并不完美，它们可能在不同波长以不同速率折射的地方添加色差，从而导致不同的焦距和模糊。镜头也会使图像变形，造成枕形效应。

接下来将执行一系列的步骤，以对图像进行多次过滤、归一化并将其转换为可用的数字图像。这是图像信号处理器（Image Signal Processor，ISP）的核心，可以按照如图 3-13 所示的顺序执行这些步骤。

在图 3-13 中可以看到，图像中每个像素的管线在每个阶段的大量转换和处理。数据量和处理量需要大量定制的芯片或数字信号处理器。管线中各功能区块的责任介绍如下。

- ❑ 模数转换（Analog-to-Digital Conversion）：放大传感器信号，然后转换为数字形式（10 位）。从光电二极管传感器阵列读取数据，这些数据是代表刚刚捕获的图像的一系列摊开来的行/列。

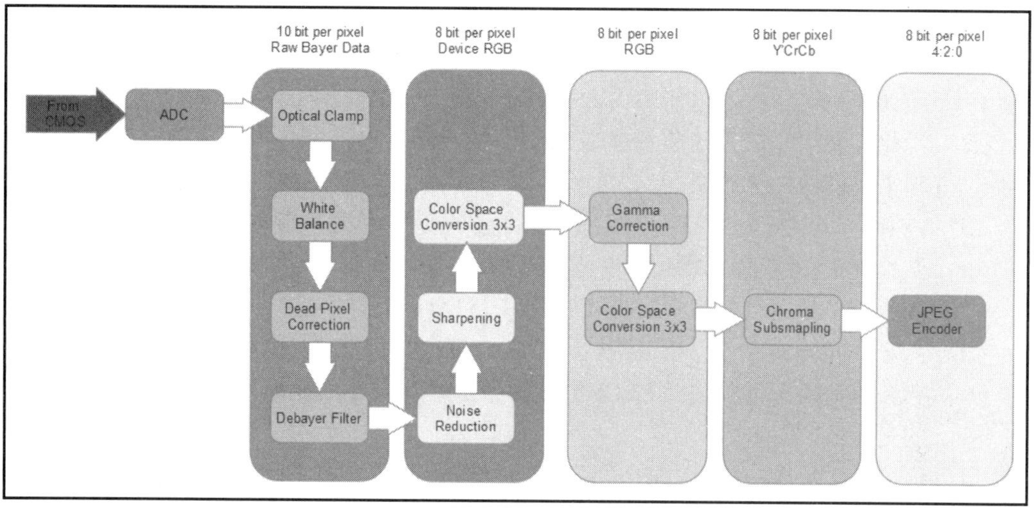

图 3-13 图像传感器：用于彩色视频的典型图像信号处理器管线

原　　文	译　　文	原　　文	译　　文
From CMOS	来自 CMOS	Device RGB	设备 RGB
10 bit per pixel	每像素 10 位	Color Space Conversion 3×3	色彩空间转换 3×3
Raw Bayer Data	原始 Bayer 数据	Sharpening	锐化
Optical Clamp	光学固定	Noise Reduction	降噪
White Balance	白平衡	Gamma Correction	伽玛校正
Dead Pixel Correction	坏点校正	Chroma Subsmapling	色度二次采样
Debayer Filter	Debayer 过滤器	JPEG Encoder	JPEG 编码器
8 bit per pixel	每像素 8 位		

❑ 光学固定（Optical Clamp）：消除由于传感器黑电平而引起的传感器偏置效应。

❑ 白平衡（White Balance）：模仿不同色温下眼睛的彩色显示，使中性色调显得中性。使用矩阵转换执行。

❑ 坏点校正（Dead Pixel Correction）：识别坏点，并使用插值法对其进行补偿，将坏点替换为相邻像素的平均值。

❑ Debayer 过滤器：即 Debayer 滤波和去马赛克。排列 RGB 数据，使绿色饱和度超过红色和蓝色内容，以进行亮度灵敏度调整。还可以根据传感器隔行扫描的内容创建图像的平面格式。更高级的算法可保留图像中的边缘。

❑ 降噪：所有传感器都会产生噪声。噪声可能与晶体管级像素灵敏度的不均匀性或光电二极管的泄漏相关，从而显示出暗区。也存在其他形式的噪声。此阶段通过所有像素上的中值滤波器（3×3 阵列）消除了图像捕获中引入的白噪声和相干噪声。另外，也可以使用去斑点滤波器，要求对像素进行分类。当然，也存在其他方法，但是它们都将遍历像素矩阵。

- ❑ 锐化：使用矩阵乘法将模糊应用于图像，然后将模糊与内容区域中的细节结合起来以创建锐化效果。
- ❑ 色彩空间转换 3×3：对于 RGB 进行特定处理，色彩空间转换为 RGB 数据。
- ❑ 伽玛校正：校正 CMOS 图像传感器对 RGB 数据针对不同辐照度的非线性响应。伽玛校正使用查找表（Look-Up Table，LUT）对图像进行插值和校正。
- ❑ 色彩空间转换 3×3：从 RGB 到 Y'CbCr 格式的附加色彩空间转换。之所以选择 YCC，是因为可以按比 CbCr 更高的分辨率存储 Y，而不会损失视觉质量。采用的是 4:2:2 位的表示形式。
- ❑ 色度二次采样：由于 RGB 色调的非线性，此阶段会校正图像以模仿其他介质（如胶片），从而实现色调匹配和质量。
- ❑ JPEG 编码器：标准 JPEG 压缩算法。

值得强调的是，这恰是一个很好的例子，能够说明一个简单的视觉系统可以使传感器变得多么复杂，以及可以归因于多少数据、硬件和复杂性。在 1080 p 分辨率下，以每秒约 60 帧的保守速度通过视觉系统或摄像头的数据量是很大的。假设所有阶段（JPEG 压缩除外）都通过固定功能芯片（如 ASIC）中的 ISP 执行一圈，则处理的数据总量为 1.368 GB/s。再考虑到最后一步的 JPEG 压缩，则通过自定义芯片和 CPU/DSP 内核进行处理时，数据量将超过 2 GB/s。因此，永远不要将原始的 Bayer 图像视频流传输到云中进行处理，这项工作必须尽可能靠近视频传感器执行。

3.3　传感器融合

本章描述的所有传感器设备都需要考虑传感器融合（Sensor Fusion）的概念。所谓传感器融合，就是将若干种不同类型的传感器数据组合在一起以揭示更多有关环境背景的过程，而这是单个传感器无法提供的。这在物联网领域很重要，例如，单个热传感器不知道导致温度快速变化的原因。但是，如果将其与附近其他传感器的数据进行结合，如查看热释电红外（PIR）运动检测和光强度，则物联网系统可以辨别出有大量的人聚集在某个区域，并且此时阳光强烈，那么就可以做出决定：加强智能建筑中的空气流通。如果只是一个简单的热传感器，那么它仅能记录当前的温度值，而没有背景环境的感知，这样就不知道热量是由于人群的聚集和日光照射而增加的。

利用来自多个传感器（边缘和云）的时间的相关数据，处理过程可以基于更多数据做出更好的决策。这也是需要有大量的数据从传感器流入云的原因之一，当然这也导致了大数据的增加。随着传感器变得更便宜，更易于集成（就好像使用德州仪器 SensorTag 一样），我们将看到更多的组合传感技术，它们都可以提供背景环境感知。

传感器融合有以下两种模式。

❑　中心化：将原始数据流式传输并聚合到中央服务，然后在那里进行融合（如基于云的融合）。

❑　去中心化：在传感器（或接近传感器）的地方关联数据。

关联传感器数据的基础通常通过中心极限定理来表示，其中两个传感器的测量值 x_1 和 x_2 被组合起来，以基于组合的方差显示一个相关的测量值 x_3。这只是添加两个度量，并通过方差对总和加权：

$$x_3 = (\sigma_1^{-2} + \sigma_2^{-2})^{-1}(\sigma_1^{-2}x_1 + \sigma_2^{-2}x_2)$$

可以使用的其他传感器融合方法还包括卡尔曼滤波器和贝叶斯网络。

3.4　输　入　设　备

还有许多其他形式的传感设备是本章尚未讨论过的，包括各种气体传感器、湿度传感器、环境氡探测传感器、辐射传感器、烟雾传感器和超声波传感器等。但是，本章将为读者提供有关传感器输入基础原理的工作知识，以及在选择正确的传感选项时所面临的挑战。

到目前为止，我们已经讨论了端点设备（如传感器），这些设备将恒定的数据流发送到边缘设备或云。物联网由双向系统组成。输入可以从云到达端点，或者数据也可以从端点发送到云中的多个用户。接下来我们将讨论基本执行器和输出设备。

3.5　输　出　设　备

物联网生态系统中的输出设备几乎可以是任何东西，从简单的 LED 到完整的视频系统。其他类型的输出包括执行器（Actuator）、步进电机、扬声器和音频系统、工业阀门等。这些设备需要复杂程度不同的各种控制系统，这是有理由的。根据输出的类型和它们服务的用例，我们还应该预见到，许多控制和处理都需要位于边缘或靠近设备的位置（相对于云中的完全控制而言）。例如，视频系统可以流式传输来自云提供商的数据，但是在边缘仍需要输出硬件和缓冲功能（详见第 3.2 节"智能物联网终端"中的说明）。

一般来说，输出系统可能需要大量能量才能转换为机械运动、热能甚至光线。一个用于控制流体或气体流量的小型螺线管可能需要 9～24 VDC，并消耗 100 mA 电流才能可靠地运行并产生 5 N 的力，而工业螺线管的工作电压则为数百伏。

3.6　功　能　示　例

除非可以传输和处理它们收集的数据，否则传感器的收集就没有意义。无论是本地嵌入式控制器还是向上游发送到云，都需要更多硬件来构建系统。一般来说，传感器将使用已建立的 I/O 接口和通信系统，例如 I^2C、SPI、UART 或其他低速 I/O。其他设备（如视频系统）将需要更快的 I/O（如 MIPI、USB 甚至 PCI-Express）来保持高分辨率和较快的视频帧速率。为了进行无线通信，传感器需要与蓝牙、Zigbee 或 802.11 等无线传输硬件一起使用。所有这些都需要额外的组件，这也是本节要讨论的内容。

3.6.1　功能示例——德州仪器 CC2650 SensorTag

德州仪器（Texas Instruments，TI）半导体公司的 CC2650 SensorTag 是用于开发、原型制作和设计的物联网传感器模块的一个很好的例子。在其包装说明中，介绍了 SensorTag 具有以下功能和传感器。

- ❑　传感器输入。
  - ➤　环境光传感器（TI Light Sensor OPT3001）。
  - ➤　红外温度传感器（TI Thermopile infrared TMP007）。
  - ➤　环境温度传感器（TI Light sensor OPT3001）。
  - ➤　加速度计（Invensense MPU-9250）。
  - ➤　陀螺仪（Invensense MPU-9250）。
  - ➤　磁力计（Bosch SensorTec BMP280）。
  - ➤　高度计/压力传感器（Bosch SensorTec BMP280）。
  - ➤　湿度传感器（TI HDC1000）。
  - ➤　微机电系统麦克风（Knowles SPH0641LU4H）。
  - ➤　磁传感器（Bosch SensorTec BMP280）。

> ➢ 两个按钮式通用输入/输出（General Purpose I/O，GPIO）端口。

> ➢ 簧片继电器（MK24 型）。

❑ 输出设备。

> ➢ 蜂鸣器/扬声器。

> ➢ 两个 LED。

❑ 通信。

> ➢ 低功耗蓝牙（Bluetooth Smart）。

> ➢ Zigbee。

> ➢ 6LoWPAN。

该封装由一个 CR2032 币形电池供电。该设备可以置于信标模式（iBeacon）中，并用作消息广播器。如图 3-14 所示是 CC2650 SensorTag 模块的框图。

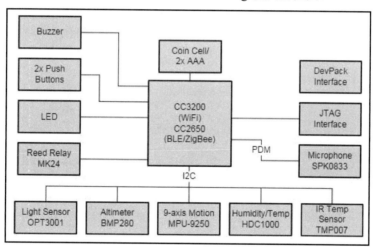

图 3-14　德州仪器 CC2650 SensorTag 模块的框图

（资料来源：TI Multi-Standard CC2650 SensorTag Design Guide.Texas Instruments Incorporated, 2015）

原　　文	译　　文	原　　文	译　　文
Buzzer	蜂鸣器	Microphone	麦克风
2x Push Buttons	两个按钮	Light Sensor	光传感器
Reed Relay	簧片继电器	Altimeter	高度计
Coin Cell/2x AAA	两枚 AAA 币形电池	9-axis Motion	9 轴加速度计/陀螺仪
DevPack Interface	DevPack 接口	Humidity/Temp	湿度/温度传感器
JTAG Interface	JTAG 接口	IR Temp Sensor	红外温度传感器

如图 3-15 所示，是 MCU 的框图。MCU 使用 ARM Cortex M4 提供 I/O 和处理能力，并通过各种总线接口连接到模块上的传感器组件。

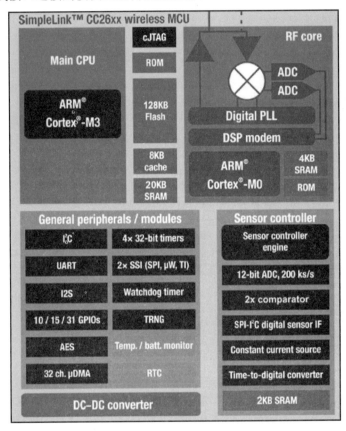

图 3-15　德州仪器 CC2650 MCU 框图

（资料来源：TI Multi-Standard CC2650 SensorTag Design Guide.Texas Instruments Incorporated, 2015）

原　文	译　文	原　文	译　文
Main CPU	主 CPU	Sensor controller	传感器控制器
General peripherals/modules	通用外设/模块	Sensor controller engine	传感器控制器引擎
4×32-bit timers	4 个 32 位计时器	2×comparator	两个比较器
Watchdog timer	看门狗定时器	SPI-I^{2}C digital sensor IF	SPI-I^{2}C 数字传感器 IF
Temp./batt. monitor	温度/电池监控	Constant current source	恒流源
DC-DC converter	DC-DC 转换器	Time-to-digital converter	时间数字转换器

该设备装有许多传感器、通信系统和接口，但是处理能力有限。该器件使用德州仪器的处理模块（MCU CC265），其中包括一个小型 ARM Cortex M3 CPU，仅具有 128 KB 闪存和 20 KB SRAM。选择它是因为其功耗极低。虽然省电，但是这也限制了该系统可以处理的数据量和资源。

一般来说，此类组件将需要随附网关、路由器、手机或其他一些智能设备。这些传感器设备的设计具有低功耗和低成本的优势，但是也注定它们将无法满足要求更高的应用，如 MQTT 协议栈、数据聚合、蜂窝通信或分析等。有鉴于此，在该领域中可以看到的大多数端点感测设备都比该组件更简单，以进一步降低成本和功耗。

3.6.2 传感器到控制器

在前面介绍的许多用于感测组件的示例中，信号在进入任何地方之前都需要进行放大、滤波和校准。一般来说，硬件将需要某种分辨率的模数转换器。如图 3-16 所示，是一个简单的 24 位 ADC，可输出 5V 信号。

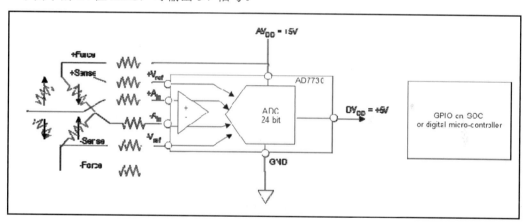

图 3-16　惠斯通电桥：连接到 AD7730 模数转换器，作为微控制器或片上系统的输入

原　文	译　文
GPIO on SOC or digital micro-controller	数字微控制器或片上系统 GPIO

输出可以是原始脉冲调制数据，或者是到微控制器或数字信号处理器的串行接口，如 I²C、SPI 或 UART。德州仪器（TI）红外热电堆（Thermopile）传感器（TMP007）是在实际系统中的一个很好的例子。这是一种非接触式微机电系统温度传感器，它可以吸收红外波长并将其转换为参考电压，同时使用冷端参考温度。额定精度可在-40℃～

+125℃的环境中准确检测温度。在图 3-17 中可以看到这里讨论的组件。

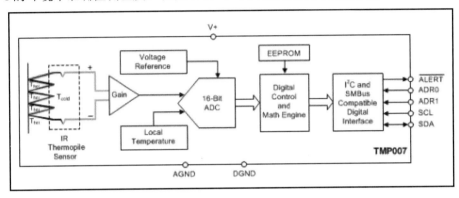

图 3-17　德州仪器 TMP007

（资料来源：TI Multi-Standard CC2650 SensorTag Design Guide.Texas Instruments Incorporated, 2015）

原　　文	译　　文
IR Thermopile Sensor	红外热电堆传感器
Voltage Reference	参考电压
Local Temperature	局部温度
Digital Control and Math Engine	数字控制和数学引擎
I^2C and SMBus Compatible Digital Interface	I^2C 和 SMBus 兼容数字接口

TMP007 不仅适用于保护继电器和工艺控制设备以及其他工厂及楼宇自动化应用，还支持激光打印机与网络服务器等企业级设备。该芯片的特点是内部已经集成了数学引擎，可以直接输出数字温度信息。

3.7　能源和电源管理

给传感器和边缘设备供电是一个重大问题。不难想象，当传感器和边缘设备的数量已达数十亿个，而事实上它们将在非常偏远的地区使用时，供电问题就成为一项很严峻的考验。此外，对于部分物联网部署来说，其传感器将被埋在海底或嵌入混凝土基础设施中，这将使供电问题更加复杂。本节将讨论电源管理和能量收集的概念。这两者都是整个物联网架构中非常重要的概念。

3.7.1 电源管理

电源管理是一个非常广泛的主题，涉及软件和硬件。重要的是，要了解电源管理在成功的物联网部署中的作用，以及如何有效管理远程设备和寿命较长的设备的电源。架构师必须为边缘设备建立功耗预算，包括以下方面。

- ❏ 有源传感器功率。
- ❏ 数据收集的频率。
- ❏ 无线射频通信强度和功率。
- ❏ 通信频率。
- ❏ 微处理器或微控制器功率与核心频率的关系。
- ❏ 无源组件功率。
- ❏ 泄漏或电源效率低下导致的能量损失。
- ❏ 执行器和电机的动力储备。

上述功耗预算仅反映了从电源（电池）中减去的功耗的总和。随着时间的流逝，电池也不具有线性电源行为。由于电池放电时失去能量容量，因此电压量将曲线下降。这给无线通信系统带来了问题。如果电池电压降至最低电压以下，则收音机或微处理器将无法达到阈值电压并导致电力不足的情况。

例如，德州仪器 CC2650 SensorTag 具有以下电源特性。

- ❏ 待机模式：0.24 mA。
- ❏ 在禁用所有传感器的情况下运行：0.33 mA。
- ❏ 采用 LED。
- ❏ 所有传感器以 100 毫秒每样本数据速率打开并广播 BLE：5.5 mA。
  - ➢ 温度传感器：0.84 mA。
  - ➢ 光传感器：0.56 mA。
  - ➢ 加速度计和陀螺仪：4.68 mA。
  - ➢ 气压传感器：0.5 mA。

德州仪器 SensorTag 使用标准的 CR2032 币形电池，额定值为 240 mAh。因此，最大寿命预计约为 44 小时。但是，其下降速率会发生变化，并且对基于电池的设备来说，下降速率不是线性的，在后面介绍 Peukert 的容量时将看到这一点。

在实践中人们采用了许多电源管理方案，如在芯片中不使用时钟门控组件、降低处理器或微控制器的时钟速率、调整感测频率和广播频率、采用降低通信强度的退避策略以及各种级别的睡眠模式等。这些技术作为通用做法已广泛用于计算业务中。

🛈 **注意：**

这里描述的技术反映了保守性功率管理技术。它们尝试根据动态电压、频率缩放和其他方案来最大限度地减少能源使用。即将出现的新技术包括近似计算和概率设计。这两种方案都依赖于这样一个事实，即在边缘运行的传感器环境中，始终不需要绝对精度，尤其是在涉及信号处理和无线通信的用例中。近似计算可以在硬件或软件中完成，并且在与地址和乘法器等功能单元一起使用时，可以简单地降低整数的精度级别（例如，值17962相当接近17970）。概率设计使得许多物联网部署可以承受一定程度的故障，从而放松了设计约束。与常规的硬件设计相比，这两种技术都可以将门的数量和功耗减少到几乎成倍下降的程度。

3.7.2　能量收集

能量收集虽然不是一个新概念，但它是物联网的重要概念。本质上，任何代表状态变化的系统（例如，从热到冷、无线电信号、光）都可以将其能量形式转换为电能。一些设备将其用作唯一的能量形式，而其他设备则是采用了通过能量收集来延长电池寿命的混合系统。反过来，所收集的能量可以存储并（分别）用于为物联网中的低能耗设备（如传感器）供电。系统必须有效捕获能量并存储能量。因此，需要高级电源管理功能。例如，如果能量收集系统使用嵌入在人行道中的压电机械收集技术，则当没有足够的步行流量来保持设备充电时，将需要进行补偿。与能量收集系统的持续通信会进一步消耗电力。一般来说，这些物联网部署将使用高级电源管理技术来防止功能完全丧失。经常使用的此类技术包括低待机电流、低泄漏电路和时钟节流等。图3-18说明了理想的能量收集区域以及可以提供电源的技术。架构师必须注意确保系统不会出现功率不足或过载的情况。

一般来说，收集系统具有较低的能量潜力和转化效率。架构师应在有大量未开发的废能源供应的情况下（如在工业环境中），考虑能量收集。

1. 太阳能收集

光线的能量，无论是自然的还是人造的，都可以捕获并用作能源。本章前面已经讨论了光电二极管及其与感测光的关系。可以大量使用同一二极管来构建传统的太阳能电池板。能量产生的能力是太阳能电池板面积的函数。实际上，室内太阳能发电不如直射阳光有效。太阳能面板额定功率可通过其最大功率输出（瓦特）来确定。

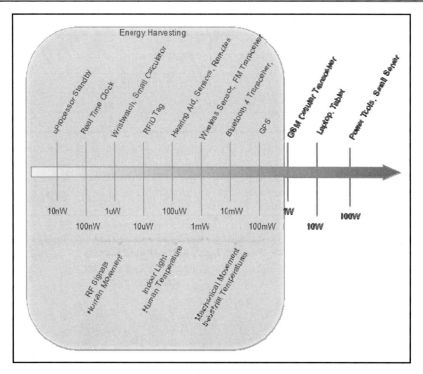

图 3-18　能量收集的最佳地点

该图说明了各种设备的典型能耗

原　　文	译　　文
Energy Harvesting	能量收集
uProcessor Standby	uProcessor 待机
Real Time Clock	实时时钟
Wristwatch, Small Calculator	腕表、小型计算器
RFID Tag	RFID 标签
Hearing Aid, Sensors, Remotes	助听器、传感器、遥控器
Wireless Sensor, FM Transceiver	无线传感器、FM 收发器
Bluetooth 4 Transceiver	蓝牙 4 收发器
GSM Cellular Transceiver	GSM 蜂窝收发器
Laptop, Tablet	笔记本电脑、平板电脑
Power Tools, Small Server	电源工具、小型服务器
RF Signals	RF 信号
Human Movement	人类移动

续表

原　　文	译　　文
Indoor Light	室内灯光
Human Temperature	人体温度
Mechanical Movement	机械运动
Industrial Temperatures	工业温度

太阳能收集与阳光照耀有关，而阳光照耀的情况在季节和地理位置上是不一样的。例如，美国西南部等地区可以从直接的光伏资源中回收大量能源。美国光伏太阳能资源图是由美国能源部国家可再生能源实验室（www.nrel.gov）创建的，如图 3-19 所示。

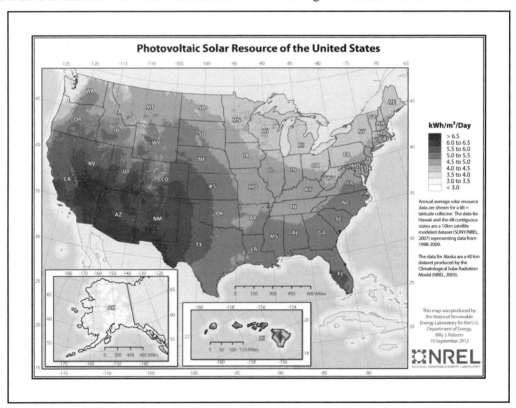

图 3-19　1998—2009 年美国能源密度（kWh/m²/Day）的太阳能图

在美国，西南地区的日照强度特别高，通常没有云雾障碍，并且大气条件良好。阿拉斯加的能量密度最弱。太阳能光伏通常效率不高。预期会有 8%～20%的效率，典型值为 12%。无论如何，一个 25 cm^2 的太阳能电池阵列在峰值功率下可以产生 300 mW 的功率。另一个因素是光的入射。为了使太阳能收集器达到这种效率，光源必须垂直于阵列。如果入射角随太阳移动而变化，则效率会进一步下降。例如，如果收集器在太阳入射角度刚好垂直时效率为 12%，则当太阳的入射角度为 30° 时，效率约为 9.6%。

最基本的太阳能收集器是太阳能电池，它是简单的 p-n 半导体，类似于前面讨论的光电传感器。如前文所述，当捕获光子时，p 和 n 材料之间会产生电势。

2．压电式机械能量收集

如前文所述，压电效应可以用作传感器，但也可以用于发电。机械应变可以通过运动、振动甚至声音转化为能量。这些收集设备可用于智能道路和基础设施中，以收集能量或根据交通流量给系统充电，即使是嵌入混凝土中也不妨碍它们发挥作用。这些设备产生的电流为毫瓦量级，因此适用于具有某种形式的能量收集和存储的超小型系统。可以使用微机电系统压电机械设备、静电和电磁系统执行此过程。

静电收集结合了法拉第定律，该定律基本上表明人们可以通过改变线圈上的磁通量来得到感应电流。此处，振动耦合到线圈或磁体。但是，该方案在物联网传感器区域中提供的电压太低，无法进行整流。

静电系统利用了保持恒定电压或电荷的两个电容板之间的距离变化。由于振动会导致板之间的距离发生变化，因此可以基于以下模型来收集能量（E）：

$$E = \frac{1}{2}QV^2 = \frac{Q^2}{2C}$$

其中，Q 是板上的恒定电荷，V 是恒定电压，C 表示电容。电容也可以用板的长度 L_w、相对静电介电常数 ε_0 以及板之间的距离 d 表示，如下所示：

$$C = \varepsilon_0 L_w/d$$

静电转换的优点是可以通过微机械加工和半导体制造扩展且具有成本效益。

机电能量转换的最后一种方法是压电机械转换，这在本章前面讨论传感器输入时已有所介绍。相同的基本概念适用于能量产生。当压电机械微机电系统器件试图抑制附着在其上的质量时，振荡将转换为电流。

捕获或转换振动或机械能的另一个考虑因素是在使用或存储能量之前需要进行调节。一般来说，无源整流器可以通过结合使用大型滤波电容器来进行调节，而其他形式的能量收集则不需要这种调节。

3．射频能量收集

射频（Radio Frequency，RF）能量收集已经以 RFID 标签的形式生产了多年。RFID

具有作为近场通信（Near-Field Communication，NFC）的优势，该通信使用收发器，由于其紧密接近，故实际上可以为 RFID 标签供电。

对于远场应用，则需要从广播传输中获取能量。广播传输几乎无处不在，并且可以提供电视、手机信号和收音机的服务。与其他形式相比，从射频中捕获能量特别困难，因为 RF 信号具有所有收集技术中最小的能量密度。RF 信号的捕获基于通过合适的天线来捕获频带。使用的典型频段在 531～1611 kHz 范围内（均在 AM 无线电范围内）。

4．热力收集

对于任何具有热流的设备，热能都可以转换成电流。热能可以通过以下两个基本过程转换为电能。

- ❑ 热电（Thermoelectric）：通过塞贝克效应（Seebeck Effect）将热能直接转换为电能。
- ❑ 热电子（Thermionic）：也称为热隧道（Thermotunneling）。电子从被加热的电极中射出，并进入冷却的电极中。

当导电材料中存在温度梯度时，会产生热电效应（塞贝克效应）。载流子从两个不同导体之间的高温区域流向低温区域，从而产生电压差。热电偶或热电发电机（Thermo Electric Generator，TEG）可以仅根据人体的核心体温和外界温度之间的温差有效地产生电压。5℃的温度差在 3 V 时可产生 40 μW 的功率。当热量流过导电材料时，热侧电极将电子流感应到冷侧电极产生电流。现代热电设备串联使用 n 或 p 型碲化铋。一侧暴露于热源（称为热电偶），另一侧则被隔离。热电堆收集的能量与电压的平方成正比，并与电极之间的温差相等。可以通过以下公式对热电偶收集的能量进行建模：

$$V = \int_{T_L}^{T_H} S_1(T) - S_2(T) \, dT$$

其中，S_1 和 S_2 代表当存在温差 $T_H - T_L$ 时热电堆中两种材料（n 和 p 型）中每种材料的不同塞贝克系数。由于塞贝克系数是温度的函数，并且存在温差，因此结果是电压差。该电压通常很小，因此许多热电偶串联使用以形成热电堆。

当前热电偶的一个主要问题是能量转换效率低（不到 10%）。然而，它们的优点也是很明显的，包括尺寸很小且易于制造，这意味着它们的成本非常低廉。它们还有超过100000 h 的超长使用寿命。当然，主要问题是找到一个相对恒定的热变化源。在跨越多个季节和温度环境的条件下使用这种设备颇具挑战性。对于物联网设备来说，热电发电通常驻留在 50 mW 的范围内。

热电子发电的原理是基于电子在势垒（Potential Barrier）上从热电极向冷电极的喷射。

该势垒是材料的工作函数，在有大量热能来源时使用是最好的。尽管其效率优于热电系统，但跳过势垒所需的能量使其通常不适用于物联网传感器设备。可以考虑使用其他方案，如量子隧道，当然目前它仍处在研究阶段。

3.7.3 能源储备

物联网传感器的典型能源存储是电池或超级电容器。在考虑传感器功率的架构时，必须考虑以下方面。

❑ 电源子系统的体积因素。适合使用电池吗？

❑ 电池能量容量。

❑ 辅助功能。如果该装置嵌入混凝土中，则需要使用某种形式的能量再生技术，因为更换电池困难，代价会很高。

❑ 重量。该装置是否需要像无人机一样飞行或漂浮在水面上？

❑ 电池多久充电一次？

❑ 是否像太阳能一样，可持续再生或间断可用？

❑ 电池电量特性。电池的电量会随着放电时间而变化。

❑ 传感器是否处于热限制环境中，是否会影响电池寿命和可靠性？

❑ 电池的配置是否能够保证最低电流的可用性？

1. 能源和电力模型

电池容量以安培小时（Ah）为单位。估算电池寿命的简化公式为：

$$t = \frac{C_p}{I^n}$$

其中，C_p 是 Peukert（普克特）电容，I 表示放电电流，n 是 Peukert 指数。众所周知，Peukert 效应有助于预测电池的寿命，随着放电的增加，电池的容量会以不同的速率降低。该方程式表明如果以较高的速率放电会从电池中释放更多的电量，以较低的速率放电将增加电池的有效运行时间。考虑这种现象的一种方法是，假设电池制造商的额定电流为 100 Ah，并在 20 h 内完全放电（这意味着本示例的电源为 5 A）。如果能够更快地放完（例如，在 10 h 之内放完），则其容量会更低；如果能够更慢地放完（例如，超过 40 h），则其额定电流会更大。但是，当在图形上表示时，该关系是非线性的。Peukert 指数通常在 1.1～1.3。随着 n 的增加，一个理想的电池将变化成一个随着电流增加而放电更快的电池。Peukert 曲线适用于铅酸电池的性能，图 3-20 显示了一个示例。

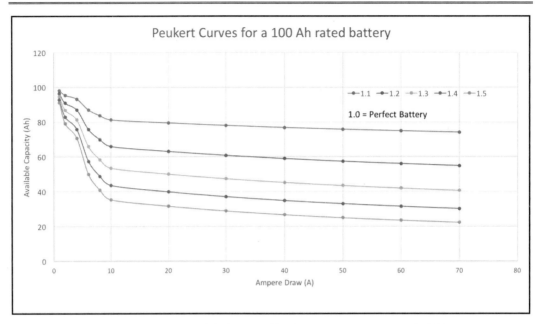

图 3-20　对于在 20 h 内额定 100 A 的电池，Peukert 从 1.1～1.5 的曲线
该曲线显示，随着 Peukert 系数的增大，电池容量下降

原　　文	译　　文
Peukert Curves for a 100 Ah rated battery	额定 100 Ah 电池的 Peukert 曲线
Available Capacity(Ah)	可用容量（Ah）
1.0=Perfect Battery	1.0 =完美电池
Ampere Draw(A)	安培数（A）

　　各种类型电池的放电率存在差异。碱性电池的一个优点是，在大部分曲线图中，放电速率几乎是线性的。锂离子电池在性能上则具有一个阶梯函数，这使得其电池电量的预测更加困难。也就是说，锂离子电池在整个放电期间提供接近稳定且连续的电压水平，并可在整个放电期间为电子设备持续供电，如图 3-21 所示。

　　图 3-21 还表明，铅酸电池和镍镉电池具有较小的电势，并且可以更可靠地计算出功率的下降曲线。末尾的斜率也可以指示 Peukert 的容量。

　　温度也将极大地影响电池寿命，特别是对于电池中的电活性载流子来说影响很大。随着温度的升高，电池的内阻在放电时会降低。电池即使在存储时也可能自放电，这也会影响电池的总寿命。

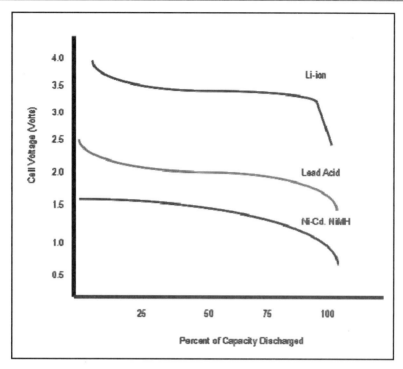

图 3-21　各种电池的相对放电率示例

锂离子电池在其使用寿命内提供几乎恒定的电压，但是在其存储容量即将用尽时会急剧下降

原　　文	译　　文
Cell Voltage(Volts)	电池电压（V）
Li-ion	锂离子电池
Lead Acid	铅酸电池
Ni-Cd. NiMH	镍镉/镍氢电池
Percent of Capacity Discharged	放电容量的百分比

　　当权衡能量容量和功率处理时，Ragone 图是显示能量存储系统之间关系的有用方法。它基于对数的比例，绘制电源的能量密度（Wh/kg）与功率密度（W/kg）的对比。这种关系表现的是：倾向于拥有更长寿命的设备（电池）与倾向于存储更多能量的设备（超级电容器）之间的对比，如图 3-22 所示。

　　与镍镉和镍氢电池相比，锂离子电池具有更高的能量密度和放电率。电容器可以产生很高的功率密度，但能量密度相对较弱。请注意，图 3-22 是基于对数的对比，并且还显示了各种存储系统的放电时间。

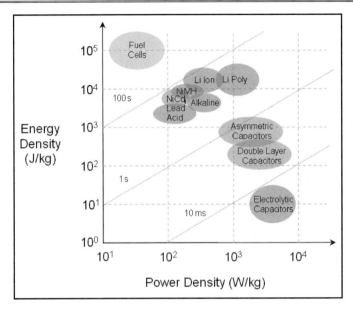

图 3-22　Ragone 图描绘了电容器、超级电容器、电池和燃料电池在能量容量与供电寿命之间的差异

（资料来源：C Knight, J. Davidson, S. Behrens "Energy Options for

Wireless Sensor Nodes", Sensors, 2008, 8(12), 8037-8066）

原　　文	译　　文	原　　文	译　　文
Energy Density	能量密度	NiCd	镍镉电池
Power Density	功率密度	Alkaline	碱性电池
Fuel Cells	燃料电池	Lead Acid	铅酸电池
Li lon	锂离子电池	Asymmetric Capacitors	不对称电容器
Li Poly	锂聚合物电池	Double Layer Capacitors	双层电容器
NiMH	镍氢电池	Electrolytic Capacitors	电解电容器

2．电池

通常而言，由于其能量密度，锂离子（Li lon）电池是移动设备中的标准电源形式。这种电池在放电过程中，锂离子将在物理上从负极移动到正极。在充电过程中，离子移回到负极区域。这被称为离子运动（Ionic Movement）。

电池还可以通过许多次充放电循环来建立记忆。容量损失（Capacity Loss）是以初始容量为标准计算的。例如，在 1000 个充放电循环后可能出现 30%的容量损失。这种电池性能的退化几乎与环境温度直接相关，在高温环境下损失会增加。因此，如果要使用锂离子，架构师必须在受限的环境中管理热量。

影响电池寿命的另一个因素是自放电。当电池中发生不需要的化学反应时，能量将会损失。损失率取决于化学性质和温度。一般来说，锂离子电池可以使用 10 年（每月约损失~2%），而碱性电池只能使用 5 年（每月损失 15%~20%）。

3. 超级电容器

超级电容器（Supercapacitor）有比典型电容器高得多的体积存储能量。典型电容器的能量密度在 0.01 Wh/kg 左右，超级电容器的能量密度为 1~10 Wh/kg，因此它们更接近于电池的能量密度（电池的能量密度约为 200 Wh/kg）。与电容器一样，超级电容器的能量以静电方式存储在极板上，并且不像电池那样涉及能量的化学传递。一般来说，超级电容由相当稀有的材料（如石墨烯）制成，这会影响它的整体成本。超级电容还具有在几秒钟内充满电的优势，而锂离子电池则可在数分钟内充电至约 80%，但需要滴流电流才能安全充到更高。

此外，超级电容器不能过充，而锂离子电池则可能过充，并可能导致严重的安全隐患。超级电容器有两种形式。

- ❑ 双电层电容器（Electric Double-Layer Capacitor，EDLC）：使用活性炭电极并以静电方式存储能量。
- ❑ 赝电容（Psuedocapacitor）：也称法拉第准电容，主要是通过法拉第准电容活性电极材料（如过渡金属氧化物和高分子聚合物）表面及表面附近发生可逆的氧化还原反应产生法拉第准电容，从而实现对能量的存储与转换。在相同电极面积的情况下，赝电容可以是双电层电容器容量的 10~100 倍。

超级电容器在预测剩余可用电量方面比电池具有优势。剩余能量可以从端子电压预测，该电压会随时间变化。锂离子电池从充满电到放电都有平坦的能量分布，因此很难进行时间估算。由于超级电容器的电压曲线会随时间变化，因此需要 DC-DC 转换器来补偿电压的大范围变化。

一般来说，超级电容器或电容器的主要问题是泄漏电流和成本。人们经常会在带有普通电池的混合动力解决方案中看到它们，以提供瞬时功率（例如，电动汽车加速），而电池电源则可以用于维持运行功率。

4. 放射性电源

具有高能量密度（10^5 kJ/cm^3）的放射性电源（Radioactive Power Source）会由于发射粒子的动能而产生热能。铯 Cesium-137 等源的半衰期为 30 年，功率容量为 0.015 W/gm。这种方法可以产生从瓦特到千瓦级的功率，但是在用于物联网部署的低功率传感器级别上显然是不可行的。航天器已经使用这项技术数十年了。利用微机电系统压电技术（捕获电子并推动微型电枢运动）会产生可被收集的机械能，这是比较有前途的发展方向。

放射性衰变的次要作用是相对较弱的功率密度分布。半衰期长的辐射源的功率密度会降低。因此，它们适用于批量充电超级电容，以在需要时提供瞬时能量。放射源的最大问题是所需铅屏蔽层的重量很大，如 Cesium-137 需要 80 mm/W 的屏蔽，这会大大增加物联网传感器的成本和重量。

5．能源存储的小结和其他形式的电力

如前文所述，选择正确的电源至关重要。表 3-3 提供了在选择正确电源时要考虑的系统中不同组件的比较。

表 3-3　能源存储的小结

类　　别	锂离子电池	超级电容
能量密度	200 Wh/kg	8～10 Wh/kg
充放电循环	在 100～1000 个充放电循环之后容量下降	几乎可以无限循环
充放电时间	1～10 h	ms～s
工作温度	−20～65℃	−40～85℃
工作电压	1.2～4.2 V	1～3 V
功率输出	随时间变化的恒定电压	线性或指数衰减
充电速率	（非常慢）40 C/x	（非常快）1500 C/x
使用寿命	0.5～5 年	5～20 年
外形尺寸	非常小	大
成本	低（250～1000 $/kWh）	高（10000 $/kWh）

3.8　小　　结

本章总结了物联网部署中使用的若干种不同的传感器和端点。物联网并不仅仅是将设备连接到互联网这么简单（尽管这是关键组成部分），物联网的本质是将模拟世界连接到数字世界。也就是说，以前未连接的物件和设备现在有机会收集信息并将其传达给其他设备。物联网之所以强大，是因为它能够从以前无法捕捉到的数据中提取价值。感知环境的能力将带来更高的效率、收入流和客户价值。传感功能可用于智慧城市、预测性维护、跟踪资产以及分析海量数据中的隐藏含义。需要注意的是，为此类系统供电也很关键，并且架构师必须了解，设计不良的系统可能会导致电池寿命过短，从而产生大量的维修成本。

第 4 章将讨论如何通过非 IP 通信将端点桥接到 Internet，详细分析各种无线个人局域网及其在物联网领域中普遍存在的各种特征和功能。

第 4 章　通信与信息论

物联网不仅仅意味着通过传感器获取数据。我们必须首先了解如何将传感器数据从地球上最偏远的地方传输到云，并设计出相应的架构。有大量的技术和数据路径可用于移动数据，本书中的大部分资料将探讨架构师在这方面的限制和通信选择的比较。

在广域网（WAN）讨论中，我们首先介绍了无线 RF 信号以及影响信号质量、局限性、干扰、模型、带宽和范围等的因素。在不同的频段中有许多 WAN 通信协议可供选择，架构师必须了解选择某个无线频谱的利弊。

图 4-1 有助于描述我们将在后续章节中介绍的无线协议的各种范围和数据速率。该图中使用了若干近距离通信领域的首字母缩写词，如无线个人局域网（Wireless Personal Area Network，WPAN）、无线现场局域网（Wireless Field Area Network，WFAN）、无线局域网（Wireless Local Area Network，WLAN）、无线家庭局域网（Wireless Home Area Network，WHAN）、无线邻域局域网（Wireless Neighborhood Area Network，WNAN）和无线人体局域网（Wireless Body Area Network，WBAN）等。

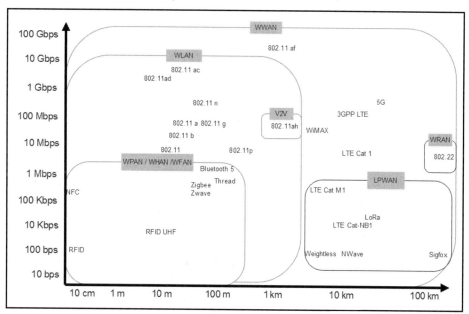

图 4-1　专为不同范围、数据速率和用例（电源、车辆等）设计的各种无线通信协议和类别

　　本章将介绍有关通信系统、频率空间和信息论的基础模型和理论，讨论通信的限制和比较模型，以使架构师能够了解某些类型的数据通信的工作方式和原理，以及令它们无法正常工作的情形。

　　接下来将从通信理论开始介绍，因为通信理论在选择正确的无线技术组合以部署物联网解决方案方面起着至关重要的作用。

4.1　通 信 理 论

　　物联网是许多不同设备的集合，这些设备在网络和协议层的最远端自动产生或使用数据。架构师要了解为物联网或任何形式的网络构建通信系统的限制。物联网将把个人局域网（WPAN）、局域网（LAN）和远程广域网（WAN）组合成一个通信渠道网。物联网之所以成为现实可能，有很大一部分原因是它围绕着通信架构而构建。因此，本章将专门介绍网络和通信系统的基础知识。本节将重点讨论通信和信号系统，后文还将探讨通信系统的范围、能量和局限性，以及架构师将如何使用这些工具来开发成功的物联网解决方案。

4.1.1　射频能量和理论范围

　　在讨论无线个人局域网或任何射频无线协议时，重要的是要考虑到传输范围。在甄选协议时可以使用范围、速度和功率作为区分因素。作为架构师，在实现完整解决方案时需要考虑不同的协议和设计选择。传输范围取决于发射器和接收器天线之间的距离、发射频率和发射功率。

　　射频传输的最佳形式是在没有无线电信号的区域内仍然畅通无阻。在大多数情况下，这种理想模型是不存在的。在现实世界中，很可能会存在障碍物、信号反射、多个无线 RF 信号和噪声等。

　　当考虑特定的 WAN 和较慢的信号（如 900 MHz 与 2.4 GHz 载波信号对比就显得很慢）时，可以推导出每个频率的波长函数的衰减，这将为任何范围的信号强度提供指导。Friis 传输方程式的一般形式对于该问题的理解是有帮助的：

$$P_r = P_t G_{Tx} G_{Rx} \frac{\lambda^2}{(4\pi R)^2}$$

　　Friis 方程的分贝（deciBel，dB）变体为：

$$P_r = P_t + G_{Tx} + G_{Rx} + 20\log_{10}\left(\frac{\lambda}{4\pi R}\right)$$

其中，G_{Tx} 和 G_{Rx} 是发送器（Transmitter）和接收器（Receiver）的天线增益（Gain），R 是发送器和接收器之间的距离，而 P_r 和 P_t 分别是接收器和发送器的功率（Power）。Friis 方程的图形表示如图 4-2 所示。

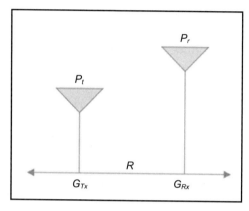

图 4-2 Friis 方程的图形表示

根据上述理论可知，10 m 处的 900 MHz 信号将损失 51.5 dB，10 m 处的 2.4 GHz 信号将损失 60.0 dB。

可以通过使用称为链路预算（Link Budget）的比率来证明功率和范围如何影响信号质量。这是发射功率与灵敏度水平的比较，并以对数（即 dB）标度进行测量。人们可能只是想提高功率水平以满足范围要求，但是在许多情况下，这违反了法规要求或影响了电池寿命。另一个选择是提高接收器的灵敏度，这正是 Bluetooth 5 在最新规范中所做的。链路预算由发射器功率（Transmitter Power）与接收器灵敏度（Receiver Sensitivity）之比给出：

$$LinkBudget = \frac{Tx\ Power}{Rx\ sensitivity\ level}$$

链路预算以 dB 对数刻度为单位。因此，加分贝等于将数字比例相乘，得出以下等式：

$$Receiver\ Power(dB) = Transmitted\ Power(dB) + Gains(dB) - Losses(dB)$$

假设没有任何因素影响任何信号增益（如天线增益），则改善接收的两种方法是提高发射功率或减少损耗。

当架构师必须对特定协议的最大范围建模时，可以使用自由空间路径损耗（Free Space Path Loss，FSPL）公式。这是在自由空间（无障碍物）中视线上方电磁波的信号损失量。FSPL 的影响因素是信号的频率（f）、发射器和接收器之间的距离（R）和光速（c）。以分贝计算 FSPL 时，公式如下：

$$FSPL(dB) = 10\log_{10}\left(\left(\frac{4\pi Rf}{c}\right)^2\right)$$

$$= 20\log_{10}\left(\frac{4\pi Rf}{c}\right)$$

$$= 20\log_{10}(R) + 20\log_{10}(f) + 20\log_{10}\left(\frac{4\pi}{c}\right)$$

$$= 20\log_{10}(R) + 20\log_{10}(f) - 147.55$$

FSPL 公式是简单的一阶计算。更好的近似方法考虑了来自地面的反射和波干扰，如平面地球损耗公式（Plane Earth Loss Formula）。在这里，h_t 是发射天线的高度，h_r 是接收天线的高度，k 表示自由空间波数，简化形式如下。可以将等式转换为使用 dB 表示法：

$$\frac{P_r}{P_t} = L_{plane\ earth\ loss} \approx \left(\frac{\lambda}{4\pi R}k\frac{2h_t h_r}{R}\right) \approx \frac{h_t^2 h_r^2}{R^4}, k = \frac{2\pi}{\lambda}$$

平面地球损耗公式值得注意之处在于，每十年的距离影响损耗 40 dB。增加天线高度会有所帮助。在自然意义上发生的干扰类型可能包括以下方面。

- ❑ 反射（Reflection）：当传播的电磁波撞击物体并产生多个波时即产生干扰。
- ❑ 衍射（Diffraction）：当发射器和接收器之间的无线电波路径被边缘锋利的物体阻挡时即产生干扰。
- ❑ 散射（Scattering）：当波传播通过的介质由小于波长的物体组成，并且障碍物的数量很大时即产生干扰。

这是一个重要的概念，因为架构师必须选择一种 WAN 解决方案，该解决方案的频率可以平衡数据带宽、信号的最终范围以及信号穿透对象的能力。频率增加自然会增加自由空间损耗（例如，2.4 GHz 信号比 900 MHz 信号少 8.5 dB 的覆盖）。一般而言，900 MHz 信号的可靠性是 2.4 GHz 信号距离的两倍。900 MHz 信号的波长为 333 mm，而 2.4 GHz 信号的波长为 125 mm。这样，可以使 900 MHz 信号具有更好的穿透能力，而不会受到散射的影响。

对于 WAN 系统而言，散射是一个重要的问题，因为许多部署在天线之间都没有不受阻挡的视线——而是信号必须穿透墙壁和地板。不同材料对信号衰减的作用是不同的。

ℹ️ **注意：**

6 dB 的损耗相当于信号强度降低了 50%，而 12 dB 的损耗相当于降低了 75%。

如表 4-1 所示，900 MHz 在材料穿透方面优于 2.4 GHz。

表 4-1　材料穿透性比较

材　　料	900 MHz 损耗/dB	2.4 GHz 损耗/dB
0.25 in 玻璃	−0.8	−3
砖墙（8 in）	−13	−15
石膏板	−2	−3
实木门	−2	−3

　　图 4-3 显示了使用 2.4 GHz 信号且天线高度为 1 m 的自由空间损耗与平面地球损耗的对比（以 dB 为单位）。

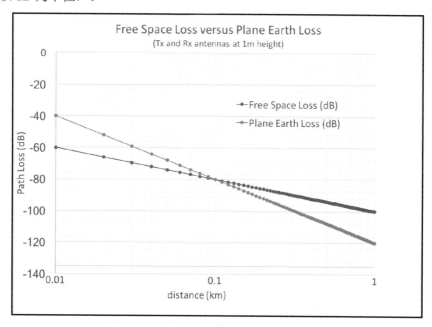

图 4-3　自由空间损耗与平面地球损耗的对比

原　　文	译　　文
Free Space Loss versus Plane Earth Loss (Tx and Rx antennas at 1m height)	自由空间损耗与平面地球损耗对比（发射器和接收器天线高度为 1 m）
Path Loss(dB)	路径损耗（dB）
Free Space Loss(dB)	自由空间损耗（dB）
Plane Earth Loss(dB)	平面地球损耗（dB）
distance(km)	距离（km）

　　许多协议的产品在市场上都可以买到，并在 2.4 GHz 频谱中全球使用。2.4 GHz 频谱

提供的数据带宽是 900 MHz 信号的 5 倍，并且天线可以更小。此外，在很多国家，2.4 GHz 频谱无须许可即可使用。表 4-2 提供了两种频谱在信号强度、距离、穿透性、数据速率、信号干扰、信道干扰和成本等方面的对比。

表 4-2　不同频谱的对比

项目	900 MHz	2.4 GHz
信号强度	一般可靠	拥挤频段，易受干扰
距离	2.67 倍于 2.4 GHz	更短，但可以通过改进的编码进行补偿（Bluetooth 5）
穿透性	长波，可以穿透大多数材料和植被	可能会受某些建筑材料干扰
数据速率	受限	比 900 MHz 快 2～3 倍
信号干扰	信号可能会受到高大物体和障碍物的影响，通过树叶些效果较好	某些物体的信道干扰机会更少
信道干扰	对 900 MHz 无绳电话、RFID 扫描仪、手机信号、婴儿监视器的干扰	干扰 802.11 Wi-Fi
成本	中	低

本节所介绍的方程式提供了理论模型。对于某些实际情况（如多径损耗），没有任何分析方程式可以给出准确的预测。

4.1.2　射频干扰

在本章中，我们将看到若干种新颖的减少信号干扰的方案。这其实也是因无线技术有多种形式而产生的问题，因为频谱无须许可即可共享（后文将详细讨论该话题）。由于在共享空间中可能存在多个发出射频能量的设备，因此会发生干扰。

在采用蓝牙和 802.11 Wi-Fi 时，两者均在共享的 2.4 GHz 频谱上运行，但即使是在拥挤的环境中，它们也可以正常工作。就像我们将看到的那样，低功耗蓝牙（Bluetooth Low Energy，BLE，也称为蓝牙低功耗）将随机选择 40 个间隔为 2 MHz 的信道之一作为跳频（Frequency Hopping）的一种形式。在图 4-4 中，可以看到 BLE 上有 11 个空闲信道（3 个正在广告），发生冲突的机会为 15%（尤其是因为 802.11 在两个信道之间不跳频）。新的 Bluetooth 5 规范提供了诸如时隙可用性掩码（Slot Availability Mask）之类的技术，可将 Wi-Fi 区域锁定在跳频列表之外。此外还存在其他技术，我们将在以后进行探讨。在图 4-4 中，显示了 Zigbee 和低功耗蓝牙的 ISM 频段（Industrial Scientific Medical Band），还可以看到与 2.4 GHz 频谱中的 3 个 Wi-Fi 信道可能发生的竞争。

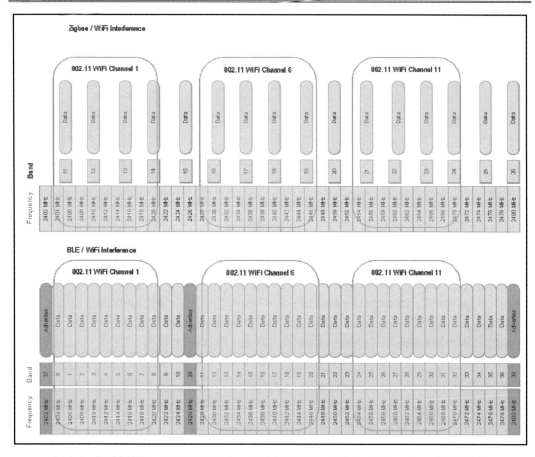

图 4-4　低功耗蓝牙（BLE）和 Zigbee 干扰与 2.4 GHz 频段中 802.11 Wi-Fi 信号的比较

BLE 提供了更多的时隙和跳频，以便在发生 Wi-Fi 冲突时也能进行通信

原　　文	译　　文
ZigBee/WiFi Interference	ZigBee/Wi-Fi 干扰
Frequency	频率
Band	频段
BLE/WiFi Interference	BLE/Wi-Fi 干扰

4.2　信　息　论

在详细介绍 WAN 细节之前，需要了解一些初步的理论。与通信密切相关的两个方

面是比特率如何影响传输功率，进而如何影响范围。正如我们将了解到的那样，数据的完整性和比特率是有限制的。此外，我们还需要对窄带通信与宽带通信进行分类。

4.2.1　比特率限制和香农-哈特利定理

在远距离通信和短距离通信中，目标是在频谱和噪声的限制内最大化比特率和距离。香农-哈特利定理（Shannon-Hartley Theorem）由 20 世纪 40 年代麻省理工学院的 Claude Elwood Shannon（克劳德·艾尔伍德·香农）和 20 世纪 20 年代贝尔实验室的 Ralph Hartley（拉尔夫·哈特利）的工作组成。香农 1949 年在 University of Illinois Press（伊利诺伊大学出版社）发表的论文为 *The Mathematical Theory of Communication*（《通信的数学理论》），哈特利 1928 年 7 月在 Bell System Technical Journal（贝尔系统技术杂志）发表的论文为 *Transmission of Information*（《信息的传递》）。基础工作由贝尔实验室的 Harry Nyquist（哈里·奈奎斯特）完成，他确定了单位时间内电报中可以传播的最大脉冲（或比特）数（详见 H. Nyquist, Certain Topics in Telegraph Transmission Theory, in Transactions of the American Institute of Electrical Engineers, vol. 47, no. 2, pp. 617-644, April 1928）。

本质上，奈奎斯特发展的是采样极限，该极限确定了在给定采样率下的一个理论带宽。这称为奈奎斯特速率（Nyquist Rate），如下式所示：

$$f_p \leqslant 2B$$

其中，f_p 是脉冲频率（Pulse Frequency），B 是带宽（Bandwidth），以 Hz 为单位。这说明最大比特率被限制为采样率的两倍。从另一种角度看，该式标识了需要采样有限带宽信号以保留所有信息的最小比特率。欠采样（Undersampling）会导致混叠（Aliasing，也称为叠频）和失真（Distortion）。

此后，哈特利设计了一种方法来量化所谓的线速（Line Rate）信息，可以将线速视为每秒比特数（如 Mbps）。这就是哈特利定律（Hartley's Law），它是香农定理的先驱。哈特利定律只是简单地规定了可以可靠传输的最大可区分脉冲幅度数，这受信号的动态范围和接收器能够准确解释每个单独信号的精度限制。如果用 M（唯一的脉冲幅度形状的数量）表示哈特利定律，那么它等于电压数量的比值：

$$M = 1 + \frac{A}{\Delta V}$$

将该式转换为以 2 为底的对数，则可以得到线速 R：

$$R = f_p \log_2(M)$$

如果将其与前面的奈奎斯特速率相结合，则将获得可以在带宽为 B 的单个信道上传输的最大脉冲数。M（不同的脉冲数）的值可能会受到噪声的影响。

$$R \leqslant 2B \log_2(M)$$

香农通过考虑高斯噪声的影响来增强哈特利方程，并使用信噪比（Signal-to-Noise Ratio，SNR）完善了哈特利方程。香农还介绍了纠错编码（Correction Coding）的概念，而不是使用可单独区分的脉冲幅度。有鉴于他们各自的贡献，该公式也被亲切地称为香农-哈特利定理（Shannon-Hartley Theorem）：

$$C = B \log_2 \left(1 + \frac{S}{N} \right)$$

其中，C 是信道容量（以 bps 为单位），B 是信道带宽（以 Hz 为单位），S 是平均接收信号（以 W 为单位），而 N 则是信道上的平均噪声（以 W 为单位）。这个方程的作用微妙而重要。信号的每分贝级别的噪声增加，都会导致容量急剧下降。同理，提高信噪比将增加容量。在没有任何噪声的情况下，容量将是无限的。

通过将乘数 n 添加到公式，可以改进香农-哈特利定理。在这里，n 表示其他天线或管道。我们之前已将其作为多输入多输出（Multiple Input, Multiple Output，MIMO）技术进行了介绍。

$$C = B \times n \times \log_2 \left(1 + \frac{S}{N} \right)$$

为了理解香农法则如何适用于本书中提到的无线系统的限制，我们需要用每比特能量而不是信噪比（Signal-to-Noise Ratio，SNR）来表达方程。实际上，一个有用的示例是确定达到某个比特率所需的最小 SNR。例如，如果要在带宽为 $B = 5000$ kbps 的信道上传输 $C = 200$ kbps，则所需的最小 SNR 为：

$$C = B \log_2 \left(1 + \frac{S}{N} \right)$$

$$200 = 5000 \times \log_2 \left(1 + \frac{S}{N} \right)$$

$$\frac{S}{N} = 0.028$$

$$\frac{S}{N} = -15.528 \text{ dB}$$

这表明可以使用比背景噪声弱的信号来传输数据。

但是，数据速率是有极限的。为了显示该效应，可以设 E_b 表示数据的单个比特的能量（以 J 为单位）。令 N_o 代表噪声频谱密度（以 W/Hz 为单位）。E_b/N_o 无量纲单位（但是通常以 dB 表示），代表每比特的 SNR，或者通常称为功率效率（Power Efficiency）。功率效率表达式从等式中消除了调制技术、误差编码和信号带宽的偏差。假设系统是完美和理想的，则 $R_B = C$，其中，R 是吞吐量。这样，香农-哈特利定理就可以重写为：

$$\frac{C}{B} = \log_2\left(1 + \frac{E_b C}{N_0 B}\right)$$

$$\frac{E_b}{N_0} = \frac{2^{\frac{C}{B}} - 1}{\frac{C}{B}}$$

$$\frac{E_b}{N_0} \geqslant \lim_{\frac{C}{B} \to 0} \frac{2^{\frac{C}{B}} - 1}{\frac{C}{B}} = \ln(2) = -1.59\,\text{dB}$$

这被称为加性高斯白噪声（Additive White Gaussian Noise，AWGN）的香农极限（Shannon Limit）。AWGN 是一个通道，只是信息理论中通常用来表达自然中随机过程的影响的一种基本噪声形式。这些噪声源始终存在于自然界中，如热振动、黑体辐射和大爆炸的残余效应等。白噪声中的"白"意味着将相等数量的噪声添加到每个频率。可以在显示频谱效率（Spectral Efficiency）与每比特 SNR 的图上画出该极限，如图 4-5 所示。

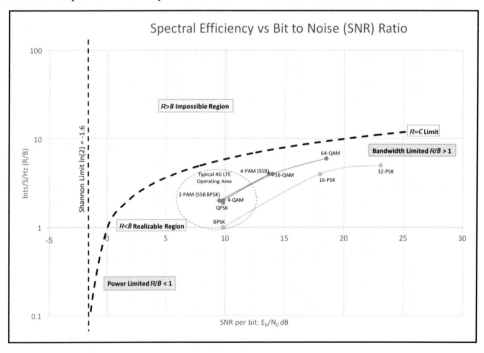

图 4-5　频谱效率与 SNR（功率效率）曲线

虚线表示香农极限，其收敛于 ln(2)=-1.6。

在香农极限下显示了各种调制方案，以及典型的 4G-LTE 信号范围

原　　文	译　　文
Spectral Efficiency vs Bit to Noise(SNR)Ratio	频谱效率与每比特 SNR 比较
Shannon Limit	香农极限
$R > B$ Impossible Region	$R > B$ 不可能区域
$R = C$ Limit	$R = C$ 极限
Bandwidth Limited $R/B > 1$	带宽受限 $R/B > 1$
Typical 4G LTE Operating Area	典型的 4G-LTE 工作区
$R<B$ Realizable Region	$R < B$ 可实现区域
Power Limited $R/B < 1$	功率受限 $R/B < 1$

　　图 4-5 中令人感兴趣的区域包括"$R > B$ 不可能区域",该区域在曲线的香农极限之上。它表明任何可靠的信息交换形式都不能超出该极限线。香农极限以下的区域称为"$R < B$ 可实现区域",任何形式的通信中的每种协议和调制技术都试图尽可能接近香农极限。另外,可以看到存在使用各种调制形式的典型 4G-LTE 工作区。

　　还有其他两个令人感兴趣的区域。朝向右上方的带宽受限(Bandwidth Limited)区域可实现高频谱效率和良好的 E_b/N_o SNR 值。在此空间中,唯一的限制是要在固定或强制性的频谱效率与无限制的传输功率 P 之间进行权衡,这意味着容量在可用带宽上已显著增长。相反的区域称为功率受限(Power Limited)区域,它朝向图 4-5 左下方。功率受限区域是 E_b/N_o SNR 非常低的区域,因此香农极限将我们压低到频谱效率的低值。在这里,需要牺牲频谱效率以获得给定的传输质量 P。

ℹ️ **注意:**

　　功率受限的一个例子是太空飞行器,如对土星系执行探测任务的卡西尼号探测器。在该用例中,信号的自由路径空间损耗非常大,并且获得可靠数据的唯一方法是将数据速率降到非常低的值。我们还可以从使用新的 BLE Coded PHY 的 Bluetooth 5 中看到这一点。在该用例中,蓝牙从 1 Mbps 或 2 Mbps 下降到 125 kbps,以改善范围和数据完整性。

　　图 4-5 还显示了当今使用的一些典型调制方案,如相移(Phase Shifting)、正交幅度调制(Quadrature Amplitude Modulation,QAM)等。香农极限还表明,任意改进调制技术(例如,将 4-QAM 的正交幅度调制提高到 64-QAM)都不会线性缩放。更高阶调制的好处(例如,将 4-QAM 与 64-QAM 进行对比)是每个符号可以传输更多比特的事实(2 个比 6 个的差别)。高阶调制的主要缺点如下。

❏　　使用更高阶的调制需要更大的 SNR 才能工作。

❏　　高阶调制需要复杂得多的电路和 DSP 算法。

❏　　增加每个符号的比特传输将增加误码率。

注意：

香农定理指出，在存在加性高斯白噪声的情况下，可以通过通信信道传输的信息的最大速率。随着噪声的降低，信息速率将增加，但具有不可突破的最终极限。在任何情况下，如果传输速率 R 小于信道容量 C，则应该有一种无误差地传输数据的方法或技术。

4.2.2　误码率

数据传输的另一个重要特征是误码率（Bit Error Rate，BER）。BER 是指通过通信信道接收到的错误比特数。BER 是表示为比率或百分比的无单位度量。例如：

如果原始传输序列为：1 0 1 0 1 1 0 1 0 0

而接收到的序列为：**0** 0 1 0 1 **0** 1 **0** 1 0（不同的比特以粗体显示）

则这里的 BER 为 5 个错误比特/10 个传输的比特＝ 50%。

BER 受信道噪声、干扰、多径衰落和衰减的影响。

改善 BER 的技术包括增加传输功率、提高接收器灵敏度、使用较小的密度/较低阶调制技术或添加更多的冗余数据。最后一种技术通常称为前向纠错（Forward Error Correction，FEC）。FEC 只是在传输中添加了额外的信息。从最基本的意义上说，应该增加 3 倍冗余和多数表决算法。但是，这会使带宽减少为原来的四分之一。现代前向纠错（FEC）技术包括汉明码（Hamming Code）和里德-所罗门纠错码（Reed-Solomon Error Correct Code）。BER 也可以表示为 E_b/N_o SNR 的函数。

图 4-6 显示了各种调制技术及其针对不同 SNR 的相应 BER。

此时我们应该了解以下内容。

- ❑　现在可以计算出达到系统特定数据速率所需的最小 SNR。
- ❑　向无线服务添加更多容量或带宽的方法如下。
  - ➢　添加更多频谱和信道容量，从而以线性方式提高带宽。
  - ➢　添加更多天线（MIMO），从而以线性方式提高带宽。
  - ➢　使用先进的天线和接收器来改善 SNR，这只能以对数形式改善方程。
- ❑　香农极限是数字传输的极限。可以超出该极限，但数据完整性将会丢失。
- ❑　导致噪声的因素。
- ❑　没有方法能够简单地提高调制水平而不付出提高误码率和复杂性的成本。

对于 4G-LTE 蜂窝信号（稍后将会介绍）来说，它以 700 MHz～5 GHz 频谱工作，并在该范围内有数十个隔离频带。蜂窝电话（或基于电池的物联网设备）比蜂窝塔具有更低的功率，但是通常情况下，物联网设备会将传感器数据传输到云中。物联网设备的上行链路就是在这个阶段检查的。上行链路功率限制最大为 200 mW，即 23 dBm。这限制了传输的总范围。但是，该限制是动态的，并且会根据通道的带宽和数据速率而变化。像若干个 WPAN 和 WLAN 设备一样，4G 系统也使用正交频分复用（Orthogonal Frequency-Division Multiplexing）。每个信道具有许多子载波以解决多径衰落问题。如果将所有通过子载波传输的数据相加，则可获得高数据速率。

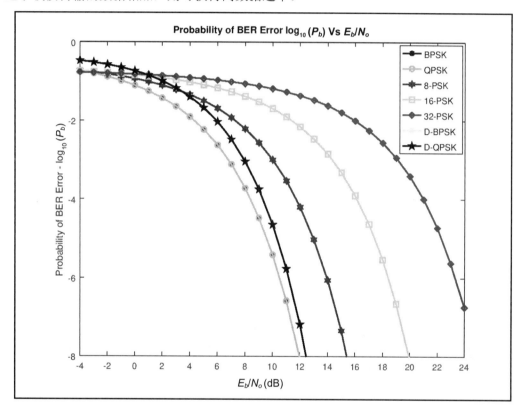

图 4-6　各种调制方案的误码率（P_b）与功率效率（E_b/N_o）SNR 的关系

随着 SNR 向右增加，BER 自然会降低

原　　文	译　　文
Probability of BER Error $\log_{10}(P_b)$ Vs E_b/N_o	误码率的概率 $\log_{10}(P_b)$ Vs E_b/N_o
Probability of BER Error - $\log_{10}(P_b)$	误码率的概率 - $\log_{10}(P_b)$

4G-LTE 通常使用 20 MHz 信道，而 LTE-A 则可以使用 100 MHz 信道。这些广泛的渠道都受到整体可用性频谱的限制，并且将与多个运营商（如 ATT、Verizon 等）以及共享频谱的其他技术竞争。

蜂窝通信的另一重复杂性是运营商可能仅具有频谱的一部分，彼此分开且不相交。

ⓘ **注意：**

Cat-3 LTE 可以使用 5 个 10 MHz 或 20 MHz 的信道。最小的通道粒度为 1.4 MHz。LTE-A 则被允许聚合多达 5 个 20 MHz 的信道，以实现 100 MHz 的聚合带宽。

一种测量无线设备可以工作的距离的方法是最大耦合损耗（Maximum Coupling Loss，MCL）。MCL 是在发射器和接收天线之间发生信道损耗但仍可以传送数据服务的最大距离。MCL 是衡量系统覆盖率的一种很常见的方法。MCL 将包括天线增益、路径损耗、阴影和其他无线电效应。一般来说，4G-LTE 系统的 MCL 约为 142 dB。在介绍诸如 Cat-M1 之类的蜂窝物联网技术时，我们将再次讨论 MCL。

ⓘ **注意：**

如果增加每比特的侦听时间，则噪声水平将降低。如果将比特率降低为原来的二分之一，则以下情况成立：

$$(Bit\_Rate / 2)=(Bit\_Duration * 2)$$

此外，每比特能量增加为原来的 2 倍，则噪声能量增加 sqrt(2) 倍。例如，如果将 Bit_Rate 从 1 Mbps 降低到 100 kbps，则 Bit_Duration 增加 10 倍。范围则提高了 sqrt(10) = 3.162 倍。

4.2.3　窄带与宽带通信

我们将要介绍的许多无线协议被称为宽带。事实上，与它相反的窄带也占有一席之地，特别是对于 LPWAN 来说。窄带和宽带之间的区别如下。

❑ 窄带（Narrowband）：是指其工作带宽不超过该信道的相干带宽的无线电信道。一般来说，窄带指的是带宽为 100 kHz 或更小的信号。在窄带中，多径会引起幅度和相位变化。窄带信号将均匀衰落，因此增加更多频率不会使信号受益。窄带信道也称为平坦衰落信道（Flat Fading Channel），因为它们通常会以相等的增益和相位相互传递所有频谱分量。

❑ 宽带（Wideband）：是指运行带宽可能大大超过其相干带宽的无线电信道。这些带宽通常大于 1 MHz。在宽带中，多径将导致自干扰（Self-Interference）问题。宽带信道也称为频率选择性衰落信道（Frequency Selective Fading Channel），因为整个信号的不同部分将受到宽带中不同频率的影响。这就是为什么宽带信号使用多种频率范围在多个相干频段上分配功率以减少衰落效应的原因。

相干时间（Coherence Time）是幅度或相位变化与先前值不相关所需的最短时间的度量。我们已经介绍过某些形式的衰落效应，但事实上还有更多的衰落效应。路径损耗是损耗与距离成正比的典型情况。阴影是指地形、建筑物和丘陵相对于自由空间造成的信号障碍，而多径衰落则是由于无线电信号对物体的复合散射和波干扰（由于衍射和反射）发生的。其他损失还包括：如果射频信号在行驶的车辆中，则会出现多普勒频移（Doppler Shift）。衰落现象可分为两类。

❏ 快衰落：当相干时间较短时，会发生快衰落，这是多径衰落的特征。通道将每隔几个符号更改一次，因此相干时间将很短。这种类型的衰落也称为瑞利衰落（Rayleigh Fading），它可以有效描述存在能够大量散射无线电信号的障碍物的无线传播环境（如大气粒子或高楼林立的繁华都市市区等）。

❏ 慢衰落：当相干时间较长并且通常由于多普勒扩展或阴影而在长距离上移动时，会发生这种情况。对于慢衰落来说，相干时间足够长，完全可以比快衰落路径成功传输更多的符号。

图 4-7 说明了快衰落路径和慢衰落路径之间的差异。

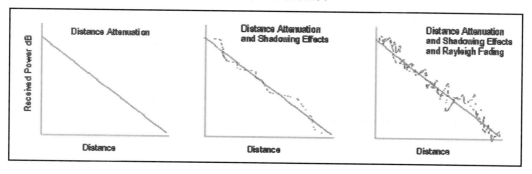

图 4-7 不同的射频信号衰落效应

左：视线范围内的一般路径损耗；中：由于大型结构或地形而导致的慢衰落的效果；

右：距离衰落、慢衰落和快衰落的综合效果

原　　文	译　　文
Received Power	接收到的功率
Distance Attenuation	距离衰落
Distance Attenuation and Shadowing Effects	距离衰落和阴影效果
Distance Attenuation and Shadowing Effects and Rayleigh Fading	距离衰落和阴影效应以及瑞利衰落
Distance	距离

🛈 注意：

我们将看到采用窄带信号的技术使用所谓的时间分集（Time Diversity）来克服快衰落的问题。时间分集意味着信号和有效载荷被多次发送，希望其中一条消息能够通过。

在多径方案中，延迟扩展（Delay Spread，也称为时延扩展）是来自各种多径信号的脉冲之间的时间。具体而言，它是信号的首次到达与信号的多径分量的最早到达之间的延迟。

相干带宽（Coherence Bandwidth）被定义为将信道视为平坦的频率的统计范围。这是一个时间段，在该时间段中，两个频率很可能具有相当的衰落。相干带宽 B_c 大致与延迟扩展 D 成反比：

$$B_c \approx \frac{1}{D}$$

在没有符号间干扰的情况下，符号发送的时间可以为 $1/D$。图 4-8 说明了窄带和宽带通信的相干带宽。由于宽带大于相干带宽 B_c，因此它更有可能具有独立的衰落属性。这意味着不同的频率分量将经历不相关的衰落。而窄带频率分量都容纳在 B_c 内，并且将经历均匀的衰落。

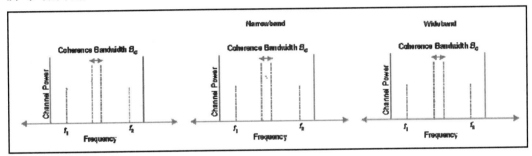

图 4-8 相干带宽以及对窄带和宽带的影响

如果 $|f_1 - f_2| > B_c$，则频率 f_1 和 f_2 将单独衰落。

可以清楚地看到，窄带驻留在 B_c 内，而宽带则明显超出了 B_c 的范围

原　　文	译　　文	原　　文	译　　文
Narrowband	窄带	Coherence Bandwidth	相干带宽
Wideband	宽带	Frequency	频率
Channel Power	信道功率		

必须确保从多径方案发送多个信号之间的时间间隔要扩展得足够长，以免干扰符号，即避免符号间干扰（Inter-Symbol Interference，ISI）。图 4-9 说明了延迟扩展太短的情况，它将导致 ISI。假定总带宽为 $B \gg 1/T$（其中，T 为脉冲宽度时间）并且隐含 $B \gg 1/D$，则可以说带宽必须比相干带宽大得多，即 $B \gg B_c$。

提示：

一般来说，较低的频率具有更强的穿透能力和更小的干扰，但是需要更长的天线并且具有更小的可用传输带宽。较高的频率具有更大的路径损耗，但需要的天线更小，带宽更大。

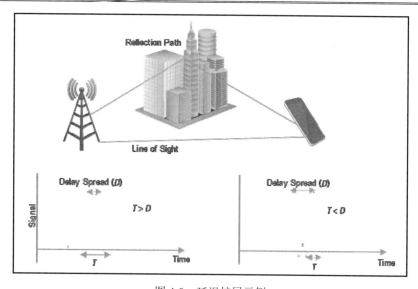

图 4-9 延迟扩展示例

在该示例中有来自一个多径事件的两个信号。

如果延迟扩展 D 小于脉冲宽度 T，则信号扩展可能不足以覆盖另一个多径分量。

而如果延迟扩展足够大，则可能没有多径冲突

原 文	译 文	原 文	译 文
Reflection Path	反射路径	Delay Spread	延迟扩展
Line of Sight	视线	Time	时间
Signal	信号		

整体比特率将受到延迟扩展的影响。例如，假设使用正交相移键控（Quadrature Phase Shift Keying，QPSK）数字调制方法，并且误码率（BER）为 10^{-4}，那么对于各种延迟扩展（D）来说，可以有如下情况。

❑ D = 256 μs:8 kbps
❑ D = 2.5 μs:80 kbps
❑ D = 100 ns:2 Mbps

4.3 无线电频谱

无线通信基于无线电波和整个无线电频谱内的频带。在第 5 章中，我们将介绍蜂窝和其他远程介质的远程通信，在这里我们将重点放在 1000 m 或更短的距离上。本节将研究频谱分配过程以及 WAN 设备的典型频率使用。

频谱范围为 3 Hz～3 THz，并且频谱内的分配受国际电信联盟（International Telecommunication Union，ITU）的约束。频段被视为频谱的一部分，可以根据频率进行分配、授权许可、出售或自由使用。从国际电信联盟的角度来看，频段分类如表 4-3 所示。

表 4-3　频段分类

频　率	IEEE 频段	欧盟、北约、美国 ECM	国际电信联盟（ITU）	
			ITU 频段	ITU 缩写
0.3 Hz				
3 Hz			1	ELF
30 Hz			2	SLF
300 Hz			3	ULF
3 kHz		A	4	VLF
30 kHz			5	LF
300 kHz			6	MF
3 MHz	HF		7	HF
30 MHz	VHF		8	VHF
250 MHz		B		
300 MHz	UHF		9	UHF
500 MHz		C		
1 GHz	L	D		
2 GHz	S	E		
3 GHz		F		
4 GHz	C	G		
6 GHz		H		
8 GHz	X	I	10	SHF
10 GHz				
12 GHz	Ku	J		
18 GHz	K			
20 GHz				
27 GHz	Ka	K		
30 GHz				
40 GHz	V	L	11	EHF
60 GHz		M		
75 GHz	W			
100 GHz				
110 GHz	mm			
300 GHz			12	THF
3 THz				

在美国，联邦通信委员会（Federal Communications Commission，FCC）与国家电信和信息管理局（National Telecommunications and Information Administration，NTIA）控制着频谱的使用权。FCC 管理非联邦频谱的使用，而 NTIA 则管理联邦频谱的使用（如军队、美国联邦航空管理局、联邦调查局等）。

　　FCC 管理的总体频谱范围从 kHz 频谱一直到 GHz 频率。总体频率分布和分配如图 4-10所示。使用方框圈出来的都是本书将要讨论的频率。

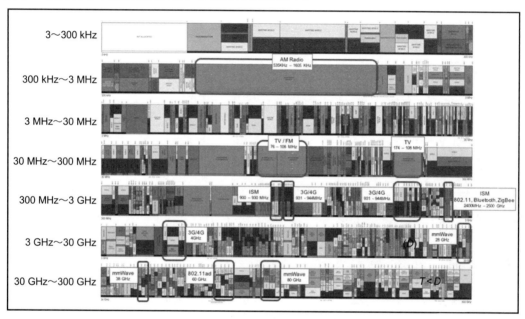

图 4-10　美国联邦通信委员会（FCC）管理的完整频率分配频谱

　　图 4-11 显示了 300 MHz～3 GHz 范围内（WPAN 信号常见）频率分配的一小部分，以及当前的分配情况。在许多领域，它是多用途的并且是共享的。

　　FCC 还分配授权频谱（Licensed Spectrum）和非授权频谱（Unlicensed Spectrum）中的频率。在 Unlicensed（非授权）或 Licensed exempt（豁免授权）区域中，用户可以在没有 FCC 授权许可的情况下进行操作，但必须使用经过认证的无线电设备，并遵守功率限制和工作周期等技术要求。这些要求详见 FCC 第 15 部分规则文件。用户可以在这些频谱范围内操作，但会受到无线电干扰。

　　频谱的授权许可区域允许特定区域、位置的专用。可以在全国范围内或在逐个站点的不连续段中授予该分配。自 1994 年以来，美国通过拍卖为特定区域、细分市场、市场

（如蜂窝市场区域、经济区域等）授予了频谱中这些区域的专有权。有些频段可能是这两种模式的混合，即其中频段可能是逐个站点授权的，后来围绕这些许可证的频段被拍卖到更大的地理区域。FCC 还允许建立二级市场，并通过频谱租赁和控制权转移等建立了相应的政策和程序。有关中国国内的频谱分配情况，可以查看以下网页：

https://www.sohu.com/a/228940013_202311

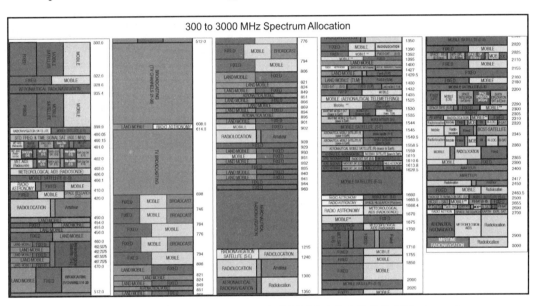

图 4-11　美国联邦通信委员会（FCC）和美国国家电信和信息管理局（NTIA）
300 MHz～3 GHz 的频率分配图
该图表仅占整体频率分配的一小部分

（资料来源：FCC, "United States Frequency Allocations The Radio Spectrum", October 2003）

原　　文	译　　文
300 to 3000 MHz Spectrum Allocation	300 MHz～3 GHz 范围频率的分配

　　物联网部署通常需要使用经过授权许可的频谱进行远程通信，这将在第 5 章中详细介绍。豁免授权的频谱通常用于工业、科学和医学（Industrial, Scientific and Medical，ISM）设备。对于物联网来说，IEEE 802.11 Wi-Fi、Bluetooth 和 IEEE 802.15.4 协议等均位于 2.4 GHz 豁免授权的频谱中。

4.4　小　　结

　　本章为读者理解无线通信的理论和局限性提供了知识基础。建议读者获取更多的信息并通过更深入的研究来理解数据传输的第二和第三阶约束，应了解无线信号的不同模型和约束，射频能量分散、范围以及香农定律提供的信息理论的基本极限，还应该了解频率空间的管理和分配策略。本章还简要介绍了 WPAN、WLAN 和 WAN 等，后面的章节还会继续提到它们。

　　第 5 章我们将开启物联网数据从传感器到云端的数据之旅，第一跳将跨越近距离的个人局域网，我们将从这里开始建立 WLAN 和 WAN 系统。

第 5 章　非基于 IP 的 WPAN

传感器以及连接到 Internet 的其他事物，需要一种发送和接收信息的方法，这是个人局域网（Personal Area Network，PAN）和近距离通信的课题。在物联网生态系统中，与传感器或执行器的通信可以是铜线或无线个人局域网（Wireless Personal Area Network，WPAN，也称为无线个域网）。

在本章中，我们将重点讨论 WPAN，因为 WPAN 是将工业、商业和消费者连接到物联网的普遍方法。基于有线的连接仍然会使用，但它主要用于射频传输比较困难的传统行业和地区。端点与互联网之间存在多种不同的通信渠道，有些可以建立在传统的 IP 协议栈（6LoWPAN）上，而另一些则使用非 IP 通信（如 BLE）来最大限度地节省能源。

我们将 IP 和非 IP 分开，是因为基于 IP 的通信系统需要进一步的详细信息，而非 IP 通信则不一定需要。非 IP 通信系统针对成本和能源使用进行了优化，而基于 IP 的解决方案通常具有较少的约束（如 802.111 Wi-Fi）。第 6 章将详细介绍 IP 在无线个人局域网（WPAN）和无线局域网（WLAN）上的重叠。

本章将介绍通信的非 IP 标准、WPAN 网络的各种拓扑（网格、星形）以及 WPAN 通信系统的约束和目标。这些类型的通信系统可以在约 200 m 范围的近距离内操作（有些可能可以更远一些）。我们还将深入研究 Bluetooth® 无线协议和新的 Bluetooth 5.0 规范，因为它们为理解其他协议奠定了基础，并且是物联网解决方案的普遍而强大的组成部分。

本章将包括专有和开放标准的技术细节。鉴于各种通信协议都有自己的采用原因和用例，本章也会详细介绍它们。本章的重点主题包括以下方面。

- ❑ 射频信号的质量和范围。
- ❑ 无线频谱分配。
- ❑ 蓝牙无线协议，重点是新的蓝牙 5.0（Bluetooth 5.0）规范。
- ❑ 802.15.4。
- ❑ Zigbee®。
- ❑ Z-Wave®。

5.1　无线个人局域网标准

本节将探讨物联网领域中的 3 个相关的无线个人局域网。本节的很大一部分将专门针对蓝牙，因为它提供了大量功能，并且在物联网生态系统中拥有很深的影响力。此外，蓝牙 5.0 增加了许多蓝牙规范中未曾出现过的功能，并提供了其范围、功率、速度和连接性，使其成为许多用例中最强大的 WPAN 解决方案。我们还将深入研究基于 Zigbee、Z-Wave 和 IEEE 802.15.4 的网络。

实际上，术语无线个人局域网（Wireless Personal Area Network，WPAN）的含义已经超出了它原来的设计。最初，它指的是连接到可穿戴设备的特定个人的真实身体和个人局域网络，但现在它所涵盖的内容已经大大扩展。

5.1.1 关于 802.15 标准

本节中描述的许多协议和网络模型都基于 IEEE 802.15 工作组。802.15 小组在组建时，最初的工作仅专注于可穿戴设备（这也是"个人局域网"一词的由来），但现在他们的工作已经大大扩展，如今他们专注于更高的数据速率协议、米到千米范围的通信以及专业通信。目前，每天使用某种形式的 802.15.x 协议进行传输的设备超过一百万。以下是 IEEE 维护和管理的各种协议、标准和规范。

- ❑ 802.15：无线个人局域网定义。
- ❑ 802.15.1：蓝牙 PAN 的原始基础。
- ❑ 802.15.2：用于蓝牙的 WPAN 和 WLAN 的共存规范。
- ❑ 802.15.3：WPAN 上用于多媒体的高数据速率（55 Mbps ＋）。
  - ➢ 802.15.3a：高速 PHY 增强功能。
  - ➢ 802.15.3b：高速 MAC 增强功能。
  - ➢ 802.15.3c：使用 mmWave（毫米波）技术的高速传输（＞1 GBps）。
- ❑ 802.15.4：低数据速率、简单设计、多年电池寿命规范（Zigbee）。
  - ➢ 802.15.4-2011：汇总（规范 a-c）包括 UWB、中国和日本 PHY。
  - ➢ 802.15.4-2015：汇总（规范 d-p）包括 RFID 支持、医疗频段 PHY、低功耗、电视空白空间、铁路通信）。
  - ➢ 802.15.4r（保持）：测距协议。
  - ➢ 802.15.4s：频谱资源利用（Spectrum Resource Utilization，SRU）。
  - ➢ 802.15.t：2 Mbps 的高速率 PHY。
- ❑ 802.15.5：网格网络。
- ❑ 802.15.6：用于医疗和娱乐的人体局域网络。
- ❑ 802.15.7：使用结构化照明的可见光通信。
  - ➢ 802.15.7 a：将范围扩展到紫外线和近红外，更名为光学无线（Optical Wireless）。

- ❑ 802.15.8：速率为 10 kbps～55 Mbps 的对等感知通信（Peer Aware Communication，PAC）。无基础设施的点对点通信。
- ❑ 802.15.9：密钥管理协议（Key Management Protocol，KMP），密钥安全性管理标准。
- ❑ 802.15.10：第 2 层网格路由，推荐用于 802.15.4、多 PAN 的网格路由。
- ❑ 802.15.12：上层接口，尝试使 802.15.4 更易于使用 802.11 或 802.3。

IEEE 还设有工作组，研究可靠性（IG DEP）以解决无线可靠性和弹性、高数据速率通信（HDRC IG）和太赫兹通信（THz IG）。

5.1.2　蓝牙

蓝牙（Bluetooth）是一种低功耗无线连接技术，广泛应用于从手机传感器、键盘到视频游戏系统的技术中。蓝牙这个名字是一个绰号，指的是公元 958 年左右现挪威和瑞典地区的 Harald Blatand（哈拉尔德·布拉坦）国王。Blatand 国王之所以获得这样一个怪异的绰号，缘于他喜欢吃蓝莓。蓝牙是从这位国王的名字衍生而来的，因为 Blatand 国王曾经将纷争不断的丹麦部落统一为一个王国，而最初的蓝牙技术联盟的成立也有意要将通信协议统一为全球标准。蓝牙徽标（*）也是丹麦人使用的古老日耳曼字母的符文组合。如今，蓝牙已成为主流，本节将重点介绍蓝牙技术联盟在 2016 年批准的蓝牙 5.0 协议。其他变体也将被提及。

本节将详细介绍蓝牙技术，特别着重于新的蓝牙 5.0 规范。要了解蓝牙技术的更多信息，请访问蓝牙技术联盟页面：

www.bluetooth.org

1．蓝牙的历史

蓝牙技术最早是 1994 年由爱立信公司构想的，目的是用射频介质代替连接计算机外围设备的电缆和电线。后来英特尔和诺基亚公司也加入了这一行列，旨在以类似的方式将手机无线连接到计算机。这 3 家公司于 1996 年在瑞典隆德的爱立信工厂举行的一次会议上成立了蓝牙技术联盟（Bluetooth Special Interest Group，Bluetooth SIG）。到 1998 年，蓝牙技术联盟已有 5 个成员：英特尔、诺基亚、东芝、IBM 和爱立信。同年，蓝牙规范的 1.0 版发布。当 SIG 有超过 4000 名成员时，2.0 版于 2005 年获得批准。2007 年，蓝牙技术联盟与 Nordic Semiconductor 和诺基亚合作开发了超低功耗蓝牙，该技术现已更名为低功耗蓝牙或蓝牙低功耗（Bluetooth Low Energy，BLE）。BLE 将可以使用钮扣电池进行通信的设备带入一个全新的细分市场。2010 年，蓝牙技术联盟发布了蓝牙 4.0 规范，该规范正式包含 BLE。当前有 25 亿个以上的蓝牙产品和 30000 个蓝牙技术联盟成员。

蓝牙已经在物联网部署中广泛使用了一段时间，当以低能耗模式用于信标、无线传感器、资产跟踪系统、远程控制、健康监控器和警报系统时，蓝牙已成为主要设备。

纵观其历史，蓝牙和所有可选组件均已获得 GPL 授权许可，并且实质上是开源的。

表 5-1 显示了蓝牙修订历史，可以看到它的功能在不断增加。

表 5-1 蓝牙的修订历史

修 订 版 本	功　能	发 布 日 期
蓝牙 1.0 和 1.0B	基本速率蓝牙（1 Mbps） 初始版本发布	1998 年
蓝牙 1.1	IEEE 802.15.1-2002 标准化 1.0B 规范缺陷已解决 非加密通道支持 接收信号强度指示器（Received Signal Strength Indicator，RSSI）	2002 年
蓝牙 1.2	IEEE 802.15.1-2005 快速连接和发现 跳频扩频（Frequency-Hopping Spread Spectrum，FHSS）技术 主机控制器接口（三线 UART） 流控制和重传模式	2003 年
蓝牙 2.0 （+ EDR 可选）	增强数据速率（Enhanced Data Rate，EDR）模式：3 Mbps	2004 年
蓝牙 2.1 （+ EDR 可选）	使用公钥加密和 4 种独特的身份验证方法的安全简单配对（Secure Simple Pairing，SSP） 可以实现更好的过滤并降低功耗的扩展查询响应（Extended Inquiry Response，EIR）	2007 年
蓝牙 3.0 （+ EDR 可选） （+ HS 可选）	针对可靠和不可靠连接状态的 L2CAP 增强的重传模式（Enhanced ReTransmission Mode，ERTM） 使用 802.11 PHY 的备用 MAC/PHY（AMP）24 Mbps 针对低延迟单播无连接数据 增强的功率控制	2009 年
蓝牙 4.0 （+ EDR 可选） （+ HS 可选） （+ LE 可选）	AKA BluetoothSmart 引入了低功耗（Low Energy，LE）模式 引入了 ATT 和 GATT 协议和规范 双模式：BR/EDR 和 LE 模式 带有 AES 加密的安全管理器	2010 年

续表

修 订 版 本	功　　能	发 布 日 期
蓝牙 4.1	移动无线服务（Mobile Wireless Service，MWS）共存 Train Nudging（共存功能） 隔行扫描（共存功能） 设备支持多个同时角色	2013 年
蓝牙 4.2	低功耗安全连接 链路层隐私 IPv6 支持规范	2014 年
蓝牙 5.0	时隙可用性掩码（Slot Availability Mask，SAM） 2 Mbps PHY 和 LE LE 远程模式 LE 扩展广告模式 网格网络	2016 年

2. 蓝牙 5 通信过程和拓扑

蓝牙无线由两个无线技术系统组成，即基本速率（Basic Rate，BR）和低功耗（Low Energy，LE 或 BLE）。根据以下定义，节点既可以是广告方也可以是扫描方。

❑ 广告方（Advertiser）：传输广告方数据包的设备。

❑ 扫描方（Scanner）：接收广告方数据包而无意连接的设备。

❑ 发起方（Initiator）：尝试建立连接的设备。

在蓝牙 WPAN 中可发生以下蓝牙事件。

❑ 广告（Advertising）：由设备启动，以广播到扫描设备，提醒它们存在希望配对的设备，或者只是简单地希望中继广告包中消息的设备。

❑ 连接：此事件是配对设备和主机的过程。

❑ 定期广告（针对蓝牙 5）：允许广告设备通过以 7.5 ms～81.91875 s 的间隔进行频道跳频，在 37 个非主要频道上定期进行广告。

❑ 扩展广告（针对蓝牙 5）：允许扩展 PDU 支持广告链接和大型 PDU 载荷，可能还包括涉及音频或其他多媒体的新用例（在下面的"信标"部分将会做详细介绍）。

在低功耗模式下，设备可以仅通过使用广告频道来完成整个通信。或者，通信可能需要成对的双向通信，并强制设备正式连接。必须形成这种连接的设备将通过侦听广告包来启动该过程。在这种情况下，侦听器称为发起方。如果广告方发出可连接广告事件，则发起方可以使用接收可连接广告包的相同 PHY 频道发出连接请求。

然后，广告方可以确定是否希望形成连接。如果形成连接，则广告事件结束，发起方称为主方（Master），而广告方则称为从方（Slave）。此连接在蓝牙术语中称为微微网（Piconet）。所有连接事件都发生在主方和从方之间的同一起始频道上。在交换数据并结束连接事件之后，可以使用跳频为该设备对选择新的频道。

微微网可以根据 BR/EDR 模式或 BLE 模式以两种不同的方式形成。在 BR/EDR 模式下，微微网使用三位寻址（Three-bit Addressing），并且只能在一个微微网上引用 7 个从方。多个微微网可以组成一个联合，称为分散网（Scatternet），但是必须有第二个主方才能连接和管理辅助网络。从/主节点负责将两个微微网桥接在一起。网络使用相同的跳频计划，并且将确保所有节点在给定时间位于同一频道上。在 BLE 模式下，该系统使用 24 位寻址，因此与主设备关联的从设备数以百万计。每个主从关系本身就是一个微微网，并且可以在唯一的频道上。在微微网中，节点可以是主节点（Master，M）、从节点（Slave，S）、待机节点（StandBy，SB）或驻留节点（Parked，P）。待机模式是设备的默认状态。在这种状态下，设备可以选择处于低功耗模式。一个微微网上最多可以有 255 个其他设备处于 SB 或 P 模式。

ℹ️ 注意：

蓝牙 5.0 已弃用并删除了微微网中的驻留（P）状态。只有版本 4.2 以下的蓝牙设备才支持驻留状态。蓝牙 5.0 仍支持待机（SB）状态。

图 5-1 显示了微微网的拓扑。

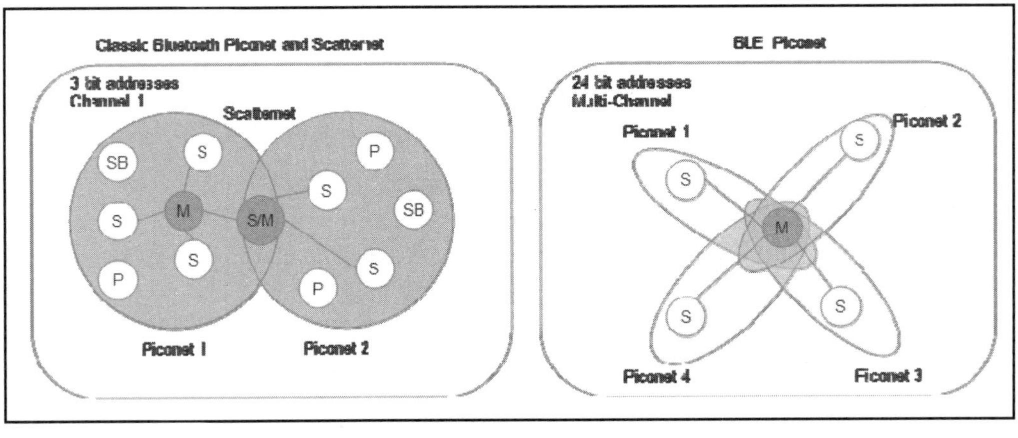

图 5-1　经典（BR/EDR）蓝牙和 BLE 微微网之间的区别

原　　文	译　　文
Classic Bluetooth Piconet and Scatternet	经典蓝牙微微网和分散网
3 bit addresses	三位寻址

续表

原　　文	译　　文
Channel 1	频道 1
Scatternet	分散网
Piconet 1	微微网 1
Piconet 2	微微网 2
BLE Piconet	蓝牙低功耗微微网
24 bit addresses	24 位寻址
Multi-Channel	多频道
Piconet 3	微微网 3
Piconet 4	微微网 4

在 BR/EDR 模式下，由于使用的是三位寻址，一个微微网最多可关联 7 个从节点。它们在 7 个从节点之间共享一个公共频道。仅当辅助网络上存在关联主节点时，其他微微网才能加入网络并形成分散网。

在 BLE 模式下，由于使用的是 24 位寻址，数百万个从节点可以与一个主节点一起加入多个微微网。每个微微网可以位于不同的频道上，但是每个微微网中将只有一个从节点可以与主节点关联。实际上，BLE 微微网通常要小得多。

3. 蓝牙 5 协议栈

蓝牙具有 3 个基本组件：硬件控制器、主机软件和应用规范。蓝牙设备具有单模和双模版本，这意味着它们要么仅支持 BLE 协议栈，要么同时支持经典模式和 BLE。在图 5-2 中，可以在主机控制器接口（Host Controller Interface，HCI）级别上看到控制器和主机之间的分离。蓝牙允许一个或多个控制器与单个主机关联。

蓝牙 5 协议栈由层或协议和规范组成。

❑　协议：代表功能块的水平层级和层。图 5-2 即表示协议栈。

❑　规范：代表使用协议的垂直功能。在后面的"蓝牙规范"部分将详细介绍规范，但是仅讨论通用属性规范和通用访问规范。

图 5-2 为蓝牙协议栈的全面架构图，包括 BR/EDR 和 BLE 模式以及 AMP 模式。

图 5-2 的右侧说明了 AMP 模式。可以看到协议栈上部的主机软件平台与协议栈下部的控制器硬件之间的职责分离。主机控制器接口（Host Controller Interface，HCI）是硬件和主机之间的传输频道。

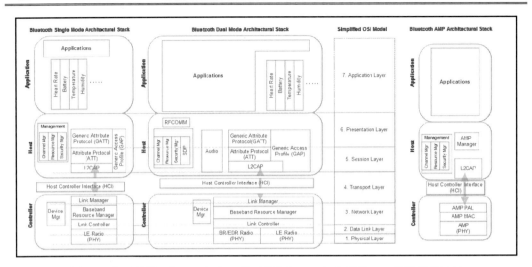

图 5-2　蓝牙单模（仅 BLE）和双模（经典和 BLE）与简化 OSI 协议栈的比较

原　　文	译　　文
Bluetooth Single Mode Architectural Stack	蓝牙单模式架构协议栈
Application	应用
Heart Rate	心率
Battery	电池
Temperature	温度
Humidity	湿度
Host	主机
Management	管理
Channel Mgr	频道管理器
Resource Mgr	资源管理器
Security Mgr	安全管理器
Generic Attribute Protocol(GATT)	通用属性协议（GATT）
Attribute Protocol(ATI)	属性协议（ATI）
Generic Access Protocol(GAP)	通用访问协议（GAP）
Host Controller Interface(HCI)	主机控制器接口（HCI）
Controller	控制器
Device Mgr	设备管理器
Link Manager	链路管理器
Baseband Resource Manager	基带资源管理器
Link Controller	链路控制器
LE Radio(PHY)	低功耗频段（PHY）

原　　文	译　　文
Bluetooth Dual Mode Architectural Stack	蓝牙双模式架构协议栈
Audio	音频
BR/EDR Radio(PHY)	BR/EDR 频段（PHY）
Simplified OSI Model	简化 OSI 模型
7. Application Layer	7．应用层
6. Presentation Layer	6．表示层
5. Session Layer	5．会话层
4. Transport Layer	4．传输层
3. Network Layer	3．网络层
2. Data Link Layer	2．数据层
1. Physical Layer	1．物理层
Bluetooth AMP Architectural Stack	蓝牙 AMP 架构协议栈
AMP Manager	AMP 管理器

图 5-2 中基本上显示了 3 种蓝牙操作模式（每种模式需要一个不同的 PHY）。

❑　低功耗（Low Energy，LE）模式：该模式使用 2.4 GHz ISM 频段，并采用 FHSS 进行干扰保护。PHY 与 BR/EDR 和 AMP 频段的区别在于调制、编码和数据速率。LE 模式以 1 Mbps 的比特率按 1 Msym/s 的速度操作。蓝牙 5 允许 125 kbps、500 kbps、1 Mbps 和 2 Mbps 的多种可配置数据速率（稍后会详细介绍）。

❑　基本速率/增强数据速率（Basic Rate/Enhanced Data Rate，BR/EDR）模式：与 LE 和 AMP 使用的频段不同，但在 ISM 2.4 GHz 频带中操作。基本频段操作的额定速率为 1 Msym/s，并支持 1 Mbps 的比特率。EDR 维持 2 Mbps 或 3 Mbps 的数据速率。该频段使用 FHSS 进行干扰保护。

❑　备用 MAC/PHY（Alternative MAC/PHY，AMP）：这是一项可选功能，它使用 802.11 进行高达 24 Mbps 的高速传输。此模式需要主设备和从设备都支持 AMP。这是辅助物理控制器，但仍要求系统具有 BR/EDR 控制器以建立初始连接和协商。

接下来，我们将详细介绍协议栈中每个元素的功能。我们从 BR/EDR 和 LE 的通用模块开始，然后列出 AMP 的详细信息。在这 3 种情况下，我们都将从底部的物理层开始，然后将协议栈向上移向应用层。

核心架构块包括以下部分。

❑　控制器级别。

➢　BR/EDR PHY（控制器模块）：负责通过 79 个通道上的物理通道发送和接

收数据包。

> LE PHY：低功耗物理接口，负责管理 40 个通道和跳频。
> 链路控制器：对数据有效载荷中的蓝牙数据包进行编码和解码。
> 基带资源管理器（Baseband Resource Manager）：负责任何来源对频段的所有访问。管理物理通道的调度并与所有实体协商访问连接，以确保满足 QoS 参数。
> 链路管理器：创建、修改和释放逻辑链路，并更新与设备之间的物理链接相关的参数。使用不同的协议可将其重用于 BR/EDR 和 LE 模式。
> 设备管理器：控制器基带级别的块，可用于控制蓝牙的一般行为。负责与数据传输无关的所有操作，包括使设备可发现或可连接、连接到设备以及扫描设备。
> 主机控制器接口（Host Controller Interface，HCI）：是主机和网络协议栈第 4 层中的硅控制器之间的隔离。它公开了接口，允许主机添加、删除、管理和发现微微网上的设备。

❏ 主机级别。

> L2CAP：是逻辑链路控制和适配协议，用于使用比物理层更高级别的协议在两个不同设备之间多路复用逻辑连接。它可以分段和重组数据包。
> 通道管理器：负责创建、管理和关闭 L2CAP 通道。主节点将使用 L2CAP 协议与从节点通道管理器进行通信。
> 资源管理器：负责管理分段提交到基带级别的序列，可以帮助确保服务质量的符合性。
> 安全管理器协议（Security Manager Protocol，SMP）：负责生成密钥、限定密钥和存储密钥。
> 服务发现协议（Service Discovery Protocol，SDP）：发现 UUID 在其他设备上提供的服务。
> 音频：可选的高效流音频播放规范。
> RFCOMM：负责 RS-232 模拟和接口，并可以用于支持电话功能。
> 属性协议（ATTribute protocol，ATT）：主要在 BLE 中使用的有线应用协议（但是也可以应用于 BR/EDR）。经过优化之后，可在基于 BLE 低功耗电池的硬件上操作。ATT 与 GATT 紧密相连。
> 通用属性规范（Generic ATTribute profile，GATT）：此块表示属性服务器和（可选）属性客户端的功能。该规范描述了属性服务器中使用的服务。每个 BLE 设备必须具有 GATT 规范。原则上，如果不是专门用于 BLE，则

可以在普通 BR/EDR 设备上使用。

> 通用访问规范（Generic Access Profile，GAP）：控制连接和广告状态。允许设备对外界可见，并构成所有其他规范的基础。

❑ AMP 专用协议栈。

> AMP（PHY）：负责传输和接收高达 24 Mbps 数据包的 PHY 层。

> AMP MAC：是 IEEE 802 参考层模型中定义的介质访问控制层，提供了设备的寻址方法。

> AMP PAL：AMP MAC 与主机系统（L2CAP 和 AMP 管理器）接口的层。该模块将来自主机的命令转换为特定的 MAC 原语，反之亦然。

> AMP 管理器：使用 L2CAP 与远程设备上的对等 AMP 管理器进行通信。发现远程 AMP 设备并确定其可用性。

4．蓝牙 5 物理层和干扰

蓝牙设备在 2.4000～2.4835 GHz 工业、科学和医学（ISM）的无须授权许可的频段中操作。如前文所述，该特定的非授权区域被许多其他无线介质（如 802.11 Wi-Fi）所拥塞。为了减轻干扰，蓝牙支持跳频扩频（Frequency-Hopping Spread Spectrum，FHSS）。

💡 提示：

当在 BR/EDR 的蓝牙经典模式之间进行选择时，EDR 被干扰的机会将更少，并且能够与 Wi-Fi 和其他蓝牙设备更好地共存，因为其速度更快，这使得其在空中的传播时间更短。

蓝牙 1.2 中引入了自适应跳频（Adaptive Frequency Hopping，AFH）。AFH 使用两种类型的通道：已使用的频道和未使用的频道。已使用的频道在传播过程中可作为跳频序列的一部分。在随机替换方法中，如有必要，未使用的频道会在跳频序列中被已使用的频道替换。BR/EDR 模式有 79 个频道，而 BLE 则有 40 个频道。

BR/EDR 模式拥有 79 个频道，干扰另一个频道的概率不到 1.5%。这就是为什么在办公室环境中如果有数百个耳机和其他外围设备同时使用则容易受到干扰的原因。

AFH 允许从设备将频道分类信息报告给主设备，以帮助配置频道跳变。在 802.11 Wi-Fi 受到干扰的情况下，AFH 与专有技术结合使用可对两个网络之间的流量进行优先级排序。例如，如果跳频序列经常在频道 11 上发生冲突，则微微网内的主节点和从节点将在将来简单地协商并跳过频道 11。

在 BR/EDR 模式下，物理信道分为多个时隙（Slot）。数据将进行定位，以便在精确的时隙中进行传输，并且如果需要，可以使用连续的时隙。在使用此技术之后，蓝牙通过时分双工（Time Division Duplexing，TDD）达到了全双工通信的效果。BR 使用高斯频移键控（Gaussian Frequency-Shift Keying，GFSK）调制来实现其 1 Mbps 的速率，而EDR 则使用差分四相相移键控（Differential Quaternary Phase Shift Keying，DQPSK）调制到 2 Mbps，通过 8 相差分相移键控（8-Phase Differential Phase-Shift Keying，8DPSK）调制到 3 Mbps。

另一方面，LE 模式使用频分多址（Frequency Division Multiple Access，FDMA）和时分多址（Time Division Multiple Access，TDMA）访问方案。该模式具有 40 个频道（而不是像 BR/EDR 那样有 79 个频道），并且每个频道相隔 2 MHz，系统会将 40 个频道分出去 3 个广告频道，其余 37 个则用于辅助广告和数据。蓝牙通道是伪随机选择的，并且以1600 跳/秒的速率进行切换。图 5-3 说明了 ISM 2.4 GHz 空间中的 BLE 频率分布和分区。

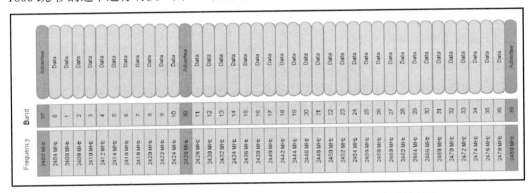

图 5-3　低功耗蓝牙（BLE）频率按 2 MHz 间隔分为 40 个独特频段

图中的 3 个频道专用于广告，其余 37 个则用于数据传输

原　　文	译　　文
Frequency	频率
Band	频段
Advertise	广告
Data	数据

时分多址（TDMA）可用于协调通信，它协调的方法是要求一个设备在预定时间发送数据包，并要求接收设备在另一预定时间响应。

物理信道被细分为特定 LE 事件的时间单位，如广告、定期广告、扩展广告和连接。在 LE 中，一个主节点可以在多个从节点之间形成链接。同样，一个从节点可以具有到一个以上主节点的多个物理链接，并且一个设备可以同时是一个主节点和从节点。

需要注意的是，不允许将角色从主方更改为从方，反之亦然。

🛈 注意:

如前文所述,40 个频道中的 37 个用于数据传输,只有 3 个专用于广告。频道 37、38 和 39 专门用于广告 GATT 规范。在广告期间,设备将同时在 3 个频道上传输广告数据包,这有助于增加正在扫描的主机设备看到广告并做出响应的可能性。

在 2.4 GHz 空间中,移动无线标准还会发生其他形式的干扰。有鉴于此,蓝牙 4.1 中引入了一种称为 Train Nudging 的技术。

🛈 提示:

蓝牙 5.0 引入了时隙可用性掩码(Slot Availability Mask,SAM)。SAM 允许两个蓝牙设备互相指示可用于发送和接收的时隙。系统将建立一个映射,以指示时隙的可用性。通过映射,蓝牙控制器可以优化其 BR/EDR 时隙并提高整体性能。

对于 BLE 模式来说,SAM 不可用。但是,蓝牙中还有一种常被忽视的称为信道选择算法 2(Channel Selection Algorithm 2,CSA2)的机制,它有助于在易受多径衰落影响的嘈杂环境中进行跳频。CSA2 在蓝牙 4.1 中引入,是一种非常复杂的通道映射和跳变算法。它提高了频段的抗干扰能力,并允许频段限制其在高干扰位置可使用的无线射频信道数量。使用 CSA2 限制信道的副作用是它允许发射功率增加到+20 dBm。如前文所述,由于BLE 广告频道和连接的频道很少,因此监管机构对发送功率施加了限制。CSA2 允许在蓝牙 5 中使用比以前版本更多的通道,而这可能会放开监管限制。

5. 蓝牙数据包结构

每个蓝牙设备都有一个唯一的 48 位地址,称为 BD_ADDR。BD_ADDR 的上 24 位是指制造商特定的地址,可通过 IEEE 注册机构(IEEE Registration Authority)购买。该地址包括组织唯一标识符(Organization Unique Identifier,OUI),也称为公司 ID,由 IEEE分配。公司可以免费修改 24 个最低有效位。

也可以使用其他 3 种安全和随机地址格式(在本章的"BLE 安全性"部分将对此进行讨论)。图 5-4 显示了 BLE 广告数据包结构和各种协议数据单元(Protocol Data Unit,PDU)类型。这代表了一些最常用的 PDU。

6. BR/EDR 操作

经典蓝牙(BR/EDR)模式是面向连接的。如果连接了设备,则即使没有数据在通信中,也将保持链接。在发生任何蓝牙连接之前,必须先找到一个设备,使其能够响应对物理信道的扫描,然后响应其设备地址和其他参数。设备必须处于可连接模式才能监视其页面扫描。

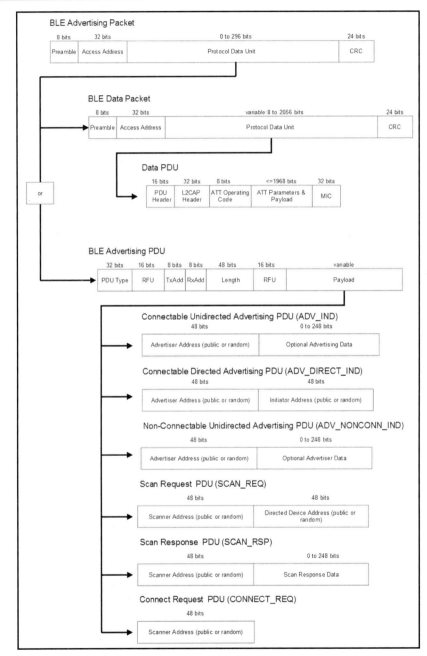

图 5-4　常见的 BLE 广告和数据包格式
在蓝牙 5.0 规范中还存在其他几种数据包类型

原　　文	译　　文
bits	位
BLE Advertising Packet	BLE 广告包
0 to 296 bits	0～296 位
Preamble	前同步码
Access Address	访问地址
Protocol Data Unit	协议数据单元（PDU）
BLE Data Packet	BLE 数据包
variable 8 to 2056 bits	8～2056 位可变
Data PDU	数据 PDU
PDU Header	PDU 报头
L2CAP Header	L2CAP 报头
ATT Operating Code	ATT 操作码
ATT Parameters & Payload	ATT 参数和有效载荷
BLE Advertising PDU	BLE 广告 PDU
PDU Type	PDU 类型
Length	长度
Payload	有效载荷
Connectable Unidirected Advertising PDU	可连接的非定向广告 PDU
0 to 248 bits	0～248 位
Advertiser Address(public or random)	广告方地址（公共或随机）
Optional Advertising Data	可选广告数据
Connectable Directed Advertising PDU	可连接的定向广告 PDU
Initiator Address(public or random)	发起方地址（公共或随机）
Non-Connectable Unidirected Advertising PDU	不可连接的非定向广告 PDU
Scan Request PDU	扫描请求 PDU
Scanner Address(public or random)	扫描方地址（公共或随机）
Directed Device Address(public or random)	定向设备地址（公共或随机）
Scan Response PDU	扫描响应 PDU
Scan Response Data	扫描响应数据
Connect Request PDU	连接请求 PDU

连接过程分为以下 3 个步骤。

（1）查询（Inquiry）：在此阶段，两个蓝牙设备从未进行过关联或绑定，它们彼此之间一无所知。设备必须通过查询请求彼此发现。如果另一个设备正在侦听，则可能会使用其 BR_ADDR 地址进行响应。

（2）分页（Paging）：分页或连接将在两个设备之间形成连接。每个设备此时都知道对方的 BD_ADDR。

（3）已连接（Connected）：两个设备正在进行通信，这是其正常状态。已连接状态有 4 个子模式。

- ❑ 活动模式（Active Mode）：这是用于发送和接收蓝牙数据或等待下一个发送时隙的正常操作模式。
- ❑ 嗅探模式（Sniff Mode）：这是省电模式。该设备本质上处于睡眠状态，但是将在可以通过编程方式更改的特定时隙（如 50 ms）内侦听传输。
- ❑ 保持模式（Hold Mode）：这是由主方或从方启动的临时低功耗模式。它不会像嗅探模式那样侦听传输，并且从方会暂时忽略 ACL 数据包。在此模式下，切换到连接状态的速度非常快。
- ❑ 驻留模式（Park Mode）：如前文所述，蓝牙 5.0 已弃用并删除了微微网中的驻留（P）状态。

这些阶段的状态示意如图 5-5 所示。

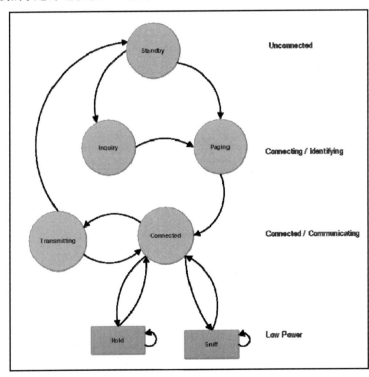

图 5-5 蓝牙未连接的待机模式、设备查询和发现、已连接/传输模式以及低功耗模式

原　　文	译　　文
Standby	待机
Unconnected	未连接
Inquiry	查询
Paging	分页
Connecting/Identifying	连接/发现
Transmitting	传输
Connected	已连接
Connected/Communicating	已连接/正在通信
Hold	保持
Sniff	嗅探
Low Power	低功耗

如果此过程成功完成，则可以强制两个设备在范围内时自动连接。设备将进行配对。一次性配对过程最常见于将智能手机连接至车载立体声系统，但它也可以应用于物联网中的任何位置。配对的设备将共享在身份验证过程中使用的密钥。在本章的"BLE 安全性"部分将介绍有关密钥和身份验证的更多信息。

💡 提示：

Apple 公司建议使用以 15 ms 为间隔设置的嗅探模式。这样可以在使设备保持处于活动模式时节省大量功率，而且还可以与该区域的 Wi-Fi 和其他蓝牙信号更好地共享频谱。此外，Apple 还建议设备将主机首次发现的广告间隔设置为 20 ms，然后广播 30 s。如果设备仍然无法连接到主机，则应以编程方式增加广告间隔，以增加完成连接过程的机会。有关详细信息请参阅 Bluetooth Accessory Design Guidelines for Apple Products Release 8, Apple Computer, June 16, 2017。

7. BLE 操作

在低功耗蓝牙模式下，主机和设备会协商 5 个链接状态。

❑ 广告（Advertising）：在广告频道上传输广告包的设备。

❑ 扫描（Scanning）：在广告频道上接收广告而无意连接的设备。扫描既可以是主动的，也可以是被动的。

  ➢ 主动扫描（Active Scanning）：链路层侦听广告 PDU。根据收到的 PDU，可能会要求广告方发送其他信息。

  ➢ 被动扫描（Passive Scanning）：链路层将仅接收数据包，禁用传输。

❑ 发起连接（Initiating）：需要与另一个设备建立连接的设备侦听可连接的广告数

据包，并通过发送连接数据包发起连接。

□ 已连接（Connected）：处于连接状态的主方和从方之间存在该关系。主方是发起方，从方则是广告方。

> 中心设备（Central）：发起方将角色和标题转换为中心设备。

> 外围设备（Peripheral）：广告方设备成为外围设备。

□ 待机（Standby）：设备处于未连接状态。

广告状态具有若干个功能和特征。广告可以是通用广告（General Advertisement），即设备将通用邀请广播给网络上的某些其他设备。定向广告（Directed Advertisement）则是唯一的，旨在邀请特定的对等方尽快连接。该广告模式包含广告设备和被邀请设备的地址。

当接收设备识别出数据包时，将立即发送连接请求。定向广告将得到快速、立即的关注，并且广告以 3.75 ms 的间隔发送，但仅发送 1.28 s。不可连接的广告本质上是一个信标（甚至可能不需要接收者）。最后，可发现的广告可以响应扫描请求，但是不接受连接。如图 5-6 所示的状态图显示了 BLE 操作的 5 个链接状态。

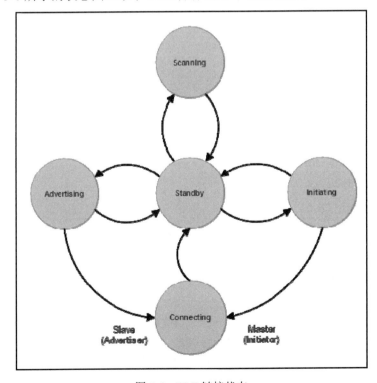

图 5-6　BLE 链接状态

原　　文	译　　文
Scanning	扫描
Advertising	广告
Standby	待机
Initiating	发起连接
Connecting	已连接
Slave(Advertiser)	从方（广告方）
Master(Initiator)	主方（发起方）

　　先前未与主机绑定的 BLE 设备将通过在 3 个广告频道上广播广告来发起通信。主机可以使用 SCAN_REQ 响应，以便从广告设备请求更多信息。外围设备则使用 SCAN_RSP响应，并包括设备名称或可能的服务。

💡 提示：

　　SCAN_RSP 可能会影响外围设备的电源使用情况。如果设备支持扫描响应，则必须在接收模式下保持其频段处于活动状态，这意味着会一直耗电。即使没有主机设备发出 SCAN_REQ，也会发生这种情况。所以，对于电量受限的物联网外围设备，建议禁用扫描响应。

　　在扫描之后，主机（扫描方）将启动 CONNECT_REQ，此时扫描方和广告方将发送空的 PDU 数据包以表示确认。现在扫描方被视为主方（Master），而广告方则被视为从方（Slave）。主方可以通过 GATT 发现从方规范和服务。发现完成后，可以将从方数据交换到主方，反之亦然。在终止之后，主方将返回扫描模式，而从方将返回广告方模式。图 5-7 说明了从广告发布到数据传输的 BLE 配对过程。

8. 蓝牙规范

　　应用使用规范（Profile）与各种蓝牙设备连接。规范定义了蓝牙协议栈每一层的功能。本质上，规范就是将协议栈绑定在一起，并定义各层之间如何交互。规范描述了设备发布的发现特征（Discovery Characteristics），还有用于描述服务的数据格式以及应用用来读取和写入设备的特征。规范并不是存在于设备上的，相反，它们是由蓝牙技术联盟（Bluetooth SIG）维护和管理的预定义结构。

　　基本蓝牙规范必须包含按规范说明的 GAP。GAP 为 BR/EDR 设备定义了频段、基带层、链路管理器、L2CAP 和服务发现。同样，对于 BLE 设备，GAP 将定义频段、链路层、L2CAP、安全管理器、属性协议和通用属性规范。

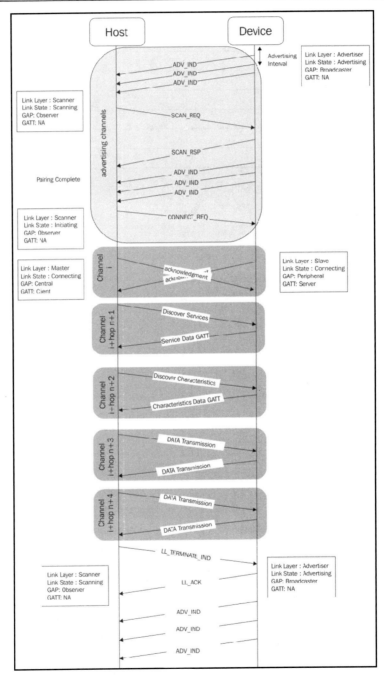

图 5-7 BLE 广告、连接、GATT 服务查询和数据传输阶段

原　　文	译　　文
Host	主机
Device	设备
Advertising Interval	广告间隔
advertising channels	广告频道
Pairing Complete	配对完成
acknowledgment	确认
Discover Service	发现服务
Service Data GATT	服务数据 GATT
Discover Characteristics	发现特征
Characteristics Data GATT	特征数据 GATT
DATA Transmission	数据传输

ATT 属性协议是针对低功耗设备进行优化的客户端-服务器有线协议（例如，长度永远不会通过 BLE 传输，而是由 PDU 大小暗示的）。ATT 也很通用，GATT 可以提供很多帮助。ATT 规范包括以下方面。

❑　16-bit 句柄。

❑　用于定义属性类型的 UUID。

❑　包含长度的值。

GATT 在逻辑上位于 ATT 之上，并且主要用于 BLE 设备（如果不是专用的话）。GATT 指定服务器和客户端的角色。GATT 客户端通常是外围设备，而 GATT 服务器是主机（PC、智能手机）。GATT 规范包含两个组件。

❑　服务（Service）：服务将数据分解为逻辑实体。规范中可以有多个服务，每个服务都有一个唯一的 UUID，以区别于其他服务。

❑　特征（Characteristics）：特征是 GATT 规范的最低级别，包含与设备关联的原始数据。数据格式由 16 位或 128 位 UUID 区分。设计人员可以自由创建自己的特征，只有他们自己的应用才能解释这些特征。

图 5-8 显示了具有各种服务和特征的相应 UUID 的 Bluetooth GATT 规范的示例。

蓝牙技术联盟维护了许多 GATT 规范的集合。在撰写本节时，蓝牙技术联盟支持 57 个 GATT 规范，详情请访问：

https://www.bluetooth.com/specification/gatt

蓝牙技术联盟支持的规范包括健康监控器、自行车和健身设备、环境监控器、人机接口设备、室内定位、对象传输以及位置和导航服务等诸多内容。

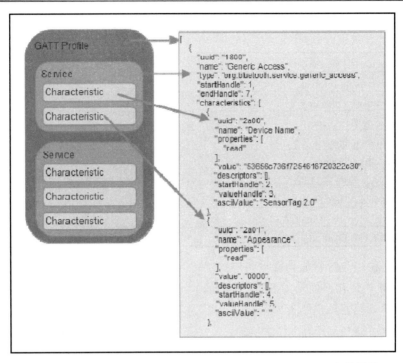

图 5-8　GATT 规范层次结构以及在 Texas Instruments CC2650 SensorTag 上使用的 GATT 示例

原　　文	译　　文
GATT Profile	GATT 规范
Service	服务
Characteristic	特征

9．BR/EDR 安全性

自 1.0 版本以来，蓝牙的安全性已作为协议的一部分以某种形式存在。由于机制不同，我们将分别讨论 BR/EDR 和 BLE 模式的安全性。从 BR/EDR 模式开始，有多种身份验证和配对模式。对于 BR/EDR 和 BLE 的安全性，建议阅读并遵循美国国家标准技术研究院提供的最新安全性指南：*Guide to Bluetooth Security*, NIST Special Publication (SP) 800-121 Rev. 2, NIST, 5/8/2017。

配对需要生成秘密对称密钥。在 BR/EDR 模式下，称为链路密钥（Link Key），而在 BLE 模式下，称为长期密钥（Long-Term Key）。早期的蓝牙设备使用个人识别码（Personal Identification Number，PIN）配对模式来启动链路密钥，而较新的设备（蓝牙4.1+）使用的则是安全简单配对。

安全简单配对（Secure Simple Pairing，SSP）为各种用例提供了具有多个不同关联模型的配对过程。SSP 还使用公共密钥加密技术来防止窃听和中间人（Man-In-The-Middle，MITM）攻击。SSP 支持的模型包括以下几个。

❑　数值比较（Numeric Comparison）：在两个蓝牙设备都可以显示六位数值的用例中，如果数字匹配，则允许用户在每个设备上输入 Yes/No 响应。

❑　密码输入（Passkey Entry）：在一种设备具有数字显示器而另一种设备仅具有数字键盘的情况下使用。在这种情况下，用户在第二个设备的键盘上输入在第一个设备的显示屏上看到的值。

❑　Just Works^{TM}：适用于设备既没有图形用户界面又没有键盘或显示屏的情况。它仅提供最少的身份验证，不会阻止 MITM 攻击。

❑　带外数据（Out-Of-Band，OOB）：当设备具有近场通信（NFC）或 Wi-Fi 等辅助通信形式时使用。辅助通道用于发现和加密值交换。如果 OOB 通道是安全的，它将仅防止窃听和 MITM。

BR/EDR 模式下的身份验证是一种质询-响应操作。例如，在键盘上输入 PIN 码。如果身份验证失败，则设备将等待一段时间才能允许进行新的尝试。每次失败后再尝试的时间间隔都会成倍增长。这仅仅是为了挫败尝试手动破解密钥的个人。

BR/EDR 模式下的加密是可以设置的，可以对所有流量都禁用该加密，也可以仅对数据流量进行加密，而广播通信仍然是原来的，或者也可以对所有通信都进行加密。该加密使用的是 AES-CCM 加密机制。

10. BLE 安全性

BLE 配对（在本章前面已进行了说明）将从设备启动 Pairing_Request 并交换功能、要求等开始。在配对过程的初始阶段，不会涉及安全规范。因此，配对安全性与 BR/EDR 的 4 种方法（也称为关联模型）相似，但在 Bluetooth BLE 4.2 中略有不同。

❑　数值比较：与 Just Works 相同，但是最终两个设备都会生成一个确认值，该确认值显示在主机和设备的屏幕上，以供用户验证匹配。

❑　密码输入：与 BR/EDR 模式相似，不同之处在于非发起方的设备会创建一个称为随机数的 128 位随机种子来验证连接。密码的每一个位都将分别进行验证，方法是为每一个位生成确认值。确认值已交换且应匹配。该过程继续进行，直到处理完所有的位。这可以为 MITM 攻击提供一个相当可靠的解决方案。

❑　Just Works^{TM}：设备交换公钥后，非发起方的设备会创建一个随机数以生成确认值 Cb。它将随机数和 Cb 传输到发起方的设备，后者又生成自己的随机数并将其传输到第一个设备。然后，发起设备将生成自己的 Ca 值（它应该与 Cb 值匹配），并通过这种方式来确认和验证非发起方随机数。如果匹配失败，则连接也将中断。这和 BR/EDR 模式也是不同的。

❑ 带外数据（OOB）：与 BR/EDR 模式下相同。如果 OOB 通道是安全的，那么它将仅防止窃听和中间人攻击（MITM）。

在 BLE 中（从 Bluetooth 4.2 开始），密钥生成将使用 LE 安全连接。LE 安全连接（LE Secure Connection）开发的主旨是解决 BLE 配对中的安全漏洞问题，防止窃听者看到配对交换。此过程使用长期密钥（Long-Term Key，LTK）加密连接。该密钥基于椭圆曲线迪菲-赫尔曼（Elliptical-Curve Diffie-Hellman，ECDH）公共密钥加密算法。主方和从方都将生成 ECDH 公钥-私钥对。这两个设备将交换各自对的公共部分，并处理 Diffie-Hellman 密钥。在这个阶段，可以使用 AES-CCM 加密对连接进行加密。

BLE 还具有随机化其 BD_ADDR 的能力。请记住，BD_ADDR 是一个类似于 MAC 的 48 位地址。除了本章前面提到的值的静态地址外，还有其他 3 个选项。

❑ 随机静态（Random Static）：这些地址要么在制造过程中被烧入设备的硅片中，要么在设备通电重启后生成。如果设备定期重新启动电源，则将生成一个唯一的地址，只要重新启动电源的频率很高，该地址便会保持安全。当然，在物联网传感器环境中，频繁重启电源的情况可能比较少见。

❑ 随机私有可解析（Random Private Resolvable）：仅当在绑定过程中两个设备之间交换了身份解析密钥（Identity Resolving Key，IRK）时，才能使用此寻址方法。设备通常会使用 IRK 将其地址编码为广告包中的随机地址。第二个设备也具有 IRK，并且会将随机地址转换回真实地址。在这种方法中，设备将根据 IRK 定期生成新的随机地址。

❑ 随机私有不可解析（Random Private Non-Resolvable）：该设备地址只是一个随机数，并且可以随时生成新的设备地址。这提供了最高级别的安全性。

11. 信标

蓝牙信标是 BLE 的辅助应用。但是，它是物联网的重要而有效的技术。因为信标不一定是传感器，所以在本书第 3 章"传感器、端点和电源系统"中，我们并没有明确介绍它们（尽管有些确实在广告包中提供了传感信息）。信标只是在 LE 模式下使用蓝牙设备定期进行广告。信标永远不会与主机连接或配对。如果信标被连接上，则所有广告都将停止，并且其他设备也侦听不到该信标。对于零售、医疗保健、资产跟踪、物流和许多其他行业来说，信标有 3 个很重要的用例。

❑ 静态兴趣点（Point Of Interest，POI）。

❑ 广播遥测数据。

❏　室内定位和地理定位服务。

蓝牙广告使用消息在广播 UUID 中包含更多信息。如果收到正确的广告，则移动设备上的应用可以响应此广告并执行某些操作。典型的零售用例是利用移动应用（APP），该应用将响应附近的信标广告的存在，并在用户的移动设备上弹出广告或销售信息。移动设备将通过 Wi-Fi 或蜂窝网络进行通信，以检索其他内容，并向公司提供重要的市场和购物者数据。

信标可以将其校准的 RSSI 信号强度作为广告发送。信标的信号强度通常由制造商按 1 m 定位的长度进行校准。室内导航可以通过 3 种不同的方式执行。

❏　每个房间多个信标（Multiple Beacons Per Room）：这是一种简单的三角测量方法，用于根据从房间中众多信标收集的广告 RSSI 信号强度来确定用户的位置。给定每个信标的广告校准水平和每个信标的接收强度，算法可以确定房间中接收器的大概位置。这假定所有信标都在固定的位置。

❏　每个房间一个信标（One Beacon Per Room）：在此方案中，每个房间都放置一个信标，允许用户以房间的保真度在房间和大厅之间导航。这在博物馆、机场和音乐会等场地中很有用。

❏　每个建筑物若干信标（Few Beacons Per Building）：与移动设备中的加速度计和陀螺仪结合使用时，建筑物中的多个信标可以在较大的开放空间中实现推算能力。这允许单个信标设置开始位置，并且允许移动设备根据用户的移动来估计其位置。

有两种基本的信标协议可供使用：Google 的 Eddystone 和 Apple 的 iBeacon。旧版蓝牙设备只能支持 31 个字节的信标消息，这限制了设备可以传输的数据量。已经有精心设计的方案来帮助减少数据包大小和编码消息。

整个 iBeacon 消息只是一个 UUID（16 个字节），一个主要（Major）数字（两个字节）和一个次要（Minor）数字（两个字节）。UUID 对于应用和用例来说是特定的。主要数字的作用是进一步完善，而次要数字的作用则是更加窄化。

iBeacon 提供了两种检测设备的方式。

❏　监视：即使关联的智能手机应用未主动运行，监视也可以正常进行。

❏　测距：仅在应用处于活动状态时才有效。

Eddystone（也称为 UriBeacon）可以传输 4 种具有不同长度和帧编码的不同类型的帧。

❏　Eddystone-URL：这是统一资源位置。该帧允许接收设备根据信标的位置显示 Web 内容。无须安装应用即可激活内容。内容的长度是可变的，并采用独特的压缩方案以减小 URL 的大小，最多 17 个字节。

❏　Eddystone-UID：16 个字节的唯一信标 ID，具有 10 个字节的名称空间和 6 个字节的实例。使用 Google Beacon Registry 返回附件。

❑ Eddystone-EID：信标的短暂活动的标识符，需要更高级别的安全性。没有固定的名称空间和 ID，标识符会不断轮换并需要授权的应用进行解码。使用 Google Beacon Registry 返回附件。

❑ Eddystone-TLM：广播有关信标本身的遥测数据（电池电量、上电时间、广告数量）。与 URI 或 URL 数据包一起广播。

图 5-9 说明了用于 Eddystone 和 iBeacon 的 Bluetooth BLE 广告包结构。iBeacon 最简单，具有长度一致的单一类型的帧。Eddystones 则由 4 种不同类型的帧组成，具有可变的长度和编码格式。请注意，某些字段是硬编码的，如 iBeacon 的长度、类型和公司 ID，以及 Eddystone 的标识符。

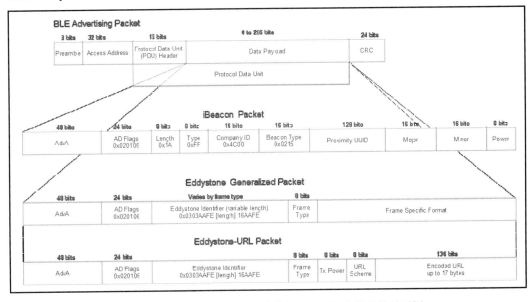

图 5-9　iBeacon 和 Eddystone 广告包（PDU）之间的差异示例

原　　文	译　　文
BLE Advertising Packet	BLE 广告包
bits	位
0 to 296 bits	0～296 位
Preamble	前同步码
Access Address	访问地址
Protocol Data Unit(PDU)Header	协议数据单元（PDU）报头
Data Payload	数据有效载荷

续表

原　　文	译　　文
Protocol Data Unit	协议数据单元（PDU）
iBeacon Packet	iBeacon 包
Eddystone Generalized Packet	Eddystone 通用包
Varies by frame type	因帧类型而异
Eddystone Identifier(variable length)	Eddystone 标识符（可变长度）
Frame Specific Format	特定于帧的格式
Eddystone-URL Packet	Eddystone-URL 包
Eddystone Identifier	Eddystone 标识符
Encoded URL up to 17 bytes	编码的 URL，最多 17 个字节

　　扫描间隔和广告间隔试图最小化在一段时间内传达有用数据所需的广告数量。扫描窗口的持续时间通常比广告更长，因为扫描方实际上比信标中的钮扣电池具有更多的功率。图 5-10 显示了每 180 ms 发出信标广告的过程，而主机每 400 ms 扫描一次。

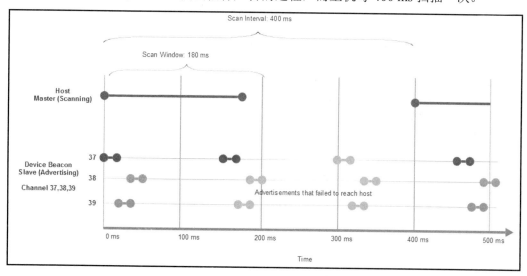

图 5-10　以 400 ms 的扫描间隔和 180 ms 的扫描窗口进行主机扫描的示例

原　　文	译　　文
Scan Interval: 400 ms	扫描间隔：400 ms
Host	主机
Master(Scanning)	主方（扫描）
Scan Window: 180 ms	扫描窗口：180 ms

续表

原　　文	译　　文
Device Beacon	设备信标
Slave(Advertising)	从方（广告）
Channel 37, 38, 39	信道 37、38、39
Advertisements that failed to reach host	未能到达主机的广告
Time	时间

信标每 150 ms 在专用频道 37、38、39 上进行广告。请注意，广告频道的顺序不是连续的，因为跳频可能会调整顺序。由于扫描间隔和广告间隔不同步，因此某些广告无法到达主机。在第二次扫描中，只有一个广告通过频道 37 到达主机，但是根据设计，蓝牙会在所有频道上进行广告，以尝试最大限度地提高成功概率。

构建信标系统存在两个基本挑战。首先是广告间隔对位置跟踪保真度的影响，其次是广告间隔对信标电池供电寿命的影响。这两种影响相互平衡，需要精心设计才能正确部署并延长电池寿命。

信标广告之间的间隔越长，系统对移动目标的准确性就越低。例如，如果零售商正在跟踪商店中顾客的位置，顾客以 1.37 m/s 的步行速度移动，而一组信标每隔 4 s 发布一次广告，而另一个部署则每隔 100 ms 发布一次广告，那么它将给想要收集市场数据的商家显示不同的移动路径。图 5-11 说明了零售用例中慢速广告和快速广告的影响。

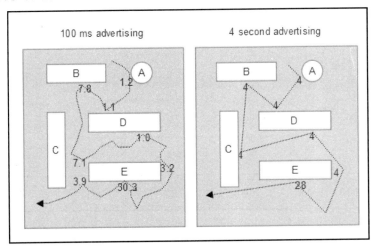

图 5-11　高频广告与低频广告对位置保真度的影响
数字表示顾客在商店特定某个点所花费的时间

原　　文	译　　文
100 ms advertising	每隔 100 ms 发布一次广告
4 second advertising	每隔 4 s 发布一次广告

可以看到，4 s 的广告间隔会失去顾客位置的准确性，因为顾客在商店中是会走动的。此外，顾客停留在特定某个点的时间只能以 4 s 为单位进行跟踪，这意味着顾客在位置 B 和 C 上经过的时间（顾客离开商店前在位置 C 停留了 3.9 s）所透露出来的信息可能会丢失。例如，在本示例中，如果商家拿到的是图 5-11 左侧每隔 100 ms 发布一次广告所跟踪到的数据，那么商家可能想了解为什么客户在位置 B 花了 7.8 s，而且在出门前又回到了位置 C 并停留了 3.9 s。

频繁广告的负面作用是对信标电池寿命的影响。一般来说，信标中的电池是锂离子 CR2032 钮扣电池。有人已经对一些常见信标的电池寿命进行了分析，并发布了不同广告间隔（100 ms、645 ms 和 900 ms）的对比结果。详见 *The Hitchhikers Guide to iBeacon Hardware: A Comprehensive Report by Aislelabs* (2015) 一文，其网址如下：

https://www.aislelabs.com/reports/beacon-guide/

他们还使用了不同的电池以增加存储的能量。结果显示，根据芯片组的不同，平均寿命变化从 0.6 个月至 1 年以上，但更重要的则是取决于广告间隔。随着广告间隔的变化，Tx 功率会影响整个电池寿命，但是传输的帧数同样会对电池寿命有影响。

💡 **提示：**

将广告间隔设置得太长，虽然对电池寿命有利，但对位置感知不利。除此之外，还有另一个影响，即如果信标在嘈杂的环境中运行并且间隔设置得很长（>700 ms），则扫描方（智能手机）将不得不等待另一个完整的时间段才能接收广告包，而这可能会导致应用超时。

100 ms 的快速间隔对于跟踪快速移动的对象（如物流车队中的资产跟踪或基于无人机的信标收集）很有用。如果架构师正在设计以 1.37 m/s 的典型速度跟踪人类移动，则 250～400 ms 的广告间隔就已足够。

对于物联网架构师来说，一项很有意义的练习是从功率的角度了解传输成本。本质上，物联网设备具有一定数量的 PDU，需要在电池达到一定的电量时才能发出该 PDU。除非重新充电或收集能量，否则它将无法为设备供电（详见本书第 4 章“通信与信息论”）。

假设 iBeacon 每隔 500 ms 发布一次广告，数据包长度为 31 B（可能更长）。此外，该设备使用 CR2032 钮扣电池，额定电压为 3.7 V，额定功率为 220 mAh。信标电子设备需要的电压为 3 V，消耗 49 μA。现在，可以预测信标的寿命和传输效率如下。

- ❑ 功耗= 49 μA×3 V = 0.147 mW。
- ❑ 每秒字节数= 31×(1 s/500 ms)×3 = 186 B/s。
- ❑ 每秒比特数= 186 B/s×8 = 1488 bit/s。
- ❑ 每比特能量= 0.147 mW/(1488 bit/s) = 0.098 μJ/bit。
- ❑ 每个广告使用的能量= 0.098 μJ/bit×31 B×8 bit/B = 24.30 μJ/广告。
- ❑ 电池中存储的能量：220 mAh×3.7 V×3.6 s = 2930 J。
- ❑ 电池寿命 = (2930 J×(1000000 μJ/J))/((24.30 μJ/广告)×(1 广告/0.5 s))×0.7 = 42201646 s = 488 d = 1.3 y。

如第 4 章"通信与信息论"中所述，常数 0.7 用于电池寿命的衰减。注意，1.3 年只是一个理论极限，由于电流泄漏以及设备可能还有其他需要定期运行的功能等因素，现场电池极有可能无法获得 1.3 年的运行寿命。

最后需要说明的是，关于蓝牙 5 的信标，新规范通过允许在数据通道和广告通道中传输广告包来扩展信标广告的长度，这从根本上打破了广告 31 个字节的限制。

使用蓝牙 5 时，消息大小可以为 255 字节。新的蓝牙 5 广告频道称为辅助广告频道（Secondary Advertisement Channel）。它们通过在报头中定义特定的 Bluetooth 5 扩展类型来确保与旧版本 Bluetooth 4 设备的向后兼容性。旧版主机会丢弃无法识别的报头，并且根本不侦听设备。

如果蓝牙主机接收到指示存在辅助广告频道的信标广告，则它会识别出需要在数据频道中找到更多数据。主广告包的有效载荷不再包含信标数据，而是标识数据频道编号和时间偏移量的公共扩展广告有效载荷。然后，主机将在指示的时间偏移量处从该特定数据通道读取数据，以检索实际的信标数据，而该数据也可以指向另一个数据包，这称为多重辅助广告链（Multiple Secondary Advertisement Chain）。

这种传输长信标消息的新方法可确保将大量数据发送到客户智能手机。现在也启用了其他用例和功能，如用于传输同步数据（如音频流）的广告。当参观者在博物馆中闲逛并观察各种艺术品时，信标可以将语音讲解发送到智能手机。

广告也可以被匿名化，这意味着广告包不需要绑定发送者的地址。因此，当设备产生匿名广告时，它不会传输自己的设备地址。这可以增强隐私并减少功耗。

蓝牙 5 还可以按近乎同步的方式传输多个单独的广告（使用唯一的数据和不同的间隔），这使得蓝牙 5 版本的信标几乎可以同时传输 Eddystone 和 iBeacon 信号，而无须进行任何重新配置。

此外，蓝牙 5 信标可以检测主机是否对其进行了扫描。这是一项很强大的功能，因为信标可以检测用户是否收到广告，然后停止传输以节省电量。

12. 蓝牙 5 范围和速度增强

蓝牙信标强度是有限制的，并且会受到发射功率限制的影响（这样做是为了延长电池寿命）。一般来说，要获得最佳信标范围和信号强度，不能有视线上的遮挡。图 5-12 显示的是典型视线蓝牙 4.0 通信的信号强度与距离的关系。

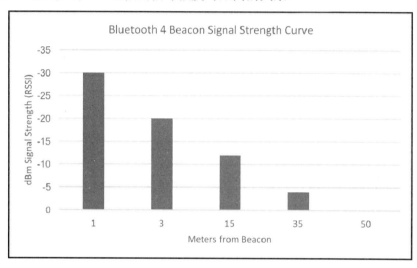

图 5-12　蓝牙 4.0 通信的信号强度与距离的关系

原　　文	译　　文
Bluetooth 4 Beacon Signal Strength Curve	蓝牙 4.0 信标信号强度与距离的关系
dBm Signal Strength(RSSI)	dBm 信号强度（RSSI）
Meters from Beacon	与信标的距离（单位：m）

信标强度是有限的。制造商通常会限制信标的 Tx 功率以延长电池寿命。远离信标时，信号强度也会随之下降。一般来说，30 in（约 9.144 m）的范围是可用的信标距离（蓝牙 4.0）。

蓝牙还根据每个设备的分类具有不同的功率级别、范围和传输功率，详见表 5-2。

表 5-2　蓝牙设备的功率级别和距离范围

类　编　号	最大输出水平	最大输出功率	最大距离	用　例
1	20 dBm	100 mW	100 m	USB 适配器、接入点
1.2	10 dBm	10 mW	30 m（典型值为 5 m）	信标、可穿戴设备
2	4 dBm	2.5 mW	10 m	移动设备、蓝牙适配器、智能卡读取
3	0 dBm	1 mW	10 cm	蓝牙适配器

蓝牙 5 扩大了距离范围，并提高了数据速率，使其超越了传统的蓝牙限制。蓝牙 5 提供了一个新的频段 PHY，称为 LE2M。这使蓝牙的原始数据速率从 1 Msym/s（符号率）翻倍到 2 Msym/s。显然，在蓝牙 5 和蓝牙 4 上传输相等数量的数据时，蓝牙 5 更快。这对于在钮扣电池上运行的物联网设备特别重要。新的 PHY 还将功率从 10 dBm 增加到 20 dBm，从而能够覆盖更大的距离范围。

关于范围问题，蓝牙 5 还有另一个可选 PHY，可用于扩展 BLE 中的传输范围。该辅助 PHY 被标记为 LE 编码（LE Coded）。与蓝牙 4.0 一样，该 PHY 仍使用 1 Msym/s 的符号率，但数据包编码降低，变成了 125 KB/s 或 512 KB/s（在符号率为 1 Msym/s 的情况下，如果 2 个符号代表 1 bit，那么传输速率就是 512 KB/s；如果 8 个符号代表 1 bit，则速率为 125 KB/s），并将传输功率提高了 20 dBm。这样的效果就是将范围扩大到蓝牙 4.0 的 4 倍，并且在建筑物内具有更好的穿透性。LE Coded PHY 确实会增加功耗以扩大范围。

13．蓝牙网格介绍

蓝牙 5 规范发布后，蓝牙技术联盟特别专注于形式化蓝牙中的网格（Mesh）网络。Bluetooth SIG 于 2017 年 7 月 13 日发布了网格规范、设备和模型规范 1.0，这距蓝牙 5.0 规范发布仅 6 个月。在 Bluetooth SIG 制定的 Bluetooth 5 正式规范发布之前，已经存在使用旧版 Bluetooth 来构建网格结构的专有和临时方案。蓝牙技术联盟发布的 3 个规范如下。

- ❑ 网格配置规范 1.0（Mesh Profile Specification 1.0）：定义了启用互操作网格网络解决方案的基本要求。
- ❑ 网格模型规范 1.0（Mesh Model Specification 1.0）：定义了网格网络上节点的基本功能。
- ❑ 网格设备属性 1.0（Mesh Device Properties 1.0）：定义了网格模型规范所需的设备属性。

目前尚不知道网格网络的大小是否有任何限制。规范中内置了一些限制。从 1.0 规范开始，蓝牙网格中最多可以有 32767 个节点和 16384 个物理组。指示网格深度的最大生存时间（Maximum Time-to-Live）为 127。

ⓘ 注意：

蓝牙 5 网格理论上允许 2^{128} 个虚拟组。但实际上，分组将受到更多限制。

蓝牙网格基于 BLE，位于前面描述的 BLE 物理和链路层上。在该层的上面是一堆特定于网格的层。

- ❑ 模型（Model）：在一个或多个模型规范上实现行为、状态和绑定。
- ❑ 基础模型（Foundation Model）：网格网络的配置和管理。

- ❑ 访问层（Access Layer）：定义应用数据的格式、加密过程和数据验证。
- ❑ 上层传输层（Upper Transport Layer）：管理往返于访问层的数据的身份验证、加密和解密。传输控制消息，如友邻节点（Friends）和心跳（Heartbeats）。
- ❑ 低层传输层（Lower Transport Layer）：如有必要，对分段的 PDU 进行分段和重组（Segmentation And Reassembly，SAR）。
- ❑ 网络层（Network Layer）：确定要在其上输出消息的网络接口。管理各种地址类型并支持许多承载。
- ❑ 承载层（Bearer Layer）：定义如何处理网格 PDU。支持两种类型的 PDU，即广告承载和 GATT 承载。广告承载将处理网格 PDU 的传输和接收，而 GATT 承载则可以为不支持广告承载的设备提供代理。
- ❑ BLE：完整的蓝牙低功耗（Bluetooth LE）规范。

蓝牙网格可以合并网格联网或 BLE 功能。具有网格和 BLE 支持功能的设备可以与其他设备（如智能手机）通信或具有信标功能。图 5-13 显示的是蓝牙网格协议栈，重要的是理解链路层上方的协议栈的替换。

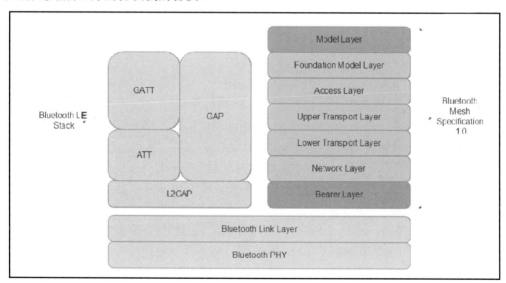

图 5-13   蓝牙网格规范 1.0 协议栈

原　　文	译　　文
Bluetooth LE Stack	Bluetooth LE 协议栈
Model Layer	模型层
Foundation Model Layer	基础模型层

原　　文	译　　文
Access Layer	访问层
Upper Transport Layer	上层传输层
Lower Transport Layer	低层传输层
Network Layer	网络层
Bearer Layer	承载层
Bluetooth Mesh Specification1.0	蓝牙网格规范 1.0
Bluetooth Link Layer	蓝牙链路层

14. 蓝牙网格拓扑

蓝牙网格使用了泛洪网络（Flood Network）的概念。在泛洪网络中，网格网中的节点接收到的每个传入数据包都是通过每个传出链接发送的（指向消息父级的链接除外）。泛洪的优势在于，如果可以传递数据包，则传递数据包（尽管可能多次通过许多路由）。它将自动找到最短路径（该路径可能会因信号质量和动态网格中的距离而异）。就路由协议而言，该算法是最简单的实现。

另外，它不需要中心管理器（如基于中心路由器的 Wi-Fi 网络）。为了进行比较，网格路由的替代类型包括基于树的算法。

使用簇状树（Cluster Tree）算法时，必须有一个协调器才能实例化网络并成为父节点。但是，树不一定是真正的网格网络。其他网格路由协议包括主动路由（Proactive Routing）和被动路由（Reactive Routing），主动路由可以在每个节点上保持最新的路由表，而被动路由则只能根据需要更新每个节点上的路由表（例如，当需要通过节点发送数据时）。Zigbee（稍后将详细介绍）就是被称为自组织按需距离矢量（Ad hoc On-Demand Distance Vector，AODV）的主动路由的一种形式。图 5-14 说明了泛洪广播。从一个节点到另一个节点的时间在每个级别都会动态变化。另外，网格网络必须具有弹性，以复制到达任何一个节点的消息。例如，节点 7 和节点 D 就比较有弹性，节点 7 可以复制到达节点 4 或 5 的消息（任何一个节点都可以），而节点 D 则可以复制到达节点 7 或 8 的消息。

泛洪网络的主要缺点是浪费带宽。根据每个节点像洪水一样泛滥开来的情况，蓝牙网格上的拥塞可能非常严重。另一个问题是拒绝服务（Denial-of-Service，DoS）攻击。如果网格只是泛滥散开消息，则需要一项功能来知道何时停止传输。蓝牙通过生存时间（Time-to-Live）标识符来实现了这一点，我们将在后面详细介绍。

蓝牙网格中的节点包括以下几个。

❑　节点（Node）：这些是先前已配置的蓝牙设备，是网格的成员。

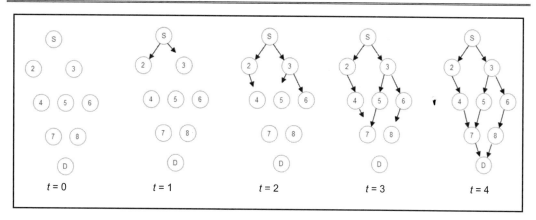

图 5-14　泛洪网格架构

S = Source（源），D = Destination（目标）。

S 节点将生成数据，这些数据在网格中的每个节点之间传播和流动

❏　未配置的设备（Unprovisioned Device）：这些设备有可能加入尚不属于网格且尚未配置的网格结构。

❏　元素（Element）：具有多个组成部分的节点。每个部分都可以独立控制和定位。例如，带有温度、湿度和流明传感器的蓝牙节点，就是具有 3 个元素的单个节点（传感器）。

❏　网格网关（Mesh Gateway）：可以在网格和非蓝牙技术之间转换消息的节点。

在配置之后，节点可以支持一组可选功能，其中包括以下方面。

❏　中继（Relay）：支持中继的节点称为中继节点（Relay Node），它可以重新传输收到的消息。

❏　代理（Proxy）：允许本机不支持蓝牙网格的蓝牙 LE 设备与网格上的节点进行交互。这是使用代理节点执行的。代理公开了与传统蓝牙设备的 GATT 接口，并定义了基于面向连接的承载的代理协议。传统设备将读取和写入 GATT 代理协议，并且代理节点会将消息转换为真实的网格 PDU。

❏　低功耗（Low Power）：网格上的某些节点需要获得极低的功耗水平。它们可能每小时提供一次环境传感器信息（如温度），并且每年才由主机或云托管工具配置一次。当一条消息每年仅到达一次时，显然无法将该类型的设备置于侦听模式。该节点进入一个称为低功耗节点（Low Power Node，LPN）的角色，该角色将其与友邻节点配对。LPN 进入深度睡眠状态，并向关联的友邻节点轮询睡眠时可能到达的任何消息。

❏　友邻节点（Friend）：友邻节点与 LPN 关联，但不一定像 LPN 一样受功率限制。

友邻节点可以使用专用电路或墙上电源，其职责是存储和缓冲发往 LPN 的消息，直到 LPN 唤醒并对其进行轮询以获取消息。友邻节点可能会存储许多消息，并且将使用更多数据（More Data，MD）标志按顺序发送它们。

图 5-15 说明了一种蓝牙网格拓扑，其中包含上述各种组件，因为它们在实际网格中也是相互关联的。

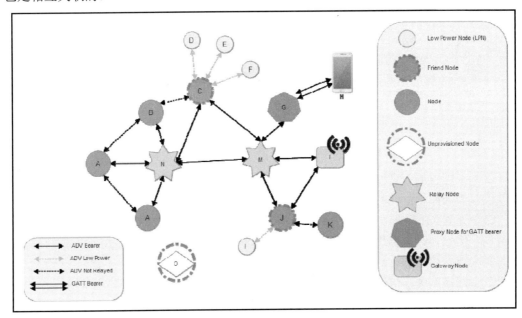

图 5-15　蓝牙网格拓扑

原　　文	译　　文
ADV Bearer	ADV 承载
ADV Low Power	ADV 低功耗
ADV Not Relayed	ADV 未中继
GATT Bearer	GATT 承载
Low Power Node(LPN)	低功耗节点（LPN）
Friend Node	友邻节点
Node	节点
Unprovisioned Node	未配置节点
Relay Node	中继节点
Proxy Node for GATT bearer	GATT 承载的代理节点
Gateway Node	网关节点

　　蓝牙网格将在每个节点上缓存消息。这对于泛洪网络至关重要。由于同一条消息可能从不同的来源在不同的时间到达，因此缓存提供了对已接收和已处理的最新消息的查找。如果新消息与缓存中的消息相同，则将其丢弃，这样可以确保系统幂等（Idempotence）。

　　每个消息都带有一个生存时间（Time-To-Live，TTL）字段。如果节点接收到一条消息，然后重新发送该消息，则 TTL 会递减 1。这是一种防止无限循环的安全机制，否则网络会在网格结构内部产生放大的拒绝服务攻击。

　　心跳（Heartbeat）消息定期从每个节点广播到网格。心跳通知网络该节点仍然存在并且运行状况良好。它还允许网格知道节点的距离以及自上次心跳以来节点的距离是否已更改。本质上，它是在计算到达该节点的跳跃数。此过程使网格可以重新组织并自我修复。

15. 蓝牙网格寻址模式

蓝牙网格使用 3 种寻址形式。

❑　单播寻址（Unicast Addressing）：唯一标识网格中的单个元素。该地址是在配置过程中分配的。

❑　组寻址（Group Addressing）：这是多播寻址（Multicast Addressing）的一种形式，可以表示一个或多个元素。这些可以由 Bluetooth SID 预先定义为 SIG 固定组地址，也可以即时分配。

❑　虚拟寻址（Virtual Addressing）：可以将一个地址分配给多个节点和多个元素。虚拟寻址使用 128 位 UUID。该设计的目的是制造商可以预设 UUID，以使得他们可以在全球范围内处理其产品。

　　蓝牙网格协议以 384 字节长的消息开头，这些消息分为 11 字节的包。蓝牙网格中的所有通信都是面向消息的。可以传输两种形式的消息。

❑　已确认的消息：这些消息需要接收消息的节点的响应。确认中还包含原始消息中发起者请求的数据。因此，此确认消息具有双重目的。

❑　未确认的消息：这些消息不需要接收者的响应。

　　从节点发送消息也称为发布（Publish）。节点选择发送到特定地址的消息称为订阅（Subscribe）。每个消息都使用网络密钥和应用密钥进行加密和身份验证。

　　应用密钥特定于应用（APP）或用例（例如，打开灯与配置 LED 灯的颜色）。节点将发布事件（灯光开关），其他节点将订阅这些事件（智能灯和灯泡）。图 5-16 说明了蓝牙网格拓扑。在这里，节点可以订阅多个事件（大厅灯和走廊灯）。圆圈代表的是组地址。开关将发布到一个组。

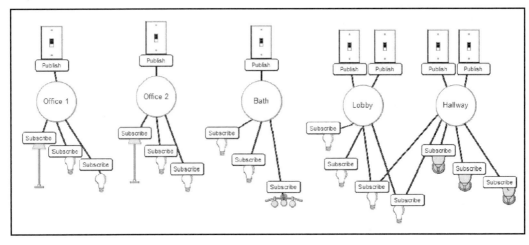

图 5-16　蓝牙网格发布-订阅模型

原　　　文	译　　　文
Publish	发布
Subscribe	订阅
Office 1	办公室 1
Office 2	办公室 2
Bath	浴室
Lobby	大厅
Hallway	走廊

　　蓝牙网格引入了组消息传递的概念。在网格中，可能会有一组类似的对象，如浴室灯或大厅灯。这样的做法颇具实用性。例如，如果添加了一个新的光源，则仅需配置该光源，而网格的其余部分不需要任何更改。

　　上述示例中的电灯开关有两种状态：On 和 Off。在这种情况下，蓝牙网格将定义状态，它们被标记为通用 OnOff。通用状态和消息支持许多类型的设备，从智能灯到风扇再到执行器，不一而足。它们是为通用目的而重用模型的快速方法。随着系统从一种状态移动到另一种状态，这被称为网格上的状态转换（State Transition）。状态也可以相互绑定。也就是说，如果某个状态发生变化，则可能会影响其他状态的转换。例如，控制吊扇的网格可以具有速度控制状态，当其变为零值时，就会将通用的 OnOff 状态改变为 Off。

　　属性与状态相似，但具有多个二进制值。例如，温度传感器可能具有状态 Temperature 8，以表示和发布 8 位的温度值。属性既可以由元素的供应商设置为 manufacturer（这意味着它是只读属性），也可以设置为 admin，以允许进行读写访问。状态和属性都通过网格上的消息进行通信。消息分为 3 种交互类型。

❑ 　获取（Get）：从一个或多个节点请求给定状态的值。

❑ 　设置（Set）：更改状态的值。

❑ 　状态（Status）：这是对包含数据的 Get 的响应。

状态和属性的所有这些概念最终形成一个模型（蓝牙网格协议栈的最高级别）。模型可以是服务器，在这种情况下，它可以定义状态和状态转换。另外，模型可以是不定义任何状态的客户端。相反，它定义了状态交互消息以与 Get、Set 和 Status 一起使用。控制模型可以支持服务器和客户端模型的混合。

网格网络还可以利用蓝牙 5 标准功能，如匿名广告和多广告集合。以连接到电话进行语音通信的网格网络为例，它还可以将中继数据包用于其他用途。通过使用多广告集合，可以同时管理两个用例。

16. 蓝牙网格配置

节点可以通过配置操作加入网格。配置是一个安全的过程，它需要采用一个未配置和不安全的设备并将其转换为网格中的节点。节点将首先保护网络中的 NetKey。网格中的每个设备上至少有一个 NetKey 才能加入。设备将通过配置器（Provisioner）添加到网格中。配置器将网络密钥和唯一地址分配给未配置的设备。配置过程将使用椭圆曲线迪菲-赫尔曼（Elliptical-Curve Diffie-Hellman，ECDH）密钥交换算法来创建临时密钥以加密网络密钥。这样可在配置期间防止中间人（MITM）攻击。从椭圆曲线导出的设备密钥用于加密从配置器发送到设备的消息。

配置过程如下。

（1）未配置的设备广播网格信标广告包。

（2）配置器向设备发送邀请。未配置的设备以配置功能 PDU 进行响应。

（3）配置器和设备交换公共密钥。

（4）未配置的设备向用户输出一个随机数。用户将数字（或身份）输入配置器，加密交换开始完成身份验证阶段。

（5）会话密钥（Session Key）由两个设备各自从私钥和交换的公钥派生。会话密钥用于保护完成配置过程所需的数据，包括保护 NetKey。

（6）设备将其状态从未配置的设备（Unprovisioned Device）更改为节点（Node），并且拥有 NetKey、单播地址和称为 IV 索引（IV Index）的网格安全性参数。

5.1.3　关于 IEEE 802.15.4

IEEE 802.15.4 是由 IEEE 802.15 工作组定义的标准无线个人局域网。该模型于 2003

年获得批准，并构成了许多其他协议的基础，包括 Thread、Zigbee（下文将详细介绍）和 WirelessHART 等协议。

802.15.4 仅定义协议栈的底层部分（物理层和数据链路层），而不定义较高层。完整的网络解决方案将由其他技术联盟和工作组来构建。802.15.4 和基于它的协议的目标是具有低功耗的低成本 WPAN。最新规范是 2012 年 2 月 6 日批准的 IEEE 802.15.4e 规范，这也是我们将在本章中讨论的版本。

1．IEEE 802.15.4 架构

IEEE 802.15.4 协议在 3 个不同的无线电频段（868 MHz、915 MHz 和 2400 MHz）中运行（这些频段都是无须授权许可的）。它的目的是要具有尽可能宽的地理覆盖范围，这意味着需要采用 3 个不同的频段和多种调制技术。尽管较低的频率使得 802.15 减少了与射频干扰或范围有关的问题，但 2.4 GHz 频段却是迄今为止世界上最常用的 802.15.4 频段。像这样的更高的频段之所以受欢迎，是因为更高的速度允许在发送和接收时缩短工作周期，从而节省了功率。

2.4 GHz 频段普及的另一个因素是由于蓝牙的普及，它已被市场接受。表 5-3 列出了 3 种 802.15.4 频段的调制技术、地理区域和数据速率。

表 5-3　不同 802.15.4 频段的调制技术、地理区域和数据速率

频率范围/MHz	频道编号	调制技术	数据速率/kbps	区　　域
868.3	1 个频道：0	BPSK	20	欧洲
		O-QPSK	100	
		ASK	250	
902~928	10 个频道：1~10	BPSK	40	北美、澳大利亚
		O-QPSK	250	
		ASK	250	
2405~2480	16 个频道：11~26	O-QPSK	250	全球

在露天环境无阻隔的自由视线测试中，基于 802.15.4 协议的典型范围约为 200 m。在室内测试中，其典型范围约为 30 m。可以使用更高功率（15 dBm）的收发器或网格网络来扩展范围。图 5-17 显示了 802.15.4 使用的 3 个频段和频率分布。

为了管理共享的频率空间，802.15.4 和大多数其他无线协议都使用某种形式的载波侦听多路访问/冲突避免（Carrier Sense Multiple Access/Collision Avoidance，CSMA/CA）。由于在某个信道上传输时不可能侦听该信道，因此冲突检测方案不起作用。有鉴于此，我们将使用避免冲突机制。CSMA/CA 仅在预定的时间内侦听特定的频道。如果检测到该信道为"空闲"，则首先发送信号告诉其他发射器该信道正忙，从而方便进行传输。如

果该信道忙，则将传输延迟一个随机的时间段。在封闭环境中，CSMA/CA 将提供 36%
的信道使用率；但是，在实际情况下，只有 18%的信道可用。

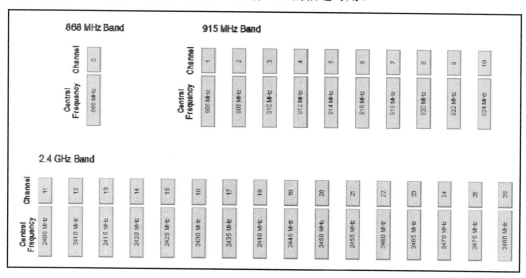

图 5-17　有关 IEEE 802.15.4 的频段和频率分配

915 MHz 频段使用 2 MHz 的频率间隔，而 2.4 GHz 频段则使用 5 MHz 的频率间隔

原　　文	译　　文
868 MHz Band	868 MHz 频段
Channel	频道
Central Frequency	中心频率
915 MHz Band	915 MHz 频段
2.4 GHz Band	2.4 GHz 频段

　　IEEE 802.15.4 组将工作发射功率定义为至少 3 dBm，接收器灵敏度在 2.4 GHz 时为
-85 dBm，在 868/915 MHz 时为 -91 dBm。一般来说，这意味着发送电流为 15～30 mA，
而接收电流则为 18～37 mA。

　　在使用偏移正交相移键控（Offset Quadrature Phase Shift Key，O-QPSK）调制技术时，
状态的数据速率峰值为 250 kbps（见表 5-3）。

　　IEEE 802.15.4 协议栈仅由 OSI 模型的底部两层（PHY 和 MAC）组成。PHY 是指物
理（Physical）层，负责符号编码、位调制、位解调和数据包同步。它还执行发送-接收模
式切换和数据包内定时/确认延迟控制。图 5-18 显示的是 802.15.4 协议栈与 OSI 模型的
对比。

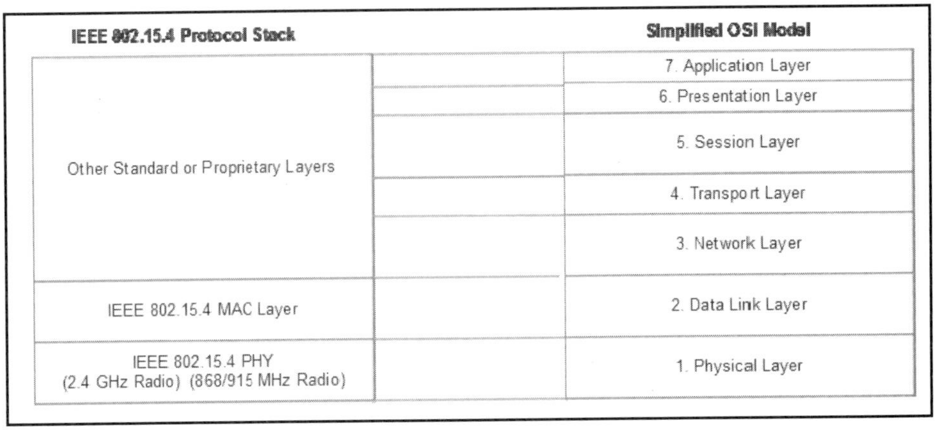

图 5-18　IEEE 802.15.4 协议栈与 OSI 模型的对比

它仅定义了物理层和 MAC 层，其他技术联盟和标准组织可以

自由定义物理层和 MAC 之上的第 3～7 层

原　　文	译　　文
IEEE 802.15.4 Protocol Stack	IEEE 802.15.4 协议栈
Other Standard or Proprietary Layers	其他标准或专有层
IEEE 802.15.4 MAC Layer	IEEE 802.15.4 MAC 层
IEEE 802.15.4 PHY (2.4GHz Radio)(868/915 MHz Radio)	IEEE 802.15.4 物理层 （2.4 GHz 频段）（868/915 MHz 频段）
Simplified OSI Model	简化的 OSI 模型
7. Application Layer	7．应用层
6. Presentation Layer	6．表示层
5. Session Layer	5．会话层
4. Transport Layer	4．传输层
3. Network Layer	3．网络层
2. Data Link Layer	2．数据链路层
1. Physical Layer	1．物理层

在物理（PHY）层之上的是数据链路层，负责检测和纠正物理链路上的错误。该层还控制介质访问层（Media Access Layer，MAC）使用 CSMA/CA 等协议来避免冲突。MAC 层通常以软件实现，并运行在 MCU（如流行的 ARM Cortex M3 甚至 8 位 ATmega 内核）上。有些芯片供应商（如 Microchip Technology Inc）已经将 MAC 整合到芯片中。

从 MAC 到协议栈上层的接口是通过两个称为服务访问点（Service Access Point，SAP）的接口提供的。

❑　MAC-SAP：用于数据管理。

❑　MLME-SAP：用于控制和监视（MAC 层管理实体）。

IEEE 802.15.4 中有两种通信类型：信标通信和无信标通信。

对于基于信标的网络，MAC 层可以生成信标，允许设备进入个人局域网（PAN），并为设备提供进入频道进行通信的时序事件。信标还可用于通常处于睡眠状态的使用电池的设备。设备将被定期计时器唤醒，并侦听其邻居的信标。如果收听到信标，那么它将开始一个称为超帧间隔（SuperFrame Interval）的阶段，在该阶段中将预先分配时隙以保证设备的带宽，并且设备可以引起邻居节点的注意。PAN 协调器（Coordinator）可以完全控制超帧间隔，描述超帧间隔的量包括超帧顺序（SuperFrame Order，SO）和信标顺序（Beacon Order，BO）。其中，BO 决定发送信标帧的周期，其实就是一个超帧的长度，称为信标间隔（Beacon Interval，BI）；SO 决定一个超帧中活跃期持续的时间，即超帧持续时间（SuperFrame Duration，SD）。超帧被划分为 16 个大小相等的时隙，其中一个专用于该超帧的信标。按时隙划分的 CSMA/CA 信道访问将用于基于信标的网络。

可以将保证时隙（Guaranteed Time Slot，GTS）分配给特定设备，以防止任何形式的竞争。最多允许 7 个 GTS 域。GTS 时隙由 PAN 协调器分配，并在其广播的信标中宣布。PAN 协调器可以根据系统载荷、需求和容量动态更改 GTS 分配。GTS 方向（发送或接收）是在 GTS 启动之前预先确定的。一台设备可以请求一个发送或一个接收 GTS。

超帧具有争用访问周期（Contention Access Period，CAP），在该周期中信道上存在串扰；另外还有无争用周期（Contention Free Period，CFP），在该周期中帧可用于传输和 GTS。图 5-19 说明了一个超帧，它由 16 个相等的时隙组成，并由信标信号界定（其中一个必须是信标）。无争用周期将进一步划分为 GTS，并且有一个或多个 GTSW 可能分配给特定设备。在 GTS 期间，没有其他设备可以使用该频道。

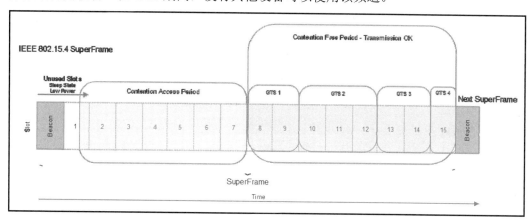

图 5-19　IEEE 802.15.4 超帧序列

原　文	译　文
IEEE 802.15.4 SuperFrame	IEEE 802.15.4 超帧
Slot	时隙
Unused Slots	未使用的时隙
Sleep State	睡眠状态
Low Power	低功耗
Beacon	信标
Contention Access Period	争用访问周期
Contention Free Period-Transmission OK	无争用周期——可以传输
Next SuperFrame	下一个超帧
SuperFrame	超帧
Time	时间

除了基于信标的网络外，IEEE 802.15.4 还允许无信标的网络。这是一种更简单的方案，其中 PAN 协调器不发送任何信标帧。但是，这意味着所有节点始终处于接收模式。通过使用未划分时隙的 CSMA/CA，可以提供全时争用访问。传输节点将执行空闲信道评估（Clear Channel Assessment，CCA），在该评估中，它将侦听信道以检测其是否已使用，然后在空闲时进行传输。CCA 是 CSMA/CA 算法的一部分，如果信道被使用，则它将被用于侦听。如果没有其他设备（包括非 802.15.4 设备）的其他流量，则设备可以接收对信道的访问。如果信道忙，则该算法将进入退避（Back-Off）模式，并等待随机一段时间以重试 CCA。IEEE 802.15.4 组为 CCA 的使用规定了以下模式（Mode）。

- CCA Mode 1：能量高于阈值（最低）。CCA 将在检测到任何大于阈值（ED）的能量时报告繁忙的介质。

- CCA Mode 2：仅侦听载波（中等，默认）。仅当检测到直接序列扩频（Direct-Sequence Spread Spectrum，DSSS）信号时，此模式才使 CCA 报告繁忙的介质。该信号可能高于或低于 ED 阈值。

- CCA Mode 3：侦听载波且能量高于阈值（最强）。在这种模式下，如果 CCA 检测到能量高于 ED 阈值的 DSSS 信号，则报告繁忙。

- CCA Mode 4：此模式是带有计时器的载波侦听检测模式。CCA 将启动一个毫秒数的计时器，并且仅当它检测到高速 PHY 信号时才会报告繁忙。如果计时器到期并且未观察到高速率信号，则 CCA 将报告介质处于空闲状态。

- CCA Mode 5：这是载波侦听和能量在阈值以上模式的组合。

关于 CCA 模式的注意事项如下。

- 能量检测将比指定的接收器灵敏度高 10 dB。

❏　CCA 检测时间为 8 个符号周期。
❏　基于能量检测的 CCA 模式消耗的设备能量最少。与基于信标的通信相比，此模式将消耗更多的功率。

2．IEEE 802.15.4 拓扑

IEEE 802.15.4 中有两种基本设备类型。

❏　全功能设备（Full Function Device，FFD）：支持任何网络拓扑，可以是网络（PAN）协调器，并且可以与任何设备 PAN 协调器进行通信。
❏　精简功能设备（Reduced Function Device，RFD）：仅限于星形拓扑，不能用作网络协调器，仅可以与网络协调器通信。

星形拓扑（Star Topology）最简单，但是要求对等节点之间的所有消息都通过 PAN 协调器进行路由。对等拓扑（Peer-to-Peer Topology）是典型的网格，可以直接与邻居节点通信。建立更复杂的网络和拓扑是高级协议的职责，我们将在第 5.1.4 节"关于 Zigbee"中对此展开更详细的讨论。

PAN 协调器具有独特的作用，即建立和管理 PAN。它还负责传输网络信标和存储节点信息。与可能使用电池或能量收集电源的传感器不同，PAN 协调器需要不断接收传输信号，因此通常使用专用电源线（墙上电源）。PAN 协调器始终是全功能设备（FFD）。

精简功能设备（RFD）甚至低功率的 FFD 都可以使用电池。它们的作用是搜索可用的网络并根据需要传输数据。这些设备可以长时间处于睡眠状态。如图 5-20 所示为星形拓扑与对等拓扑的比较示意图。

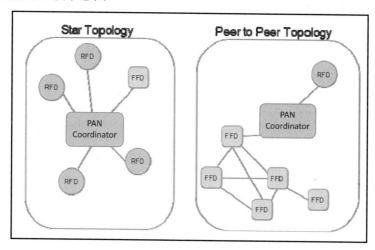

图 5-20　IEEE 802.15.4 拓扑

802.15.4 的实现者可以自由构建其他网络拓扑

原　　文	译　　文
Star Topology	星形拓扑
PAN Coordinator	PAN 协调器
Peer to Peer Topology	对等拓扑

在 PAN 内，允许广播消息。要广播到整个网络，只需指定 PAN ID 为 0xFFFF。

3. IEEE 802.15.4 地址模式和数据包结构

IEEE 802.15.4 标准规定所有地址都基于唯一的 64 位值（IEEE 地址或 MAC 地址）。但是，为了节省带宽并减少传输如此大的地址的能量，802.15.4 允许加入网络的设备将其唯一的 64 位地址"简化"为较短的 16 位本地地址，从而实现更高效的传输并降低能耗。

该"简化"过程是 PAN 协调器的责任。我们将此 16 位本地地址称为 PAN ID。事实上，整个 PAN 网络本身也有一个 PAN 标识符，因为可以存在多个 PAN。802.15.4 数据包结构的示意图如图 5-21 所示。

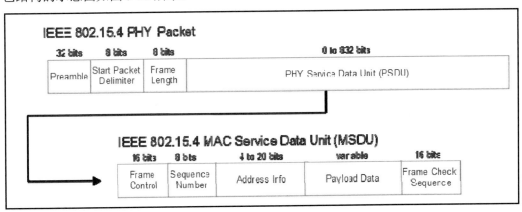

图 5-21　IEEE 802.15.4 PHY 和 MAC 数据包编码

原　　文	译　　文
bits	位
IEEE 802.15.4 PHY Packet	IEEE 802.15.4 PHY 包
0 to 832 bits	0～832 位
Preamble	前同步码
Start Packet Delimiter	启动数据包定界符
Frame Length	帧长度
PHY Service Data Unit(PSDU)	PHY 服务数据单元（PSDU）
IEEE 802.15.4 MAC Service Data Unit(PSDU)	IEEE 802.15.4 MAC 服务数据单元（MSDU）

续表

原　　文	译　　文
4 to 20 bits	4～20 位
variable	可变位数
Frame Control	帧控制
Sequence Number	序列编号
Address Info	地址信息
Payload Data	有效载荷数据
Frame Check Sequence	帧检查序列

帧（Frame）是数据传输的基本单位，有 4 种基本类型。

❑　数据帧（Data Frame）：应用数据传输。

❑　确认帧（Acknowledgement Frame）：确认接收。

❑　信标帧（Beacon Frame）：由 PAN 协调器发送以设置超帧（SuperFrame）结构。

❑　MAC 命令帧（MAC Command Frame）：MAC 层管理（包括关联、解除关联、信标请求和 GTS 请求等）。

4．IEEE 802.15.4 启动顺序

IEEE 802.15.4 负责维护启动、网络配置和现有网络加入的过程。其具体过程如下。

（1）设备初始化其协议栈（物理层和 MAC 层）。

（2）创建 PAN 协调器。每个网络只有一个 PAN 协调器，必须先在此阶段指定 PAN 协调器。

（3）PAN 协调器侦听有权访问的其他网络，并派生出要管理的 PAN 的所独有的 PAN ID。它可以在多个频道上执行此操作。

（4）PAN 协调器选择用于网络的特定射频。它将使用能量检测扫描来执行此操作，在该扫描中它将扫描物理层可以支持的频率并进行侦听以找到静态（无信号）频道。

（5）网络的启动需要先配置 PAN 协调器，然后在协调器模式下启动设备。此时，PAN 协调器可以接受请求。

（6）节点可以通过使用活动频道扫描找到 PAN 协调器来加入网络，在该过程中，节点将在其所有频道上广播信标请求。当 PAN 协调器检测到该信标时，会响应发出请求的设备。当然也有另一种方式，即在基于信标的网络中（在第 5.1.2 节"蓝牙"中有详细介绍），PAN 协调器将例行发送信标，而设备则可以执行被动信道扫描并侦听信标。然后，设备将发送关联请求。

（7）PAN 协调器确定设备是否可以加入网络。这应该基于访问控制规则，否则即使 PAN 协调器具有足够的资源来管理另一个设备也不应该接受加入。如果接受，则 PAN 协

调器将为设备分配一个 16 位的短地址。

5. IEEE 802.15.4 安全性

IEEE 802.15.4 标准包括加密和认证形式的安全性规定。架构师可以根据成本、性能、安全性和功耗等因素灵活考虑网络安全性问题。

基于高级加密标准（Advanced Encryption Standard，AES）的加密使用带有计数器模式的分组密码（Block Cipher，也称为块密码）。AES-CBC-MAC 仅提供身份验证保护，而 AES-CCM 模式则提供完整的加密和身份验证套件。802.15.4 频段提供访问控制列表（Access Control List，ACL），以控制要使用的安全套件和密钥。设备最多可以存储 255个 ACL 条目。

MAC 层还将计算连续重复之间的"新鲜度检查"，以确保旧帧或旧数据不再被视为有效，并且将阻止这些帧继续向上堆叠。

每个 802.15.4 收发器必须管理自己的访问控制列表（ACL），并在其中添加"受信任的邻居"列表以及安全策略。ACL 包括已经空闲可以与之通信的节点的地址、要使用的特定安全套件（AES-CTR、AES-CCM-xx、AES-CBC-MAC-xx）、AES 算法的密钥、最近一个初始化向量（Initial Vector，IV）和重放计数器（Replay Counter）。表 5-4 列出了各种 802.15.4 安全模式和功能。

表 5-4　不同 802.15.4 安全模式和功能

类　型	描　述	访问控制	机密性	帧完整性	序列新鲜度
无	无安全性				
AES-CTR	仅加密，CTR	X	X		X
AES-CBC-MAC-128	128 位 MAC	X		X	
AES-CBC-MAC-64	64 位 MAC	X		X	
AES-CBC-MAC-32	32 位 MAC	X		X	
AES-CCM-128	加密和 128 位 MAC	X	X	X	X
AES-CCM-64	加密和 64 位 MAC	X	X	X	X
AES-CCM-32	加密和 32 位 MAC	X	X	X	X

对称密码依赖于使用相同密钥的两个端点。可以使用共享网络密钥在网络级别管理密钥，其中的所有节点都具有相同的密钥。这是一种简单的方法，但是也有遭受内部攻击的风险。可以使用成对密钥方案，其中在每对节点之间共享唯一密钥。此模式会增加开销，尤其对于从节点到邻居节点的扇出（Fan Out）程度很高的网络来说更是如此。组密钥（Group Keying）是另一种选择。在这种模式下，单个密钥在一组节点之间共享，并用于该组中的任何两个节点。这里的分组将基于设备的相似性和地理位置等。最后，还

可以采用混合方法，结合上述三种方案中的任何一种。

5.1.4　关于 Zigbee

Zigbee 是一种基于 IEEE 802.15.4 的无线个人局域网（Wireless Personal Area Network，WPAN）协议，该协议的目标是商业和住宅物联网网络，这些网络受成本、功耗和空间的限制。本节将从硬件和软件的角度详细介绍 Zigbee 协议。Zigbee 一词源自蜜蜂在发现花粉位置时传递信息的概念，它们会通过跳 8 字舞（英文称为之字形——Zigzag）来告知同伴，这可以说是小动物通过简捷的方式实现了"无线"沟通，因此使用该名称来形容一个数据包通过网格网络（从设备到设备）的流动。

1. Zigbee 的历史

低功耗无线网格网络的概念在 20 世纪 90 年代成为标准，2002 年，Zigbee 联盟成立。Zigbee 协议的构想是在 2004 年 IEEE 802.15.4 获得批准之后完成的。2004 年 12 月 14 日发布了 IEEE 802.15.4-2003 标准。2005 年 6 月 13 日公开了 Specification 1.0（也称为 Zigbee 2004 规范）。具体的历史记录如下。

- ❑ 2005 年：Zigbee 2004 发布。
- ❑ 2006 年：Zigbee 2006 发布。
- ❑ 2007 年：Zigbee 2007 发布，也称为 Zigbee Pro（引入了群集库，与 Zigbee 2004 和 Zigbee 2006 有一些向后兼容性的限制）。

Zigbee 联盟与 IEEE 802.15.4 工作组的关系类似于 IEEE 802.11 工作组和 Wi-Fi 联盟。Zigbee 联盟维护并发布该协议的标准，组织工作组并管理应用配置列表。IEEE 802.15.4 定义了物理层和 MAC 层，但上面的层则均未定义。

此外，802.15.4 没有指定有关多跳通信或应用空间的任何内容。这就是 Zigbee（以及其他基于 802.15.4 的标准）发挥作用的地方。

Zigbee 是专有的封闭标准，需要许可费，许可协议由 Zigbee 联盟提供（通常情况下，应用 ZigBee 过程中需支付 6 美元）。许可将授予 Zigbee 合规性和徽标证书。这保证了与其他 Zigbee 设备的互操作性。

2. Zigbee 概述

Zigbee 基于 802.15.4，但网络服务上的层类似于 TCP/IP。它可以形成网络、发现设备、提供安全性并管理网络。它不提供数据传输服务或应用执行环境。因为它本质上是一个网格网络，所以它具有自我修复和自组织（Ad hoc）网络的形式。此外，Zigbee 以简单性为荣，并声称通过使用轻量级协议栈可将软件支持减少 50%。

注意：

　　自组织网络和无线网格网络都采用分布式、自组织的思想形成网络，网络每个节点都具备路由功能，可以随时为其他节点的数据传输提供路由和中继服务。

　　自组织网络主要侧重应用于移动环境中，确保网络内任意两个节点的可靠通信，网络内数据流可以包括语音、数据和多媒体信息，而无线网格网络则是一种无线宽带接入网络，利用分布式思想构建网络，让用户在任何时间、任何地点都可以对互联网进行高速无线访问。

Zigbee 网络中包含 3 个主要组件。

❑ Zigbee 控制器（Zigbee Controller，ZC）：Zigbee 网络上功能强大的设备，用于形成和启动网络功能。每个 Zigbee 网络都将具有一个 ZC，该 ZC 可以充当 802.15.4 2003 PAN 协调器（全功能设备）的角色。网络形成后，ZC 可以充当 Zigbee 路由器（ZR）。它可以分配逻辑网络地址，并允许节点加入或离开网格。

❑ Zigbee 路由器（Zigbee Router，ZR）：此组件是可选的，但可以处理一些网格网络跳跃和路由协调载荷。它也可以履行全功能设备（FFD）的角色，并与 ZC 关联。ZR 参与消息的多跳（Multi-Hop）路由，可以分配逻辑网络地址，并允许节点加入或离开网格网络。

❑ Zigbee 终端设备（Zigbee End Device，ZED）：这通常是一个简单的终端设备，如电灯开关或恒温器。它包含足够的功能以与协调器进行通信。它没有路由逻辑。因此，到达 ZED 且不以该终端设备为目标的任何消息都将被简单地中继。它也不能执行关联（稍后将详细介绍）。

Zigbee 针对 3 种不同类型的数据流量。

❑ 周期性数据（Periodic Data）：以应用定义的速率发送或传输的数据。例如，传感器数据、水电气表数据、仪器仪表数据等。

❑ 间歇性数据（Intermittent Data）：当应用或外部刺激随机发生时，就会出现该类型的数据。例如，工业控制命令、远程网络控制、家用电器控制等。适用于 Zigbee 间歇数据的一个很好的例子是电灯开关。

❑ 反复性低延迟数据（Repetitive Low Latency Data）：Zigbee 将分配用于传输的时隙，并且可以具有非常低的延迟，适用于计算机鼠标、键盘或操作杆的数据。

Zigbee 支持 3 种基本拓扑。

❑ 星形网络（Star Network）：以单个 Zigbee 控制器（ZC）作为协调器，带有一个或多个 Zigbee 终端设备（ZED）。仅展开两跳，因此节点距离受到限制。这种拓扑形式的缺点是节点之间的数据路由只有唯一的路径，因此 ZC 协调器有可能成为整个网络的瓶颈，它需要一个可靠的链路，ZC 不能出现单点故障。

❑ 簇状树（Cluster Tree）：使用信标的多跳网络，并通过星形网络扩展网络覆盖
范围。它以一个 Zigbee 控制器（ZC）作为协调器，可以有一系列的 Zigbee 路由
器（ZR）和 Zigbee 终端设备（ZED）。ZR 节点还可以有子节点，但 ZED 始终
是真实的端点。子节点仅与其父节点通信（就像小型星形网络一样）。父节点
向下可以和其子节点通信，向上则可以和其父节点通信。和星形网络一样，簇
状树网络的中心也存在单点故障问题。

❑ 网格网络（Mesh Network）：该网络路径的形成和变化是动态的。可以从任何
源设备路由到任何目标设备。使用树和表驱动的路由算法。由于必须始终为 ZC
和 ZR 频段供电以执行路由任务，因此它将消耗电池寿命。另外，如果不是非确
定性问题，则计算网格网络中的延迟时间可能很困难。当然，有些规则已经放
松了，一定范围内的路由器彼此之间可以直接相互通信。该网络的主要优点是
可以扩展到视线之外，并具有多个冗余路径。

🛈 注意：

理论上，Zigbee 可以部署多达 65536 个 Zigbee 终端设备（ZED）。

图 5-22 显示了 3 种 Zigbee 网络拓扑示意图的对比。

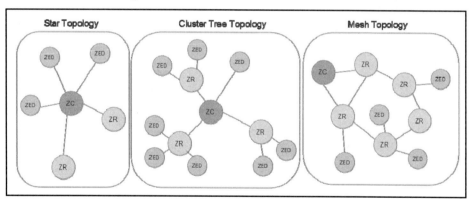

图 5-22　Zigbee 网络拓扑的 3 种形式
从最简单的星形网络到簇状树，再到真正的网格

原　　文	译　　文
Star Topology	星形拓扑
Cluster Tree Topology	簇状树拓扑
Mesh Topology	网格拓扑

3．Zigbee 的物理层和 MAC 层（与 IEEE 802.15.4 的区别）

与蓝牙一样，Zigbee 主要在 2.4 GHz ISM 频段中运行。与蓝牙不同的是，Zigbee 在欧洲的工作频率为 868 MHz，在美国和澳大利亚的工作频率为 915 MHz。由于频率较低，它比传统的 2.4 GHz 信号更容易穿透墙壁和障碍物。Zigbee 并未使用所有 IEEE 802.15.4 PHY 和 MAC 规范。但是，Zigbee 使用了 CSMA/CA 冲突避免方案，还使用 MAC 级别机制来防止节点之间相互通信。

ⓘ 注意：

Zigbee 没有使用 IEEE 802.15.4 信标模式。另外，在 Zigbee 中也没有使用超帧的保证时隙（Guaranteed Time Slot，GTS）。

802.15.4 的安全性规范略有修改。提供身份验证和加密的 AES-CCM 模式要求每一层都有不同的安全性。Zigbee 适用于资源严重受限且深度嵌入的系统，并且不提供 802.15.4 中定义的安全级别。

Zigbee 基于 IEEE 802.15.4-2003 规范，然后在 IEEE 802.15.4-2006 规范中对两个新的 PHY 和频段的增强进行了标准化。这意味着其数据速率将略低于 868 MHz 和 900 MHz 频段中的数据速率。

4．Zigbee 协议栈

Zigbee 协议栈包括网络层（Network Layer，NWK）和应用支持层（Application Support Layer，APS）。其他组件包括安全服务提供程序（Security Service Provider）、ZDO 管理平面和 Zigbee 设备对象（Zigbee Device Object，ZDO）。Zigbee 协议栈的这种结构说明了其真正的简单性，这和功能齐全但是也更加复杂的蓝牙协议栈有所不同，如图 5-23 所示。

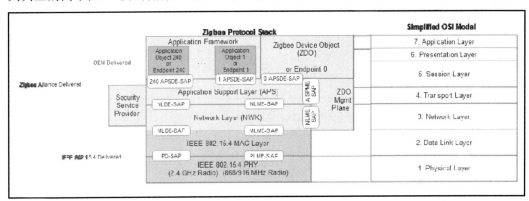

图 5-23　Zigbee 协议栈和简化的 OSI 模型

原　　　文	译　　　文
Zigbee Alliance Delivered	由 Zigbee 联盟定义
OEM Delivered	由 OEM 定义
IEEE 802.15.4 Delivered	由 IEEE 802.15.4 定义
Security Service Provider	安全服务提供商
Zigbee Protocol Stack	Zigbee 协议栈
Application Framework	应用框架
Application Object 240 or Endpoint 240	应用对象 240 或端点 240
Application Object 1 or Endpoint 1	应用对象 1 或端点 1
Zigbee Device Object(ZDO) or Endpoint 0	Zigbee 设备对象（ZDO）或端点 0
Application Support Layer(APS)	应用支持层（APS）
Network Layer(NWK)	网络层（NWK）
ZOD Mgmt Plane	ZOD 管理平面
IEEE 802.15.4 MAC Layer	IEEE 802.15.4 MAC 层
IEEE 802.15.4 PHY	IEEE 802.15.4 物理层
(2.4GHz Radio)(868/916 MHz Radio)	（2.4 GHz 频段）（868/916 MHz 频段）
Simplified OSI Model	简化的 OSI 模型
7. Application Layer	7．应用层
6. Presentation Layer	6．表示层
5. Session Layer	5．会话层
4. Transport Layer	4．传输层
3. Network Layer	3．网络层
2. Data Link Layer	2．数据链路层
1. Physical Layer	1．物理层

　　NWK 用于 Zigbee 的 3 个主要组件（ZR、ZC、ZED）。该层执行设备管理和路由发现。此外，由于它管理真正的动态网格，因此还负责路由线路的维护和修复。作为最基本的功能，NWK 负责传输网络数据包和路由消息。在将节点连接到 Zigbee 网格的过程中，NWK 可以为 ZC 提供逻辑网络地址并确保连接。

　　APS 在网络层和应用层之间提供接口。它管理绑定表数据库（Binding Table Database），该数据库用于根据所需的服务与所提供的服务来查找正确的设备。应用将通过所谓的应用对象（Application Object）建模。应用对象通过称为群集（Cluster）的对象属性映射相互通信。对象之间的通信是按压缩 XML 文件的形式创建的，以允许普遍存在。所有设备都必须支持一组基本方法。但是，每个 Zigbee 设备最多可以存在 240 个端点。

　　APS 可以将 Zigbee 设备连接到用户。Zigbee 协议中的大多数组件都位于此处，包括 Zigbee 设备对象（ZDO）。端点 0 称为 ZDO，是负责整体设备管理的关键组件。其职责包括管理设备的密钥、策略和角色。它还可以发现网络上的新（单跳）设备以及这些设备提供的服务。ZDO 启动并响应对设备的所有绑定请求。它还通过管理设备的安全策略和密钥在网络设备之间建立安全关系。

绑定是指两个端点之间的连接，每个绑定都支持特定的应用规范（Profile）。因此，当组合源端点和目标端点、群集 ID 和规范 ID 时，可以在两个端点和两个设备之间创建唯一消息。绑定可以是一对一、一对多或多对一。例如，将多个开关连接到一组灯泡就是这样的绑定示例。开关应用端点将与灯的端点关联。ZDO 通过使用应用对象将开关端点关联到灯的端点来提供绑定管理。可以创建群集，允许一个开关打开所有灯，而另一个开关却只能控制单个灯。

由 OEM 提供的应用规范将描述用于特定功能的设备的集合（例如，电灯开关和烟雾报警器）。应用规范中的设备可以通过群集相互通信。每个群集将具有唯一的群集 ID，以在网络中标识自己。

5．Zigbee 寻址和数据包结构

Zigbee 协议位于 802.15.4 物理层和 MAC 层之上，并重用其数据包结构。Zigbee 与其他网络在网络层和应用层上有区别。

图 5-24 显示了将 802.15.4 PHY 和 MAC 数据包之一分解为相应的网络层（NWK）帧数据包和应用支持层（APS）帧。

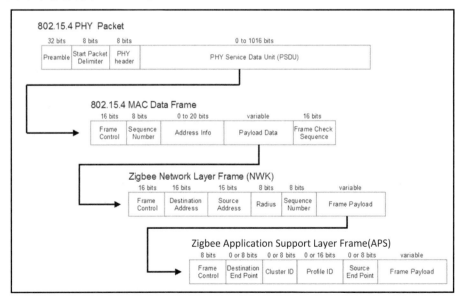

图 5-24　在 802.15.4 PHY 和 MAC 数据包上的 Zigbee 网络层（NWK）和应用支持层（APS）帧

原　　文	译　　文
bits	位
802.15.4 PHY Packet	802.15.4 PHY 包
0 to 1016 bits	0～1016 位
Preamble	前同步码
Start Packet Delimiter	启动数据包定界符
PHY header	PHY 报头
PHY Service Data Unit(PSDU)	PHY 服务数据单元（PSDU）
802.15.4 MAC Data Frame	802.15.4 MAC 数据帧
0 to 20 bits	0～20 位
variable	可变位数
Frame Control	帧控制
Sequence Number	序列编号
Address Info	地址信息
Payload Data	有效载荷数据
Frame Check Sequence	帧检查序列
Zigbee Network Layer Frame(NWK)	Zigbee 网络层帧（NWK）
Destination Address	目的地址
Source Address	源地址
Radius	半径
Frame Payload	帧有效载荷
Zigbee Application Support Layer Frame(APS)	Zigbee 应用支持层帧（APS）
0 or 8 bits	0 或 8 位
0 or 16 bits	0 或 16 位
Destination End Point	目标端点
Source End Point	源端点

Zigbee 每个节点使用两个唯一的地址。

❑　长地址（64 位）：由设备制造商分配，并且是不变的。它能够区别所有其他 Zigbee 设备，唯一标识 Zigbee 设备。这与 802.15.4 64 位地址相同。前 24 位表示组织唯一标识符（Organization Unique Identifier，OUI），后 40 位由 OEM 管理。该地址是按块管理的，可以通过 IEEE 购买。

❑　短地址（16 位）：与 802.15.4 规范的 PAN ID 相同，也是可选的。

6. Zigbee 网格路由

表路由（Table Routing）将使用无线自组网按需平面距离矢量路由（Ad hoc On-Demand Distance Vector Routing，AODV）协议和簇状树算法（Cluster Tree Algorithm）。AODV 是纯粹的按需路由系统。在此模型中，节点之间不必相互发现，直到两者之间存在某种关联（例如，两个节点需要进行通信）。AODV 也不要求不在路由路径中的节点维护路由信息。如果源节点需要与目标进行通信并且路径不存在，则路径发现过程将开始。AODV 提供单播和多播支持。这是一个反应性（被动）协议。也就是说，它仅按需提供通往目的地的路由，而不是主动提供。整个网络处于静默状态，直到需要连接为止。

簇状树算法形成了一个具有自我修复和冗余能力的自组织网络。网格中的节点将选择一个簇的头，并围绕头节点创建簇。然后，这些自我形成的簇通过指定设备相互连接。

Zigbee 能够以多种方式路由数据包。

❑ 广播：将数据包发送到结构中的所有其他节点。

❑ 网格路由（表路由）：如果存在目标路由表，则路由将相应地遵循表规则。这非常有效率。Zigbee 将允许网格和表格最多路由 30 个跃点。

❑ 树路由：从一个节点到另一个节点的单播消息传递。树路由是可选的，可以在整个网络中禁止使用。由于不存在大型路由表，因此与网格路由相比，它提供了更高的内存效率。但是，树路由的连接冗余性与网格不同，Zigbee 支持最多 10 个节点的树路由跃点。

❑ 源路由：主要是在存在数据集中器时使用。这是 Z-Wave 提供网格路由的方式。

图 5-25 显示了 Zigbee 路由请求命令帧和路由应答命令帧。

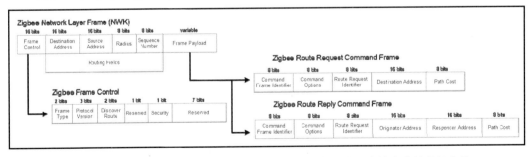

图 5-25　Zigbee 路由包发出路由请求命令帧，随后使用路由应答命令帧进行应答

原　　　文	译　　　文
bits	位
Zigbee Network Layer Frame(NWK)	Zigbee 网络层帧（NWK）

续表

原　　文	译　　文
variable	可变位数
Frame Control	帧控制
Destination Address	目标地址
Source Address	源地址
Radius	半径
Sequence Number	序列编号
Frame Payload	帧有效载荷
Zigbee Frame Control	Zigbee 帧控制
Frame Type	帧类型
Protocol Version	协议版本
Discover Route	发现路由
Reserved	预留
Security	安全
Zigbee Route Request Command Frame	Zigbee 路由请求命令帧
Command Frame Identifier	命令帧标识符
Command Options	命令选项
Route Request Identifier	路由请求标识符
Path Cost	路径成本
Zigbee Route Reply Command Frame	Zigbee 路由应答命令帧
Originator Address	发起者地址
Responder Address	回应者地址

路由发现或路径发现是发现新路由或修复断开的路由的过程。设备将向整个网络发出路由请求命令帧。当目标接收到命令帧时，将至少响应一个路由应答命令帧。所有返回的潜在路线都将被检查并评估，以找到最佳路线。

💡 提示：

在路径发现期间报告的链路成本可以是恒定的，也可以基于接收的可能性。

7. Zigbee 关联

如前文所述，Zigbee 终端设备（Zigbee End Devices，ZED）不参与路由。终端设备与其父节点进行通信，其父节点是一个 Zigbee 路由器（Zigbee Router，ZR）。当 Zigbee 协调器（Zigbee Coordinator，ZC）允许新设备加入网络时，它会进入一个称为关联（Association）的过程。如果某个设备与其父节点失去联系，则该设备可以随时通过称为孤立（Orphaning）的过程重新加入。

为了正式加入 Zigbee 网络，设备会广播一个信标请求（Beacon Request），以从网格网络上被授权允许新节点加入的设备中请求后续信标。最开始只有 PAN 协调器被授权提供此请求，在网络发展起来之后，其他设备可能会参与。

8. Zigbee 安全性

Zigbee 建立了 IEEE 802.15.4 的安全性规定。Zigbee 提供了 3 种安全性机制：访问控制列表（Access Control List，ACL）、128 位 AES 加密和消息新鲜度计时器（Message Freshness Timer）。

Zigbee 安全性模型分布在多个层中。

- 应用层将为 ZDO 提供密钥创建和传输服务。
- 路由将由网络层管理，出站的帧将使用路由定义的链路密钥（如果有）；否则，使用网络密钥。
- MAC 层的安全性将通过 API 进行管理，并由更上层控制。

Zigbee 网络管理着多个密钥。

- 主密钥（Master Key）：主密钥可以由制造商预先安装，也可以由用户手动输入。它构成了 Zigbee 设备安全性的基础。主密钥始终先安装并从信任中心传输。
- 网络密钥（Network Key）：此密钥将在网络级别为外部攻击者提供保护。
- 链路密钥（Link Key）：这将在两个设备之间形成安全绑定。如果两个设备可以选择使用已安装的链路密钥或网络密钥，那么它们将始终默认选择链路密钥，以提供更多保护。

ℹ️ 注意：

从在受限设备上存储密钥的意义上讲，链路密钥占用大量资源。网络密钥可用于减少某些存储成本，但存在降低安全性的风险。

密钥管理对于安全性至关重要。可以通过建立信任中心（一个节点充当结构中所有其他节点的密钥分发者）来控制密钥的分发。ZC 被假定为信任中心。可以使用 ZC 外部的专用信任中心来实现 Zigbee 网络。信任中心执行以下服务。

- 信任管理：对加入网络的设备进行身份验证。
- 网络管理：维护和分发密钥。
- 配置管理：启用设备到设备的安全性。

此外，可以将信任中心置于驻留模式（将不与网络设备建立密钥），也可以将其置于商业模式（与网络中的每个设备建立密钥）。

Zigbee 在 MAC 和 NWK 层中使用 128 位密钥作为其规范的一部分。MAC 层提供 3

种加密模式：AES-CTR、AES-CBC-128 和 AES-CCM-128（均在 IEEE 802.15.4 部分中定义）。但是，NWK 层仅支持 AES-CCM-128，但进行了一些微调，以提供仅加密（Encryption-Only）和仅完整性（Integrity-Only）保护。

消息完整性将确保消息在传输过程中没有被修改。这种类型的安全工具可用于防止中间人攻击。回到 Zigbee 数据包结构，消息完整性代码和辅助报头提供了字段，可为发送的每个应用消息添加额外的检查。

可以通过公共网络密钥和成对设备之间的单独密钥来提供身份验证。

消息新鲜度计时器用于查找已超时的消息。这些消息将被拒绝和从网络中删除，作为控制重放攻击（Replay Attack）的手段。这适用于传入和传出的消息。每当创建新密钥时，都会重置新鲜度计时器。

5.1.5　关于 Z-Wave

Z-Wave 是主要用于消费者和家庭自动化的 WPAN 协议，使用该技术的产品约有 2100 种。Z-Wave 已进入照明和供暖通风与空气调节（Heating, Ventilation and Air Conditioning，HVAC）控制行业的商业和建筑领域。就市场份额而言，Z-Wave 不像蓝牙或 Zigbee 那样大。Z-Wave 是 900 MHz 频段中的另一种网格技术，由 Zensys 公司首次展现，这是 2001年在丹麦的一家开发灯光控制系统的公司。Zensys 在 2005 年与 Leviton Manufacturing、Danfoss 和 Ingersoll-Rand 建立了联盟，正式称为 Z-Wave 联盟。该联盟于 2008 年收购了 Sigma Designs，而 Sigma 现在是 Z-Wave 硬件模块的唯一提供商。

Z-Wave 联盟的成员公司现在包括 SmartThings、Honeywell（霍尼韦尔）、Belkin（贝尔金）、Bosch（博世）、Carrier、ADT 和 LG。

Z-Wave 在大多数情况下都是受限硬件模块制造商的封闭协议。该规范现在已经逐步在公共领域开放，但仍有大量资料未公布。

1. Z-Wave 概述

Z-Wave 的设计中心是家庭和消费者照明/自动化，旨在使用非常低的带宽与传感器和开关进行通信。该设计基于 PHY 和 MAC 级别的 ITU-T G.9959 标准。ITU-T G.9959 是国际电信联盟针对低于 1 GHz 频段的短距离窄带频段通信收发器的规范。

根据原产国的不同，Z-Wave 会使用低于 1 GHz 范围的多个频段。在美国，使用的标准是 FCC CFR47 Part 15.249，中心频率为 908.40 MHz 和 916.00 MHz。中国的标准是 CNAS/EN 300 220，中心频率为 868.40 MHz。工作在这些频带上的设备相对较少，而 ZigBee 或蓝牙所使用的 2.4 GHz 频带正变得日益拥挤，相互之间的干扰不可避免，因此 Z-Wave 技术更能保证通信的可靠性。

Z-Wave 能够针对 3 种数据速率以不同的频率扩展。

❑ 100 kbps：916.0 MHz，扩展为 400 kHz。

❑ 40 kbps：916.0 MHz，扩展为 300 kHz。

❑ 9.6 kbps：908.4 MHz，扩展为 300 kHz。

每个频段在单个通道上运行。

在 PHY 级别执行的调制将频移键控（Frequency-Shift Keying，FSK）用于 9.6 kbps 和 40 kbps 的数据速率。对于 100 kbps 的快速速率，则使用高斯频移键控（Gaussian Frequency Shift Keying）。在 0 dB 时，输出功率约为 1 mW。

和先前讨论的其他协议一样，Z-Wave 也使用了载波侦听多路访问/冲突避免（Carrier Sense Multiple Access/Collision Avoidance，CSMA/CA）机制来管理信道争用。这是在协议栈的 MAC 层中管理的。如果有数据正在广播，则节点以接收模式启动，并在传输数据之前等待一段时间。

从角色和责任的角度来看，Z-Wave 网络由具有特定功能的不同节点组成。

❑ 控制器设备（Controller Device）：这是最上层的设备，它提供网格网络的路由表，并且是其下的网格网络的主机/主节点。控制器有两种基本类型。

　➢ 主控制器（Primary Controller）：主控制器是主节点（Master），网络中只能存在一个主控制器。它具有维护网络拓扑和层次结构的能力，还可以在拓扑中包括或排除节点。此外，它还具有分配节点 ID 的职责。

　➢ 辅助控制器（Secondary Controller）：这些节点将协助主控制器进行路由。

❑ 从设备/节点（Slave Device/Node）：这些设备将根据收到的命令执行操作。除非通过命令指示，否则这些设备无法与相邻的从节点通信。从节点可以存储路由信息，但不能计算或更新路由表。一般来说，它们将充当网格中的转发器（Repeater，也称为中继器）。

控制器也可以定义为便携式的和静态的。便携式控制器多指像遥控器一样移动的设备。更改位置后，它将重新计算网络中最快的路线。静态控制器多指固定设备，如插入墙壁插座的网关。静态控制器可以始终处于"打开"状态并接收从节点的状态消息。

控制器在网络中可以具有不同的属性。

❑ 状态更新控制器（Status Update Controller，SUC）：静态控制器还具有承担状态更新控制器的作用。在这种情况下，它将从主控制器接收有关拓扑更改的通知，还可以帮助从节点的路由。

❑ SUC ID 服务器（SUC ID Server，SIS）：SUC 可以协助主控制器执行包括和排除从节点的任务。

❑ 桥接控制器（Bridge Controller）：本质上是一个静态控制器，能够充当 Z-Wave

网格与其他网络系统（如 WAN 或 Wi-Fi）之间的网关。该网桥最多可控制 128 个虚拟从节点。

❑ 安装程序控制器（Installer Controller）：这是便携式控制器，可以协助进行网络管理和服务质量分析。

从节点支持不同的属性。

❑ 路由从节点（Routing Slave）：从根本上来说，路由从节点是一个从属节点，但是能够将未经请求的消息发送到网格中的其他节点。一般来说，在没有主控制器命令的情况下，不允许从节点将消息发送到另一个节点。在发送消息时，该节点将存储它所使用的一组静态路由。

❑ 增强型从节点（Enhanced Slave）：这些节点具有与路由从节点相同的功能，并增加了实时时钟和对于应用数据的持久存储功能。例如，燃气表就可能是这样一种增强型从节点。

ⓘ 注意：

从节点/设备可以是基于电池的，如家庭中的运动传感器。从节点若要成为一个中继器，那么它必须是全功能的并且可以侦听网格上的消息。因此，不要将基于电池的设备用作中继器。

2. Z-Wave 协议栈

因为 Z-Wave 是一种非常低带宽的协议，采用稀疏网络拓扑，所以该协议栈在进行通信时每条消息都使用尽可能少的字节。Z-Wave 协议栈由 5 层组成，如图 5-26 所示。

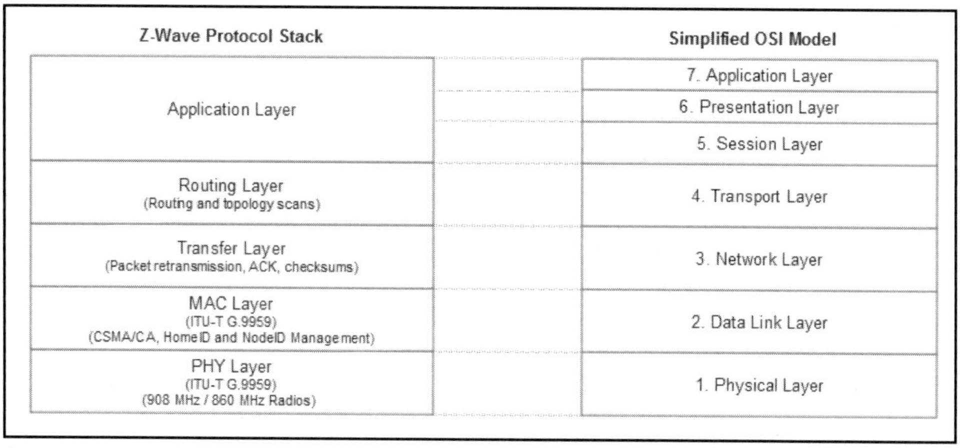

Z-Wave Protocol Stack	Simplified OSI Model
Application Layer	7. Application Layer
	6. Presentation Layer
	5. Session Layer
Routing Layer (Routing and topology scans)	4. Transport Layer
Transfer Layer (Packet retransmission, ACK, checksums)	3. Network Layer
MAC Layer (ITU-T G.9959) (CSMA/CA, HomeID and NodeID Management)	2. Data Link Layer
PHY Layer (ITU-T G.9959) (908 MHz / 860 MHz Radios)	1. Physical Layer

图 5-26 Z-Wave 协议栈和 OSI 模型比较

Z-Wave 使用 5 层协议栈，其最底下的两层（物理层和 MAC）由 ITU-T G.9959 规范定义

原　　文	译　　文
Z-Wave Protocol Stack	Z-Wave 协议栈
Application Layer	应用层
Routing Layer (Routing and topology scans)	路由层 （路由和拓扑扫描）
Transfer Layer (Packet retransmission, ACK, checksums)	传输层 （数据包重发、传输确认、校验和）
MAC Layer (ITU-T G.9959) (CSMA/CA, Home ID and NodeID Management)	MAC 层 （ITU-T G.9959） （CSMA/CA、Home ID 和 Node ID 管理）
PHY Layer (ITU-T G.9959) (908 MHz/860 MHz Radios)	物理层 （ITU-T G.9959） （908 MHz / 860 MHz 频段）
Simplified OSI Model	简化的 OSI 模型
7. Application Layer	7．应用层
6. Presentation Layer	6．表示层
5. Session Layer	5．会话层
4. Transport Layer	4．传输层
3. Network Layer	3．网络层
2. Data Link Layer	2．数据链路层
1. Physical Layer	1．物理层

这些层可以描述如下。

- ❑ 物理层：由 ITU-T G.9959 规范定义。该层在发送器处管理信号调制、信道分配和前同步码（Preamble）绑定，并在接收机处管理前同步码同步。
- ❑ MAC 层：此层管理家庭 ID（Home ID）和节点 ID（Node ID）字段。MAC 层还将使用冲突避免算法和退避策略来缓解信道上的拥塞和争用。
- ❑ 传输层：管理 Z-Wave 帧的通信。该层还负责根据需要重新传输帧。其他任务包括传输确认和校验和（Checksum）绑定。
- ❑ 路由层：提供路由服务。此外，将执行拓扑扫描和路由表更新。
- ❑ 应用层：提供应用和数据的用户界面。

3．Z-Wave 寻址

与蓝牙和 Zigbee 协议相比，Z-Wave 具有相当简单的寻址机制。该寻址方案之所以能够保持简单，是因为所有尝试都是为了最小化流量和降低功耗。首先，需要定义两个基本寻址标识符。

❑ 家庭 ID（Home ID）：这是一个 32 位唯一标识符，已在控制器设备中进行了预
编程，以帮助彼此识别 Z-Wave 网络。在网络启动期间，所有 Z-Wave 从站的
Home ID 为零，并且控制器将系统地使用正确的 Home ID 填充从站节点。

❑ 节点 ID（Node ID）：这是一个 8 位值，由控制器分配给每个从站，并提供 Z-Wave
网络中从站的寻址。

图 5-27 显示了 Z-Wave 数据包结构。可以看到这里定义了 3 种数据包类型：单播
（Singlecast）、路由（Routed）和多播（Multicast）。

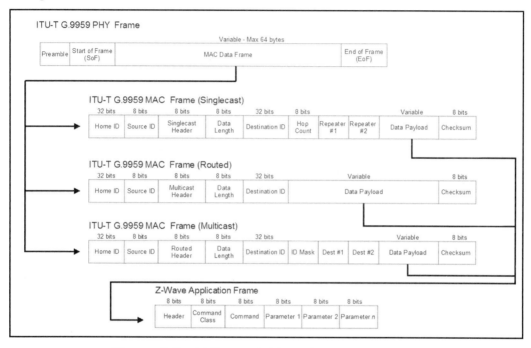

图 5-27　从物理层到 MAC 再到应用层的 Z-Wave 数据包结构

原　　文	译　　文
bits	位
ITU-T G.9959 PHY Frame	ITU-T G.9959 PHY 帧
Variable - Max 64 bytes	可变位数（最多 64 位）
Preamble	前同步码
Start of Frame(SoF)	帧首（SoF）
MAC Data Frame	MAC 数据帧
End of Frame(EoF)	帧尾（EoF）

续表

原　　文	译　　文
ITU-T G.9959 MAC Frame(Singlecast)	ITU-T G.9959 MAC 帧（单播）
variable	可变位数
Singlecast Header	单播报头
Data Length	数据长度
Hop Count	跳数
Repeater #1	转发器#1
Repeater #2	转发器#2
Data Payload	数据有效载荷
Checksum	校验和
ITU-T G.9959 MAC Frame(Routed)	ITU-T G.9959 MAC 帧（路由）
Multicast Header	路由报头
Data Length	数据长度
Destination ID	目标 ID
ITU-T G.9959 MAC Frame(Multicast)	ITU-T G.9959 MAC 帧（多播）
Routed Header	多播报头
Dest #1	目标#1
Dest #2	目标#2
Z-Wave Application Frame	Z-Wave 应用帧
Header	报头
Command Class	命令类
Command	命令
Parameter 1	参数 1
Parameter 2	参数 2
Parameter n	参数 n

传输层提供了多种帧类型，以协助重传、传输确认、功率控制和身份验证等。这 4
种类型的网络帧包括以下几个。

❑ 单播帧（Singlecast Frame）：这是发送到单个 Z-Wave 节点的数据包。此类数据
包后面必须有一个确认。如果未确认，则重传序列不会执行。

❑ ACK 帧：这是对单播帧的确认（Acknowledgement）响应。

❑ 多播帧（Multicast Frame）：此消息将传输到多个节点（最多 232 个）。此类消
息不必使用确认。

❑ 广播帧（Broadcast Frame）：和多播消息类似，该帧将被传输到网络中的所有节点。同样不必使用确认。

对于要在网格上使用的新 Z-Wave 设备，必须进行配对和添加过程。该过程通常由设备以机械方式启动或由用户实例化的按键启动。如前文所述，配对过程需要由主控制器为新节点分配 Home ID。

4. Z-Wave 拓扑和路由

图 5-28 显示了 Z-Wave 网格的拓扑，其中使用了一些与从节点和控制器相关联的设备类型和属性。单个主控制器将管理网络并建立路由行为。

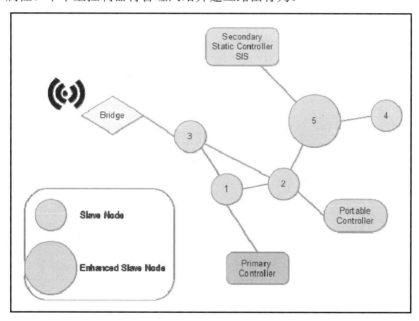

图 5-28　Z-Wave 拓扑包括单个主控制器、4 个从节点和一个增强型从节点

桥接控制器充当到 WiFi 网络的网关。便携式控制器和辅助控制器也位于网格上，以辅助主控制器

原　　文	译　　文
Slave Node	从节点
Enhanced Slave Node	增强型从节点
Bridge	桥接控制器
Secondary Static Controller SIS	辅助静态控制器 SIS
Portable Controller	便携式控制器
Primary Controller	主控制器

Z-Wave 协议栈的路由层管理着从一个节点到另一个节点的帧传输。如果需要，路由层将设置正确的中继器列表，扫描网络以查找拓扑更改，并维护路由表。该表非常简单，仅指定哪个邻居连接到给定节点。也就是说，它希望只有直接的一跳。该表是由主控制器构建的，在构建之前，需要询问网格中的每个节点从其位置可以访问到哪些设备。

使用源路由（Source Routing）来导航网格意味着消息通过结构传递时，对于接收到帧的每一跳而言，它将把数据包转发到链中的下一个节点。例如，在图 5-28 所示的路由表中，从桥接控制器到增强型从节点（Enhanced Slave 5）的最短路径遵循以下逻辑路径：Bridge | Slave 3 | Slave 2 | Enhanced Slave 5。

ⓘ 注意：

Z-Wave 将路由跳数限制为最多 4 次。

上述示例拓扑的路由表如图 5-29 所示。

	Slave 1	Slave 2	Slave 3	Slave 4	Enhanced Slave 5	Primary Controller	Secondary SIS	Bridge	Portable Controller
Slave 1	0	1	1	0	0	1	0	0	0
Slave 2	1	0	1	0	1	0	0	0	1
Slave 3	1	1	0	0	0	0	0	1	0
Slave 4	0	0	0	0	1	0	0	0	0
Enhanced Slave 5	0	1	0	1	0	0	1	0	0
Primary Controller	0	0	0	0	0	0	0	0	0
Secondary SIS	0	0	0	0	1	0	0	0	0
Bridge	1	0	1	0	0	0	0	0	0
Portable Controller	0	1	0	0	0	0	0	0	0

图 5-29　Z-Wave 源路由算法示例

原　　文	译　　文
Slave	从节点
Enhanced Slave	增强型从节点
Primary Controller	主控制器
Secondary SIS	辅助静态控制器 SIS
Bridge	桥接控制器
Portable Controller	便携式控制器

ⓘ 注意：

便携式控制器在维持最佳路由路径方面面临挑战。因此，便携式控制器将使用替代技术来寻找到达目标节点的最佳路由。

5.2　小　　结

本章介绍了将物联网数据从设备传输到互联网的第一步。连接数十亿个设备的第一步是使用正确的通信介质来到达传感器、物体和执行器，以引起某些操作。这是无线个人局域网的角色。我们已经讨论了无须授权许可的频谱的基础知识，以及作为一名架构师，将如何测量 WPAN 的性能和行为。本章深入研究了新的蓝牙 5 协议，并将其与其他标准（如 IEEE 802.15.4 基本协议、Zigbee 和 Z-Wave）进行了比较。我们讨论了信标、各种数据包和协议栈以及网格结构。架构师应理解这些架构各自的特点和优劣。

第 6 章将探讨基于 IP 的 PAN 和 LAN 网络，如无处不在的 802.11 Wi-Fi 网络、Thread 和 6LoWPAN，以及未来的 Wi-Fi 通信标准。这些讨论 WPAN、WLAN 和 WAN 架构的网络方面的章节将会经常回顾前面所介绍的基础知识，如信号强度测量和距离方程式，所以读者应该真正理解和熟练掌握，方便以后引用和参考。

第 6 章　基于 IP 的 WPAN 和 WLAN

无线个人局域网（WPAN）采用的协议通常并不是 TCP/IP，至少开始的时候不是。蓝牙、Zigbee 和 Z-Wave 的协议栈与真正的 TCP/IP 协议相似，但本质上并不通过 TCP/IP 进行通信。当然，也确实存在 Zigbee 适配 IP（使用 Zigbee-IP）和蓝牙适配 IP（使用 IPSP 支持 6LoWPAN）的情况。本章将介绍一个使用 802.15.4 协议的 WPAN 示例，该协议具有一个真正的 IPv6（Thread）兼容层，能够加入任何 IPv6 网络。

本章还将介绍围绕 Wi-Fi™ 使用 IEEE 802.11 协议的标准。尽管 802.11 协议通常被认为是无线局域网（Wireless Local Area Network，WLAN），但是现在它几乎无处不在，并且已在物联网部署中使用，尤其是在智能传感器和网关集线器中。本章将正式介绍 802.11 Wi-Fi 标准目录，包括新的 IEEE 802.11ac 高速协议。802.11 还使用 802.11p 协议扩展到了车载和运输市场的物联网领域。最后，本章将探讨 IEEE 802.11ah 规范，这是一种基于 802.11 协议的无线 LAN 解决方案，但明确针对功率和成本受限的物联网传感器设备。

本章将讨论以下主题。
- ❑　互联网协议和传输控制协议。
- ❑　使用 IP 的 WPAN——6LoWPAN。
- ❑　使用 IP 的 WPAN——Thread。
- ❑　IEEE 802.11 协议和 WLAN。

6.1　互联网协议和传输控制协议

在协议栈中支持 IP 层确实会消耗可能在其他地方应用的资源。但是，构建允许设备通过传输控制协议/互联网协议（Transmission Control Protocol/Internet Protocol，TCP/IP）进行通信的物联网系统具有关键优势。我们将列举这些好处，但是架构师的职责是综合考虑这些服务和功能的成本对系统的影响。

从物联网生态系统的角度来看，无论在传感器级别使用何种协议，传感器数据最终都将被馈送到公共、私有或混合云中进行分析、控制或监视。在 WPAN 之外，正如我们在 WLAN 和 WAN 配置中所看到的，世界是基于 TCP/IP 的。

出于多种原因，IP 已经成为全球通信的标准形式，它具有以下优势。

❑ 无处不在：几乎每个操作系统和每种媒介都提供 IP 协议栈。IP 通信协议能够在
各种 WPAN 系统、蜂窝、铜线、光纤、PCI Express 和卫星系统上运行。IP 指定
了所有数据通信的确切格式以及用于通信、确认和管理连接性的规则。

❑ 经久不衰：TCP 成立于 1974 年，而今天仍在使用的 IPv4 标准是 1978 年设计的。
它经受了 40 多年的时间考验。对于许多必须支持设备和系统数十年的工业和现
场物联网解决方案而言，经久不衰也是一个很重要的优势。40 多年来，各种制
造商设计了各种其他专有协议，如 AppleTalk、SNA、DECnet 和 Novell IPX 等，
但是没有一个能够超越 TCP/IP 获得市场的青睐。

❑ 基于标准：TCP/IP 受互联网工程任务组（Internet Engineering Task Force，IETF）
的管理。IETF 维护着一套针对互联网协议的开放标准。

❑ 可扩展性：IP 已经证明了其规模和被采用的程度。IP 网络已经证明可以扩展到
数十亿用户和更多设备。IPv6 可以为构成地球的每一个原子提供唯一的 IP 地址，
并且还能额外支持 100 多个地球。

❑ 高可靠性：IP 的核心是用于数据传输的可靠协议。它通过基于无连接网络的数
据包传递系统来完成此任务。从概念构思开始，该服务就被认为是不可靠的，
这意味着数据不能保证会被传递。IP 是无连接的，因为每个数据包都被彼此独
立地对待。IP 也称为尽力而为传递（Best-Effort Delivery）服务，因为它会进行
所有通过各种路由传输数据包的尝试。这种模型的优势使得架构师可以用另一
种机制代替传递机制，实际上就是用其他东西（例如，具有蜂窝网络的 Wi-Fi）
代替协议栈的第 1 层和第 2 层。

❑ 可管理性：存在各种工具来管理 IP 网络和 IP 网络上的设备。另外，还存在建模
工具、网络嗅探器、诊断工具和各种设备，以帮助构建、扩展和维护网络。

传输层也值得考虑。IP 解决了对良好支持和健壮网络层的需求，而传输层则需要 TCP
和通用数据报协议（Universal Datagram Protocol，UDP）。传输层负责端到端通信。在此
级别上可以控制不同主机与各种网络组件之间的逻辑通信。TCP 用于面向连接的传输，
而 UDP 用于无连接传输。UDP 的实现自然比 TCP 容易得多，但不如它有弹性。两种服
务都提供分段重新排序，因为不能保证使用 IP 协议按顺序传送数据包。TCP 还通过使用
确认消息和丢失消息的重传为不可靠的 IP 网络层提供可靠性层。此外，TCP 使用了滑动
窗口协议（Sliding Window Protocol）和拥塞避免算法提供流量控制。UDP 提供了一种轻
量级的高速方法，可以将数据广播到可能存在也可能不存在的可靠设备。

表 6-1 显示了标准的 7 层开源互联（Open Source Interconnection，OSI）模型协议栈。
可以看到，TCP/IP 在第 3 和第 4 层。

表 6-1 完整的 7 层 OSI 模型

层	目标/功能	使用的协议	基础数据类型
7. 应用层	用户应用层：浏览器、FTP、App 等（远程文件访问、资源共享、LDAP、SNMP）	SMTP FTP	Data（数据）
6. 表示层	语法层：加密、压缩（可选）（数据加密/解密、编解码、转换）	JPEG、ASCII、ROT13	Data（数据）
5. 会话层	同步和逻辑端口路由（会话建立、启动和中止，安全性，日志，名称识别）	RPC、NFS、NetBIOS	Data（数据）
4. 传输层	TCP：主机-主机和流控制（端到端连接和可靠性、消息分段、确认、会话多路复用）	TCP/UDP	TCP: Segment（段） UDP: Datagram（数据报）
3. 网络层	包：IP 地址（路径确定、逻辑寻址、路由、流量控制、帧分段、子网管理）	IP、IPX、ICMP	Packet（包）
2. 数据链路层	数据帧：MAC 地址、包（物理寻址、介质访问控制、LLC、帧错误检查、排序和重新排序）	PPP/SLIP	Frame（帧）
1. 物理层	物理设备：电缆、光纤、RF 频谱（数据编码、介质附件、基带/宽带、信令、二进制传输）	同轴电缆、光纤、无线	Bit/Signal（比特/信号）

从物联网的角度来看，使 IP 接近数据源是在数据管理的两个世界之间架起了桥梁。信息技术（Information Technology，IT）的角色是管理网络和网络中物件的基础结构、安全性以及配置。运营技术（Operational Technology，OT）的角色是管理可以产生某些东西的系统的运行状况和吞吐量。传统上，这两个角色是分开的，因为诸如传感器、仪表和可编程控制器等至少没有直接连接。至少从工业物联网的角度来看，专有标准支配着运营技术（OT）系统。

6.2 使用 IP 的 WPAN——6LoWPAN

为了将 IP 寻址能力带到最小的和资源最受限制的设备中，2005 年出现了 6LoWPAN 的概念。互联网工程任务组（IETF）中有一个工作组正式提出了 RFC 4944 规范（征求意见稿），后来又更新为 RFC 6282（用于解决报头压缩的问题）和 RFC 6775（用于解决邻居发现的问题）。该联盟是封闭的，但是该标准对所有人开放和使用。

6LoWPAN 是一个缩写，代表的是低功率无线个人局域网上面的 IPv6（IPv6 over Low Power WPAN），目的是通过低功率 RF 通信系统进行 IP 联网，以帮助受功率和空间限制且不需要高带宽联网服务的设备。该协议可与其他 WPAN 通信，如 802.15.4、蓝牙、低于 1 GHz 的 RF 协议和电力线控制器（Power Line Controller，PLC）一起使用。6LoWPAN 的主要优势在于，最简单的传感器可以具有 IP 寻址能力，并可以通过 3G/4G/LTE/Wi-Fi/以太网路由器充当网络公民。另外，IPv6 提供了 2^{128} 或 $3.4×10^{38}$ 个唯一一地址的重要理论可寻址性，这个数字之庞大，足以覆盖当前数百亿的互联网连接设备，并且将继续覆盖远远超出此范围的设备。因此，IPv6 非常适合物联网的增长。

6.2.1　关于 6LoWPAN 拓扑

6LoWPAN 网络是驻留在较大网络外围的网格网络，其拓扑非常灵活，允许自组织（Ad hoc）模式连接和断开网络，而无须绑定到 Internet 或其他系统，或者可以使用边缘路由器（Edge Router）将它们连接到骨干网或 Internet。6LoWPAN 网络可以与多个边缘路由器相连，这称为多宿主（Multi-Homing）。另外，可以形成自组织网络，而无须边缘路由器的 Internet 连接。这些拓扑如图 6-1 所示。

6LoWPAN 架构需要边缘路由器，因为边缘路由器具有以下 4 项功能。

❑　处理与 6LoWPAN 设备的通信，并将数据中继到 Internet。

❑　通过精简 40 字节的 IPv6 报头和 8 字节的 UDP 报头来执行 IPv6 报头的压缩，以提高传感器网络的效率。根据使用情况，典型的 40 字节的 IPv6 报头可以压缩到只有 2～20 字节。

❑　启动 6LoWPAN 网络。

❑　在 6LoWPAN 网络上的设备之间交换数据。

边缘路由器在更大的传统网络边缘上形成 6LoWPAN 网格网络。如有必要，它们还可以代理 IPv6 和 IPv4 之间的交换。数据报（Datagram）的处理方式与 IP 网络中的处理方式类似，与专有协议相比，它具有一些优势。6LoWPAN 网络中的所有节点共享边缘路由器建立的相同 IPv6 前缀。节点将在网络发现（Network Discovery，ND）阶段向边缘路由器注册。

网络发现（ND）控制本地 6LoWPAN 网格中的主机和路由器如何相互交互。多宿主的机制允许多个 6LoWPAN 边缘路由器管理网络。例如，当需要多种介质（4G 和 Wi-Fi）进行故障转移或容错时。

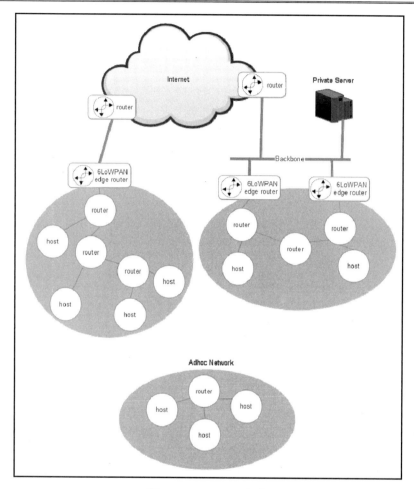

图 6-1　6LoWPAN 拓扑

原　　文	译　　文	原　　文	译　　文
router	路由器	Backbone	骨干网
6LoWPAN edge router	6LoWPAN 边缘路由器	Private Server	私有服务器
host	主机	Adhoc Network	Ad-Hoc 网络

6LoWPAN 网格内有 3 种类型的节点。

❑　路由器节点（Router Node）：这些节点将数据从一个 6LoWPAN 网格节点封送（Marshal）到另一个节点。路由器还可以向外与 WAN 和 Internet 通信。

❑　主机节点（Host Node）：网格（Mesh）网络中的主机无法在网格网络中路由数

据，而仅仅是使用或产生数据的端点。允许主机进入睡眠状态，偶尔醒来以产生数据或接收其父路由器缓存的数据。

- □ 边缘路由器（Edge Router）：如上所述，边缘路由器通常是位于 WAN 边缘的网关和网格控制器。6LoWPAN 网格将在边缘路由器下管理。

节点可以在网格中自由移动和重组。为了做到这一点，节点可以在多家庭场景中移动并与其他边缘路由器关联，甚至可以在不同的 6LoWPAN 网格之间移动。拓扑的这些变化可能是由于各种原因引起的，如信号强度的变化或节点的物理移动。发生拓扑更改时，关联节点的 IPv6 地址也将自然更改。

🛈 注意：

在没有边缘路由器的自组织网格中，6LoWPAN 路由器节点可以管理 6LoWPAN 网格。当 WAN 不需要连接到 Internet 时就是这种情况。通常情况下这很少见，因为小型自组织网络的 IPv6 可寻址性并不是必需的。

路由器节点将配置为支持两个强制性功能。

- □ 唯一的本地单播地址生成。
- □ 执行邻居发现的 ND 注册。

自组织网格 IPv6 前缀将是本地前缀，而不是更大的全局 WAN IPv6 前缀。

6.2.2　关于 6LoWPAN 协议栈

为了在诸如 802.15.4 之类的通信介质上启用 6LoWPAN，必须具有一组支持 IP 协议所必需的推荐功能。这些功能包括成帧（Framing）、单播传输和寻址。如图 6-2 所示，物理层负责在空中接收和转换数据位。对于此示例，我们所说的链路层是 IEEE 802.15.4。数据链路层位于物理层之上，负责检测和纠正物理链路上的错误。本书前面的章节详细介绍了有关 802.15.4 物理（PHY）层和数据链路层的详细信息。如图 6-2 所示是 6LoWPAN 协议栈与简化的 OSI 模型之间的比较。

通过在传感器级别启用 IP 流量，设备与网关之间的关系将使用某种形式的应用层将数据从非 IP 协议转换为 IP 协议。蓝牙、Zigbee 和 Z-Wave 都具有某种转换形式，可以从它们的基本协议转换到可以通过 IP 进行通信（假设目的是路由数据）。

边缘路由器在网络层转发数据报。因此，路由器不需要维护应用状态。当应用协议发生更改时，6LoWPAN 网关并不在乎。如果应用协议更改为非 IP 协议之一，则网关也需要更改其应用逻辑。6LoWPAN 在第 3 层（网络层）内和在第 2 层（数据链路层）的上面提供了一个适配层（Adaptation Layer），该适配层由互联网工程任务组（IETF）定义。

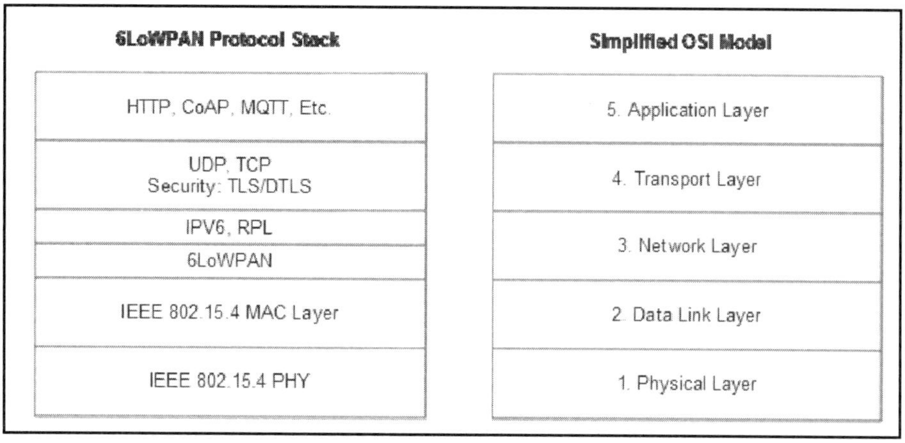

6LoWPAN Protocol Stack	Simplified OSI Model
HTTP, CoAP, MQTT, Etc.	5. Application Layer
UDP, TCP Security: TLS/DTLS	4. Transport Layer
IPV6, RPL 6LoWPAN	3. Network Layer
IEEE 802.15.4 MAC Layer	2. Data Link Layer
IEEE 802.15.4 PHY	1. Physical Layer

图 6-2　6LoWPAN 协议栈与简化的 OSI 模型的比较

6LoWPAN 位于其他协议（如 802.15.4 或蓝牙）的上面，以提供物理和 MAC 地址

原　　文	译　　文
6LoWPAN Protocol Stack	6LoWPAN 协议栈
HTTP,CoAP,MQTT,Etc.	HTTP、CoAP、MQTT 等
UDP,TCP	UDP、TCP
Security:TLS/DTLS	安全性：TLS/DTLS
IEEE 802.15.4 MAC Layer	IEEE 802.15.4 MAC 层
Simplified OSI Model	简化的 OSI 模型
5. Application Layer	5．应用层
4. Transport Layer	4．传输层
3. Network Layer	3．网络层
2. Data Link Layer	2．数据链路层
1. Physical Layer	1．物理层

6.2.3　网格寻址和路由

　　网格路由在物理层和数据链路层中运行，以允许数据包使用多跳（Multiple Hop）流过动态网格。之前我们曾讨论过 Mesh-Under 路由和 Route-Over 路由，本节将对网格路由形式进行更深入的介绍。

　　6LoWPAN 网格网络使用两种方案进行路由。

- ❏　Mesh-Under Network：在 Mesh-Under 拓扑中，路由是透明的，并假设单个 IP 子网代表网格的整体。消息在单个域中广播，然后发送到网格中的所有设备。

如前文所述，这会产生大量流量。Mesh-Under 路由将在网格网络中从一跳跳到另一跳，但仅将数据包转发到协议栈的第 2 层（即数据链路层）。802.15.4 将处理第 2 层中每个跃点（Hop）的所有路由。

❑ Route-Over：在 Route-Over 拓扑中，网络负责将数据包转发到协议栈的第 3 层（即网络层）。Route-Over 方案可在 IP 级别管理路由。每个跃点代表一个 IP 路由器。

图 6-3 描述了 Mesh-Under 路由和 Route-Over 路由之间的区别。

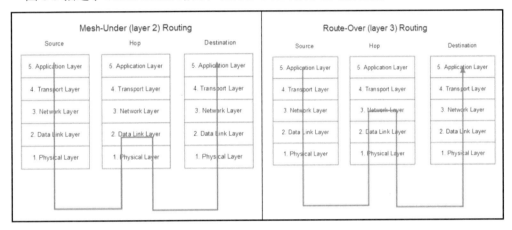

图 6-3　Mesh-Under 路由和 Route-Over 路由之间的差异

中间跃点揭示了在移动到网格中的下一个节点之前，数据包传递到的每个协议栈的高度

原　　　文	译　　　文
Mesh-Under(layer2)Routing	Mesh-Under（第 2 层）路由
Source	源地址
Hop	跃点
Destination	目标地址
5. Application Layer	5. 应用层
4. Transport Layer	4. 传输层
3. Network Layer	3. 网络层
2. Data Link Layer	2. 数据链路层
1. Physical Layer	1. 物理层
Route-Over(layer3)Routing	Route-Over（第 3 层）路由

Route-Over 网络意味着每个路由器节点具有同等的功能，并且可以像普通 IP 路由器一样执行更大的功能集，如重复地址检测。RFC 6550 正式定义了 Route-Over 协议 RPL（RPL 指的是 ripple 提案）。Route-Over 架构的优点是与传统 TCP/IP 通信具有相似性。

RPL 提供多点对点（Multipoint-to-Point）通信（来自网格设备中的流量与 Internet 上的中心服务器进行通信）和点对多点（Point-to-Multipoint）通信（从中心服务器到网格中的设备）。

RPL 协议具有两种管理路由表的模式。

❑ 存储模式（Storing Mode）：在 6LoWPAN 网格中配置为路由器的所有设备都将维护路由表和邻居表。

❑ 非存储模式（Non-Storing Mode）：仅单个设备（如边缘路由器）维护路由表和邻居表。要在 6LoWPAN 网格中将数据从一台主机传输到另一台主机，数据将被发送到路由器，在路由器中计算其路由，然后将其传输到接收器。

顾名思义，路由表包含网格的路由路径，而邻居表则维护的是每个节点的直接连接的邻居。这意味着将始终引用边缘路由器在网格中传递数据包。这使得路由器节点不需要管理一个大型的路由表，但是由于必须引用边缘路由器，因此确实增加了移动数据包的延迟。采用存储模式的系统将具有更高的处理和内存要求，以管理存储在每个节点上的路由表，但是它在建立路由方面更有效率。

注意图 6-4 中的跳数、源地址和目标地址字段。这些字段将在地址解析和路由阶段使用。跳数（Hop Count）在开始时会设置为一个比较高的值，然后在每次数据包从网格中的一个节点传播到另一个节点时都将递减。这样做的目的是，当跳数限制达到零时，数据包将被丢弃，并从网格中丢失。这提供了一种方法，以防止在主机节点将自身从网格中删除并且不再可访问的情况下网络失控。源地址和目标地址都是 802.15.4 地址，并且在 802.15.4 允许的范围内可以采用短格式或扩展格式。报头的结构如图 6-4 所示。

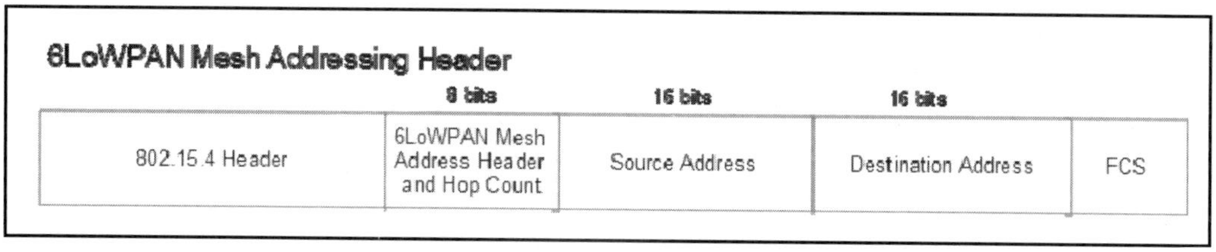

6LoWPAN Mesh Addressing Header				
	8 bits	16 bits	16 bits	
802.15.4 Header	6LoWPAN Mesh Address Header and Hop Count	Source Address	Destination Address	FCS

图 6-4　6LoWPAN 网格寻址报头

原　　　文	译　　　文
6LoWPAN Mesh Addressing Header	6LoWPAN 网格寻址报头
bits	位
802.15.4 Header	802.15.4 报头
6LoWPAN Mesh Address Header and Hop Count	6LoWPAN 网格地址报头和跳数
Source Address	源地址
Destination Address	目标地址

6.2.4　报头压缩和分段

尽管拥有几乎不受限制的 IP 地址的优势是一个重要的里程碑，但是将 IPv6 放在 802.15.4 链路上还是带来了一些挑战，必须克服这些挑战才能使 6LoWPAN 可用。首先是 IPv6 的最大传输单元（Maximum Transmission Unit，MTU）大小为 1280 字节，而 802.15.4 的最大限制为 127 字节。第二个问题是，IPv6 通常会大大增加本已膨胀的协议的长度。例如，在 IPv6 中，报头的长度为 40 字节。

🛈 注意：

IEEE 802.15.4g 的帧长度没有 127 字节的限制。

报头压缩是压缩和删除 IPv6 标准报头中冗余的一种手段，这样做是出于效率原因。一般来说，报头压缩是基于状态的，这意味着在具有静态链接和稳定连接的网络中，它能工作得相当不错。但是在诸如 6LoWPAN 之类的网格网络中，这将不起作用，因为数据包会在节点之间跳跃，并且需要在每次跳跃时进行压缩/解压缩。此外，其路由是动态的，可以更改，并且传输也可能不会持续很长时间。因此，6LoWPAN 采用的是无状态和共享上下文压缩。压缩类型可能受到是否满足某些规范的影响（例如，使用 RFC 4944 而不是 RFC 6922）。另外，还有一个影响因素是数据包的源和目标地址位于何处，如图 6-5 所示。

如图 6-5 所示，6LoWPAN 报头压缩分三种情况，一是路由在本地网格内，二是目标在网格外但地址是已知的，三是目标在网格外并且地址是未知的。与具有 40 字节报头的标准 IPv6 相比，6LoWPAN 可以压缩 2～20 字节。

图 6-5 中的第一种情况是最佳通信情形，即在本地网格的节点之间进行通信。使用这种压缩的报头格式没有数据需要向外发送到 WAN。第二种情况意味着数据被发送到 WAN，并且这是一个已知的地址。最后一种情况与第二种情况类似，但地址是未知的。即使在第三种情况下（这是最坏的情况），压缩仍然会减少 50%的数据流。6LoWPAN 还允许 UDP 压缩，当然这超出了本书的讨论范围。

如前文所述，802.15.4 和 IPv6 的最大传输单元（MTU）的大小是不一样的，802.15.4 的 MTU 为 127 字节，而 IPv6 的 MTU 为 1280 字节，因此分段变成了第二个问题。分段系统会将每个 IPv6 帧分成较小的段。在接收方，片段将被重新组装。分段将根据网格配置过程中选择的路由类型而有所不同（在第 6.2.3 节 "网格寻址和路由" 中已经详细讨论了 Mesh-Under 和 Route-Over 路由）。分段的类型和限制如下。

❑ Mesh-Under 路由分段：分段将只会在最终目的地重组。重组时需要考虑所有分段。如果有任何遗漏，则整个数据包都需要重新传输。需要说明的是，Mesh-Under 系统要求立即传送所有片段，这将产生大量流量。

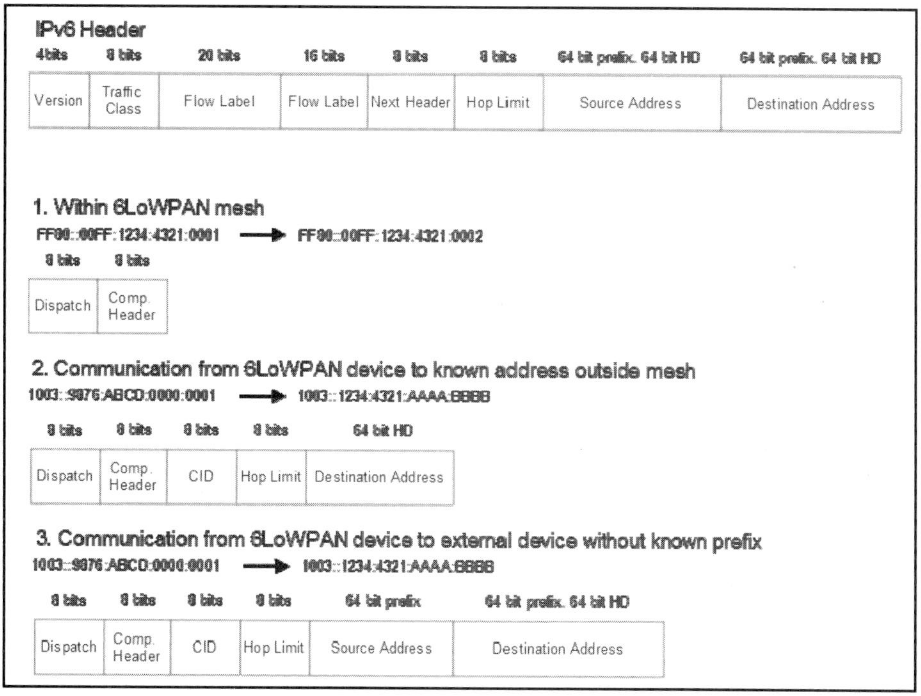

图 6-5　6LoWPAN 中的报头压缩

原　　　文	译　　　文
IPv6 Header	IPv6 报头
bits	位
64 bit prefix, 64 bit HD	64 位前缀，64 位 HD
Version	版本
Traffic Class	流量类别
Flow Label	流标签
Next Header	下一报头
Hop Limit	跳数限制
Source Address	源地址
Destination Address	目标地址
1. Within 6LoWPAN mesh	1．在 6LoWPAN 网格内
Comp. Header	压缩报头
2. Communication from 6LoWPAN device to known address outside mesh	2．从 6LoWPAN 设备到网格外部已知地址的通信
3. Communication from 6LoWPAN device to external device without known prefix	3．从 6LoWPAN 设备到没有已知前缀的外部设备的通信

❑　Route-Over 路由分段：分段将在网格中的每一跳处重组。路由上的每个节点都携带足够的资源和信息来重建所有片段。

如图 6-6 所示，分段报头包括一个数据报大小（Datagram Size）的字段，该字段指定未分段数据的总大小。数据报标签（Datagram Tag）字段标识属于有效载荷的片段集，而数据报偏移量（Datagram Offset）则指示片段在有效载荷序列中的位置。请注意，数据报偏移量不用于发送第一个片段，因为新片段序列的偏移量应从零开始。

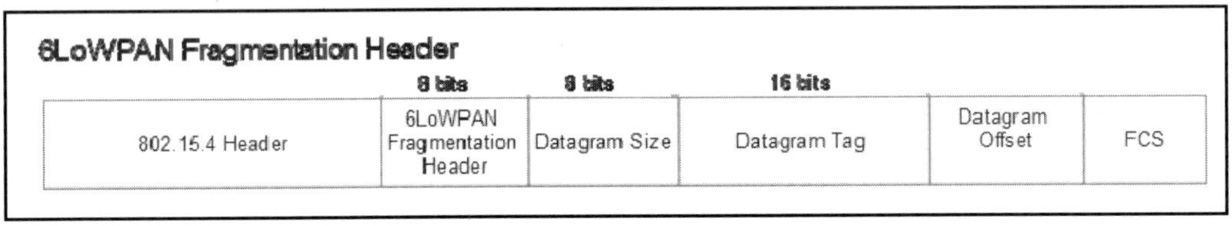

图 6-6　6LoWPAN 分段报头

原　　文	译　　文
6LoWPAN Fragmentation Header	6LoWPAN 分段报头
bits	位
802.15.4 Header	802.15.4 报头
Datagram Size	数据报大小
Datagram Tag	数据报标签
Datagram Offset	数据报偏移量

分段化是一项非常消耗资源的任务，需要处理能力并且耗电，这可能会使基于电池的传感器节点负担沉重。建议限制数据大小（在应用级别），并使用报头压缩来减少大型网格中的功耗和资源限制。

6.2.5　邻居发现

RFC 4861 将邻居发现（Neighbor Discovery，ND）定义为单跳路由协议（One-Hop Routing Protocol）。这是网格中相邻节点之间的正式接触点，它允许节点相互通信。ND 是发现新邻居的过程，因为网格可以增长、缩小和变换，从而导致新的和不断变化的邻居关系。ND 中有两个基本过程和 4 个基本消息类型。

❑　查找邻居：包括邻居注册（Neighbor Registration，NR）和邻居确认（Neighbor Confirmation，NC）阶段。

❑　查找路由器：包括路由器请求（Router Solicitation，RS）和路由器广告（Router Advertisement，RA）阶段。

在 ND 期间，可能会发生冲突。例如，如果主机节点与路由器解除关联，并与同一网格中的其他路由器建立链接，作为规范的一部分，ND 必须能够发现重复的地址和不可到达的邻居。DHCPv6 可以与邻居发现结合使用。

具有 802.15.4 功能的设备通过物理层和数据链路层自举后，6LoWPAN 可以执行邻居发现任务并扩展网格。此过程如图 6-7 所示，将按以下步骤进行。

（1）为低功率无线找到合适的链路和子网。

（2）最小化节点启动的控制流量。

（3）主机发出路由器请求（RS）消息以请求网格网络前缀。

（4）路由器以前缀响应。

（5）主机为自己分配一个本地链路单播地址（FE80 :: IID）。

（6）主机以邻居注册（NR）消息的形式将此本地链路单播地址发送到网格。

（7）设置一段时间来等待邻居确认（NC），并以此来执行重复地址检测（Duplicate Address Detection，DAD）。如果超时到期，则假定该地址未使用。

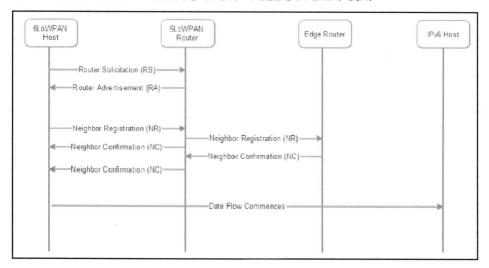

图 6-7　简化的邻居发现顺序

从 6LoWPAN 网格节点到网格路由器，再到边缘路由器，最后到广域网

原　　文	译　　文	原　　文	译　　文
6LoWPAN Host	6LoWPAN 主机	Router Advertisement(RA)	路由器广告（RA）
6LoWPAN Router	6LoWPAN 路由器	Neighbor Registration(NR)	邻居注册（NR）
Edge Router	边缘路由器	Neighbor Confirmation(NC)	邻居确认（NC）
IPv6 Host	IPv6 主机	Data Flow Commences	数据流
Router Solicitation(RS)	路由器请求（RS）		

在配置主机之后，主机便可以开始使用唯一的 IPv6 地址通过 Internet 进行通信。

如果使用的是 Mesh-Under 路由，则可以使用在上述步骤（5）中分配的本地链路地址与 6LoWPAN 网中的任何其他节点通信。而在 Route-Over 方案中，本地链路地址只能用于与单跳距离的节点进行通信。任何大于一跳的地址都需要一个完整的可路由地址。

6.2.6　关于 6LoWPAN 的安全性

由于在 WPAN 系统中很容易监听和窃听通信，因此 6LoWPAN 提供了多个级别的安全性功能。在协议第 2 层的 802.15.4 级别上，6LoWPAN 依赖于数据的 AES-128 加密。此外，802.15.4 还提供具有 CBC-MAC 模式（CCM）的计数器，以提供加密和完整性检查。提供 802.15.4 网络块的大多数芯片组还包括用于提高性能的硬件加密引擎。

在协议的第 3 层（即网络层）上，6LoWPAN 还可以选择使用 IPsec 标准安全性（RFC 4301），包括以下方面。

❑　身份验证处理程序（Authentication Handler，AH）：如 RFC 4302 中所述，用于完整性保护和身份验证。

❑　封装安全有效载荷（Encapsulating Security Payload，ESP）：在 RFC 4303 中，添加了加密以确保数据包的机密性。

ESP 是迄今为止最常见的第 3 层安全数据包格式。此外，ESP 模式还定义了将在第 2 层硬件中使用的 AES/CCM 重新用于第 3 层加密（RFC 4309）。这使得第 3 层安全性适用于受约束的 6LoWPAN 节点。

除了链路层安全性之外，对于 TCP 流量，6LoWPAN 还利用了传输层安全性（Transport Layer Security，TLS）；而对于 UDP 流量，则利用了数据报传输层安全性（Datagram Transport Layer Security，DTLS）。

6.3　使用 IP 的 WPAN——Thread

Thread 是一种相对较新的、基于 IPv6（6LoWPAN）的物联网网络协议，其主要目标是家庭连接和家庭自动化。Thread 于 2014 年 7 月发布，同时 Thread Group Alliance 成立，其中包括 Alphabet（Google 的母公司）、Qualcomm（高通）、三星、ARM、Silicon Labs、Yale（locks）和 Tyco 等公司。

Thread 基于 IEEE 802.15.4 协议和 6LoWPAN，与 Zigbee 和其他 802.15.4 变体具有共通性，但是最大的区别在于 Thread 是 IP 可寻址的。构建该 IP 协议的基础包括由 802.15.4 提供的数据和物理层，以及由 6LoWPAN 提供的诸如安全性和路由之类的功能。Thread 也是基于网格的，在单个网格中最多可容纳 250 个设备，这对于家庭照明系统非常有吸引力。

Thread 的理念是，通过在最小的传感器和家庭自动化系统中启用 IP 可寻址性，减少用电消耗，因为它不需要一直保持在应用状态（这是由于该协议在网络层使用数据报）。这也意味着托管 Thread 网格网络的边缘路由器不需要处理应用层协议，并且可以降低其功耗和处理需求。

最后，Thread 符合 IPv6 标准，所以其本质上是很安全的，所有通信均使用高级加密标准（Advanced Encryption Standard，AES）进行加密。Thread 网格上最多可以存在 250 个节点，并且都具有完全加密的传输和身份验证功能。通过软件升级即可使以前存在的 802.15.4 设备与 Thread 兼容。

6.3.1　Thread 架构和拓扑

Thread 基于 IEEE 802.15.4—2006 标准，并使用该规范定义介质访问控制器（Medium Access Controller，MAC）和物理（PHY）层。它在 2.4 GHz 频段中的工作频率为 250 kbps。

从拓扑的角度来看，Thread 可以通过边缘路由器（通常是家庭中的 Wi-Fi 信号）建立与其他设备的通信。通信的其余部分则基于 802.15.4，并形成一个可以自我修复的网格。此类拓扑的示例如图 6-8 所示。

以下是 Thread 架构中各种设备的角色。

❑ 　边缘路由器（Border Router）：边缘路由器本质上是网关。在家庭网络中，这将是从 Wi-Fi 到 Thread 的通信交叉点，并从边缘路由器下方运行的 Thread 网格形成互联网的入口点。根据 Thread 规范，可以使用多个边缘路由器。

❑ 　主导设备（Lead Device）：主导设备将管理已分配路由器 ID 的注册表。主导设备还可以控制将符合路由器条件的终端设备（Router-Eligible End Device，REED）提升为路由器的请求。主导设备可以充当路由器并拥有设备端子代。分配路由器地址的协议是受限应用协议（Constrained Application Protocol，CoAP）。主导设备管理的状态信息也可以存储在其他 Thread 路由器中，这样可以在主导设备失去连接时进行自我修复和故障转移。

❑ 　Thread 路由器（Thread Router）：Thread 路由器管理网格网络的路由服务。Thread 路由器从不进入睡眠状态，但是规范允许它们降级为 REED。

❑ 　符合路由器条件的终端设备（Router-Eligible End Device，REED）：作为 REED 的主机（Host）设备可以成为路由器或主导设备。REED 不负责网格网络中的路由，除非将其提升为路由器或主导设备。REED 也无法中继消息或将设备加入网格网络。REED 本质上是网络中的端点或叶节点。

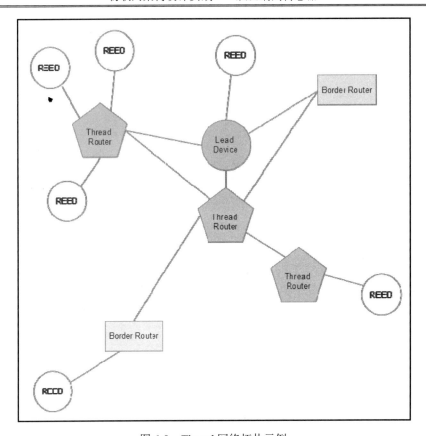

图 6-8　Thread 网络拓扑示例

其中包含可以在网格中组合的边缘路由器、Thread 路由器、
主导设备和合格的物联网设备。互连是可变的，并且可以自我修复

原　　文	译　　文
Thread Router	Thread 路由器
Lead Device	主导设备
Border Router	边缘路由器

❑ 终端设备（End Device）：某些端点不能成为路由器。这些类型的 REED 还可以
订阅另外两个类别，即完整终端设备（Full End Device，FED）和最小终端设备
（Minimal End Device，MED）。

❑ 睡眠终端设备（Sleepy End Device）：进入睡眠状态的主机设备仅与其关联的
Thread 路由器通信，并且无法中继消息。

6.3.2 Thread 协议栈

Thread 将利用 6LoWPAN 的全部优点,并可以享受到报头压缩、IPv6 寻址和安全性等优点。Thread 还使用了第 6.2.4 节"报头压缩和分段"中所描述的 6LoWPAN 分段方案,但添加了两个附加的协议栈组件。

❑ 距离矢量路由(Distance Vector Routing)。

❑ 网格链路建立(Mesh Link Establishment,MLE)。

Thread 协议栈如图 6-9 所示。

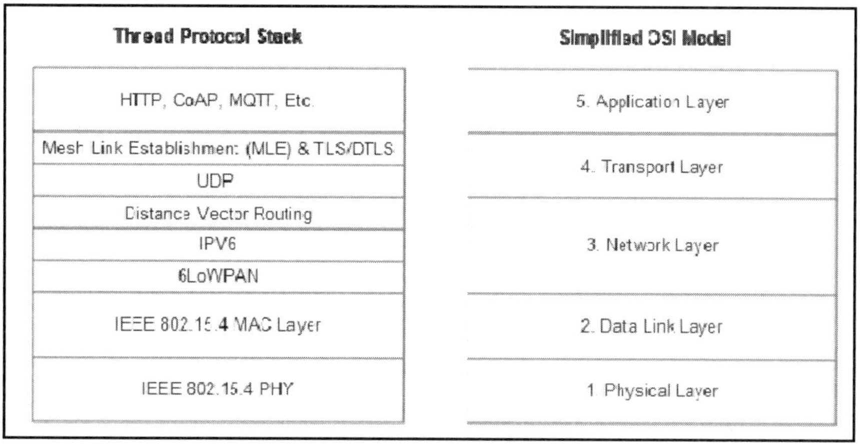

图 6-9 Thread 协议栈

原 文	译 文
Thread Protocol Stack	Thread 协议栈
HTTP,CoAP,MQTT,Etc.	HTTP、CoAP、MQTT 等
Mesh Link Establishment(MLE)&TLS/DTLS	网格链路建立(MLE)&TLS/DTLS
Distance Vector Routing	距离矢量路由
IEEE 802.15.4 MAC Layer	IEEE 802.15.4 MAC 层
IEEE 802.15.4 PHY	IEEE 802.15.4 物理层
Simplified OSI Model	简化的 OSI 模型
5. Application Layer	5. 应用层
4. Transport Layer	4. 传输层
3. Network Layer	3. 网络层
2. Data Link Layer	2. 数据链路层
1. Physical Layer	1. 物理层

6.3.3　Thread 路由

Thread 使用了 6LoWPAN 路由中的 Route-Over 路由方案进行路由（详见第 6.2.3 节"网格寻址和路由"）。Thread 网络中最多允许 32 个活动路由器。路由遍历则基于下一跳路由。主路由表由协议栈维护。所有路由器都具有网络路由的最新副本。

网格链路建立（Mesh Link Establishment，MLE）是一种更新网络中从一个路由器到另一个路由器的路径遍历成本的方法。另外，MLE 提供了一种方法来识别和配置网格中的相邻节点并保护它们。由于网格网络可以动态扩展、缩小和更改形状，因此 MLE 提供了重新构造拓扑的机制。MLE 以压缩格式与所有其他路由器交换路径成本。MLE 消息将通过低功耗有损网络多播协议（Multicast Protocol for Low Power and Lossy Networks，MPL）以广播方式泛洪网络。

典型的 802.15.4 网络使用按需路由发现，这可能会很昂贵（由于路由发现泛洪网络而导致带宽消耗），Thread 则试图避免这种方案。Thread 网络路由器会定期与邻居交换具有链路成本信息的 MLE 广告数据包，从而迫使所有路由器拥有当前路径列表。如果路由终止（主机离开 Thread 网络），则路由器将尝试找到到达目标地址的下一条最佳路径。

Thread 还可以测量链路的质量。因为，802.15.4 是 WPAN，所以其信号强度可能会动态变化。质量由邻居的传入消息的链路成本度量，其值为 0～3。0 表示成本未知，3 表示质量好。表 6-2 总结了质量与成本的关系。Thread 将持续监控此质量和成本，并如上文所述，将其定期广播到网络以进行自我修复。

表 6-2　链路质量与成本的关系

链 路 质 量	链 路 成 本	链 路 质 量	链 路 成 本
0	未知	2	2
1	6	3	1

6.3.4　Thread 寻址

要发现到子节点的路由，该路径仅检查子地址的高位以找到父路由器地址。在这一点上，传输源知道到达子节点的成本以及开始路由的下一跳信息。

距离矢量路由（Distance Vector Routing）可用于查找 Thread 网络中路由器的路径。16 位地址的高 6 位表示目标路由器，这是前缀。如果目标的低 10 位设置为 0，则最终目

标就是该路由器。或者，目标路由器将基于低 10 位转发数据包。图 6-10 显示了基于
802.15.4—2006 规范的 2 字节 Thread 短地址。

如果路由延伸到 Thread 网络之外，则边缘路由器
将向特定前缀数据的主导设备发出信号，包括前缀数
据、6LoWPAN 上下文、边缘路由器和 DHCPv6 服务器。
该信息在 Thread 网络上通过 MLE 数据包进行通信。

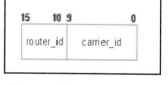

图 6-10　基于 802.15.4—2006
规范的 2 字节 Thread 短地址

在 Thread 网络中，所有寻址都基于 UDP。如果需
要重试，则 Thread 网络将依赖于以下方面。

❑　MAC 级别重试：设备使用 MAC 确认机制并
　　需要接收到 ACK 消息，如果未从下一跳接收到消息则进行重试。
❑　应用重试：应用层将提供它自己的重试机制。

6.3.5　邻居发现

Thread 中的邻居发现（Neighbor Discovery，ND）将决定要加入哪个 802.15.4 网络。
其过程如下。

（1）要加入的设备联系路由器以获得授权。

（2）要加入的设备扫描所有频道，并在每个频道上发出信标请求，等待信标响应。

（3）如果看到带有网络服务集标识符（Service Set Identifier，SSID）和允许加入消
息的有效载荷的信标，则该设备现在将加入 Thread 网络。

（4）发现设备后，将广播 MLE 消息以标识该设备的邻居路由器。该路由器将执行
授权（Commissioning）。授权方式有两种。

❑　配置（Configuring）：使用带外（Out-Of-Band，OOB）方法授权设备。允许设
　　备在引入网络后立即连接到 Thread 网络。
❑　建立（Establishing）：在设备和运行在智能手机、平板电脑或基于 Web 的授权
　　应用之间创建授权会话。

（5）加入的设备与父路由器联系，并通过 MLE 交换连接到网络。

该设备将以 REED 或终端设备的形式存在，并由父级分配一个 16 位的短地址。

6.4　IEEE 802.11 协议和 WLAN

在美国联邦通信委员会（FCC）释放用于无须授权许可的 ISM 频段之后，最早的采

用者里面便有 IEEE 802.11 技术。IEEE 802.11 是一套协议，具有较长的历史和丰富的用例。 802.11 是定义网络协议栈的介质访问控制器（MAC）和物理层（PHY）的规范。该定义和规范受 IEEE LAN/MAN 标准委员会的约束。Wi-Fi 是基于 IEEE 802.11 标准的 WLAN 的定义，但由非营利性 Wi-Fi 联盟维护和管理。

802.11 的创建要归功于 1991 年的 NCR 公司，该公司最初开发了无线协议，作为将收银机联网的一种方法。直到 1999 年 Wi-Fi 联盟成立后，该技术才在迅速发展的 PC 和笔记本电脑市场中普及并广受欢迎。其原始协议与现代 802.11 b/g/n/ac 协议有很大不同，它仅支持 2 Mbps 数据速率和前向纠错功能。

IEEE 802.11 的成功可以归因于 OSI 模型的分层协议栈方法。只需用 IEEE 802.11 层替换 MAC 和 PHY 层，就可以无缝使用现有的 TCP/IP 基础结构。如今，几乎所有移动设备、笔记本电脑、平板电脑、嵌入式系统、玩具和视频游戏都集成了某种 IEEE 802.11 无线设备。也就是说，802.11 过去有一段传奇的历史，尤其是在安全模型方面。最初的 802.11 安全模型基于加州大学伯克利分校的有线等效隐私（Wired Equivalent Privacy，WEP）保护安全机制，但是后来它被证明是不可靠且容易受到破坏的。WEP 存在若干项明显的漏洞，其中就包括 2007 年使用 802.11 WEP 保护的 TJ Maxx 数据泄露，导致了 4500 万张信用卡被盗。如今，使用 AES 256 位预共享密钥的 Wi-Fi 保护访问（Wi-Fi Protected Access，WPA）和 WPA2 确实加强了安全性，因此 WEP 已经很少使用了。

本节将阐释 802.11 协议中的一些差异以及与物联网架构师相关的特定信息，将详细介绍当前的 IEEE 802.11ac 设计，然后讨论 802.11ah HaLow 和 802.11p V2V，因为它们都与物联网有关。

6.4.1　IEEE 802.11 协议套件和比较

IEEE LAN/MAN 标准委员会负责维护并管理 IEEE 802 规范。最初的 802.11 目标是为无线网络提供链路层协议，2013 年，802.11 从基本规范发展到 802.11ac。从那时起，工作组将重点放在其他领域，为此也出现了针对不同用例和细分市场的特定 802.11 变体，如低功耗/低带宽物联网互连（802.11ah）、车对车通信（802.11p）、电视模拟 RF 空间的重用（802.11af）、仪表附近的超高带宽音频/视频的通信（802.11ad），当然还有 802.11ac 标准的下一代（802.11ax）。

新的变体有一些是用于 RF 频谱的不同区域，或者用于减少延迟时间以提高车辆在紧急情况下的安全性。表 6-3 显示了从陈旧的 802.11 原始规范到尚未批准的 802.11ax，它们反映了范围、频率和功率之间的权衡。下文将详细介绍该表中的各个方面，如调制技术、MIMO 流和频率使用情况等。

表 6-3 各种 IEEE 802.11 标准和规范

IEEE 802.11协议	发布日期	频率/GHz	带宽/MHz	每个频道的流数据速率最小和最大值/Mbps	允许的MIMO流	调制技术	室内范围/m	室外范围/m	每颗芯片典型耗散功率/mW
802.11	1997年6月	2.4	22	1~2	1	DSSS、FHSS	20	20	50
a	1999年9月	5	20	6~54	1	OFDM（SISO）	30	120	50
		3.7						5000	
b	1999年9月	2.4	22	1~11	1	DSSS（SISO）	50	150	7~50
g	2003年6月	2.4	20	6~54	1	OFDM-DSSS（SISO）	38	140	50
n	2009年10月	2.4/5	20	7.2~72.2	4	OFDM（MIMO）	70	250	40
			40	15~150					
ac	2013年12月	5	20	7.2~96.3	8	OFDM MU-MIMO	35	35	40
			40	15~200					
			80	32.5~433.3					
			160	65~866.7					
ah	2016年12月	2.4/5	1~16	347	4	OFDM	1000	1000	待定，但目标是低功耗
p	2009年6月	5.9	10	27	1	OFDM	NA	400~1000	40
af	2013年11月	0.470~0.710	6~8	568	4	OFDM	NA	6000~100000	待定
ad	2012年12月	60	2160	4260	>10	SC、OFDM（MU-MIMO）	10	10	待定
ax	2019年	2.4/5	20	450~1000	8	OFDMA（MU-MIMO）	35	35	待定
			40						
			80						
			160						

802.11 各变体的用例如表 6-4 所示。

表 6-4　802.11 各变体的用例

IEEE 802.11 协议	用　　例
802.11	第一个 802.11 设计
a	与 802.11b 同步发布，不像 802.11b 那样容易受到干扰
b	与 802.11a 同步发布，在改进的范围内，速度比 802.11a 显著提高
g	速度相比 802.11b 有提高
n	采用多天线技术改进速度和范围
ac	比 802.11n 有更好的性能和覆盖范围，有更宽的频道和改进的调制技术，允许多个用户使用 MU-MIMO，引入波束成形
ah	称为 WiFi-HaLow 标准，设计用于物联网和感知网络，非常低的功耗和更宽的范围
p	车载环境中的无线访问、智能交通运输系统、专用的短距离通信 交通运输用例：收费、安全和碰撞急救、车联网
af	称为"白色 Wi-Fi"或"超级 Wi-Fi"，部署在电视频段中未被使用的频段上，使得信号能传递到更远的地方
ad	称为无线千兆比特（Wireless Gigabit，WiGig）标准，60 GHz 无线用于高清视频和投影仪、音频和视频传输以及电缆更换
ax	称为高效无线，下一代 802.11 标准，容量是 802.11ac 的 4 倍。与 802.11ac 标准相比，每位用户平均速度提高 4 倍，并且向后兼容 802.11a/b/g/n/ac，采用密集部署方案

6.4.2　IEEE 802.11 架构

802.11 协议代表了基于无须授权许可的 2.4 GHz 和 5 GHz ISM 频段中不同调制技术的无线通信系列。802.11b 和 802.11g 位于 2.4 GHz 频段，而 802.11n 和 802.11ac 则位于 5 GHz 频段。前面我们详细介绍了 2.4 GHz 频段以及该空间中存在的不同协议（详见第 5 章"非基于 IP 的 WPAN"），可见 Wi-Fi 易受与蓝牙和 Zigbee 相同的噪声和干扰的影响，并需要采用多种技术来确保其鲁棒性和弹性。

从协议栈的角度来看，802.11 协议驻留在 OSI 模型的链路层（一层和两层）中，如图 6-11 所示。

802.11ac 协议栈包括旧 802.11 规范中的各种 PHY，如 802.11 原始 PHY（包括红外）、a、b、g 和 n。这是为了确保跨网络的向后兼容性。大多数芯片组包括整个 PHY 系列，很难发现单独使用某个早期 PHY 的情况。

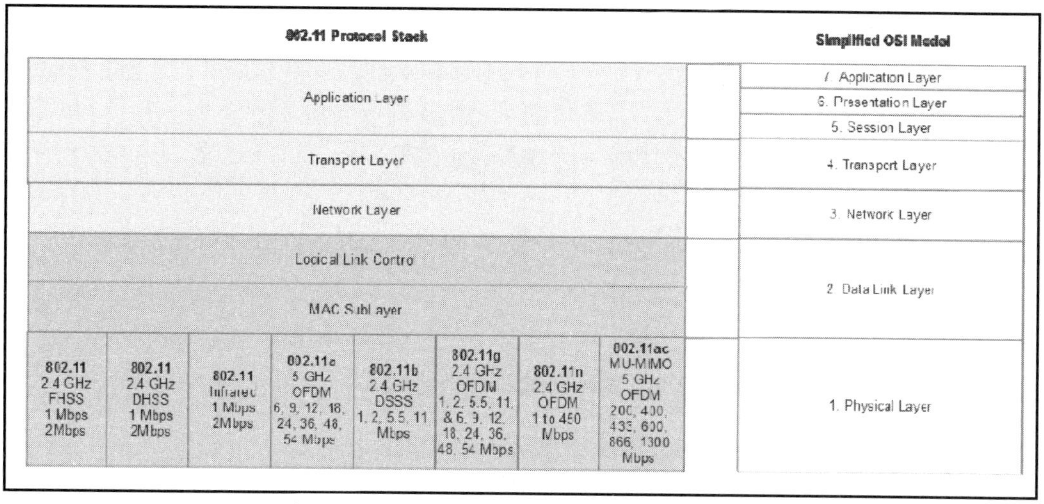

图 6-11　IEEE 802.11ac 协议栈

原　　文	译　　文
802.11 Protocol Stack	802.11 协议栈
Application Layer	应用层
Transport Layer	传输层
Network Layer	网络层
Logical Link Control	逻辑链路控制
MAC SubLayer	MAC 子层
Simplified OSI Model	简化的 OSI 模型
7. Application Layer	7. 应用层
6. Presentation Layer	6. 表示层
5. Session Layer	5. 会话层
4. Transport Layer	4. 传输层
3. Network Layer	3. 网络层
2. Data Link Layer	2. 数据链路层
1. Physical Layer	1. 物理层

802.11 系统支持 3 种基本拓扑。

❑　基础设施（Infrastructure）：在这种形式的拓扑中，站点（Station，STA）指的是与中心接入点（Access Point，AP）通信的 802.11 端点设备（如智能手机）。接入点（AP）可以是通向其他网络（WAN）的网关、路由器或更大网络中的真实接入点。该类型也称为基础设施基本服务集（Infrastructure Basic Service Set，

BSS）。该拓扑是星形拓扑。

❑　自组织（Ad hoc）：802.11 节点可以形成所谓的独立基本服务集（Independent Basic Set Service，IBSS），其中的每个站点都可以与其他站点进行通信和管理接口。在此配置中，不使用任何接入点或星形拓扑。这是对等（Peer-to-Peer）类型的拓扑。

❑　分布系统（Distribution System，DS）：可以通过接入点互连将两个或多个独立 BSS 网络组合在一起。

🛈 注意：

IEEE 802.11ah 和 IEEE 802.11s 支持网格拓扑的形式。

图 6-12 显示了 IEEE 802.11 架构的 3 种基本拓扑的示例。

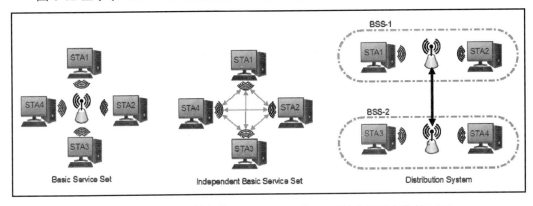

图 6-12　3 种 802.11 网络架构：BSS、IBSS 和 DS（结合了两个独立 BSS）

原　　文	译　　文
Basic Service Set	基本服务集（BSS）
Independent Basic Service Set	独立基本服务集（IBSS）
Distribution System	分布系统（DS）

　　总体而言，802.11 协议最多可将 2007 个站点（STA）与单个接入点关联。在下文讨论其他协议（如用于物联网的 IEEE 802.11ah）时，这是有意义的。

6.4.3　IEEE 802.11 频谱分配

　　第一个 802.11 协议使用的是 2 GHz 和 5 GHz ISM 区域中的频谱以及彼此间隔大约 20 MHz 的均匀间隔的信道。信道带宽为 20 MHz，但后来 IEEE 的修订允许 5 MHz 和

10 MHz 运行。在美国，802.11b 和 802.11g 允许 11 个信道（其他国家可能支持多达 14 个）。图 6-13 描述了信道的分隔，其中有 3 个信道是不重叠的（1、6、11）。

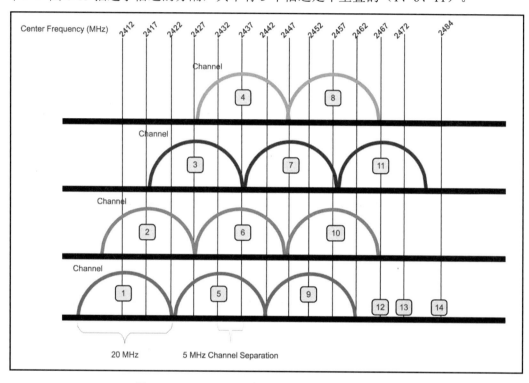

图 6-13　802.11 2.4 GHz 频率空间和无干扰信道组合

可以看到 5 MHz 信道间隔的 14 个信道（每个宽 20 MHz）

原　　文	译　　文
Center Frequency(MHz)	中心频率（MHz）
Channel	信道
5 MHz Channel Separation	5 MHz 信道间隔

802.11 指定频谱掩码（Spectrum Mask），该掩码定义了每个信道上允许的功率分布。频谱掩码要求在指定的频率偏移量处将信号衰减到一定水平（从其峰值幅度开始）。也就是说，信号将倾向于辐射到相邻信道中。使用直接序列扩频（Direct Sequence Spread Spectrum，DSSS）技术的 802.11b 与使用正交频分复用（Orthogonal Frequency Divisional Multiplexing，OFDM）的 802.11n 具有完全不同的频谱掩码。OFDM 具有更密集的频谱效率，因此也可以维持更高的带宽。图 6-14 显示的是 802.11b、802.11g 和 802.11n 之间

的信道和调制差异。信道宽度将同时发生的信道数限制为 4 到 3 到 1。DSSS 和 OFDM 之间的信号形状也有所不同。OFDM 密度更高，因此具有更高的带宽。

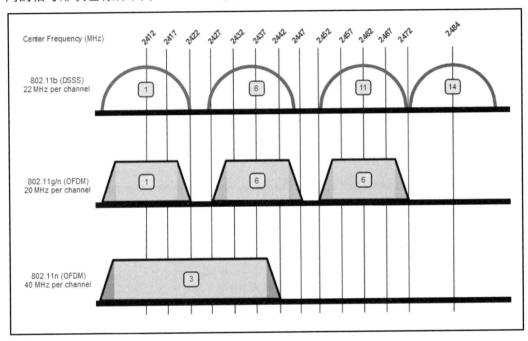

图 6-14　使用 DSSS 的 802.11b 与使用 OFDM 的 802.11g 和 802.11n 之间的差异
以及它们承载的信道宽度

原　　文	译　　文
Center Frequency(MHz)	中心频率（MHz）
22 MHz per channel	每个信道 22 MHz
20 MHz per channel	每个信道 20 MHz
40 MHz per channel	每个信道 40 MHz

🛈 注意：

虽然在 2.4 GHz 范围内有 14 个信道，但是信道的使用由国家或地区决定。例如，北美允许使用信道 1～11，日本允许所有 14 个信道用于 802.11b，而 1～13 用于 802.11g/n，西班牙只允许信道 10 和 11，法国允许信道 10～13。对于这样的分配上的变化，设计者应注意国家或地区的限制。

IEEE 使用术语 regdomain 来描述影响 PHY 的国家或地区在信道、功率和时间方面的限制。

6.4.4　IEEE 802.11 调制和编码技术

本节将详细介绍 IEEE 802.11 协议中的调制和编码技术。这些技术不是 802.11 独有的，它们还适用于 802.15 协议，并且也将适用于蜂窝协议。跳频、调制和相移键控方法是基础方法，架构师应将其理解为不同的技术来平衡范围、干扰和吞吐量。

RF 信号传输的数字数据必须转换为模拟信号。无论正在描述的是什么 RF 信号（蓝牙、Zigbee、802.11 等），都会在物理层（PHY）上发生。模拟载波信号将由离散数字信号调制，这形成了所谓的符号或调制字母。有一种非常简单的理解符号调制技术的方法——比拟为四键钢琴，每个按键代表两位，这样钢琴的 4 个按键就可以表示为（00, 01, 10, 11）。如果每秒可以弹奏 100 次按键，则意味着每秒可以传输 100 个符号。如果每个符号（钢琴的音调）代表两位，则相当于 200 bps 调制器。尽管有许多形式的符号编码可供研究，但它的 3 种基本形式如下。

❑ 幅移键控（Amplitude Shift Keying，ASK）：这是幅度调制的一种形式。二进制 0 用一种形式的调制幅度表示，而 1 则用不同的幅度表示。图 6-15 显示了一种简单的形式，还有更高级的形式可以使用其他幅度级别来分组表示数据。

❑ 频移键控（Frequency Shift Keying，FSK）：此调制技术可调制载波频率以表示 0 或 1。图 6-15 所显示的是二进制频移键控（Binary Frequency Shift Keying，BFSK）的最简单形式，它是 802.11 和其他协议中使用的形式。在第 5 章 "非基于 IP 的 WPAN" 中，我们讨论了蓝牙和 Z-Wave，这些协议使用一种称为高斯频移键控（Gaussian Frequency Shift Keying，GFSK）的频移键控（FSK）形式，该形式通过高斯滤波器对数据进行滤波，从而平滑数字脉冲（–1 或 +1）并对其进行整形以限制频谱宽度。

❑ 相移键控（Phase Shift Keying，PSK）：调制参考信号（载波信号）的相位，主要用于 802.11b、蓝牙和 RFID 标签。PSK 使用有限数量的符号表示不同的相位变化。每个阶段编码相等数量的位。位模式将形成一个符号。接收器将需要一个对比参考信号，并计算差值以提取符号，然后解调数据。还有一种替代方法，接收器不需要参考信号。接收器将检查信号并确定是否存在相位变化，而不必参考辅助信号。这称为差分相移键控（Differential Phase Shift Keying，DPSK），在 802.11b 中使用的就是该方法。

图 6-15 以图形方式描绘了上述编码方法。

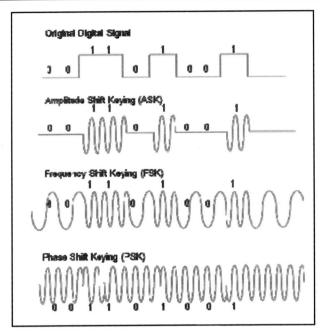

图 6-15　使用键控技术的符号编码的不同形式：幅移键控、频移键控和相移键控
请注意相位键控改变遇到的每个"1"的相位的方式

原　　文	译　　文
Original Digital Signal	原始数字信号
Amplitude Shift Keying(ASK)	幅移键控（ASK）
Frequency Shift Keying(FSK)	频移键控（FSK）
Phase Shift Keying(PSK)	相移键控（PSK）

　　调制技术的另一种形式是分层调制，特别是正交幅度调制（Quadrature Amplitude Modulation，QAM）。如图 6-16 所示的星座图表示 2D 笛卡儿系统中的编码。任何一个矢量的长度都表示幅度，与星座点的夹角表示相位。一般来说，与幅度相比，可以编码的相位更多，如图 6-16 中的 16-QAM 星座图所示。16-QAM 具有 3 个幅度级别和 12 个总相位角，这允许对 16 位进行编码。802.11a 和 802.11g 可以使用 16-QAM 甚至更高密度的 64-QAM。显然，星座越密集，可以表示的编码越多，吞吐量就越高。

　　图 6-16 以图示形式说明了 QAM 编码过程。左侧是 16 点（16-QAM）星座图，矢量的长度表示 3 个振幅水平，矢量的角度表示每象限 3 个相位，这允许生成 16 个符号。这些符号反映在改变所生成信号的相位和幅度中。右侧是 8-QAM 波形示例图，显示了表示 3 位（8 个值）调制字母的变化的相位和幅度。

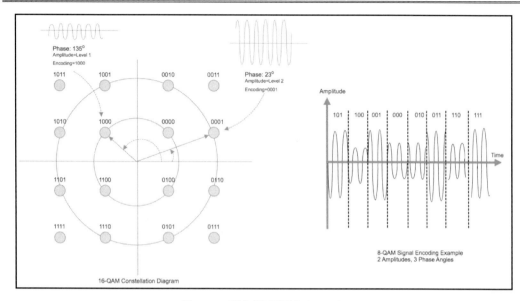

图 6-16　正交幅度调制（QAM）

左：16-QAM 星座图；右：8-QAM 波形编码

原　　文	译　　文
Phase:135°	相位：135°
Amplitude=Level 1	幅度 = Level 1
Encoding = 1000	编码 = 1000
Phase:23°	相位：23°
Amplitude=Level 2	幅度 = Level 2
Encoding = 0001	编码 = 0001
16-QAM Constellation Diagram	16-QAM 星座图
Amplitude	幅度
Time	时间
8-QAM Signal Encoding Example	8-QAM 信号编码示例
2 Amplitudes,3 Phase Angles	2 个幅度，3 个相位角

ℹ️ 注意：

　　QAM 有实际限制。稍后我们将会讨论非常密集的星座，它从根本上增加了吞吐量，但是只能添加一定数量的相位角和幅度。模数转换器（Analog to Digital Converter，ADC）和数模转换器（Digital to Analog Converter，DAC）产生的噪声会引入量化误差和噪声，并且需要以很高的速度对信号进行采样。此外，信噪比（Signal to Noise Ratio，SNR）必须超过某个值才能实现良好的误码率（Bit Error Rate，BER）。

802.11 标准采用了不同的干扰缓解技术，这些技术实际上是将信号扩展到整个频段。

- ❑ 跳频扩频（Frequency Hopping Spread Spectrum，FHSS）：在 2.4 GHz ISM 频段中的 1 MHz 宽的 79 个非重叠信道上扩展信号。使用伪随机数生成器开始跳跃过程。驻留时间（Dwell Time）是指在跳变之前使用信道的最短时间（400 ms）。跳频在第 5 章中也有介绍，它是扩展信号的典型方案。

- ❑ 直接序列扩频（Direct Sequence Spread Spectrum，DSSS）：首先用于 802.11b 协议，并具有 22 MHz 宽的信道。每个比特由传输信号中的多个比特表示。传输的数据将乘以噪声发生器。这将使用伪随机数序列在整个频谱上均匀有效地扩展信号。伪随机数序列称为伪噪声（Pseudo Noise，PN）码。每一位以 11 位的码片序列（Chipping Sequence）传输（相移键控）。所得信号是该位与 11 位随机序列的异或（XOR）结果。考虑到码片比率，DSSS 每秒可传送约 1100 万个符号。

- ❑ 正交频分复用（Orthogonal Frequency Divisional Multiplexing，OFDM）：用于 IEEE 802.11a 和更新的协议。该技术将单个 20 MHz 信道分为 52 个子信道（用于数据的 48 个子信道和用于同步与监视的 4 个子信道），以使用正交幅度调制（QAM）和相移键控（PSK）编码数据。快速傅里叶变换（Fast Fourier Transform，FFT）可用于生成每个 OFDM 符号。一组冗余数据围绕每个子信道。该冗余数据带称为保护间隔（Guard Interval，GI），用于防止相邻子载波之间的符号间干扰（Inter-Symbol Interference，ISI）。请注意，子载波非常窄，没有用于信号保护的保护带。这是有意的，因为每个子载波的间隔与符号时间的倒数相等。也就是说，所有子载波都传送完整数量的正弦波周期，这些正弦波周期在解调后将总和为零。因此，其设计简单，不需要额外的带通滤波器成本。IEEE 802.11a 每秒使用 250000 个符号。OFDM 通常比 DSSS 更有效、更密集（因此带宽更高），并且多在新协议中使用。

ℹ️ **注意：**

在墙壁和窗户上有信号反射的情况下，每秒使用的符号较少将具有优势。由于反射会引起所谓的多径失真（符号副本在不同时间到达接收器），因此更慢的符号速率将允许更多时间来传输符号，并且具有更大的延迟扩展弹性。但是，如果设备在移动，则多普勒效应（Doppler Effect）对 OFDM 的影响可能比 DSSS 更大。其他协议（如蓝牙）每秒使用 100 万个符号。

图 6-17 描绘了两个 20 MHz 信道中具有 52 个子载波的 OFDM 系统，可以看到，每个信道都被细分为 52 个较小的时隙或子载波（每个子载波携带一个符号）。

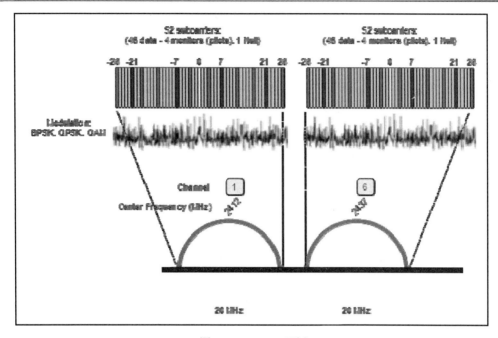

图 6-17　OFDM 示例

原　　文	译　　文
52 subcarriers: (48 data-4 monitors(pilots),1 Null)	52 子载波 其中：48 个数据，4 个监视（导频），1 个为空
Modulation:BPSK, QPSK, QAM	调制：BPSK、QPSK、QAM
Channel	信道
Center Frequency(MHz)	中心频率（MHz）

　　每个标准可用的一组不同的调制技术称为调制和编码方案（Modulation and Coding Scheme，MCS）。调制和编码方案是一个包含可用调制类型、保护间隔和编码率的表。可以通过索引来引用该表。

ℹ️ **注意：**
　　802.11b 在 802.11a 之前使用了不同的编码方案，并且彼此不兼容。由于这两个协议几乎是同时发布的，因此在市场上造成了一定程度的混乱。

6.4.5　IEEE 802.11 MIMO

　　多输入多输出（Multiple Input Multiple Output，MIMO）利用了先前提到的称为多径

（Multipath）的射频信号现象。多径传输意味着信号将在墙壁、门、窗户和其他障碍物上反射。接收器将看到许多信号，每个信号都通过不同的路径在不同的时间到达。多径往往会使信号失真并引起干扰，从而最终降低信号质量，这种效应称为多径衰落（Multipath Fading）。为了解决这个问题，MIMO 系统通过简单地添加更多天线来线性增加给定信道的容量。MIMO 有以下两种形式。

- ❏ 空间分集（Spatial Diversity）：是指发送和接收分集。使用时空编码（Space-Time Coding）在多个天线上同时传输单个数据流。这样做可以改善信噪比，并且可以提高链路可靠性和系统的覆盖范围。

- ❏ 空间复用（Spatial Multiplexing）：用于通过利用多条路径承载更多流量来提供额外的数据容量，即提高数据吞吐能力。本质上，就是单个高速率数据流将在不同天线上分成多个单独的传输。

🛈 注意：

在第 5 章 "非基于 IP 的 WPAN" 中，我们介绍了个人局域网（PAN）网络（如蓝牙）中的跳频技术。跳频（Frequency Hopping）是一种通过不断改变多径角度来解决多径衰落问题的方法。这具有使射频信号大小失真的效果。蓝牙系统通常只有一根天线，从而使 MIMO 变得困难。就 Wi-Fi 而言，仅原始 802.11 标准支持某种形式的跳频（FHSS）。OFDM 系统保持信道锁定，因此可能会遇到多径衰落的问题。

使用多个流确实会影响整体功耗。有鉴于此，IEEE 802.11n 包括了一种模式，仅在具有性能优势时才启用 MIMO，而其他时间则不启用，这样可以尽量减少耗电。Wi-Fi 联盟要求所有产品至少支持两个空间流，以符合 802.11n 标准。

WLAN 将数据分成多个流，称为空间流（Spatial Stream）。每个传输的空间流将在发射器上使用不同的天线。IEEE 802.11n 允许使用 4 根天线和 4 个空间流。通过使用彼此分开的天线分别发送多个流，802.11n 中的空间分集使人确信至少有一个信号将足够强大以到达接收器。至少需要两根天线来支持 MIMO 功能。流与调制无关，BPSK、QAM 和其他形式的调制可与空间流一起使用。发射器和接收器上的数字信号处理器（Digital Signal Processor，DSP）将调整多径效应，并将视线传输延迟足够的时间，以使其与非视线路径完美对齐。这将导致信号的增强。

IEEE 802.11n 协议支持 4 流单用户 MIMO（Single User MIMO，SU-MIMO）实现，这意味着发射器将统一工作以便与单个接收器通信。有 4 根发射天线和 4 根接收天线将多个数据流传送到单个客户端。如图 6-18 所示，是对 802.11n 中单用户 MIMO 和多径使用的说明。

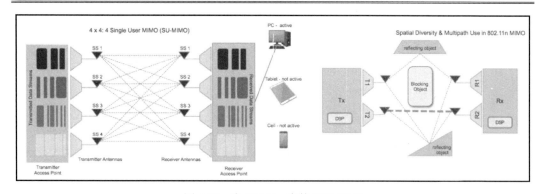

图 6-18　在 802.11n 中的 SU-MIMO

左：IEEE 802.11n 中的 SU-MIMO 图示；右：802.11n MIMO 中的空间分集效果

原　　文	译　　文
4×4:4Single User MIMO(SU-MIMO)	4×4：4 单用户 MIMO（SU-MIMO）
Transmitted Data Stream	发射的数据流
Transmitter Access Point	发射器接入点
Transmitter Antennas	发射器天线
Receiver Antennas	接收器天线
Received Data Streams	接收的数据流
Receiver Access Point	接收器接入点
PC-active	PC-活动状态
Tablet-not active	平板电脑-不活动状态
Cell-not active	手机-不活动状态
Spatial Diversity & Multipath Use in 802.11n MIMO	在 802.11n MIMO 中的空间分集和多径使用
reflecting object	反射物
Blocking Object	阻挡物

在图 6-18 中，4 根发射天线和 4 根接收天线将多个数据流传送到单个客户端，这就是单用户 MIMO（SU-MIMO）。而在右侧，两个以固定距离隔开的发射器与两个接收器通信。由于有来自两个发射器的反射，因此存在多个路径。无阻挡的视线路径更强大，因此它是首选的发射路径。发射器和接收器上的数字信号处理器（DSP）也可以通过组合信号来减轻多径衰落，因此获得的信号几乎没有衰落。

🛈 注意：

IEEE 802.11 协议通过 $M \times N{:}Z$ 表示法来标识 MIMO 流。其中，M 是最大发射天线数，N 是最大接收天线数，Z 是可以同时使用的最大数据流数。因此，MIMO 为 $3 \times 2{:}2$ 意味着有 3 根发射流天线和 2 根接收流天线，但只能同时发送或接收 2 个流。

802.11n 还引入了波束成形（Beamforming）的可选功能。802.11n 定义了两种类型的波束成形方法：隐式反馈波束成形和显式反馈波束成形。

- ❏ 隐式反馈波束成形（Implicit Feedback Beamforming）：在此模式下，假定波束成形器（Beamformer，这里指的是 AP）与波束成形者（Beamformee，这里指的是客户端）之间的信道具有互易性（即认为同频段的上下行的信道状态信息是相等的），则波束形成器将发送训练请求帧并接收探测包（Sounding Packet）。利用该探测包，波束形成器可以估计接收器的信道并建立一个导引矩阵（Steering Matrix）。

- ❏ 显式反馈波束成形（Explicit Feedback Beamforming）：在此模式下，波束成形者通过计算自己的导引矩阵来响应训练请求，然后将矩阵发送回波束成形器。这是一种更可靠的方法。

图 6-19 说明了在没有视线（AP 和客户端之间有阻挡物）通信的情况下波束成形的影响。在最坏的情况下，信号到达的相位差为 180°，并且彼此抵消。通过波束成形，可以对信号进行相位调整，以便在接收器处彼此增强。

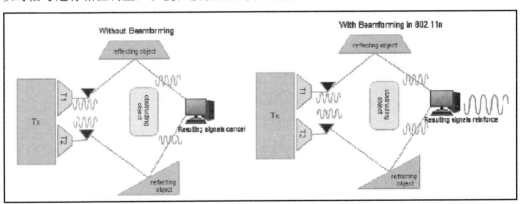

图 6-19　采用和未采用波束成形技术的系统示例

在本示例中，系统没有直接的视线，而是依靠反射来传播信号

原　　文	译　　文
Without Beamforming	无波束成形功能
reflecting object	反射物
obstructing object	阻挡物
Resulting signals cancel	结果信号取消
With Beamforming in 802.11n	在 802.11n 中启用波束成形功能
Resulting signals reinforce	结果信号获得增强

波束成形依赖多个间隔开的天线将信号聚焦在特定位置。可以调整信号的相位和幅度，使其到达相同的位置并相互增强，以提供更好的信号强度和范围。但是，802.11n 并未对波束成形的单一方法进行标准化，而是将其留给了实现者。不同的制造商使用不同的处理，并且只能保证它可以与相同制造商的硬件一起使用。因此，在 802.11n 中，波束成形并未得到广泛采用。

我们将在许多其他领域（如 802.11ac）以及第 7 章有关使用蜂窝 4G LTE 无线电进行远程通信的内容中介绍 MIMO 技术。

6.4.6　IEEE 802.11 数据包结构

802.11 使用我们之前已经看到的典型数据包结构，包括报头、有效载荷数据、帧标识符等。从物理层的帧组织开始，有 3 个字段：一个是前同步码（Preamble，用于协助同步阶段），一个是物理层汇聚协议（Physical Layer Convergence Protocol，PLCP）报头（用于描述数据包配置和特性，如数据速率），最后一个则是 MPDU，也就是 MAC MPU 数据。

每个 IEEE 802.11 规范都有一个唯一的前同步码，并且由符号的数量（稍后将会介绍）构成，而不是由每个字段的位数构成。前同步码结构的示例如下。

❑ 802.11a/g：前同步码包括一个短训练字段（两个符号）和一个长训练字段（两个符号）。这些字段被子载波用于定时同步和频率估计。另外，前同步码还包括描述数据速率、长度和奇偶校验的信号字段。该信号确定在该特定帧中正在传输多少数据。

❑ 802.11b：前同步码将使用 144 位长序列或 72 位短序列。报头将包括信号速率、服务模式、以微秒为单位的数据长度和 CRC。

❑ 802.11n：具有两种操作模式，即 Greenfield（HT）和 Mixed（Non-HT）。Greenfield 只能在不存在陈旧系统的情况下使用。Non-HT 模式是与 802.11a/g 系统兼容的模式，提供的性能与 802.11a/g 相当，Greenfield 模式则可以实现更快的传输速度。

图 6-20 显示了 802.11 物理层和链路层数据包的帧结构。

MAC 帧包含多个代表性的字段。帧控制（FC）子字段的详细信息如下。

❑ Prot. Ver.：Protocol Version（协议版本），指示所使用协议的版本。

❑ Type（类型）：WLAN 帧作为控制、数据或管理帧类型。

❑ SubType（子类型）：帧类型的进一步描述。

❑ To DS 和 From DS：数据帧会将这些位之一设置为 1，以指示该帧是否要发送到分布系统（DS）或来自于分布系统。

❑ MF：More Fragments（更多分段），如果一个数据包被分成许多帧，则除最后一个帧之外的其他帧都需要将该位设置为 1。

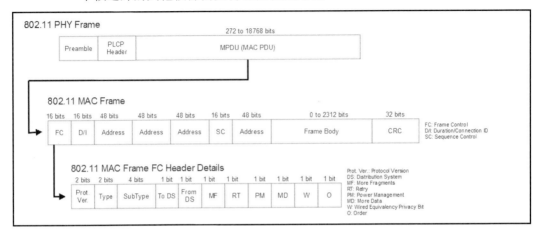

图 6-20　802.11 通用 PHY 和 MAC 帧结构

原　　　文	译　　　文
802.11 PHY Frame	802.11 PHY 帧
272 to 18768 bits	272～18768 位
Preamble	前同步码
PLCP Header	PLCP 报头
802.11 MAC Frame	802.11 MAC 帧
0 to 2312 bits	0～2312 位
FC:Frame Control	FC：帧控制
D/I:Duration/Connection ID	D/I：持续时间/连接 ID
SC:Sequence Control	SC：序列控制
802.11 MAC Frame FC Header Details	802.11 MAC 帧 FC 报头详细信息
Prot. Ver.:Protocol Version	Prot. Ver：协议版本
DS:Distribution System	DS：分布系统
MF:More Fragments	MF：更多分段
RT:Retry	RT：重试
PM:Power Management	PM：电源管理
MD:More Data	MD：更多数据
W:Wired Equivalency Privacy Bit	W：有线等效隐私（WEP）位
O:Order	O：顺序

❑　RT：Retry（重试），表示重发了一个帧，并帮助解决正在传输的重复帧。

- ❑ PM：Power Management（电源管理），指示发送方的电源状态。AP 无法设置该位。
- ❑ MD：More Data（更多数据），当站点（STA）处于省电模式时，AP 将使用此位进行辅助。该位用于在分布系统中缓冲帧。
- ❑ W：Wired Equivalent Privacy（有线等效隐私），当解密帧时设置为 1。
- ❑ O：Order（顺序），如果在网络中使用严格顺序模式，则将该位设置为 1。帧可能无法按顺序发送，而严格顺序模式则会强制按顺序传输。

从帧控制（FC）字段上移 MAC 帧，我们再来看 D/I（Duration/Connection ID，持续时间/连接 ID）以及其他位。

- ❑ D/I：指示持续时间、无竞争周期和关联 ID。关联 ID 是在 Wi-Fi 初始握手过程中注册的。
- ❑ Address（地址）字段：802.11 可以按以下顺序管理前 3 个 MAC 地址。
  - ➢ Address 1：接收器。
  - ➢ Address 2：发射器。
  - ➢ Address 3：用于过滤。
- ❑ SC：Sequence Control（序列控制），是一个 16 位的字段，用于消息序列。

802.11 协议具有由类型和子类型字段表示的若干种帧类型，有 3 种基本类型：管理帧、控制帧和数据帧。

管理帧提供网络管理、安全性和维护。管理帧的类型如表 6-5 所示。

表 6-5　管理帧的类型

帧　名　称	说　　明
身份验证帧（Authentication Frame）	STA 将向 AP 发送一个身份验证帧，该 AP 用自己的身份验证帧进行响应。在此，使用质询响应（Challenge-Response）来发送和验证共享密钥
关联请求帧（Association Request Frame）	从 STA 发送的，用于请求 AP 同步。它包含 STA 想要加入的 SSID 和其他同步信息
关联响应帧（Association Response Frame）	从 AP 发送到 STA 的包含对关联请求的接受或拒绝消息。如果接受，则关联 ID 将在有效载荷中发送
信标帧（Beacon Frame）	从 AP 广播的定期信标，包括 SSID
取消认证帧（Deauthentication Frame）	从 STA 发送，希望结束与另一个 STA 的连接
取消关联帧（Disassociation Frame）	从 STA 发送，希望终止连接
探测请求帧（Probe Request Frame）	从一个 STA 广播到另一个 STA
探测响应帧（Probe Response Frame）	从 AP 发送，响应探测请求。它包含信息，如支持的数据速率

帧　名　称	说　明
重新关联帧（Reassociation Frame）	当 STA 关联的一个 AP 的信号强度不足，并且找到另一个信号更强的 AP 时，将使用该帧。新的 AP 将尝试与 STA 关联并转发存储在原来的 AP 缓冲区中的信息
重新关联响应帧（Reassociation Response Frame）	从 AP 发送，接受或拒绝重新关联请求

控制帧有助于在 STA 之间交换数据。控制帧的类型如表 6-6 所示。

表 6-6　控制帧的类型

帧　名　称	说　明
确认帧（Acknowledgement Frame，ACK）	如果没有发生错误，接收方 STA 将始终确认（ACK）接收到的数据。如果发送方在固定时间后仍未收到 ACK，则发送方将重新发送该帧
请求发送帧（Request To Send Frame，RTS）	这是避免冲突机制的一部分。如果 STA 希望发送一些数据，它将通过发送 RTS 消息开始
清除发送帧（Clear To Send Frame，CTS）	STA 对 RTS 帧的响应。请求 STA 现在可以发送数据帧。这是冲突管理的一种形式。时间值用于阻止其他 STA 请求的传输

数据帧是 802.11 协议的数据传输功能的一部分。

6.4.7　IEEE 802.11 操作

如前文所述，STA 被认为是配备有无线网络接口控制器的设备。STA 将始终侦听特定信道中的通信活动。连接到 Wi-Fi 的第一阶段是扫描阶段。有两种类型的扫描机制。

❑ 被动扫描（Passive Scanning）：这种扫描形式使用信标和探测请求。选择频道后，执行扫描的设备将接收信标和来自附近 STA 的探测请求。接入点（AP）可以发送信标，并且如果 STA 接收到传输，则它可以继续加入网络。

❑ 主动扫描（Active Scanning）：在此模式下，STA 将通过实例化探测请求来尝试定位接入点。这种扫描模式消耗更多功率，但可以加快网络连接速度。AP 可以用探测请求响应来响应探测请求，这类似于信标消息。

ⓘ 注意：

接入点（AP）通常会以固定的时间间隔广播信标，这个固定的时间间隔称为目标信标发送时间（Target Beacon Transmit Time，TBTT）。TBTT 通常为 100 ms。

信标始终以最低的基本速率广播，以确保该范围内的每个 STA 都有能力接收信标，即使它无法连接到该特定网络也是如此。在处理信标之后，Wi-Fi 连接的下一个阶段是同步（Synchronization）阶段。此阶段对于使客户端与接入点保持一致是必不可少的。信标包中包含了 STA 所需的信息。

- ❑ SSID：Service Set ID（服务集 ID）。1 到 32 个字符的网络名称（可以通过将 SSID 长度设置为零来隐藏此字段）。即使被隐藏，信标帧的其他部分也将照常传输。一般来说，使用隐藏的 SSID 并不能提供任何额外的网络安全性。
- ❑ BSSID：Basic Service Set ID（基本服务集 ID）。遵循第 2 层 MAC 地址约定的唯一 48 位。由 24 位组织唯一标识符（Organization Unique Identifier）和制造商为无线电芯片组分配的 24 位标识符的组合形成。
- ❑ Channel Width（信道宽度）：20 MHz、40 MHz 等。
- ❑ Country（国家/地区）：支持的信道列表（各个国家/地区有所不同）。
- ❑ Beacon Interval（信标间隔）：前面提到的目标信标发送时间（TBTT）。
- ❑ TIM/DTIM：Traffic Indication Map（流量指示图）/ Delivery Traffic Indication Map（传递流量指示图）。使用它可以设置唤醒时间和检索广播消息的时间间隔，这允许进行高级电源管理。在第 6.4.11 节 "IEEE 802.11ah" 中有关于 TIM 的更多介绍。
- ❑ Security Service（安全服务）：WEP、WPA 和 WPA2 功能。

ⓘ 注意：

信标（Beacon）是一个很有趣的概念，例如蓝牙信标。蓝牙无线在信标广播中提供了更大的消息功能和灵活性，但是也有许多产品和服务利用了 Wi-Fi 信标。

如果 STA 确实找到要与其建立连接的 AP 或另一个 STA，则它将进入身份验证阶段。下文将详细讨论 802.11 中使用的各种安全标准。

如果安全和身份验证过程成功，则下一阶段是关联。设备将向 AP 发送关联请求帧。AP 随后将使用关联响应帧进行回复，该关联响应帧将允许 STA 加入网络或将其排除在外。如果包括 STA，则 AP 将向客户端释放关联 ID，并将其添加到已连接客户端的列表中。

此时，STA 即可与 AP 交换数据。所有数据帧后都会有一个确认（ACK）。

6.4.8　IEEE 802.11 安全性

在 6.4.7 节中，我们描述了 Wi-Fi 设备加入网络的关联过程。涉及的阶段之一是身份验证。本节将介绍 Wi-Fi WLAN 上使用的各种身份验证类型及其优缺点。

- ❑ WEP：指的是有线等效隐私（Wired Equivalent Privacy）。此模式将从客户端发送纯文本密钥，然后该密钥将被加密并发送回客户端。WEP 使用不同大小的密钥，但通常为 128 位或 256 位。WEP 使用共享密钥，这意味着相同的密钥可用于所有客户端，只需侦听并嗅探返回到加入网络的客户端的所有身份验证帧，以确定每个人使用的密钥，就可以轻松地破解它。由于密钥生成中的弱点，伪随机字符串的前几个字节可能（5%的概率）会显示密钥的一部分。只要拦截500 万～1000 万个数据包，攻击者就完全有信心获得足够的信息并破解密钥。

- ❑ WPA：指的是 Wi-Fi 受保护的访问（Wi-Fi Protected Access）或 WPA 企业版（WPA-Enterprise），它是作为 IEEE 802.11i 安全标准开发的，用于取代 WEP，并且是不需要新硬件的软件/固件解决方案。WPA 有别于 WEP 的一个重要地方是它使用临时密钥完整性协议（Temporal Key Integrity Protocol，TKIP），该协议将执行每个数据包的密钥混合并重新生成密钥，这意味着每个数据包将使用不同的密钥来对其自身进行加密。WPA 首先会根据 MAC 地址、临时会话密钥和初始化矢量生成会话密钥。这相当占用处理器资源，但每个会话仅执行一次。接下来则是从已经接收到的数据包中提取最低 16 位，再加上第一阶段生成的比特结果，这就是每个数据包的 104 位密钥，然后对数据进行加密。

- ❑ WPA-PSK：指的是 WPA 预共享密钥（WPA Pre-Shared Key）或 WPA 个人模式（WPA-Personal）。它是为负担不起 802.11 验证服务器的成本和复杂度的家庭和小型公司网络设计的。在这里，人们使用密码短语作为预共享密钥。每个 STA 可以具有与其 MAC 地址相关联的自己的预共享密钥。这类似于 WEP，如果预共享密钥使用的是弱密码短语，则它也算是一个攻击弱点。

- ❑ WPA2：它取代了原始的 WPA 设计，使用 AES 进行加密，这比 WPA 中的 TKIP 强得多。这种加密也称为使用 CBC-MAC 协议的 CTR 模式（CTR mode with CBC-MAC Protocol），简称 CCMP。

ℹ️ 注意：

要在 802.11n 中实现高带宽速率，必须使用 CCMP 模式，否则数据速率将不超过 54 Mbps。此外，使用 Wi-Fi Alliance 商标的徽标也需要 WPA2 认证。

6.4.9　IEEE 802.11ac

IEEE 802.11ac 是下一代 WLAN，是 802.11 标准系列的后续产品。经过 5 年的努力，IEEE 802.11ac 于 2013 年 12 月被批准为标准。其目标是提供至少 1 Gbps 的多站点吞吐量和 500 Mbps 的单链路吞吐量。该技术通过更宽的信道带宽（160 MHz）、更多的 MIMO 空间流和极限密度调制（256-QAM）来实现这一目标。802.11ac 仅存在于 5 GHz 频段，但将与以前的标准（IEEE 802.11a/n）共存。

与 IEEE 802.11n 相比，IEEE 802.11ac 的特别之处在于以下方面。

❑　最小 80 MHz 信道宽度，最大 160 MHz 信道宽度。

❑　8 个 MIMO 空间流。

　➢　引入了多达 4 个下行客户端的下行 MU-MIMO。

　➢　具有多根天线的多个 STA 可以在多个流上独立发送和接收。

❑　256-QAM 可选调制，可使用 1024-WAM。

❑　标准化波束成形功能。

对于多用户 MIMO（MU-MIMO），有必要详细解释一下。802.11ac 在 802.11n 的基础上，从 4 个空间流扩展到 8 个。如前文所述，影响 802.11ac 速度的最大因素之一是空间分区多路复用（Spatial Division Multiplexing，SDM）。当与 802.11ac 的多用户或多个客户端结合使用时，此技术被命名为空间分集多路访问（Spatial Diversity Multiple Access，SDMA）。本质上，802.11ac 中的 MU-MIMO 是网络交换机的无线模拟。图 6-21 描绘了具有 3 个客户端的 802.11ac 4×4：4 MU-MIMO 系统。

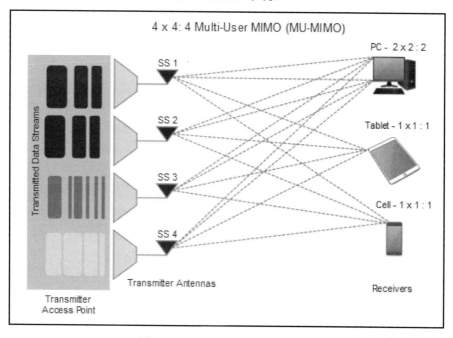

图 6-21　802.11ac MU-MIMO 使用

原　　文	译　　文
4×4:4 Multi-User MIMO(MU-MIMO)	4×4：4 多用户 MIMO（MU-MIMO）
Transmitted Data Streams	发射的数据流
Transmitter Access Point	发射器接入点
Transmitter Antennas	发射器天线
Tablet	平板电脑
Cell	手机
Receivers	接收器

802.11ac 还将调制星座图从 64-QAM 扩展到 256-WAM，这意味着有 16 个幅度级别和 16 个相角，需要非常精确的硬件来实现。802.11n 表示的是每个符号 6 位，而 802.11ac 表示的是每个符号完整 8 位。

波束成形（Beamforming）方法已由 IEEE 委员会正式标准化。例如，IEEE 委员会承认显式反馈（Explicit Feedback）是波束成形关联的标准方法。这将使得波束成形和性能优势可以从多个供应商处获得。

每个信道带宽的增加（最高可达 80 MHz，分块可选 160 MHz 或两个 80 MHz）在 5 GHz 空间中显著提高了吞吐量。

从理论上讲，使用 8×8：8 设备，160 MHz 宽信道和 256-QAM 调制，一台设备可以维持总计 6.933 Gbps 的吞吐量。

6.4.10　IEEE 802.11p

车载网络（Vehicular Networks）有时也称为车载自组织网络（Vehicular Ad hoc Network，VANET），它是自发的、无结构的，是随着汽车在城市中移动并与其他车辆和基础设施进行交互而运行的。该网络模型利用了车辆对车辆（Vehicle-to-Vehicle，V2V）和车辆对基础设施（Vehicle-to-Infrastructure，V2I）模型。

802.11p 任务组于 2004 年组成，并在 2010 年 4 月形成了第一稿。802.11p 被视为美国运输部内的专用短程通信（Dedicated Short Range Communication，DSRC）。该网络的目标是提供一个标准且安全的 V2V 和 V2I 系统，用于车辆安全、收费、交通状况/警告、路边援助以及车辆内的电子商务。

现在来看一看 IEEE 802.11p 网络的拓扑和一般用例。该网络中有两种类型的节点。首先是路侧单元（Road-Side Unit，RSU），它是一个类似于接入点的固定位置设备，服务于将车辆和移动设备桥接到互联网，以使用应用服务并访问信任机构。

另一种节点类型是车载单元（On-Board Unit，OBU），它位于车辆中，能够在需要时与其他 OBU 和固定 RSU 通信。

OBU 可以与 RSU 相互通信以中继车辆和安全数据。RSU 用于桥接到应用服务和信任机构以进行身份验证。图 6-22 显示了 802.11p 网络的使用和拓扑示例。

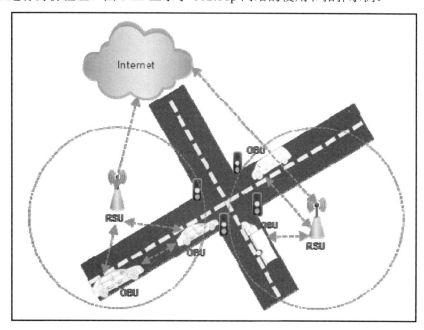

图 6-22　IEEE 802.11p 用例

可以看到车辆内的 OBU 和固定的基础设施 RSU

对于运输系统来说，无线通信中存在一些挑战。在车辆通信和控制中必须提高安全等级。诸如多普勒频移（Doppler Shift）、延迟效应和强大的临时网络之类的物理效应都是需要考虑的几个问题。

802.11p 与 802.11 标准的许多差异是为了确保传输速度上的质量和范围，其他因素是为了减少开始交换数据的等待时间而进行的更改。以下是 IEEE 802.11p 功能的概述以及它与 IEEE 802.11a 标准的差异。

❑　信道宽度为 10 MHz，而不是 802.11a 中使用的 20 MHz。

❑　IEEE 802.11p 在 5.9 GHz 空间的 75 MHz 带宽中运行，这意味着共有 7 个可用信道（1 个控制信道、2 个关键信道和 4 个服务信道）。

❑　与 802.11a 相比，802.11p 支持一半的比特率，即 3/4.5/6/9/12/18/24/27 Mbps。

❑　802.11p 具有相同的调制方案，如 BPSK/QPSK/16QAM/64QAM 和 52 个子载波。

❑ 与 802.11a 相比，符号持续时间已变为原来的两倍：IEEE 802.11p 支持 8 μs，而 802.11a 则支持 4 μs。

❑ 802.11p 的保护间隔（Guard Interval，GI）的时间为 1.6 μs，而 802.11a 的保护间隔的时间则为 0.8 μs。

❑ 诸如 MIMO 和波束成形之类的技术不是必需的，也不是规范的一部分。

75 MHz 信道的分类如表 6-7 所示。

表 6-7　75 MHz 信道的分类

信道	172	174	176	178	180	182	184
中心频率/GHz	5.860	5.870	5.880	5.890	5.900	5.910	5.920
用途	关键生命安全	服务	服务	控制	服务	服务	高功率公共安全

802.11p 的基本使用模型是快速创建并关联到自组织（Ad hoc）网络。当车辆以相反的速度在高速公路上行驶时，此链路就会来来去去。在标准 802.11 模型中，BSS 是要使用的网络拓扑，它要求同步、关联和身份验证才能形成无线网络。802.11p 在所有交换的帧的报头中提供通配符 BSSID，并且允许到达通信信道后立即开始交换数据帧。

IEEE 802.11p 协议栈是从 802.11a 派生的，但是对解决车辆的安全性进行了重要的更改。图 6-23 描述了该协议栈。它与其他 IEEE 802.11 协议栈的重要区别是使用 IEEE 1609.x 标准来解决应用和安全模型方面的问题。完整的协议栈称为车载环境中的无线访问（Wireless Access in Vehicular Environments，WAVE），它将 802.11p 的 PHY 和 MAC 层与 IEEE 1609.x 层结合在一起。

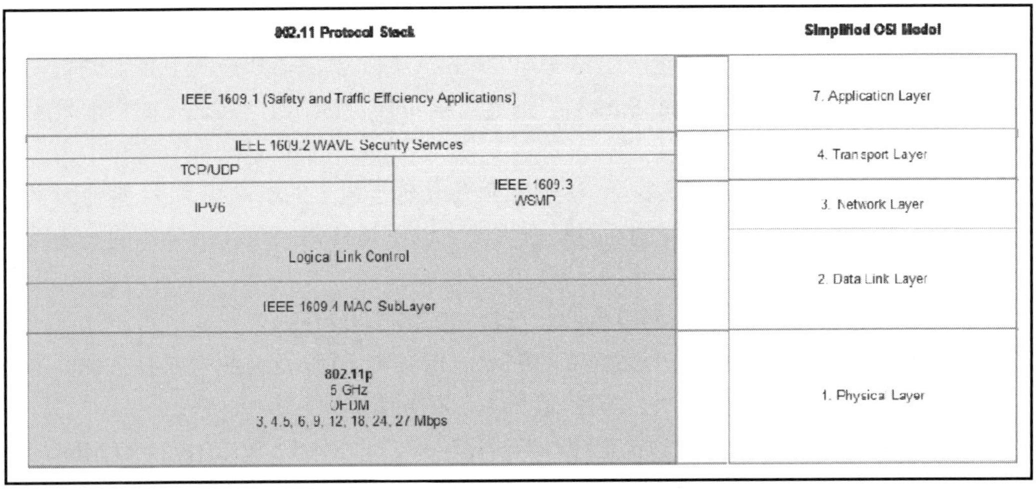

图 6-23　IEEE 802.11p 协议栈

原　　文	译　　文
802.11 Protocol Stack	802.11 协议栈
IEEE 1609.1(Safety and Traffic Efficiency Applications)	IEEE 1609.1（安全与交通效率应用）
IEEE 1609.2 WAVE Security Services	IEEE 1609.2 WAVE 安全服务
Logical Link Control	逻辑链路控制
IEEE 1609.4 MAC SubLayer	IEEE 1609.4 MAC 子层
Simplified OSI Model	简化的 OSI 模型
7. Application Layer	7．应用层
4. Transport Layer	4．传输层
3. Network Layer	3．网络层
2. Data Link Layer	2．数据链路层
1. Physical Layer	1．物理层

该协议栈中要突出显示的特定差异包括以下方面。

❑ 1609.1：车载环境中的无线访问（WAVE）资源管理器。根据需要分配和配置资源。

❑ 1609.2：为应用和管理消息定义安全服务。该层还提供两种加密模式。可以使用基于签名算法 ECDSA 的公钥算法，或者使用基于 CCM 模式的 AES-128 的对称算法。

❑ 1609.3：协助进行连接设置和 WAVE 兼容设备的管理。

❑ 1609.4：在 802.11p MAC 层之上提供多频道操作。

在车载自组织网络（Vehicular Ad hoc Networks，VANET）中，安全性至关重要，因为 VANET 的安全性问题可能会直接影响公共安全。当广播虚假信息影响其他车辆的反应或执行时，可能意味着发生了攻击。这种攻击可能是有些设备在道路上故意传播危险，导致车辆硬性停止。VANET 的安全性问题还需要考虑私家车的数据，它们可能伪装得像其他车辆一样并造成拒绝服务（DoS）攻击。所有这些都可能导致灾难性事件，并需要诸如 IEEE 1609.2 之类的标准。

6.4.11　IEEE 802.11ah

802.11ah 基于 802.11ac 架构和物理层，是针对物联网的无线协议的变体。该设计尝试针对需要较长电池寿命并且可以优化范围和带宽的受限传感器设备进行优化。802.11ah 也被称为 HaLow 标准，其中，Ha 是把 ah 倒过来以方便发音，而 Low 则表示低功耗和低频，二者组合起来就构成了 hello 的派生词。

IEEE 802.11ah 任务组的目的是创建一种扩展范围的协议，以用于农村通信和卸载（Offloading）手机流量，并将该协议用于低于千兆赫兹范围的低吞吐量无线通信。该规范于 2016 年 12 月 31 日发布。该架构与其他形式的 802.11 标准的差异最大，尤其是以下方面。

- ❑ 在 900 MHz 频谱中运行，这使得信号在各种材料和大气条件下都有良好的传播和穿透效果。
- ❑ 频道宽度各不相同，可以设置为 2、4、8 或 16 MHz 宽的频道。
- ❑ 可用的调制方法多种多样，包括 BPSK、QPSK、16-QAM、64-WAM 和 256-QAM 调制技术。
- ❑ 基于 802.11ac 标准的调制技术，并进行了特定更改。总共 56 个 OFDM 子载波，其中 52 个专用于数据，4 个专用于导频（Pilot）音。
- ❑ 总符号持续时间为 36 μs 或 40 μs。
- ❑ 支持单用户 MIMO（SU-MIMO）波束成形。
- ❑ 使用两种不同的身份验证方法来限制争用，从而使成千上万个站点（STA）的网络快速关联。
- ❑ 在单个接入点下提供与数千个设备的连接。
- ❑ 包括中继能力，以减少 STA 的功率，并允许使用单跳（One-Hop）到达方法的粗略形式的网格网络。
- ❑ 允许在每个 802.11ah 节点上进行高级电源管理。
- ❑ 允许通过受限访问窗口（Restricted Access Windows，RAW）的使用进行非星形拓扑通信。
- ❑ 允许扇区划分（Sectorization），这使得天线可以分组以覆盖基础设施基本服务集（BSS）的不同区域（称为扇区）。这是通过使用其他 802.11 协议采用的波束成形技术来完成的。

基于在 1 MHz 信道带宽的单个 MIMO 流上的 BPSK 调制技术，最小吞吐量将为 150 kbps。基于使用 4 个 MIMO 流和 16 MHz 信道的 256-WAM 调制技术，最大理论吞吐量将为 347 Mbps。

ℹ 注意：

IEEE 802.11ah 规范要求 STA 支持 1 MHz 和 2 GHz 的信道带宽。接入点必须支持 1 MHz、2 MHz 和 4 MHz 信道。8 MHz 和 16 MHz 信道是可选的。信道带宽越窄，范围越长，吞吐速率越慢；信道带宽越宽，范围越短，吞吐速率越快。

信道宽度将根据部署 802.11ah 的区域而变化。由于某些特定地区的规定，一些组合无法使用，如图 6-24 所示。

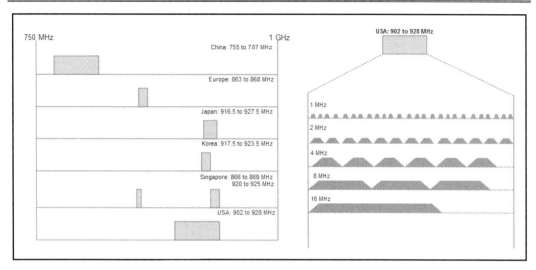

图 6-24 802.11ah 部署的信道化选择

左：根据特定地区的监管规定，不同的信道化选择；

右：在美国，从 1 MHz 到 16 MHz 的信道，不同的带宽选项和信道绑定

原　　文	译　　文
to	-
China	中国
Europe	欧盟
Japan	日本
Korea	韩国
Singapore	新加坡
USA	美国

IEEE 802.11ah 标准架构的每一次尝试都旨在优化整体范围和效率，这将下降到 MAC 报头的长度为止。

使用 13 位的唯一关联标识符（Association Identifier，AID）分配也可以实现将数千个设备连接到单个 AP 的目标。由于允许根据标准对 STA 进行分组（走廊灯、灯开关等），因此使得 AP 可以连接到超过 8191 个 STA（802.11 仅支持 2007 个 STA）。当然，这么多的节点可能会引发大量的信道冲突。即使已连接的 STA 数量增加，目标仍是减少为寻址这些 STA 而传输的数据量。IEEE 任务组通过删除与物联网用例无关的许多字段（如 QoS 和 DS 字段）来实现此目的。图 6-25 以与标准 802.11 相对比的方式说明了 802.11ah MAC 下行链路和上行链路帧。

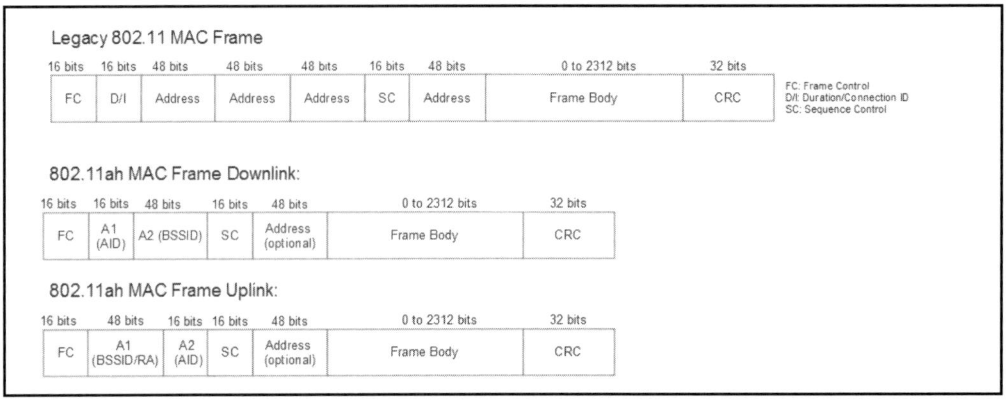

图 6-25　标准 802.11 MAC 帧和 802.11ah 压缩帧的比较

原　　文	译　　文
Legacy 802.11 MAC Frame	标准 802.11 MAC 帧
bits	位
0 to 2312 bits	0～2312 位
FC:Frame Control	FC：帧控制
D/I:Duration/Connection ID	D/I：持续时间/连接 ID
SC:Sequence Control	SC：序列控制
802.11ah MAC Frame Downlink	802.11ah MAC 帧下行链路
802.11ah MAC Frame Uplink	802.11ah MAC 帧上行链路

功率管理和信道效率的另一项改进可归因于消除确认（ACK）帧。ACK 对于双向数据是隐式的，也就是说，这两个设备都在互相发送和接收数据。通常情况下，成功接收到数据包后将使用 ACK。在这种双向（BDT）模式下，下一帧的接收意味着成功接收了先前的数据，故无须交换 ACK 数据包。

为了避免造成无法正常工作的网络冲突，802.11ah 使用了受限访问窗口（Restricted Access Windows，RAW）。由于使用关联标识符（AID）将 STA 分为各种组，因此信道将被分为多个时隙（Time Slot）。每个组将被分配一个特定的时隙，而没有其他时隙。虽然也会有例外，但是对于一般情况来说，分组将形成任意隔离。RAW 的另一个好处是，只要不在发送时隙内，设备都可以进入睡眠状态以节省电量。

在拓扑方面，802.11ah 网络中有 3 种类型的站点。

❑ 根接入点（Root Access Point）：主要的根。一般来说，可用作连接到其他网络（WAN）的网关。

❑ STA：典型的 802.11 站点或端点客户端。

❏ 中继节点（Relay Node）：一种特殊的节点，可以将驻留在较低基础设施基本服务集（BSS）上的 STA 与接入点（AP）的接口、STA 与其他中继节点的接口或 STA 与较高 BSS 上的根 AP 的接口组合在一起。

图 6-26 显示了 IEEE 802.11ah 拓扑。该架构与其他 802.11 协议的本质不同之处在于使用了用于创建可识别 BSS 的单跳中继节点。中继的层次结构形成了更大的网络。每个中继都充当 AP 和 STA。

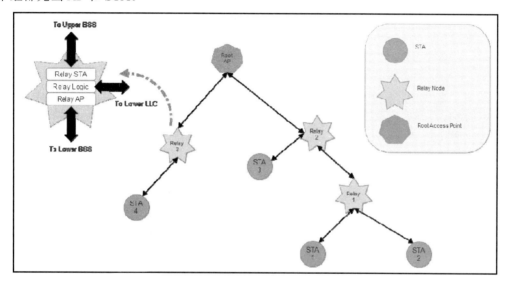

图 6-26　IEEE 802.11ah 网络拓扑

原　　文	译　　文	原　　文	译　　文
To Upper BSS	到较高 BSS	To Lower LLC	到较低 LLC
Relay STA	中继 STA	Root AP	根接入点
Relay Logic	中继逻辑	Relay Node	中继节点
Relay AP	中继接入点	Root Access Point	根接入点
To Lower BSS	到较低 BSS		

除基本节点类型外，STA 可以驻留 3 种节能状态。

❏ 流量指示图（Traffic Indication Map，TIM）：侦听接入点（AP）以获得数据传输信息。节点将从其接入点定期接收有关为其缓冲的数据的信息。发送的消息称为 TIM 信息元素（TIM Information Element）。

❏ 非 TIM 站点（Non-TIM Station）：在关联期间直接与 AP 进行协商，以获取定期限制访问窗口（Periodic Restricted Access Windows，PRAW）上的传输时间。

❏ 计划外站点（Unscheduled Station）：不侦听任何信标，而是使用轮询来访问频道。

对于基于钮扣电池或能量收集的物联网传感器和边缘设备来说，电源问题至关重要。802.11 协议就是因为高功率要求而颇受诟病。为了补上此无线协议在功率方面的短板，802.11ah 使用了最大空闲周期（Max Idle Period）值，这是常规 802.11 规范的一部分。在一般的 802.11 网络中，基于 16 位分辨率的时间，最大空闲时间大约为 16 小时，而在 802.11ah 中，16 位计时器的前两位是比例因子，可以让睡眠时间超过 5 年。

通过对信标的更改可以减少额外的功耗。如前文所述，信标可以中继有关缓冲帧可用性的信息。信标将携带 TIM 位图，这会让它的大小膨胀，因为 8191 个 STA 会导致该位图大幅增长。802.11ah 使用一种称为 TIM 分段的概念，其中某些信标会承载整个位图的一部分。每个 STA 计算它们各自的带有位图信息的信标何时到达，并允许设备进入省电模式，直到需要唤醒并接收信标信息的时刻。

另一个省电功能称为目标唤醒时间（Target Wake Time，TWT），适用于很少发送或接收数据的 STA。这在物联网部署中非常普遍，如温度传感器数据。STA 及其关联的 AP 将协商以达成一致的 TWT，然后 STA 将进入睡眠状态，直到定时器发出结束睡眠的信号为止。

隐式确认（ACK）的过程也称为速度帧交换（Speed Frame Exchange）。如图 6-27 所示，是一个用于启动 STA 通信的目标唤醒时间（TWT）的示例。其中，SIFS 代表 AP 和 STA 之间的通信间隔。数据对之间则不必使用 ACK，仅在 STA 返回睡眠模式之前，传输结束时发送单个 ACK。

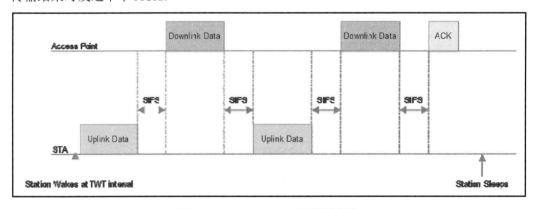

图 6-27　IEEE 802.11ah 速度帧交换

原　　文	译　　文
Access Point	接入点
Downlink Data	下行链路数据
Uplink Data	上行链路数据
Station Wake at TWT interval	站点在约定的 TWT 时间唤醒
Station Sleeps	站点进入睡眠状态

6.5　小　　结

本章介绍了物联网通信的必要部分。使用基于 IP 的标准通信可大大简化设计，并允许快速、轻松地进行扩展。可扩展性对于延伸到成千上万个节点的物联网部署来说至关重要。在使用基于 IP 的传输之后，意味着常用工具也可以处理物联网数据。

6LoWPAN 和 Thread 演示了可应用于传统的非基于 IP 的协议（如 802.15.4）的标准。两种协议都支持 IPv6 寻址和连接到大型物联网的网格网络。802.11 是一项重要且极为成功的协议，构成了 WLAN 的基础，但也可以通过使用 802.11ah 扩展到物联网设备和传感器领域，或者使用 802.11p 进入传输系统。表 6-8 对比了非基于 IP 的传统协议和基于 IP 的协议。一般来说，双方的差异主要体现在功率、速度和范围上，架构师需要平衡这些参数以部署合理的解决方案。

表 6-8　非基于 IP 的传统协议和基于 IP 的协议比较

协议	802.15.4	802.11ah
IP 基础	非基于 IP（需要 6LoWPAN 或 Thread）	基于 IP
范围	100 m	目标为 1000 m
网络结构	全网格	具有单节点跳跃的分层结构
信道标准化	ISM 2.4 GHz，仅使用 DSSS 调制技术	低于 1 GHz ISM，具有各种调制编码方案。信道带宽：1、2、4、8、16 MHz
信道干扰管理	CSMA/CA	RAW 机制，允许 STA 分组并按组分配时隙
吞吐量	250 kbps	150 kbps～347 Mbps
延迟	良好	最佳（比 802.15.4 好 2 倍）
能效	最佳（17 mJ/数据包）	良好（63 mJ/数据包）
省电	帧中的睡眠唤醒机制	多种数据结构，可在各个级别上控制和微调电源
网络规模	可能达到 65000 个节点	8192 个 STA

第 7 章将介绍远距离协议或广域网（WAN），包括传统的蜂窝（4G LTE）和物联网蜂窝模型（如 Cat-1），还将讨论 LPWAN 协议，如 Sigfox 和 LoRa。WAN 是将数据传输到 Internet 的另一个必要组成部分。

第 7 章 远距离通信系统和协议（WAN）

到目前为止，我们已经讨论了无线个人局域网（Wireless Personal Area Network，WPAN）和无线局域网（Wireless Local Area Network，WLAN）。这些类型的通信可以将传感器桥接到局域网络，但不一定是互联网或其他系统。需要记住，物联网生态系统将包括的是在最偏远地方的传感器、执行器、摄像头、智能嵌入式设备、车辆和机器人等，因此从长远来看，我们需要解决连接到广域网（Wide Area Network，WAN）的问题。

本章将详细介绍各种 WAN 设备和拓扑，包括蜂窝网络（4G-LTE 和 5G 标准）以及其他专有系统，包括远距离无线电（Long Range Radio，LoRa）和 Sigfox。尽管本章将从数据的角度介绍蜂窝和远距离通信系统，但并不会重点讨论移动设备的模拟和语音部分，因为远距离通信通常是一项服务，这意味着我们只需要购买提供蜂窝塔和基础设施的运营商的服务即可。这与以前的 WPAN 和 WLAN 架构不同，因为它们通常包含在客户或开发人员生产或转售的设备中。订阅或服务级别协议（Service Level Agreement，SLA）对架构师需要理解的架构和约束条件有不同的影响。

7.1 蜂 窝 连 接

最普遍的通信形式是蜂窝无线电，特别是蜂窝数据。尽管移动通信设备在蜂窝技术之前已经存在了很多年，但它们的覆盖范围有限、共享频率空间，并且本质上是双向无线电。Bell Labs（贝尔实验室）在 20 世纪 40 年代和 50 年代分别发展了一些试验性的移动电话技术——40 年代试验的是 Mobile Telephone Service（移动电话服务），50 年代试验的是 Improved Mobile Telephone Service（改进的移动电话服务），但取得的成绩都非常有限。当时还没有统一的移动电话标准，直到 1947 年 Douglas H.Ring 和 Rae Young 提出了蜂窝（Cellular）的概念，然后才在 20 世纪 60 年代由贝尔实验室的 Richard H. Frenkiel、Joel S. Engel 和 Philip T.Porter 依据这一概念完成了移动电话标准的构建，形成了可以实现的更大而且可靠的移动部署。蜂窝之间的切换（Handoff）则是由贝尔实验室的 Amos E. Joel Jr.构建的，它允许蜂窝设备在移动时进行切换。所有这些技术相结合，形成了第一个蜂窝电话系统。1979 年 4 月 3 日，摩托罗拉公司的 Martin Cooper 使用第一台蜂窝电话机进行了首次通话。图 7-1 显示了一个理想的蜂窝模型，其中的蜂窝被表示为最佳放置的六边形区域。

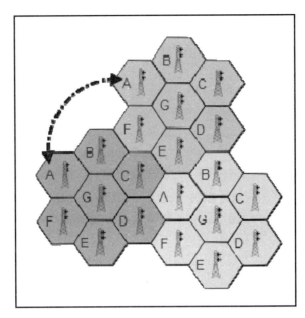

图 7-1 蜂窝理论

六角形模式可确保将频率与最近的邻居分离。如图中两个不同区域中的频率 A 所示，

两个十六进制空间之间没有两个相似的频率。这允许频率重用

  这些技术和概念验证设计最终导致 NTT 于 1979 年在日本进行了第一批商业部署，并于 1981 年在丹麦、芬兰、挪威和瑞典首次公开接受了移动电话系统。美国则一直到 1983 年才有了蜂窝电话。这些最早的技术被称为 1G 或第一代蜂窝技术。接下来我们将先详细介绍各代产品及其功能，接着专门讨论 4G-LTE，因为 4G-LTE 是蜂窝通信和数据的现代标准。后面各节还将介绍其他物联网和未来的蜂窝标准，如 NB-IoT 和 5G。

7.1.1 治理模型和标准

  国际电信联盟（International Telecommunication Union，ITU）成立于 1865 年，在 1932 年以现名命名，后来成为联合国的专门机构。它在无线通信标准、导航、移动、互联网、数据、语音和下一代网络中扮演着重要角色，包括 193 个成员国和 700 个公共及私人组织。它也有许多称为部门（Sector）的工作组，与蜂窝标准有关的部门是无线电通信部门（Radiocommunication Sector，ITU-R）。ITU-R 是为不同代无线电和蜂窝通信定义国际标准与目标的机构，其中包括可靠性目标和最低数据速率。

ⓘ 注意：

ITU-R 已经制定了两个基本规范，这两个规范在过去十年一直统治着蜂窝通信。第一个是 International Mobile Telecommunications-2000（IMT-2000），它规定了将设备作为 3G 销售的要求。笔者撰写本书之前的几年，ITU-R 又制定了一项要求规范，称为 International Mobile Telecommunications-Advanced（IMT-Advanced）。IMT-Advanced 系统基于全 IP 移动宽带无线系统，定义了可以在全球范围内销售的 4G。ITU 是批准 3GPP 路线图中长期演进（Long-Term Evolution，LTE）技术以支持 2010 年 10 月的 4G 蜂窝通信目标的组织。ITU-R 将继续推动 5G 的新技术要求。

ITU-Advanced 标记为 4G 的蜂窝系统的一组要求的示例包括以下方面。

❑　必须是全 IP 的分组交换网络。

❑　可与现有无线设备互操作。

❑　客户端移动时的标称数据速率为 100 Mbps，而客户端固定时的标称数据速率则为 1 GBps。

❑　动态共享和使用网络资源以支持每个蜂窝一个以上的用户。

❑　5～20 MHz 的可扩展信道带宽。

❑　跨多个网络的无缝连接和全球漫游。

蜂窝系统的常见问题在于，无法满足国际电信联盟的全部目标，并且在命名和品牌上存在混淆。表 7-1 列出了 1G、2/2.5G、3G、4G 和 5G 的功能要求。

蜂窝世界中的另一个标准机构是 3GPP（Third Generation Partnership Project，第三代合作伙伴计划），它是由 7 个管理蜂窝技术的全球电信组织（Organization Partners，组织伙伴）组成的小组。该小组于 1998 年由 Nortel Networks（北电网络）和 AT&T Wireless 合作成立，并于 2000 年发布了第一个标准。目前，有欧洲的 ETSI、美国的 ATIS、日本的 TTC 和 ARIB、韩国的 TTA、印度的 TSDSI 以及中国的 CCSA 作为 3GPP 的 7 个组织伙伴（Organization Partners，OP）。3GPP 的独立成员有 550 多个，此外 3GPP 还有 TD-SCDMA 产业联盟（TDIA）、TD-SCDMA 论坛、CDMA 发展组织（CDG）等 13 个市场伙伴（Market Representatives Partners，MRP）。该小组的总体目标是在创建蜂窝通信的 3G 规范时认可全球移动通信系统（Global System for Mobile Communications，GSM）的标准和规范。3GPP 的工作由 3 个技术规范组（Technical Specification Group，TSG）和 6 个工作组（Working Group，WG）执行。这些小组每年在不同的地区举行几次会议。3GPP 版本的重点是使系统（尽可能）向后和向前兼容。

表 7-1　各代产品及其功能

功能	1G	2/2.5G	3G	4G	5G
首次上市	1979 年	1999 年	2002 年	2010 年	2020 年
ITU-R 规范	不适用	不适用	IMT-2000	IMT-Advanced	IMT-2020
ITU-R 频率规范	不适用	不适用	400 MHZ～3 GHz	450 MHz～3.6 GHz	待定
ITU-R 带宽规范	不适用	不适用	固定：2 Mbps 移动：384 kbps	固定：1 Gbps 移动：100 Mbps	最小下行：20 Gbps 最小上行：10 Gbps
典型带宽	2 kbps	14.4～64 kbps	500～700 kbps	100～300 Mbps（峰值）	待定
用途/功能	仅移动电话	数字语音、短信、电显示、单向数据	出色的音频、视频和数据增强漫游	统一 IP 和无缝 LAN、WAN、WLAN	物联网、超高密度、低延迟
标准和复用	AMPS	2G：TDMA、CDMA 和 GSM 2.5G：GPRS、EDGE 和 1×RTT	FDMA、TDMA WCDMA、CDMA-2000	CDMA	CDMA
切换	水平	水平	水平	水平和垂直	水平和垂直
核心网络	PSTN	PSTN	分组交换机	Internet	Internet
交换	电路	接入网和空中网的电路	基于分组、空中接口除外	基于分组	基于分组
技术	模拟蜂窝	数字蜂窝	宽带 CDMA、WiMAX、基于 IP	基于 LTE Advanced Pro 标准	基于 LTE Advanced Pro 标准、毫米波

💡 提示：

　　对于 ITU、3GPP 和长期演进（LTE）定义之间的差异，非专业人士很可能会感到一定程度的困惑。从概念上理解这种关系的最简单方法是，ITU 将在全球范围内为标有 4G 或 5G 的设备定义目标和标准。3GPP 通过诸如 LTE 改进系列之类的技术来响应这些目标。ITU 批准此类 LTE 先进技术满足其要求，即标记为 4G 或 5G。

　　图 7-2 显示了 2000 年以来发布的 3GPP 技术。其中，带框的是 LTE 演进技术。横轴表示年份，纵轴表示版本。Rel-99 表示 99 版本，它是 2000 年 3 月完成的，后续版本不再以年份命名。例如，Rel-4 表示 Release4（R4）。R4 规范实际上在 2001 年 3 月"冻结"（意为自即日起对 R4 只允许进行必要的修正而推出修订版，不再添加新特性）。

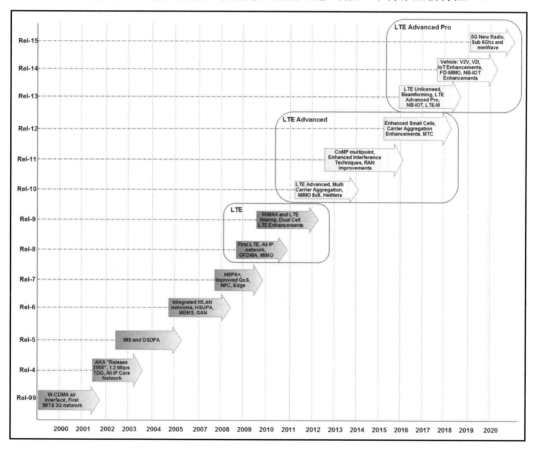

图 7-2　2000—2020 年的 3GPP 技术版本

原　　文	译　　文
W-CDMA air interface,First IMTS 3G network	WCDMA 空中接口标准，第一个 IMTS 3G 网络
AKA "Release 2000",1.2 Mbps TDD, All IP Core Network	众所周知的 Release 2000 版本，1.2 Mbps TDD，全 IP 核心网
IMS and DSDPA	IMS 和 DSDPA
Integrated WLAN networks,HSUPA,MBMS, GAN	集成 WLAN 网络，HSUPA，MBMS，GAN
HSPA+,Improved QoS,NFC,Edge	HSPA +，改进版 QoS，近场通信（NFC），边缘计算
First LTE,All IP network,OFDMA,MIMO	第一个 LTE，全 IP 网络，OFDMA，MIMO
WIMAX and LTE interop,Dual Cell LTE Enhancements	WIMAX 和 LTE 的互操作，双蜂窝 LTE 增强
LET Advanced,Multi Carrier Aggregation,MIMO 8×8, HetNets	LET Advanced，多载波聚合，MIMO 8×8，HetNets
CoMP multipoint,Enhanced Interference Techniques, RAN improvements	CoMP 多点，增强干扰技术，RAN 改进
Enhanced Small Cells,Carrier Aggregation Enhancements, MTC	增强型小蜂窝，载波聚合增强，MTC
LTE Unlicensed, Beamforming,LTE Advanced Pro, NB-IoT,LTE-M	LTE 非授权波束成形技术，LTE Advanced Pro，NB-IoT，LTE-M
Vehicle:V2V,V2I,IoT Enhancements,FD-MIMO, NB-IoT Enhancements	车辆相关：V2V，V2I，物联网增强，FD-MIMO，NB-IoT 增强
5G New Radio,Sub 6 GHz and mmWave	5G New Radio（NR），低于 6 GHz 和毫米波

ℹ️ **注意：**

　　LTE 及其在蜂窝技术语言中的作用也经常被混淆。LTE 代表的是 Long Term Evolution（长期演进），是实现 ITU-R 速度和要求（最初非常激进）的必经之路。手机厂商会使用 3G 等传统后端技术在现有的蜂窝社区中发布新的智能手机。如果运营商在速度和功能方面都比传统 3G 网络有了实质性的改善，那么他们就会宣称这是 4G-LTE 连接。在 2000—2009 年的中期至后期，许多运营商实际上并不符合 ITU-R 4G 规范，只是足够接近而已。运营商在许多情况下都使用传统技术并将自己重新命名为 4G。LTE-Advanced 是另一项改进，更加接近 ITU-R 的目标。

　　总之，部分术语可能会造成混淆和误导，架构师需要阅读品牌标签以外的内容才能真正理解该技术。

7.1.2　蜂窝接入技术

了解蜂窝系统如何与语音和数据的多个用户一起工作很重要。这里有若干个标准值得复习一下（它们与 WPAN 和 WLAN 系统所讨论的概念是类似的）。在 3GPP 支持 LTE 之前，蜂窝技术存在多种标准，尤其是 GSM 设备和 CDMA 设备。应该注意的是，这些技术从基础结构到设备彼此不兼容。

- ❑ 频分多址（Frequency Division Multiple Access，FDMA）：在模拟系统中很常见，但在如今的数字域中则很少使用。这是一种将频谱划分为多个频率然后分配给用户的技术。在任何给定时间将一个收发器分配给一个信道。因此，该通道对其他对话保持关闭状态，直到初始呼叫结束或切换到其他通道为止。全双工（Full Duplex）FDMA 传输需要两个通道，一个用于发送，一个用于接收。

- ❑ 码分多址（Code Division Multiplex Access，CDMA）：基于扩频技术。CDMA 通过允许所有用户同时占用所有信道来增加频谱容量。传输遍布整个无线电频带，并且为每个语音或数据呼叫分配一个唯一的代码，以区别于同一频谱上承载的其他呼叫。CDMA 允许进行软切换，这意味着终端可以同时与多个基站通信。高通公司最初将第三代移动电话的主要无线电接口设计为 CDMA2000，并以 3G 为目标。由于它的专有性，没有获得全球采用，并且仅在不到 18% 的全球市场中使用。在美国，Verizon 和 Sprint 是强大的 CDMA 运营商。

- ❑ 时分多址（Time Division Multiple Access，TDMA）：在此模型中，通过将每个频率划分为多个时隙来增加频谱的容量。TDMA 允许每个用户在短时间内访问整个射频信道。其他用户在不同的时隙共享同一频道。基站在信道上从一个用户到另一个用户连续切换。TDMA 是第二代移动蜂窝网络的主要技术。GSM 组织采用 TDMA 作为多址访问模型。它位于 4 个不同的频段：欧洲和亚洲为 900 MHz/1800 MHz，北美和南美为 850 MHz/1900 MHz。

某些设备和调制解调器可能仍支持 GSM/LTE 或 CDMA/LTE。GSM 和 CDMA 不兼容，但是如果 GSM/LTE 和 CDMA/LTE 都支持 LTE 频段，则它们可以兼容。在较旧的设备中，语音信息是在 2G 或 3G 频谱上传递的，这对于 CDMA 和 GSM（TDMA）来说是完全不同的。由于 LTE 数据在 4G 频段上运行，因此数据也不兼容。

7.1.3　关于 3GPP 用户设备类别

在 3GPP 版本 8 中，有 5 种类型的用户设备类别（Category），每种类别具有不同的数据速率和 MIMO 架构。类别使 3GPP 可以区分 LTE 演进。从版本 8 开始，添加了更多类别。类别结合了 3GPP 组织指定的上行链路和下行链路功能。一般来说，用户将获得一个蜂窝无线电或芯片组，其中会标明它能够支持的类别。尽管用户设备可以支持特定类别，但是小区系统（eNodeB，稍后讨论）也必须支持该类别。

蜂窝小区（Cell）是指在蜂窝移动通信系统中，其中的一个基站或基站的一部分（扇形天线）所覆盖的区域，在这个区域内移动台可以通过无线信道可靠地与基站进行通信。小区设备与基础设施之间的关联过程的一部分是能力信息（如类别）的交换。表 7-2 列出了 3GPP 多个版本的类别和能力。

表 7-2　3GPP 各版本的类别和能力

3GPP 版本	类　别	最大 L1 下行链路数据速率/Mbps	最大 L1 上行链路数据速率/Mbps	最大下行链路 MIMO 数
8	5	299.6	75.4	4
8	4	150.8	51	2
8	3	102	51	2
8	2	51	25.5	2
8	1	10.3	5.2	1
10	8	2998.60	1497.80	8
10	7	301.5	102	2 或 4
10	6	301.5	51	2 或 4
11	9	452.2	51	2 或 4
11	12	603	102	2 或 4
11	11	603	51	2 或 4
11	10	452.2	102	2 或 4
12	16	979	n/a	2 或 4
12	15	750	226	2 或 4
12	14	3917	9585	8
12	13	391.7	150.8	2 或 4
12	0	1	1	1
13	NB1	0.68	1	1
13	M1	1	1	1
13	19	1566	n/a	2、4 或 8
13	18	1174	n/a	2、4 或 8
13	17	25065	n/a	8

ⓘ 注意：

请注意版本 13 中的 Cat-M1 和 Cat-NB1。此处 3GPP 组织将数据速率显著降低至 1 Mbps 或更低。这些是专门用于需要低数据速率且仅在短时间内通信的物联网设备的类别。

7.1.4 关于 4G-LTE 频谱分配和频段

目前存在 55 个 LTE 频段，部分原因是频谱分段和市场策略。LTE 频段的激增也是政府分配和拍卖频率空间的体现。LTE 还分为两个不兼容的类别。

❑ 时分双工（Time Division Duplex，TDD）：TDD 将单个频率空间用于上行链路和下行链路数据。传输方向通过时隙控制。

❑ 频分双工（Frequency Division Duplex，FDD）：在 FDD 配置中，基站（eNodeB）和用户设备（User Equipment，UE）将为上行链路和下行链路数据打开一对频率空间。一个示例是 LTE 频段 13，其具有 777～787 MHz 的上行链路范围和 746～756 MHz 的下行链路范围。数据可以同时发送到上行链路和下行链路。

市场上存在组合的 TDD/FDD 模块，它们可以将两种技术组合到一个调制解调器中，允许多个运营商使用。

ⓘ 注意：

下行链路始终指的是从 eNodeB 到用户设备的通信，而上行链路指的则是相反的方向。

要理解频谱的使用，还需要先熟悉以下和 LTE 相关的术语。

❑ 资源元素（Resource Element，RE）：是 LTE 中最小的传输单元。RE 由一个子载波组成，仅用于一个符号时间单元（OFDM 或 SC-FDM）。

❑ 子载波间隔（Subcarrier Spacing）：是子载波之间的间隔。LTE 使用 15 kHz 间隔，没有保护带。

❑ 循环前缀（Cyclic Prefix）：由于没有保护频段，因此使用循环前缀时间来防止子载波之间的多径符号间干扰。

❑ 时隙（Time Slot）：LTE 对 LTE 帧使用 0.5 ms 的时间段。根据循环前缀时序，这等于 6 个或 7 个 OFDM 符号。

❑ 资源块（Resource Block）：一个传输单位，包含 12 个子载波和 7 个符号，等于 84 个资源元素。

长度为 10 ms 的 LTE 帧将包含 10 个子帧。如果将 20 MHz 通道的总带宽的 10% 用于循环前缀，则有效带宽将减少到 18 MHz。18 MHz 中的子载波数为 18 MHz/15 kHz =1200。资源块数为 18 MHz/180 kHz = 100。图 7-3 显示了 LTE 帧的一个时隙。

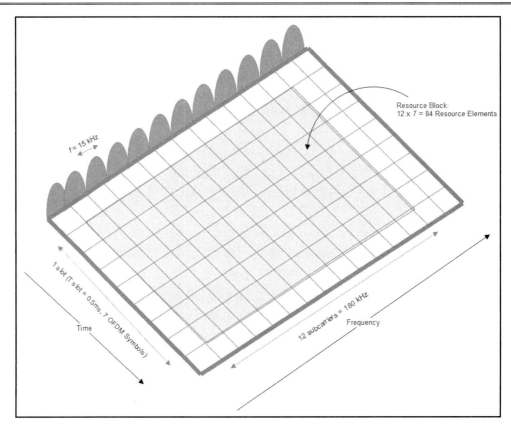

图 7-3　一个 10 ms 的 LTE 帧包含 20 个时隙

时隙基于 12 个 15 kHz 间隔的子载波和 7 个 OFDM 符号。这合并为 12×7 = 84 个资源元素

原　　文	译　　文
Resource Block: 12×7 = 84 Resource Elements	资源块： 12×7 = 84 个资源元素
1 slot(T slot = 0.5 ms,7 OFDM Symbols)	1 个时隙（T 时隙= 0.5 ms，7 个 OFDM 符号）
Time	时间
12 subcarriers = 180 kHz	12 个子载波= 180 kHz
Frequency	频率

　　分配给 4G-LTE 的频段和各个地区（北美、亚太地区等）的监管法规有关。每个频段都有一组由 3GPP 和 ITU 开发和批准的标准。频段在 FDD 和 TDD 区域之间划分，并具有业界常用的通用名称首字母缩写，如 Advanced Wireless Service 缩写为 AWS。表 7-3 和表 7-4 分别显示了北美地区 FDD 和 TDD 频段的划分。

表 7-3 4G-LTE 频分双工（FDD）频段分配和北美运营商所有权

频段	双工	频率/MHz	通用名称	北美地区	带宽/MHz	双工空间/MHz	频段间隔/MHz
1	FDD	2100	IMT		60	190	130
2	FDD	1900	PCS blocks A-F	是	60	80	20
3	FDD	1800	DCS		75	95	20
4	FDD	1700	AWS blocks A-F[AWS-1]	是	45	400	355
5	FDD	850	CLR	美国（AT&T, U.S.Cellular）	25	45	20
6	FDD				10	35	25
7	FDD	2600	IMT-E	加拿大（Bell, Rogers, Telus）	70	120	50
8	FDD	900	E-GSM		35	45	10
9	FDD	1700			35	95	60
10	FDD	1700	Extended AWS blocks A-1		60	400	340
11	FDD	1500	Lower PDC	加拿大（Bell），关岛（iConnect）等	20	48	28
12	FDD	700	Lower SMH blocks A/B/C	美国（Verizon），加拿大（Bell, EastLink）等	18	30	12
13	FDD	700	Upper SMH block C	美国（FirstNet）	10	-31	41
14	FDD	700	Upper SMH block D		10	-30	40
15	FDD	2000			20	700	680
16	FDD	700			15	575	560
17	FDD	700	Lower SMH blocks B/C	加拿大（Rogers），关岛（NTT），美国（AT&T）	12	30	18
18	FDD	850	Japan lower 800		15	45	30
19	FDD	850	Japan upper 800		15	45	30

续表

频段	双工	频率/MHz	通用名称	北美地区	带宽/MHz	双工空间/MHz	频段间隔/MHz
20	FDD	800	EU Digital Dividend		30	-41	71
21	FDD	1500	Upper PDC		15	48	33
22	FDD	3500		美国（Ligado Networks）	90	100	10
23	FDD	2000			20	180	160
24	FDD	1600	L-Band（美国）		34	-101.5	135.5
25	FDD	1900	Extended PCS blocks A-G	美国（Sprint）	65	80	15
26	FDD	850	Extended CLR	美国（Sprint）	30/40		10
27	FDD	800	SMR		17	45	28
28	FDD	700	APT		45	55	10
29	FDD[A1]	700	Lower SMH blocks D/E	美国（AT&T）	11	n/a	
30	FDD	2300	WCS blocks A/B	美国（AT&T）	10	45	35
31	FDD	450			5	10	5
32	FDD[A1]	1500	L-Band（欧盟）		44	n/a	
65	FDD	2100	Extended IMT		90	190	
66	FDD	1700	Extended AWS blocks A-J	加拿大（Freedom Mobile）	90/70	400	
67	FDD[A1]	700	EU 700		20	n/a	
68	FDD	700	ME 700		30	55	
69	FDD[A1]	2600	IMT-E（双工间隔）		50	n/a	
70	FDD	2000	AWS-4	美国（DISH）	25/15	300	
71	FDD	600	US Digital Dividend	美国（T-Mobile）			

表 7-4　适用于北美和北美运营商的 4G-LTE 时分双工（TDD）频段分配

频　段	双　　工	频率/ MHz	通 用 名 称	北 美 地 区	分配/ MHz	带宽/ MHz
33	TDD	2100	IMT		1900～1920	20
34	TDD	2100	IMT		2010～2025	15
35	TDD	1900	PCS（上行链路）		1850～1910	60
36	TDD	1900	PCS（下行链路）		1930～1990	60
37	TDD	1900	PCS（双工间隔）		1910～1930	20
38	TDD	2600	IMT-E（双工间隔）		2570～2620	50
39	TDD	1900	DCS-IMT 间隔		1880～1920	40
40	TDD	2300			2300～2400	100
41	TDD	2500	BRS/EBS	美国（Sprint）	2496～2690	194
42	TDD	3500			3400～3600	200
43	TDD	3700			3600～3800	200
44	TDD	700	APT		703～803	100
45	TDD	1500	L-Band（中国）		1447～1467	20
46	TDD	5200	U-NII		5150～5925 （非授权）	775
47	TDD	5900	U-NII-4（V2X）		5855～5925 （非授权）	70
48	TDD	3600	CBRS		3550～3700	150

　　LTE 也已开发为可在非授权频谱中使用。最初是高通的提案，它将在 5 GHz 频段和 IEEE 802.11a 上运行，目的是将其用作 Wi-Fi 热点的替代方案。此介于 5150 MHz 和 5350 MHz 之间的频带通常要求无线电以最大 200 mW 的功率运行，并且仅在室内运行。迄今为止，只有 T-Mobile 支持在美国区域内无须授权许可使用 LTE。AT&T 和 Verizon 正在使用 LAA 模式进行公开测试。蜂窝电话最常见的非授权频谱使用有以下方面。

❑　非授权 LTE（LTE Unlicensed，LTE-U）：如前文所述，这将与 Wi-Fi 设备共存于 5 GHz 频段。LTE 的控制信道将保持不变，而语音和数据将迁移到 5 GHz 频段。LTE-U 中的概念是用户设备只能支持无须授权频段或全双工中的单向下行链路。

❑　授权辅助访问（Licensed-Assisted Access，LAA）：类似于 LTE-U，但由 3GPP 组织管理和设计。它使用一种称为先听后说（Listen-Before-Talk，LBT）的竞争协议来协助与 Wi-Fi 共存。

ℹ️ **注意:**

还有一项称为 Multifire 的新的无须授权许可的技术也是非授权频谱中的一种选择。Multifire 是 LTE-U 和 LAA 等 5 GHz 空间中 LTE 的一种形式,但是 Multifire 不需要锚定在授权频段中,这意味着没有任何商业运营商(如 AT&T 或 Verizon)管理该通信。由于运营商不在价值链中,因此数据传输和数据所有权的经济效益状况发生了变化,因为大公司可以仅使用无须授权许可的频率来构建和管理自己的蜂窝网络。

Multifire 使用与 LAA 相同的先听后说(LBT)共存技术。实际上,Multifire 将需要依靠小型蜂窝来提供覆盖范围(类似于 Wi-Fi 接入点)。Multifire 的另一个好处是 Wi-Fi 可以在全球范围内使用该频段,并且可以确保区域之间的一致性。

7.1.5 关于 4G-LTE 拓扑和架构

3GPP LTE 架构被称为系统架构演进(System Architecture Evolution,SAE),其总体目标是提供一种基于全 IP 流量的简化架构。它还支持无线访问网络(Radio Access Network,RAN)上的高速通信和低延迟。在 3GPP 路线图的版本 8 中引入了 LTE。由于网络完全由 IP 数据包交换组件组成,因此语音数据也将作为数字 IP 数据包发送出去。这是与传统 3G 网络的另一个根本区别。

ℹ️ **注意:**

3G 拓扑用于语音和短信(SMS)流量的电路交换以及数据的分组交换。电路交换与分组交换有根本上的不同。电路交换(Circuit Switching)来自原始电话交换网络。在通信期间,它将在源节点和目标节点之间使用专用通道和路径。在分组交换(Packet Switching)网络中,消息将被分解成较小的片段(在 IP 数据的情况下称为分组),并将寻求从数据源到目标的最有效路由。封装该包(Packet)的报头(Header)将提供目的地信息等。

典型的 4G-LTE 网络具有 3 个组成部分:客户端(Client)、无线电网络(Radio Network)和核心网络(Core Network)。客户端就是用户的无线电设备。无线电网络代表客户端与核心网络之间的前端通信,并且包括诸如信号塔之类的无线电设备。核心网络代表运营商的管理和控制接口,可以管理一个或多个无线电网络。

该架构可以分解如下。

❑ 演进通用陆地无线接入网络(Evolved Universal Terrestrial Radio Access Network,E-UTRAN):是到 LTE UE 设备的 4G-LTE 空中接口。E-UTRAN 将 OFDMA 用于下行链路部分,还将 SC-FDMA 用于上行链路,结果使其与传统的 3G WCDMA 技术不兼容。E-UTRAN 由 eNodeB 组成,可以包含若干个通过称为

X2 接口的通道互连的 e-NodeB。

❑ eNodeB：是无线电网络的核心，处理用户设备（UE）与核心（EPC）之间的通信。每个 eNodeB 是一个基站，用于控制一个或多个蜂窝区域中的 eUE，并以 1 ms 的块（称为 TTI）将资源分配给特定客户端。它将基于使用条件将信道资源分配给其蜂窝小区附近的各个用户设备。eNodeB 系统还负责触发从空闲状态到已连接状态的状态转换；处理用户设备的移动性，如切换到其他 eNodeB；负责传输和拥塞控制。从 eNodeB 到 EPC 的接口是 S1 接口。

❑ 用户设备（User Equipment，UE）：是客户端硬件，由执行所有通信功能的移动终端（Mobile Terminal，MT）、管理终端数据流的终端设备（Terminal Equipment，TE）和通用集成电路卡（Universal Integrated Circuit Card，UICC）组成，UICC 是用于身份管理的 SIM 卡。

❑ 演进型分组核心（Evolved Packet Core，EPC）：在 LTE 的设计中，3GPP 决定构建一种扁平架构，并将用户数据（称为 User Plane，即用户平面）和控制数据（称为 Control Plane，即控制平面）分开。这样可以允许更有效的扩展。EPC 具有以下 5 个基本组成部分。

　　➢ 移动性管理设备（Mobility Management Equipment，MME）：负责控制平面流量、身份验证和安全性、位置和跟踪以及移动性问题处理程序。MME 还需要识别 IDLE 模式下的移动性，这是通过使用跟踪区域（Tracking Area，TA）代码做到的。MME 还负责非接入层（Non-Access Stratum，NAS）信令和承载控制（下文将有介绍）。

　　➢ 归属用户服务器（Home Subscriber Server，HSS）：是与移动性管理设备（MME）关联的中央数据库，其中包含有关网络运营商用户的信息，可能包括密钥、用户数据、计划中的最大数据速率、订阅等。HSS 是 3G UMTS 和 GSM 网络保留下来的控制层的重要组成部分。

　　➢ 服务网关（Servicing Gateway，SGW）：负责用户平面和用户数据流。本质上，它将充当路由器，直接在 eNodeB 和 PGW 之间转发数据包。SGW 之外的接口称为 S5/S8 接口。如果两个设备在同一网络上，则使用 S5；如果两个设备在不同的网络上，则使用 S8。

　　➢ 公共数据网络网关（Public data network Gateway，PGW）：将移动网络连接到外部资源，包括 Internet 或其他公共数据网络（PDN）。它还可以为连接的移动设备分配 IP 地址。PGW 管理各种 Internet 服务（如视频流和 Web 浏览）的服务质量（Quality of Service，QoS）。它使用称为 SGi 的接口来访问各种外部服务。

    ➥ 策略控制和计费规则功能（Policy Control and charging Rules Function，PCRF）：是另一个存储策略和决策规则的数据库。它还控制基于流量的计费功能。

  ❑ 公共数据网络（Public Data Network，PDN）：是外部接口，大部分都是连接Internet，可以包括其他服务、数据中心、私有服务等。

  在 4G-LTE 服务中，客户将拥有称为公共陆地移动网络（Public Land Mobile Network，PLMN）的运营商。如果用户在该运营商的 PLMN 中，则称他在本地 PLMN（Home-PLMN）中。如果用户移动到其本地网络之外的其他 PLMN（例如，在国际旅行期间），则新的网络称为受访 PLMN（Visited-PLMN）。用户将其用户设备（EU）连接到受访 PLMN，这需要新网络上的 E-UTRAN、MME、SGW 和 PGW 资源。公共数据网络网关（PGW）可以授予对 Internet 的本地突破（网关）的访问权限。实际上，这也是漫游费用开始影响服务计划的地方。漫游费用由受访 PLMN 收取，并计入客户的账单中。图 7-4 说明了此架构。左侧的图是 4G-LTE 的 3GPP 系统架构演进的顶层视图。在这种情况下，它代表客户端 UE、无线节点 E-UTRAN 和核心网络 EPC，它们都驻留在 Home-PLMN 中。右侧图形是移动客户端迁移到受访 PLMN 并在受访 PLMN E-UTRAN 和 EPC 之间分配功能以及回传到本地网络的模型。如果客户端和运营商位于同一网络上，则使用 S5 互连；如果客户端跨越不同的网络，则使用 S8 接口。

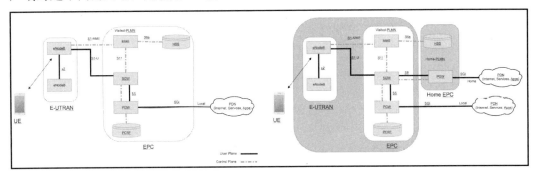

图 7-4　4G-LTE 架构顶层视图和 3GPP 系统架构

左：4G-LTE 架构的顶层视图。右：3GPP 系统架构

原　　文	译　　文
User Plane	用户平面
Control Plane	控制平面

  MME 中提到了非接入层（Non-Access Stratum，NAS）信令。它是一种在用户设备（UE）和核心节点（如交换中心）之间传递消息的机制，负责传递诸如身份验证消息、更新或附加消息之类的消息。NAS 位于系统架构演进（System Architecture Evolution，

SAE）协议栈的顶部。

GPRS 隧道协议（GPRS Tunneling Protocol，GTP）是 LTE 中使用的基于 IP/UDP 的协议。GTP 在整个 LTE 通信基础架构中用于控制数据、用户数据和计费数据。在图 7-4 中，大多数以 S 开头的通道的连接组件都使用 GTP 数据包。

LTE 架构和协议栈使用所谓的承载（Bearer）层。承载是一种虚拟概念，用于提供管道以将数据从一个节点传送到另一个节点。公共数据网关（PGW）和用户设备（UE）之间的管道称为 EPS 承载（EPS Bearer）。当数据从 Internet 进入 PGW 时，它将把数据打包为 GTP-U 数据包并将其发送到服务网关（SGW）。SGW 将接收该数据包，剥离 GTP-U 标头，并在将其发送到 eNB 的途中将用户数据重新打包为新的 GTP-U 数据包。eNB 将重复该过程，并将在压缩、加密和路由到逻辑信道后重新打包用户数据。然后，该消息将通过无线电承载发送到 UE。承载带给 LTE 的优势之一是服务质量（QoS）控制。通过使用承载层，基础设施可以保证某些比特率，这具体取决于客户、应用程序或使用情况。

当用户设备（UE）首次连接到蜂窝网络时，将为其分配默认承载（Default Bearer）。每个默认承载都有一个 IP 地址，一个 UE 可能有若干个默认承载，每个都有唯一的 IP。这是一项尽力而为服务（Best-Effort-Service），这意味着它不会用于类似保证 QoS 的语音。在这种情况下，专用承载（Dedicated Bearer）可用于提高 QoS 和提供良好的用户体验。当默认承载不能履行服务时，专用承载将启动。专用承载始终位于默认承载层的上面。典型的智能手机可能随时运行以下承载。

❑　默认承载 1：消息和 SIP 信令。

❑　专用承载：链接到默认承载 1 的语音数据（VOIP）。

❑　默认承载 2：所有智能手机数据服务，如电子邮件、浏览器。

LTE 的交换方面也值得一提。我们研究了从 1G 到 5G 的 3GPP 演进的不同年代。3GPP 和运营商有一个目标是转向一种标准的、公认的 IP 语音（Voice Over IP，VOIP）解决方案。不仅数据将通过标准 IP 接口发送，语音也将通过它发送。在竞争方法之间进行了一些争论之后，标准组织决定将 VoLTE 作为架构。VoLTE 使用会话发起协议（Session Initiation Protocol，SIP）的扩展变体来处理语音和文本消息。被称为自适应多速率（Adaptive Multi-Rate，AMR）编解码器的编解码器可提供宽带高质量的语音和视频通信。稍后我们将研究新的 3GPP LTE 类别，这些类别将删除 VoLTE 以支持物联网部署。

🛈 注意：

必须注意的是，LTE 只是移动宽带的两个标准之一，另外一个则是无线移动 Internet 访问（Wireless Mobility Internet Access，WiMAX）。WiMAX 是基于 IP 的宽带 OFDMA 通信协议。WiMAX 基于 IEEE 802.16 标准，由 WiMAX Forum 管理。WiMAX 处于频谱的 2.3 GHz 和 3.5 GHz 范围内，但可以达到 2.1 GHz 和 2.5 GHz 范围，这和 LTE 是一样

的。在 LTE 大行其道之前，WiMAX 就已经被商业引入，是 Sprint 和 Clearwire 在高速数据方面的选择。

当然，WiMAX 仅在商业用途方面比较有优势，而 LTE 通常则更加灵活并被广泛采用。LTE 也在缓慢发展，以保持与旧基础架构和技术的向后兼容性，而 WiMAX 则用于新的部署。WiMAX 确实在设置和安装的易用性方面比 LTE 更具优势，但是 LTE 胜在带宽优势，而带宽将最终定义移动革命。

7.1.6　关于 4G-LTE E-UTRAN 协议栈

4G-LTE 协议栈具有与 OSI 模型的其他派生模型相似的特征。但是，如图 7-5 所示，4G-LTE 协议栈还有 4G 控制平面的其他特征。一个区别是无线电资源控制（Radio Resource Control，RRC）在整个协议栈中具有广泛的覆盖范围，这称为控制平面（Control Plane）。该控制平面具有两种状态：空闲（Idle）和已连接（Connected）。当空闲时，UE 将在与小区（Cell）关联之后在小区中等待，并且可以监视寻呼信道（Paging Channel，PCH）以检测传入呼叫或系统信息是否针对它。在已连接模式下，UE 将在相邻小区上建立下行链路信道和信息。E-UTRAN 将使用该信息找到当时最合适的小区。

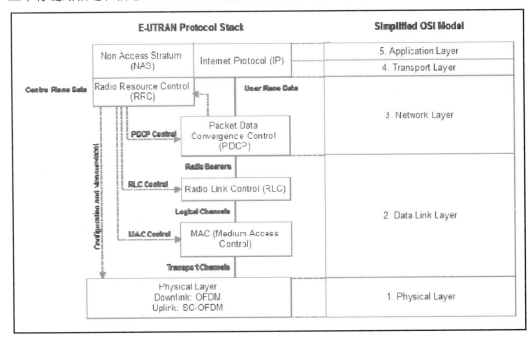

图 7-5　用于 4G-LTE 的 E-UTRAN 协议栈，并与简化的 OSI 模型进行比较

原　　文	译　　文
E-UTRAN Protocol Stack	E-UTRAN 协议栈
Non Access Stratum(NAS)	非接入层（NAS）
Internet Protocol(IP)	互联网协议（IP）
Control Plane Data	控制平面数据
Radio Resource Control(RRC)	无线电资源控制（RRC）
User Plane Data	用户平面数据
Configuration and Measurement	配置和测量
PDCP Control	PDCP 控制
Packet Data Convergence Control(PDCP)	分组数据汇聚控制（PDCP）
RLC Control	RLC 控制
Radio Bearers	无线电承载
Radio Link Control(RLC)	无线电链路控制（RLC）
MAC Control	MAC 控制
Logical Channels	逻辑通道
MAC(Medium Access Control)	MAC（媒体访问控制）
Transport Channels	传输信道
Physical Layer	物理层
Downlink:OFDM	下行链路：OFDM
Uplink:SC-OFDM	上行链路：SC-OFDM
Simplified OSI Model	简化的 OSI 模型
5. Application Layer	5．应用层
4. Transport Layer	4．传输层
3. Network Layer	3．网络层
2. Data Link Layer	2．数据链路层
1. Physical Layer	1．物理层

ℹ️ **注意：**

　　控制平面和用户平面的行为也略有不同，并且具有独立的延迟。用户平面通常具有 4.9 ms 的延迟，而控制平面将使用 50 ms 的延迟。

　　该协议栈由以下层和功能组成。

❑　　物理层 1：此层是无线电接口，也称为空中接口（Air Interface），职责包括链路适配（AMC）、功率管理、信号调制（OFDM）、数字信号处理、搜索小区信号、与小区同步、切换控制以及 RRC 层的小区测量等。

❑ 介质访问控制（Medium Access Control，MAC）：类似于其他 OSI 派生的协议栈，执行逻辑通道和传输层之间的映射。MAC 层将各种数据包复用到物理层的传输块（Transport Block，TB）上。其他职责还包括调度报告、纠错、信道优先级和管理多个用户设备（UE）等。

❑ 无线电链路控制（Radio Link Control，RLC）：RLC 传输上层 PDU，通过 ARQ 执行纠错，并处理数据包的级联/分段。此外，它还提供逻辑通道接口，检测重复的数据包并执行接收数据的重组。

❑ 分组数据汇聚控制协议（Packet Data Convergence Control Protocol，PDCP）：该层负责分组压缩和解压缩。PDCP 还通过反馈到 RRC 来管理用户平面数据以及控制平面数据的路由。在此层中处理重复 SDU 的管理（如在切换过程中）。其他功能包括加密和解密、完整性保护、基于计时器的数据丢弃以及通道重建。

❑ 无线电资源控制（Radio Resource Control，RRC）：RRC 层可将系统信息广播到所有层，包括非接入层（NAS）和接入层（AS）。它管理安全密钥、配置和无线电承载的控制。

❑ 非接入层（Non-Access Stratum，NAS）：表示控制平面的最高层，是用户设备（UE）和移动性管理设备（MME）之间的主要接口，主要职责是会话管理，因此 UE 的移动性在此级别建立。

❑ 接入层（Access Stratum，AS）：是 NAS 之下的一层，其目的是在 UE 和无线电网络之间传送非无线电信号。

7.1.7　关于 4G-LTE 地理区域、数据流和切换过程

在考虑蜂窝切换过程之前，我们需要首先定义本地周边区域和网络标识。LTE 网络中存在 3 种类型的地理区域。

❑ 移动性管理设备池区（MME Pool Area）：定义为用户设备（UE）可以移动而无须更改服务 MME 的区域。

❑ 服务网关服务区域（SGW Service Areas）：定义为一个或多个服务网关（SGW），将继续为 UE 提供服务的区域。

❑ 跟踪区域（Tracking Areas，TA）：这些区域定义了由不重叠的小型 MME 和 SGW 区域组成的子区域。它们用于跟踪处于待机模式的用户设备（UE）的位置。这对于切换（Handover）至关重要。

4G-LTE 网络中的每个网络都必须是唯一可识别的，这些服务才能正常工作。为了帮助识别网络，3GPP 使用的网络 ID 包括以下代码。

❑ 移动国家/地区代码（Mobile Country Code，MCC）：网络所在国家/地区的三位数标识（例如，加拿大为 302）。

❑ 移动网络代码（Mobile Network Code，MNC）：指示运营商的两位或三位数字值（例如，Rogers Wireless 为 720）。

每个运营商还需要唯一标识其使用和维护的每个移动性管理设备（MME）。在相同的网络中，本地需要 MME，而当设备移动和漫游以查找本地网络时，也需要全球范围内的 MME。每个 MME 都有 3 个身份。

❑ MME 标识符（MME Identifier）：将在网络中定位特定 MME 的唯一 ID，由以下两个字段组成。

➢ MME 代码（MME Code，MMEC）：标识了属于前面提到的同一池区的所有 MME。

➢ MME 组标识（MME Group Identity，MMEI）：定义 MME 的组或群集。

❑ 全局唯一 MME 标识符（Globally Unique MME Identifier，GUMMEI）：是 PLNM-ID 和先前描述的 MMEI 的组合。该组合形成一个标识符，可以位于任何网络的全局任何位置。

跟踪区域标识（Tracking Area Identity，TAI）允许从任何位置全局跟踪 UE 设备，是 PLMN-ID 和跟踪区域代码（Tracking Area Code，TAC）的组合。TAC 是小区覆盖区域的特定物理子区域。

小区 ID 的构成组合包括能够识别网络中小区的 E-UTRAM 小区标识（E-UTRAM Cell Identity，ECI）、能够标识世界上任何地方的小区的 E-UTRAN 小区全局标识符（E-UTRAN Cell Global Identifier，ECGI）和物理小区标识（0～503 的整数值），用于将其与另一个相邻的用户设备区分开。

切换过程涉及将呼叫或数据会话从小区网络中的一个信道转移到另一信道。如果客户端正在移动，那么这种切换是明显需要的；如果基站已达到其容量并正在迫使某些设备重定位到同一网络中的另一个基站，那么这样的切换也可以被鼓励。这称为 LTE 内切换（Intra-LTE Handover）。漫游期间，运营商之间也可能发生切换，称为 LTE 间切换（Inter-LTE Handover）。还可以切换到其他网络，称为 RAT 间切换（Inter-RAT Handover），如在蜂窝信号和 Wi-Fi 信号之间切换。

如果切换存在于同一网络中（LTE 内切换），则两个 eNodeB 将通过 X2 接口进行通信，而核心网络 EPC 则不参与该过程。如果 X2 不可用，则需要由 EPC 通过 S1 接口管理切换。无论是哪一种情况，源 eNodeB 都会发起交易请求。如果客户端要执行的是 LTE 间切换，则切换过程会更加复杂，因为它涉及两个移动性管理设备（MME）：源（S-MME）和目标（T-MME）。

如图 7-6 中的一系列步骤所示，该过程允许无缝切换。首先，源 eNodeB 将基于容量或客户端的移动来决定实例化切换请求。eNodeB 通过向用户设备（UE）广播 MEASUREMENT CONTROL REQ UEST（测量控制请求）消息来做到这一点。这些是达到特定阈值时发出的网络测量报告。在 X2 传输承载在源 eNodeB 和目标 eNodeB 之间进行通信的情况下，创建了直接隧道设置（Direct Tunnel Setup，DTS）。如果 eNodeB 确定启动切换是合适的，那么它将找到目标 eNodeB 并通过 X2 接口发送 RESOURCE STATUS REQUEST（资源状态请求），以确定目标是否可以接受切换，并使用 HANDOVER REQUEST（切换请求）消息启动切换。

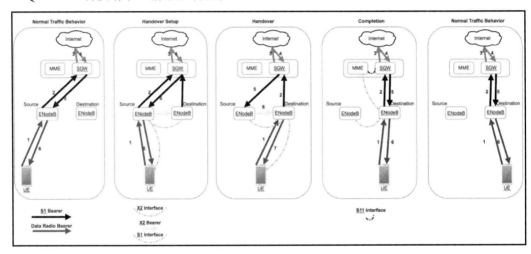

图 7-6　两个 eNodeB 之间的 LTE 内切换示例

原　　文	译　　文	原　　文	译　　文
Normal Traffic Behavior	正常通信流	X2 Interface	X2 接口
Source	源	X2 Bearer	X2 承载
Destination	目标	S1 Interface	S1 接口
S1 Bearer	S1 承载	Handover	切换
Data Radio Bearer	数据无线电承载	Completion	完成切换
Handover Setup	切换设置	S11 Interface	S11 接口

目标 eNodeB 将为新连接准备资源。源 eNodeB 将分离客户端 UE。从源 eNodeB 到目标 eNodeB 的直接数据包转发可确保不会丢失传输中的数据包。接下来，通过使用目标 eNodeB 和 MME 之间的 PATH SWITCH REQUEST（路径切换请求）消息来完成切换，以通知其 UE 已更改小区。S1 承载和 X2 传输承载将被释放，因为此时已经没有残留数据包流向 EU 客户端。

提示：

　　许多使用 4G-LTE 的物联网网关设备允许在单个设备网关或路由器上提供多个运营商（如 Verizon 和 ATT）。这样的网关可以在运营商之间无缝切换，而不会丢失数据。这是基于移动和运输的物联网系统（如物流、紧急救援车辆和资产跟踪）的重要特征。切换允许此类移动系统在运营商之间迁移，以实现更好的覆盖范围和更高的速率。

7.1.8 关于 4G-LTE 报文结构

　　LTE 数据包的帧结构与其他 OSI 模型相似。图 7-7 说明了从 PHY 到 IP 层的数据包分解。 IP 数据包被封装在 4G-LTE 层中。

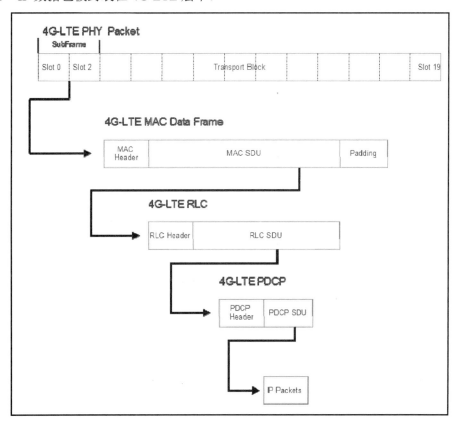

图 7-7　4G-LTE 数据包的结构

IP 数据包在 PDCP SDU 中经过重组，并通过 RLC、MAC 和 PHY 层进行流处理。

PHY 从 MAC 层创建传输块的时隙和子帧

原　　文	译　　文	原　　文	译　　文
4G-LTE PHY Packet	4G-LTE PHY 数据包	MAC Header	MAC 报头
SubFrame	子帧	RLC Header	RLC 报头
Transport Block	传输块	PDCP Header	PDCP 报头
4G-LTE MAC Data Frame	4G-LTE MAC 数据帧	IP Packets	IP 数据包

7.1.9　LTE Cat-0、Cat-1、Cat-M1 和 Cat-NB

物联网设备到互联网的连通性与典型的基于消费者的蜂窝设备（如智能手机）不同。智能手机主要是通过下行链路从互联网提取信息。一般来说，这些数据很大，并且是实时流式传输的，如视频数据和音乐数据。而在物联网部署中，数据可能非常稀疏，并且突发时间很短。大多数情况下，都是由设备生成数据并在上行链路上传输。LTE 的发展已在构建针对移动消费者的蜂窝基础设施和商业模型方面取得了进展，新的转变则是要满足物联网生产者的需要，他们需要通过边缘设备来传输数据，而物联网边缘设备的数量显然是消费者的数量所不能比拟的。下面内容将详细介绍低功耗广域网（Low Power Wide Area Network，LPWAN），尤其是 LPWAN 的 LTE 变体。它们适用于物联网部署，并且功能各不相同。

直到第 13 版，适用于典型物联网设备的最低数据速率标准都是 Cat-1。随着移动革命要求更高的速度和服务，Cat-1 在 3G 和 4G 的时代中也逐渐被忽略。版本 12 和版本 13 满足了物联网设备对低成本、低功耗、稀疏传输和范围扩展的要求。

💡 提示：

这些协议在设计上的一个共同特点是它们都与现有的蜂窝硬件基础设施兼容。但是，要启用新功能，必须对基础设施进行协议栈的软件更改。如果不进行此类更改，Cat-0、Cat-M1 和 Cat-NB UE 甚至都看不到网络。物联网架构师需要确保他们打算部署设备的蜂窝基础设施已经更新，以支持这些标准。

Cat-1 在市场上尚未获得明显的吸引力，所以下文我们将不会过多地介绍该规范，因为有些资料与之前讨论的 4G-LTE 相似。

1. LTE Cat-0

Cat-0 在版本 12 中引入，是 Cat-1 之外针对物联网需求的第一个架构。与许多其他 LTE 规范一样，该设计也是基于 IP 的，并在需要授权许可的频谱中运行。与 Cat-1 下行链路 10 Mbps、上行链路 5 Mbps 的速率相比，Cat-0 的显著区别在于其峰值数据速率（均为 1 Mbps）。而与此同时，其信道带宽保持在 20 MHz，数据速率的降低大大简化了设计并降低了成本。此外，从全双工架构转换为半双工架构也进一步强化了其成本和功耗优势。

　　一般来说，LTE 协议栈的 NAS 层在为用户设备（UE）服务方面没有太大作用。在 Cat-0 中，3GPP 架构师更改了 NAS 功能，以帮助在 UE 级别节省功率。Cat-0 在 LTE 规范中引入了节电模式（Power Save Mode，PSM），以解决硬性功耗限制。在传统的 LTE 设备中，调制解调器将一直维持连接到蜂窝网络，这意味着无论设备处于活动、空闲还是睡眠状态，都要消耗功率。为了防止连接电源开销，设备可以断开连接，并断开与网络的关联，但是这会导致出现 15～30 s 的重新连接和搜索阶段。节电模式（PSM）允许调制解调器在任何不进行主动通信时都进入非常深的睡眠状态（虽然很快就会被唤醒）。它通过定期执行跟踪区域更新（Tracking Area Update，TAU）并通过在可编程的时间段内的寻呼来保持可达性。本质上，物联网设备可以进入 24 h 的空闲时间，每天唤醒一次以在保持连接状态下广播所有传感器数据。设置这些单独计时器的所有协商都通过 NAS 级别的更改进行管理，并且通过设置以下两个计时器相对容易地实现。

- ❑　T3324：用户设备（UE）处于空闲模式的时间。如果物联网设备应用程序确定没有待处理的消息，则可以减小计时器的值。
- ❑　T3412：一旦 T3324 计时器到期，设备将进入节电模式（PSM），该节电时间段由 T3412 设置。设备将处于最低能量状态，不能参与寻呼或网络信令。但是，设备会保留所有的 UE 状态（承载、身份）。最长允许时间为 12.1 d。

🔘 提示：

　　当使用节电模式（PSM）或其他高级电源管理模式时，测试与电信运营商基础设施的合规性是比较明智的。一些小区系统需要每 2～4 h 对 UE 进行一次 ping。如果运营商失去连接的时间超过 2～4 h，则他们可能会认为该 UE 无法到达并脱离。

　　有关 Cat-0 的讨论和设备采用都比较少，并且增长也很有限。Cat-0 的大多数新功能都已包含在 Cat-1 和其他协议中。

2. LTE Cat-1

　　LTE Cat-1 重用了与 Cat-4 相同的芯片组和运营商基础架构，因此可以在全美国的 Verizon 和 AT&T 基础设施上使用。Cat-1 在 M2M 行业中具有重要的市场吸引力。该规范是版本 8 的一部分，后来进行了更新，以支持节能模式和 Cat-0 的单根 LTE 天线。

　　Cat-1 被认为是中速 LTE 标准，这意味着其下行链路为 10 Mbps，上行链路为 5 Mbps。以这些速率，它仍然能够传输语音和视频流以及 M2M 和物联网数据有效载荷。通过采用 Cat-0 节电模式和天线设计，Cat-1 能够以比传统 4G-LTE 更低的功率工作。设计无线电和电子设备的成本也大大降低。

Cat-1 目前是物联网和 M2M 设备中覆盖范围最广、功耗最低的蜂窝连接的最佳选择。尽管比常规的 4G-LTE 慢得多（Cat-1 下行链路的速率只有 10 Mbps，而 4G-LTE 下行链路的速率为 300 Mbps），但可以根据需要将无线电设计为回退到 2G 和 3G 网络。Cat-1 通过合并时间切片来降低设计复杂性，这也大大降低了速度。

可以将 Cat-1 视为对较新的窄带协议的补充，下文在谈到 LTE Cat-NB 时将会继续介绍。

3. LTE Cat-M1（eMTC）

Cat-M1，又称增强型机器类型通信（enhanced Machine-Type Communication，eMTC），有时也称为 Cat-M，它旨在针对具有低成本、低功耗和范围增强功能的物联网和 M2M 用例。Cat-M1 在 3GPP 版本 13 时间表中发布，是 Cat-0 架构的优化版本，最大的不同是信道带宽从 20 MHz 降低到 1.4 MHz。从硬件的角度来看，减少信道带宽可以放松时序约束、功耗和电路。与 Cat-0 相比，其成本也降低多达 33%，因为该电路不需要管理 20 MHz 的宽频谱。另一个重大变化是发射功率从 23 dB 降低到 20 dB。由于发射功率的降低，也无须外部功率放大器，从而进一步降低了成本，并实现了单芯片设计。另一方面，即使降低了发射功率，其覆盖范围也可提高+20 dB。

Cat-M1 遵循其他基于 IP 的最新 3GPP 协议。尽管不是 MIMO 架构，但吞吐量在上行链路和下行链路上的能力均为 375 kbps 或 1 Mbps。该架构允许移动性，并且可以合理地应用于车载或 V2V 通信。由于其带宽足够，因此也可以使用 VoLTE 进行语音通信。通过传统的 SC-FDMA 算法，在 Cat-M1 网络上允许使用多个设备。此外，Cat-M1 还利用了更复杂的功能，如跳频和 Turbo 编码。

电源在物联网边缘设备中至关重要。Cat-M1 最显著的功率降低特性是传输功率的变化。如上所述，3GPP 组织将传输功率从 23 dB 降低到 20 dB。功率的降低并不一定意味着范围的减小。蜂窝塔将重播数据包 6～8 次，这是为了确保在特别有问题的区域接收。Cat-M1 无线电一旦收到无误包，便可以关闭接收。

另一个省电功能是扩展不连续接收（extended Discontinuous Receive，eDRX）模式，该模式允许寻呼周期之间的睡眠时间为 10.24 s。这显著降低了功率，并使用户设备（UE）可以睡眠若干个超帧（Hyper-Frame，HF），每个超帧为 10.24 s，并且超帧数量可以通过编程的方式指定。设备进入此扩展睡眠模式最长可达 40 min，这样可使无线电的空闲电流低至 15 μA。

其他降低功耗的功能和特性还包括以下方面。

❑　Cat-0 和版本 13 中引入的节电模式（PSM）。
❑　放松相邻小区的测量和报告周期。如果物联网设备静止不动或移动缓慢（如建筑物中的传感器、饲养场中的牛身上佩戴的设备等），则可以调整呼叫基础设施以限制控制消息。

❑ 用户和控制平面 CIoT EPS 优化是 E-UTRAN 协议栈中无线电资源控制（RRC）的一部分。在普通的 LTE 系统中，每次 UE 从 IDLE 模式唤醒时，都必须创建一个新的 RRC 上下文。当设备仅需要发送有限数量的数据时，会消耗大量功率。使用 EPS 优化，可以保留 RRC 的上下文。

❑ TCP 或 UDP 数据包的报头压缩。

❑ 减少长时间睡眠后的同步时间。

🔵 提示：

接下来我们将介绍 Cat-NB。市场已经意识到，与所有其他协议（如 Cat-M1）相比，Cat-NB 的功耗和成本都大大降低。这在一定程度上是正确的，物联网架构师必须了解用例并仔细选择正确的协议。例如，如果使 Cat-NB 和 Cat-M1 之间的发射功率保持恒定，那么将会看到 Cat-M1 的覆盖范围增益为 8 dB。

另一个例子则和功率有关。Cat-M1 和 Cat-NB 具有相似且激进的电源管理功能，而 Cat-M1 将使用较少的电源来处理更大的数据量。Cat-M1 可以比 Cat-NB 更快地传输数据，并且可以更快地进入深度睡眠状态。这与蓝牙 5 用来降低功耗的概念相同，只需通过更快地发送数据然后进入睡眠状态即可。另外，截至本书撰写时，Cat-M1 已经上市，而 Cat-NB 则尚未进入美国市场。

4．LTE Cat-NB

Cat-NB，也称为 NB-IoT、NB1 或窄带物联网（Narrow Band IoT），是由 3GPP 在版本 13 中管理的另一个 LPWAN 协议。与 Cat-M1 一样，Cat-NB 在需要授权许可的频谱中运行。它和 Cat-M1 的其他共同点还包括：目标都是为减少功耗（争取达到 10 年电池寿命）、扩大覆盖范围（+20 dB）并降低成本（每个模块 5 美元）。 Cat-NB 基于演进分组系统（Evolved Packet System，EPS）和对蜂窝物联网（Cellular Internet of Things，CIoT）的优化。由于其信道甚至比 1.4 MHz Cat-M1 还窄得多，因此采用简单的模数转换器和数模转换器设计可以进一步降低成本和功耗。

Cat-NB 和 Cat-M1 之间的重大差异包括以下方面。

❑ 极窄的信道带宽：Cat-M1 将信道宽度减小到 1.4 MHz，出于相同的原因（降低成本和功率），Cat-NB 将信道宽度进一步减小到 180 kHz。

❑ 不支持 VoLTE：由于通道宽度太窄，因此没有语音或视频流量的容量。

❑ 无移动性：Cat-NB 不支持切换（Handover）功能，必须保持与单个小区的关联或保持静止。这对于大多数受保护和固定的物联网传感器仪器来说是一个不错的选择。这包括切换到其他小区和其他网络。

除了上述显著差异之外，Cat-NB 基于 OFDMA（下行链路）和 SC-FDMA（上行链路）复用，并使用相同的子载波间隔和符号持续时间。

E-UTRAN 协议栈也与典型的 RLC、RRC 和 MAC 层相同，并且仍基于 IP，但被视为 LTE 的新空中接口。

由于信道宽度非常窄（180 kHz），因此有机会将 Cat-NB 信号"掩埋"在较大的 LTE 信道中，替换 GSM 信道，甚至存在于常规 LTE 信号的保护信道中。这允许在 LTE、WCDMA 和 GSM 部署中保持灵活性。GSM 选项最简单且上市最快。现有 GSM 流量的某些部分可以放置在 WCDMA 或 LTE 网络上。这样可以释放 GSM 运营商的物联网流量。在其频段内可提供大量频谱，因为 LTE 频段远大于 180 kHz 频段。理论上，每个小区最多可以部署 200000 个设备。在此配置中，小区基站将使用 Cat-NB 流量复用 LTE 数据。由于 Cat-NB 架构是一个自包含的网络，并且可以与现有 LTE 基础设施完全连接，因此这完全有可能。最后，使用 Cat-NB 作为 LTE 保护频段是一个独特而新颖的概念。由于该架构重用了相同的 15 kHz 子载波和设计，因此可以使用现有基础架构来完成。

图 7-8 说明了允许信号驻留的位置。

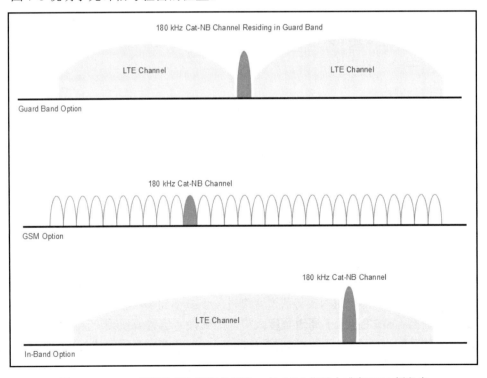

图 7-8　Cat-NB 部署选项包括保护频段、在 GSM 信号内或在 LTE 频段内

原　　文	译　　文
180 kHz Cat-NB Channel Residing in Guard Band	180 kHz Cat-NB 信道驻留在保护频段中
LTE Channel	LTE 信道
Guard Band Option	保护频段选项
180 kHz Cat-NB Channel	180 kHz Cat-NB 信道
GSM Option	GSM 选项
In-Band Option	LTE 频段内选项

　　由于最大耦合损耗（Maximum Coupling Loss，MCL）为 164 dB，因此可以在地下室、隧道、农村地区和开放环境中进行深度覆盖。与标准 LTE 相比，覆盖范围提高 20 dB，是原来的 7 倍。通过第 4 章"通信与信息论"中介绍过的香农-哈特利定理可知，我们可以获得的数据速率是信噪比（SNR）和信道带宽的函数。对于上行链路通信来说，Cat-NB 将在 180 kHz 资源块中为每个用户设备（UE）分配一个或多个 15 kHz 子载波。Cat-NB 可以选择将子载波宽度减小到 3.75 kHz，从而允许更多设备共享空间。但是，必须仔细检查边缘 3.75 kHz 子载波与下一个 15 kHz 子载波之间的干扰电位。

🅣 提示：

　　据笔者了解，数据速率是覆盖范围的函数。Ericcson 对此进行了测试，阐明了覆盖范围和信号强度变化的关系。该关系揭示并解释了为什么延迟可能成为 Cat-NB 的重要问题。

　　在蜂窝小区边界：Coverage（覆盖范围）= + 0dB，Uplink Time（上行链路时间）= 39 ms，Total Transmit Time（总发送时间）= 1604 ms。

　　中等覆盖范围：Coverage = +10 dB，Uplink Time = 553 ms，Total Transmit Time = 3085 ms。

　　最坏的情况：Coverage = +20 dB，Uplink Time = 1923 ms，Total Transmit Time = 7623 ms。

　　资料来源："NB-IOT: a sustainable technology for connecting billions of devices"，Ericcson Technology Review Volume 93, Stockholm, Sweden, #3 2016.

　　Cat-NB 的电源管理与 Cat-M1 非常相似。版本 12 和 13 中的所有电源管理技术也适用于 Cat-NB（包括 PSM、eDRX 和所有其他功能）。

7.1.10　5G

　　5G（或用于新无线电的 5G-NR）是下一代基于 IP 的通信标准，正在起草并旨在取代 4G-LTE。5G 利用了 4G-LTE 的某些技术，但具有实质性差异和新功能。关于 5G 的资料非常多，甚至使目前 Cat-1 和 Cat-M1 的资料都相形见绌。5G 有望在某种程度上为物联网、商业、移动和车辆用例提供强大的功能。5G 还可以改善带宽、延迟、密度和用户成本。

5G 并没有为每个用例构建不同的蜂窝服务和类别，而是尝试将其作为一个单一的全包含标准来为所有应用提供服务。同时，4G-LTE 仍为蜂窝覆盖的主要技术，并将继续发展。5G 不是 4G 的持续发展，它源自 4G，但却是一组新技术。在本节中，我们将仅讨论与物联网用例有关的或有价值的要素，并且它们有可能成为 5G 规范的一部分。

　　5G 的目标是在 2020 年首次推出客户服务，但是大规模部署和采用可能需要数年。5G 的目标和架构仍在不断发展，并且自 2012 年以来一直在发展。5G 拥有 3 个不同的目标，有关详细信息，可参考以下链接：

http://www.gsmhistory.com/5g/

　　5G 技术涵盖的内容很宏大，包括融合的光纤和蜂窝基础设施、使用小型蜂窝小区的超快速移动设备以及降低移动设备的成本壁垒等。ITU-R 批准了国际规范和标准，而 3GPP 则遵循了一系列符合 ITU-R 时间线的标准。3GPP RAN 从版本 14 就已经开始分析研究项目，目的是产生 5G 技术的两阶段版本：第一阶段是在 2018 年完成版本 15，第二阶段是在 2019 年发布版本 19。两者均与 2020 年商业发布的目标保持一致。

ℹ️ **注意：**

　　3GPP 已将 5G 分为非独立（Non-Standalone，NSA）和独立（Standalone，SA）两类。NSA 将使用 LTE 核心，而 SA 将使用 5G 下一代核心。由于最初的市场重点是移动和智能手机用户，因此针对物联网特定用例的 5G 已经相对落后。

　　对于 5G 最终版本应具有的功能的普遍共识如下。
- ❏　增强型移动宽带（enhanced Mobile Broadband，eMBB）。
  - ➢　与现场用户设备（UE）/端点的连接速率应该达到 1～10 Gbps（非理论值）。
  - ➢　全球 100% 的覆盖范围（或感知）。
  - ➢　连接的设备数量应该比 4G-LTE 增加 10～100 倍。
  - ➢　连接的速度为 500 km/h。
- ❏　超可靠和低延迟通信（Ultra-Reliable and Low-Latency Communication，URLLC）。
  - ➢　小于 1 ms 的端到端往返延迟。
  - ➢　99.999% 的可用性（或感知）。
- ❏　大型机器类型通信（massive Machine Type Communication，mMTC）。
  - ➢　每单位面积 1000 倍带宽，这意味着在 1 km^2 中大约有 100 万个节点。
  - ➢　端点物联网节点上的电池寿命长达 10 年。
  - ➢　网络能耗减少 90%。

如图 7-9 所示，是 5G 网络拓扑。从左到右可以看到，5G 网络通过小型蜂窝小区（Small

Cell）和宏小区（Macrocell，也称为宏蜂窝）部署，节点密度为每平方千米 100 万个物联网设备。在室内和家庭使用的是 60 GHz 频率（宏小区使用的是 4 GHz 回程）。该拓扑包括了将控制平面和数据平面分开的双连接（Dual Connectivity）示例，其中两个无线电用于用户数据，而 4 GHz 宏小区则用于控制平面。该拓扑采用设备到设备的连接，包括使用单根 mmWave 天线进行波束成形的大规模 MIMO（Massive-MIMO）。其密度将随着 mmWave 中的小型蜂窝小区的混合而增加，以全面覆盖用户数据。

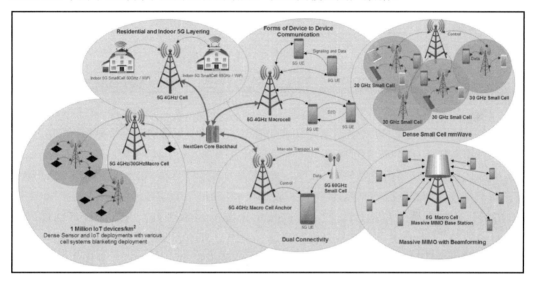

图 7-9　5G 拓扑

原　　文	译　　文
Residential and Indoor 5G Layering	住宅和室内 5G 分层
Indoor 5G SmallCell 60 GHz/WiFi	室内 5G 小型蜂窝小区 60 GHz/WiFi
5G 4 GHz/Cell	5G 4 GHz/蜂窝小区
Forms of Device to Device Communication	设备到设备通信的形式
Signaling and Data	信令与数据
5G 4 GHz Macrocell	5G 4 GHz 宏小区
Control	控制
Data	数据
30 GHz Small Cell	30 GHz 小型蜂窝小区
Dense Small Cell mmWave	密集小型蜂窝小区 mmWave
5G 4 GHz/30 GHz Macro Cell	5G 4 GHz/30 GHz 宏小区
1 Million IoT devices/km^2	每平方千米 100 万个物联网设备

原　　文	译　　文
Dense Sensor and IoT deployments with various cell systems blanketing deployment	密集传感器和物联网部署以及各种蜂窝小区系统覆盖部署
NextGen Core Backhaul	下一代核心回程
Inter-site Transport Link	站点间传输链路
5G 4 GHz Macro Cell Anchor	5G 4 GHz 宏蜂窝锚
5G 60 GHz Small Cell	5G 60 GHz 小型蜂窝
Dual Connectivity	双连接
5G Macro Cell Massive MIMO Base Station	5G 宏蜂窝大规模 MIMO 基站
Massive MIMO with Beamforming	具有波束成形功能的大规模 MIMO

当前的 4G-LTE 系统主要使用低于 3 GHz 范围的频率。5G 将从根本上改变频谱使用。虽然 3 GHz 以下的空间被严重拥塞并切成带宽条，但 5G 可能会使用多种频率。在不需要授权许可的 24～100 GHz 范围内，应考虑使用毫米波（millimeter Waves，mmWave）。这些频率通过以极宽的信道增加香农定律的带宽 B 直接解决了香农极限的问题。由于毫米波空间不会被各种监管机构分割，因此可以在 30～60 GHz 的频率范围内提供高达 100 MHz 宽的信道。这将提供支持每秒数千兆位（multi-Gigabit per second，Gbps）速度的技术。

mmWave 技术的主要问题是自由空间路径损耗、衰减和穿透。自由空间路径损耗可以计算为 $L_{fs} = 32.4 + 20\log_{10}f + 20\log_{10}R$（其中，$f$ 是频率，R 是范围），则可以看到损耗受到 2.4 GHz、30 GHz 和 60 GHz 信号的影响分别如下。

- ❑　2.4 GHz，100 m 范围：80.1 dB。
- ❑　30 GHz，100 m 范围：102.0 dB。
- ❑　60 GHz，100 m 范围：108.0 dB。
- ❑　2.4 GHz，1 km 范围：100.1 dB。
- ❑　30 GHz，1 km 范围：122.0 dB。
- ❑　60 GHz，1 km 范围：128.0 dB。

20 dB 的差距当然是有意义的，但是在使用 mmWave 的情况下，天线可以容纳比 2.4 GHz 天线更多的天线元件。仅当天线增益与频率无关时，自由路径损耗才有意义。如果我们将天线面积保持恒定，则可以减轻路径损耗的影响。这需要大规模 MIMO（Massive-MIMO，M-MIMO）技术。M-MIMO 将合并具有 256～1024 根天线的宏蜂窝塔，也将使用宏小区的波束成形。当与 mmWaves 结合使用时，M-MIMO 在来自附近信号塔的污染方面也面临挑战，因此需要重新设计 TDD 等多路复用协议。

> **注意：**
>
> 5G 的另一个挑战是需要非常大的天线阵列来支持密集塔式配置中的数百根天线的 M-MIMO。研究人员正在考虑紧密包装天线的 3D 结构，以支持塔上的波束成形。当然，大风和风暴之类的因素对这些塔的影响等同样需要解决。

信号衰减也是一个非常重要的问题。在 60 GHz 时，信号将被大气中的氧气吸收，甚至植被和人体本身也会对信号产生严重影响。人体将在 60 GHz 处吸收大量 RF 能量，从而形成阴影。以 60 GHz 传播的信号将损失 15 dB/km。因此，在 60 GHz 频率下使用 5G 进行远距离通信将无法实现，并且需要小型蜂窝小区的全覆盖或降低到较低的频率空间。这是 5G 架构将需要多个频段、小型蜂窝小区、宏小区和异构网络的原因之一。

最后，毫米波（mmWave）光谱中的材料穿透问题也面临挑战。mmWave 信号在干墙处以 15 dB 衰减，在建筑物的玻璃幕墙上会造成 40 dB 的损耗。因此，用宏小区进行室内覆盖几乎是不可能的。该问题和其他类型的信令问题将通过室内小型蜂窝小区的广泛使用而得到缓解。图 7-10 显示了不同频率下建筑物穿透损耗（Building Penetration Loss，BPL）的测试结果（以 dB 为单位）。该图提供了对典型的建筑复合材料（玻璃、砖块、木材）从外部到内部区域的穿透测试。可以看到，对于毫米波频率来说，带红外隔热（Infrared Reduction，IRR）玻璃的建筑物穿透起来尤其困难。

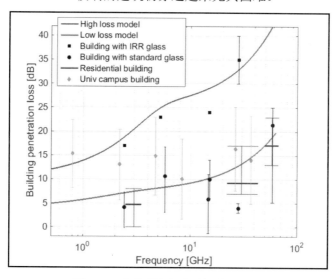

图 7-10　各种频率与穿透损耗（dB）

（资料来源：Aalto University et al., "5G channel model for bands up to 100 GHz," 3rd Workshop on Mobile Communications in Higher Frequency Bands (MCHFB), White Paper, Dec. 2016）

原　　文	译　　文
Building penetration loss [dB]	建筑物穿透损耗[dB]
High loss model	高损耗模型
Low loss model	低损耗模型
Building with IRR glass	带 IRR 玻璃的建筑
Building with standard glass	带标准玻璃的建筑
Residential building	住宅楼
Universal campus building	普通校园大楼
Frequency[GHz]	频率[GHz]

用户设备（UE）可以同时使用多个频段。例如，端点设备可以使用较低的频率进行远距离通信，并切换到 mmWave 进行室内和个人通信。研究人员正在考虑的另一个方案是双连接（Dual Connectivity）。双连接功能可根据数据类型在多个频段上引导数据流量。例如，协议栈的控制平面和用户平面已被分开。用户平面数据可以使用 30 GHz 频率定向到附近的小型蜂窝小区，而控制数据则可以按典型的 4 GHz 速率定向到远距离 eNodeB 宏蜂窝塔。

提高速度的另一个改进是频谱效率。3GPP 专注于以下设计规则。

❑　15 kHz 子载波间隔，以提高复用效率。

❑　从 2^M 个符号到 1 个符号的灵活且可扩展的符号参数集（Numerology），以减少延迟。

如前文所述，频谱效率以 bps/Hz 的形式给出，使用 D2D 和 M-MIMO 可以改善频谱效率并使空中接口和新无线电产生变化。4G-LTE 使用 OFDM 调制技术，非常适合大型数据传输。但是，对于物联网和 mMTC 来说，数据包要小得多。OFDM 的开销还会影响非常密集的物联网部署中的延迟。因此，研究人员正在考虑设计新的波形。

❑　非正交多路访问（Non-Orthogonal Multiple Access，NOMA）：允许多个用户共享无线介质。

❑　滤波器组多载波（Filter Bank Multi-Carrier，FBMC）：控制子载波信号的形状，以通过 DSP 消除旁瓣（Side-Lobes）。

❑　稀疏编码多路访问（Sparse Coded Multiple Access，SCMA）：允许将数据映射到来自不同码本的不同代码。

降低延迟也是 ITU 和 3GPP 的目标。对于诸如交互式娱乐和虚拟现实耳机之类的 5G 用例而言，降低延迟至关重要，而且对于工业自动化而言也是如此。当然，它在降低功耗方面也发挥了重要作用（这是 ITU 的另一个目标）。4G-LTE 在 1 ms 子帧上的延迟可能高达 15 ms，5G 正在准备低于 1 ms 的延迟，这也将使用小型蜂窝小区而不是拥挤的宏小区来路由。该架构还计划进行设备到设备（Device to Device，D2D）通信，从本质上将小区基础结构移出数据路径以进行 UE 之间的通信。

　　4G 系统将继续存在，因为 5G 的推出将需要数年时间，需要建立一个共存的时期。
第 15 版将在整体架构中添加更多定义，如信道和频率选择。从物联网架构师的角度来看，
5G 是一项值得关注和计划的技术。物联网设备可能预示着需要在现场运行十几年或更长时
间的 WAN。要对 5G 的关键点、约束和详细设计有一个很好的了解，可以参阅以下资料：

　　5G: A Tutorial Overview of Standards, Trials, Challenges, Deployment, and Practice, by
M. Shafi et al., in IEEE Journal on Selected Areas in Communications, vol. 35, no. 6, pp.
1201-1221, June 2017.

7.2　LoRa 和 LoRaWAN

　　除了 3GPP 支持的技术之外，LPWAN 还包括专有技术。目前比较有争议的是，某些
IEEE 802.11 协议也应该放入 LPWAN 分类中。本书中，我们将重点介绍 LoRa 和 Sigfox。
LoRa 是用于远距离低功耗物联网协议的物理层，而 LoRaWAN 则表示 MAC 层。

ⓘ 注意：

　　这些专有的 LPWAN 技术和运营商具有使用无须授权许可频谱的优势，简单来说就
是在数据计划成本方面占优。

　　一般来说，对于大规模部署（多于 100000 个单位）而言，诸如 Sigfox 和 LoRaWAN
之类的技术的数据速率比传统 3G 或 LTE 连接降低 5～10 倍。随着来自 Cat-M1、Cat-NB
和 Cat-5 的更多竞争，这种情况也可能会改变，但现在下结论还为时过早。

　　LoRa 架构最初由法国 Cycleo 公司开发，但随后于 2012 年被 Semtech Corporation（法
国混合信号电子产品制造商）以 500 万美元收购。LoRa 联盟成立于 2015 年 3 月，是
LoRaWAN 规范和技术的标准机构。该联盟还具有合规性和认证流程，以确保互操作性和
符合标准。截至作者撰写本书之时，该联盟得到了 IBM 和 Cisco 等 160 多个成员的支持。

　　LoRaWAN 通过 KPN、Proximus、Orange、Bouygues、Senet、Tata 和 Swisscom 的网
络部署而在欧洲引起了关注。迄今为止，其他地区的覆盖面很小。

ⓘ 注意：

　　价格优势的一个原因，除了无须授权许可的频谱之外，还在于单个 LoRaWAN 网关
具有覆盖大量区域的潜力。例如，比利时的土地面积为 30500 km^2，只要 7 个 LoRaWAN
网关就可以做到完全覆盖。其典型范围是市区 2～5 km，郊区 15 km。其基础架构成本的
降低方式与具有较小蜂窝小区的 4G-LTE 截然不同。

由于 LoRa 是协议栈的底部,它已被 LoRaWAN 的竞争架构采用。例如,Symphony Link 是 Link Labs 基于 LoRa 物理层的 LPWAN 解决方案,它使用 8 通道,以低于 GHz 的基站进行工业和市政物联网部署。使用 LoRa 的另一个竞争对手是 Haystack,该公司推出了 DASH7 系统。DASH7 是 LoRa 物理层上的完整网络协议栈(不只有 MAC 层)。

下面将专门介绍 LoRaWAN。

7.2.1　LoRa 物理层

LoRa 代表 LoRaWAN 网络的物理层,管理调制、功率、接收器和传输无线电以及信号调理(Signal Conditioning)等。

该架构基于 ISM 免许可空间中的以下频段。

❑　915 MHz:在美国有功率限制,但没有占空比(Duty Cycle)限制。

❑　868 MHz:在欧洲,占空比为 1% 和 10%。

❑　433 MHz:在亚洲。

LoRa 中使用的调制技术是线性调频扩频(Chirp Spread Spectrum,CSS)的衍生物。CSS 可以平衡固定信道带宽中的数据速率和灵敏度。CSS 最早是在 20 世纪 40 年代用于军事远距离通信的,它可以通过调制线性调频(Chirp)脉冲而对数据进行编码,后来人们发现它具有很强的抵御干扰、多普勒效应和多径的能力。线性调频是随时间增加或减少的正弦波。由于它们使用整个信道进行通信,因此在干扰方面相对较强。chirp 的英文原意是"唧唧叫",我们可以将 chirp 信号视为递增或递减的频率(听起来像鲸鱼的叫声)。LoRa 是线性调频率和符号率的函数的比特率。比特率(Bitrate)用 R_b 表示,扩展因子(Spreading Factor)用 S 表示,带宽(Bandwidth)用 B 表示。因此,比特率(bps)的范围可以从 0.3 kbps 到 5 kbps,并可得出下式:

$$R_b = S \times \frac{1}{\left\lceil \dfrac{2^S}{B} \right\rceil}$$

军方发现,这种形式的调制可实现长距离低功耗。可以使用递增或递减的频率速率对数据进行编码,并且可以在同一频率上以不同的数据速率发送多个传输。CSS 允许使用 FEC 在低于本底噪声(Floor Noise)的 19.4 dB 处接收信号。该频段也被细分为多个子频段。LoRa 使用 125 kHz 信道,并专用于 6 个 125 kHz 信道和伪随机信道跳变。帧将以特定的扩展因子传输,扩展因子越高,传输越慢,但传输范围越大。LoRa 中的帧是正交的,这意味着可以同时发送多个帧,只要每个帧以不同的扩展因子发送即可。总共有 6 个不同的扩展因子(从 SF = 7 到 SF = 12)。

典型的 LoRa 数据包将包含前同步码(Preamble)、报头(Header)和 51~222 字节的有效载荷（Payload）。

LoRa 网络具有一项强大的功能，称为自适应数据速率（Adaptive Data Rate，ADR）。本质上，这可以基于节点和基础设施的密度实现容量的动态可伸缩性。

ADR 由云中的网络管理控制。由于信号置信度的关系，可以将靠近基站的节点设置为更高的数据速率，而距离较远的节点则设置为以较慢的速率传输。这样，那些距离很近的节点就可以快速完成数据传输，释放其带宽并更快地进入睡眠状态。

表 7-5 描述了 LoRa 上行链路和下行链路特性。

表 7-5　LoRa 上行链路和下行链路特性

特　　性	上　行　链　路	下　行　链　路
调制技术	CSS	CSS
链路预算	156 dB	164 dB
比特率（自适应）	0.3～5 kbps	0.3～5 kbps
每个有效载荷的消息大小	0～250 B	0～250 B
消息持续时间	40 ms～1.2 s	20～160 ms
每个消息消耗的能量	在完全灵敏度下： $E_{tx} = 1.2\ s \times 32\ mA = 11\ \mu Ah$ 在最小灵敏度下： $E_{tx} = 40\ ms \times 32\ mA = 0.36\ \mu Ah$	$E_{tx} = 160\ ms \times 11\ mA = 0.5\ \mu Ah$

7.2.2　LoRaWAN MAC 层

LoRaWAN 表示驻留在 LoRa 物理层之上的 MAC。物理层是封闭的，而 LoRaWAN MAC 则是开放协议。数据链路层中包含 3 个 MAC 协议。这 3 个 MAC 协议平衡了延迟与能量消耗的关系。Class-A 是最节能的选择，但是它却具有最高的延迟；Class-B 介于 Class-A 和 Class-C 之间；Class-C 具有最小的延迟，但能耗却最高。

Class-A 设备是基于电池的传感器和端点。所有加入 LoRaWAN 网络的端点都首先被关联为 Class-A，并且可以选择在操作过程中更改类。Class-A 通过设置传输期间的各种接收延迟（Receive Delay）来优化功率。端点通过向网关发送数据包开始。在发送之后，设备将进入睡眠状态，直到接收延迟计时器到期。当计时器到期时，端点唤醒并打开一个接收时隙，等待一段时间的传输，然后重新进入睡眠状态。随着另一个计时器到期，设备将再次唤醒。这意味着所有下行链路通信都在设备发送数据包上行链路后的短时间内发生。这个延迟的时间段可能会非常长。

Class-B 设备可以平衡功耗和延迟。这种类型的设备依赖于网关定期发送的信标。信标同步网络中的所有端点，并广播到网络。当设备接收到信标时，会创建一个 ping 时隙，这是一个短接收窗口。在这些 ping 时隙期间，可以发送和接收消息。在所有其他时间，设备都处于睡眠状态。本质上，这是网关发起的会话，并且基于时隙通信方法。

Class-C 端点需要消耗的功率最多，但延迟最短。这些设备打开两个 Class-A 接收窗口以及一个连续供电的接收窗口。Class-C 设备的电源是常开的，并且可以是执行器或即插即用设备。下行传输没有等待时间。Class-C 设备无法实现 Class-B。

LoRa/LoRaWAN 协议栈如图 7-11 所示。该图还提供了与标准 OSI 模型的比较。请注意，LoRa/LoRaWAN 仅表示模型的第 1 层和第 2 层。

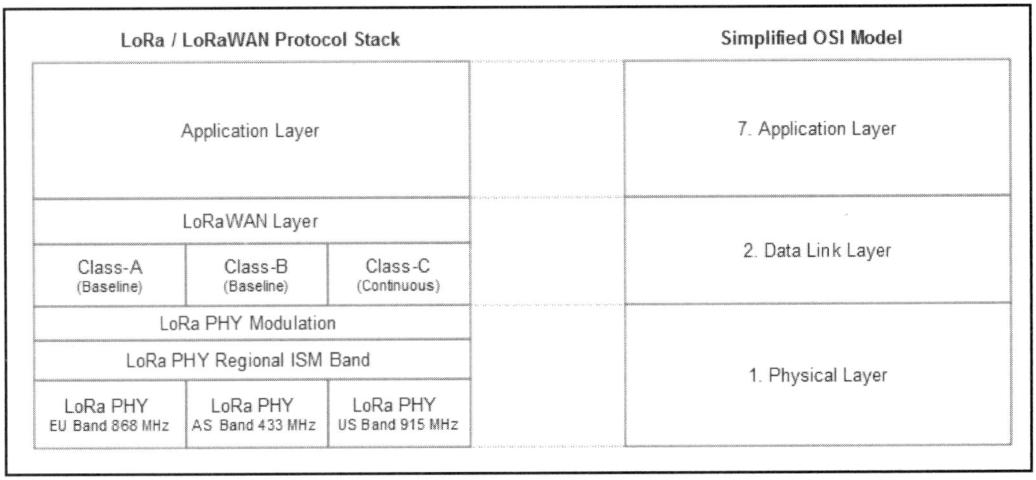

图 7-11　LoRa 和 LoRaWAN 协议栈

原　　文	译　　文
LoRa/LoRaWAN Protocol Stack	LoRa/LoRaWAN 协议栈
Application Layer	应用层
LoRaWAN Layer	LoRaWAN 层
Class-A(Baseline)	Class-A（电池供电）
Class-B(Baseline)	Class-B（电池供电）
Class-C(Continuous)	Class-C（持续供电）
LoRa PHY Modulation	LoRa 物理层调制
LoRa PHY Regional ISM Band	LoRa 物理层区域 ISM 频段
LoRa PHY EU Band 868 MHz	LoRa 物理层 欧洲频段 868 MHz
LoRa PHY AS Band 433 MHz	LoRa 物理层 亚洲频段 433 MHz

续表

原　　文	译　　文
LoRa PHY	LoRa 物理层
US Band 915 MHz	美国频段 915 MHz
Simplified OSI Model	简化的 OSI 模型
7. Application Layer	7. 应用层
2. Data Link Layer	2. 数据链路层
1. Physical Layer	1. 物理层

LoRaWAN 在安全性方面使用的是 AES128 模型加密数据。与其他网络在安全性上的差异之一是 LoRaWAN 将身份验证和加密分开。身份验证使用一个密钥（NwkSKey），而用户数据使用一个单独的密钥（AppSKey）。要加入 LoRa 网络，设备将发送 JOIN（加入）请求。网关将使用设备地址和身份验证令牌进行响应。应用程序和网络会话密钥将在 JOIN 过程中派生。此过程称为空中激活（Over-The-Air-Activation，OTAA）。或者，基于 LoRa 的设备也可以使用个性化激活（Activation By Personalization）。在这种情况下，LoRaWAN 运营商会预先分配 32 位网络和会话密钥，客户端将购买连接服务和适当的密钥集。密钥将从终端制造商处订购，并烧入设备中。

LoRaWAN 是基于 ALOHA 的异步协议。纯粹的 ALOHA 协议最初是在 1968 年由夏威夷大学设计的，在诸如 CSMA 之类的技术出现之前，它是多址通信的一种形式。在 ALOHA 中，客户端可以传输消息而无须知道其他客户端是否正在同时传输。它没有保留或多路复用技术，基本原理是集线器（在 LoRaWAN 中指网关）立即重传已接收的数据包。如果端点注意到其数据包之一未确认，则它将等待，然后重新传输该数据包。在 LoRaWAN 中，仅当传输使用相同的信道和扩展频率时才会发生冲突。

7.2.3　LoRaWAN 拓扑

LoRaWAN 基于星形网络拓扑。有鉴于此，可以说它支持星形拓扑。LoRaWAN 可以采用多个集线器，而不是单个集线器辐射模型。一个节点可以与多个网关相关联。

注意：

LoRaWAN 的重要组成部分使其与本书中列出的大多数传输方式都有区别，事实上，用户数据将通过 LoRaWAN 协议从终端节点传输到网关。在该阶段，LoRaWAN 网关将通过任何回程（如 4G-LTE、以太网、Wi-Fi）将数据包转发到云中的专用 LoRaWAN 网络服务。这是它与众不同的地方，因为大多数其他 WAN 架构在客户数据离开网络到达 Internet 目的地时就释放了对客户数据的任何控制。

　　LoRaWAN 网络服务具有网络协议栈上层执行必需的规则和逻辑。这种架构的附带作用是不需要从一个网关到另一个网关的切换。如果节点是移动的并且从一个天线移动到另一个天线，则网络服务将从不同路径捕获多个相同的数据包。当一个终端节点与多个网关相关联时，这些基于云的网络服务允许 LoRaWAN 系统选择最佳的路由和信息源。LoRaWAN 网络服务的职责包括以下方面。

- ❑　重复的数据包识别和终止。
- ❑　安全服务。
- ❑　路由。
- ❑　确认消息。

　　此外，像 LoRaWAN 这样的 LPWAN 系统的基站数量将减少为原来的五分之一至十分之一，以实现与 4G 网络相似的覆盖范围。所有基站都在监听相同的频率集，因此从逻辑上讲它们是一个非常大的基站。当然，这也强化了以下说法：LPWAN 系统的成本要比传统的蜂窝网络低。

　　图 7-12 显示了 LoRaWAN 网络拓扑。LoRaWAN 建立在星形拓扑结构的基础上，其网关充当集线器，并且也是传统 IP 网络的通信代理，可以通过它进行云中 LoRaWAN 的管理。多个节点可以与多个 LoRaWAN 网关关联。

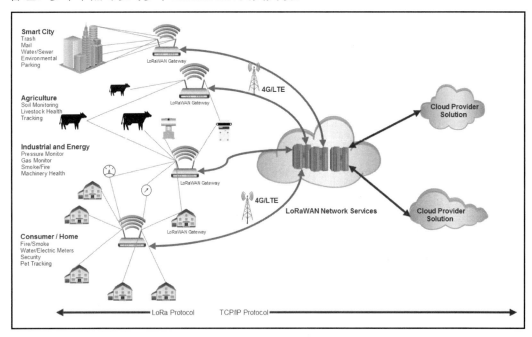

图 7-12　LoRaWAN 网络拓扑

原　文	译　文	原　文	译　文
Smart City	智慧城市	Smoke/Fire	火警/烟雾
Trash	垃圾处理	Machinery Health	机械健康
Mail	邮政	Consumer/Home	消费者/家庭
Water/Sewer	水/下水道管网	Fire/Smoke	烟雾/火警
Environmental	环境监测	Water/Electric Meters	水/电表
Parking	停车场监视	Security	安全
Agriculture	农业	Pet Tracking	宠物追踪
Soil Monitoring	土壤监测	LoRaWAN Gateway	LoRaWAN 网关
Livestock Health Tracking	牲畜健康追踪	LoRa Protocol	LoRa 协议
Industrial and Energy	工业与能源	TCP/IP Protocol	TCP/IP 协议
Pressure Monitor	压力监测仪	LoRaWAN Network Services	LoRaWAN 网络服务
Gas Monitor	气体监测仪	Cloud Providers Solution	云提供商解决方案

7.2.4 LoRaWAN 小结

LoRaWAN 在架构和协议方面确实存在差距，需要物联网架构师仔细考虑。

- ❑ LTE 网络中常见的某些功能根本没有设计到 LoRaWAN 架构中。LoRaWAN 在 OSI 模型中不是完整的网络协议栈，缺少网络层、会话层和传输层的共同特征：漫游、数据分组处理、重试机制、QoS 和断开连接等。开发人员和集成供应商可以根据需要添加这些服务。
- ❑ LoRaWAN 依赖基于云的网络接口，这意味着在价值链中的某些阶段可能需要订阅云服务。
- ❑ 芯片供应商是 Semtech，并且它是该技术的唯一来源，尽管它已经宣布与意法半导体（ST Microelectronics）建立合作伙伴关系。这类似于 Z-Wave 价值链。
- ❑ LoRaWAN 基于 ALOHA 协议。ALOHA 使验证和确认变得复杂，并且导致错误率超过 50%。
- ❑ 下行链路的能力仍然有限。LoRaWAN 从根本上讲是一种单向协议。虽然在某些用例中这已足够了，但是它降低了灵活性。
- ❑ LoRaWAN 具有高延迟，并且没有实时功能。
- ❑ 没有 OTA 固件更新。
- ❑ 在 LoRaWAN 中管理移动性和移动的节点颇具挑战性。40～60 字节的消息可能需要 1～1.5 s 的时间来传输，这对于在高速公路上快速行驶的车辆来说可能是有问题的。其基站还需要线性时不变（Linear Time Invariant，LTI），这意味着无线电波形不应改变飞行时间。

❑ 地理位置精度约为 100 m。使用 RSSI 信号强度测量或飞行时间测量，可以获得一定程度的准确性。最好的解决方案是三个基站对一个节点进行三角测量。更多基站可以提高准确性。

7.3 Sigfox

Sigfox 是一种窄带 LPWAN 协议（与 NB-IoT 类似），于 2009 年在法国图卢兹（Toulouse，法国第 4 大城市）开发。其创始公司就叫 Sigfox。这是另一种 LPWAN 技术，它将无须授权许可的 ISM 频段用于专有协议。Sigfox 的一些特征会大大缩小其实用性。

❑ 每天每台设备最多可在上行链路上发送 140 条消息（占空比为 1%，每小时仅 6 条消息）。

❑ 每条消息（上行链路）的有效载荷大小为 12 字节，下行链路为 8 字节。

❑ 上行链路的吞吐量最高为 100 bps，下行链路的吞吐量最高为 600 bps。

Sigfox 最初是单向的，旨在用作纯传感器网络。这意味着仅支持来自传感器上行链路的通信。下行链路信道后来才变得可用。

Sigfox 是一项获得专利的封闭技术。尽管它们的硬件是开放的，但网络并不是，而是必须订阅。Sigfox 的硬件合作伙伴包括 Atmel、TI、Silicon Labs 等。Sigfox 公司负责建立和运营其网络基础设施，有点类似于 LTE 运营商的安排。这与 LoRaWAN 完全不同。LoRaWAN 要求在其网络上使用专有的硬件 PHY，而 Sigfox 则使用多个硬件供应商，但使用一个托管的网络基础结构。Sigfox 通过连接到客户的网络订阅的设备数量、每个设备的流量概况以及合同期限来计算费率。

💡 提示：

尽管在吞吐量和利用率方面 Sigfox 都有严格的限制，但 Sigfox 本身旨在用于发送少量突发数据的系统，诸如警报系统、简单的电表和环境传感器等物联网设备都是其候选对象。各种传感器的数据通常可以满足约束条件（如 2 字节的温度/湿度数据，精度可以达到 0.004）。

架构师必须注意传感器提供的精度和可传输的数据量。这里有一种技巧是使用状态数据。状态或事件可以是没有任何有效负载的消息。在这种情况下，它将占用 0 字节。虽然这不能消除广播方面的限制，但却可以用来优化功率。

7.3.1　Sigfox 物理层

如前文所述，Sigfox 是超窄带（Ultra Narrow Band，UNB）。顾名思义，其使用非常狭窄的信道进行通信。与其将能量分散在一个较宽的信道上，不如将能量的一小部分限制在这些频段内。

❑　868 MHz：欧洲（ETSI 300-200 规定）。

❑　902 MHz：北美（FCC part 15 规定）。

🛈 注意：

日本等国家或地区目前对频谱密度有严格的限制，使得超窄带难以部署。

Sigfox 上行链路信号频段的宽度为 100 Hz，使用的是正交序列扩频（Orthogonal Sequence Spread Spectrum，OSSS），下行链路的宽度为 600 Hz，使用的是高斯频移键控（Gaussian Frequency Shift Keying，GFSK）。Sigfox 将在随机信道上以随机时间延迟（500～525 ms）发送短数据包。这种编码类型称为随机频分和时分多址（Random Frequency and Time Division Multiple Access，RFTDMA）。如上所述，Sigfox 具有严格的使用参数，尤其是数据大小限制。表 7-6 显示了 Sigfox 上行链路和下行链路信道的这些参数。

表 7-6　Sigfox 上行链路和下行链路信道的参数

	上 行 链 路	下 行 链 路
有效载荷限制/B	12	8
吞吐量/bps	100	600
每天最多消息数	140	4
调制方案	DBPSK	GFSK
灵敏度/dBm	<14	<27

与其他协议相比，双向通信是 Sigfox 的重要特征。但是，Sigfox 中的双向通信确实需要一些说明。它没有被动接收模式，这意味着基站无法随时简单地将消息发送到端点设备。仅在传输窗口完成后，设备才会打开接收窗口以进行通信。接收窗口仅在端点节点发送第一条消息后的 20 s 后才会打开。该窗口将保持打开状态 25 s，以允许从基站接收短消息（4 字节）。

Sigfox 使用了 333 个信道，每个信道的宽度为 100 Hz。接收器灵敏度为 -120 dBm/-142 dBm。可以使用 333 个信道中的 3 个信道的伪随机方法支持跳频。在北美地区，传输功率指定为+14 dBm 和+22 dBm。

图 7-13 显示了 Sigfox 的传输时间表。有效载荷的 3 个副本在 3 个具有不同时间延迟的唯一随机频率上传输。下行传输的窗口仅在最后一个上行链路完成之后才打开。

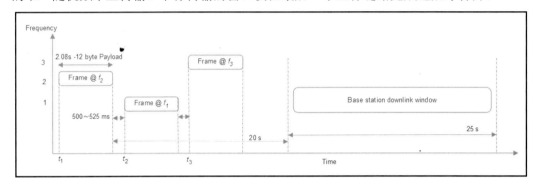

图 7-13　Sigfox 传输时间表

原　　文	译　　文
Frequency	频率
2.08 s - 12 byte Payload	2.08 s - 12 B 有效载荷
Base station downlink window	基站下行传输窗口
Time	时间

7.3.2　Sigfox MAC 层

Sigfox 网络中的每个设备都有唯一的 Sigfox ID。该 ID 用于消息的路由和签名，也可用于验证 Sigfox 设备。Sigfox 通信的另一个特征是它使用了发后不理（Fire and Forget）机制，即接收者不确认消息。节点在 3 个不同的时间以 3 个不同的频率发送了 3 次消息，这有助于确保消息传输的完整性。由于发后不理模型无法确保实际上已接收到消息，因此需要由发送方来尽最大努力确保准确的传输。图 7-14 显示了 Sigfox MAC 帧上行链路和下行链路的数据包结构。

帧包含用于在传输中进行同步的预定义符号的前同步码（Preamble）。帧同步（Frame Sync）字段指定要传输的帧的类型。FCS 则是用于错误检测的帧检查序列（Frame Check Sequence，FCS）。

在上述数据包中不包含目标地址或其他节点，因为所有数据将通过各种网关发送到 Sigfox 云服务。

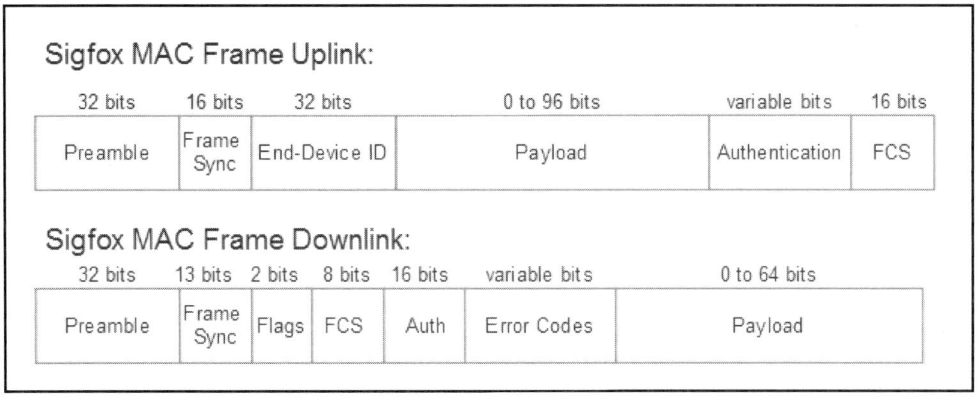

Sigfox MAC Frame Uplink:

32 bits	16 bits	32 bits	0 to 96 bits	variable bits	16 bits
Preamble	Frame Sync	End-Device ID	Payload	Authentication	FCS

Sigfox MAC Frame Downlink:

32 bits	13 bits	2 bits	8 bits	16 bits	variable bits	0 to 64 bits
Preamble	Frame Sync	Flags	FCS	Auth	Error Codes	Payload

图 7-14　Sigfox MAC 帧上行链路和下行链路的数据包结构

原　　文	译　　文
Sigfox MAC Frame Uplink	Sigfox MAC 帧上行链路
bits	位
0 to 96 bits	0～96 位
variable bits	可变位数
Preamble	前同步码
Frame Sync	帧同步
End-Device ID	终端设备 ID
Payload	有效载荷
Authentication	验证
Sigfox MAC Frame Downlink	Sigfox MAC 帧下行链路
0 to 64 bits	0～64 位
Flags	标志
Auth	验证
Error Codes	错误代码

可以从 MAC 层数据包格式中理解和建模数据限制。上行链路数据包（Uplink Packet）总共约 200 位（b），除以 100 bps 的传输速率，可以计算出传输时间为 2 s。

$$\frac{\sim 200 \; bit \; uplink \; packet}{100 \; bps} = 2 \; seconds$$

给定每个数据包被发送 3 次，并且我们知道欧洲法规（ETSI）将发送限制为 1% 的占空比（Duty Cycle），即可使用 12 B 的最大有效载荷大小来计算每小时（3600 s）的消息数，结果为每小时 6 条消息：

$$3600\,seconds@1\%\,duty\,cycle = \cfrac{\cfrac{36\,seconds\,message\,transmission\,time}{hour}}{\cfrac{message}{3\,repetitions \times 2\,seconds}} \times$$

$$= \frac{6\,messages}{hour}$$

即使十二个字节是有效载荷的限制，该消息也可能花费 1 s 以上来传输。Sigfox 的早期版本是单向的，但该协议现在支持双向通信。

7.3.3　Sigfox 协议栈

Sigfox 协议栈类似于遵循 OSI 模型的其他堆栈，共有 3 个层级，如下所示。

❑ 物理（PHY）层：如前文所述，在上行链路上使用 DBPSK 调制技术，在下行链路上使用 GFSK 调制技术合成模块信号。

❑ MAC 层：添加用于设备标识/认证的字段（HMAC）和纠错码（CRC）。Sigfox MAC 不提供任何信令。这意味着设备未与网络同步。

❑ 帧（Frame）层：从应用程序数据生成无线电帧。而且，它还可以按系统方式将序列号附加到帧。

图 7-15 显示了 Sigfox 协议栈及其与简化的 OSI 模型的对比。

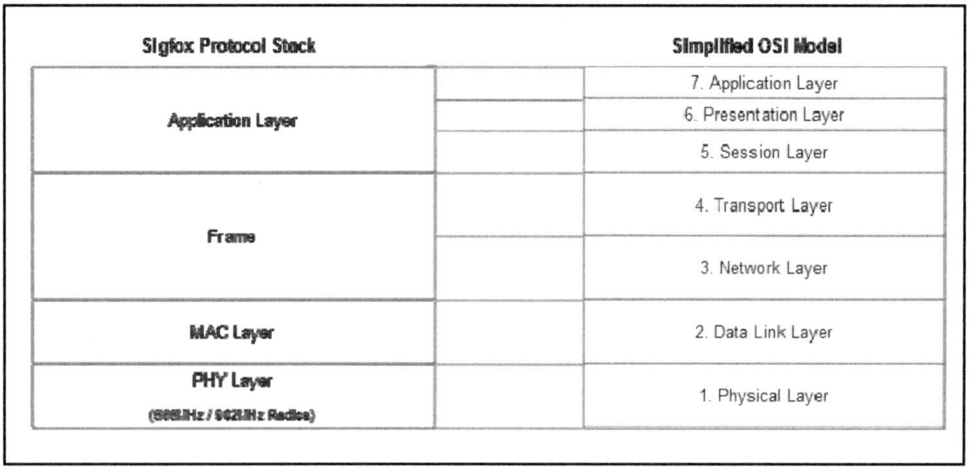

Sigfox Protocol Stack		Simplified OSI Model
Application Layer		7. Application Layer
		6. Presentation Layer
		5. Session Layer
Frame		4. Transport Layer
		3. Network Layer
MAC Layer		2. Data Link Layer
PHY Layer (868MHz / 902MHz Radios)		1. Physical Layer

图 7-15　Sigfox 协议栈

原　文	译　文
Sigfox Protocol Stack	Sigfox 协议栈
Application Layer	应用层
Frame	帧
MAC Layer	MAC 层
PHY Layer (868 MHz/902 MHz Radios)	物理层 （868 MHz/902 MHz 频段）
Simplified OSI Model	简化的 OSI 模型
7. Application Layer	7. 应用层
6. Presentation Layer	6. 表示层
5. Session Layer	5. 会话层
4. Transport Layer	4. 传输层
3. Network Layer	3. 网络层
2. Data Link Layer	2. 数据链路层
1. Physical Layer	1. 物理层

在安全性方面，消息未在 Sigfox 协议栈中的任何位置进行加密。客户可以为有效载荷数据提供加密方案。在 Sigfox 网络上不会交换任何密钥，但是每个消息都使用设备唯一的密钥进行签名以进行识别。

7.3.4　Sigfox 拓扑

Sigfox 网络的密度可以达到每个基站 100 万个节点。该密度是网络发送的消息数的函数。连接到基站的所有节点都将形成星形网络。

所有数据都通过 Sigfox 后端网络进行管理。来自 Sigfox 基站的所有消息都必须通过 IP 连接到达后端服务器。Sigfox 后端云服务是数据包的唯一目的地。后端将在对消息进行身份验证并确认没有重复之后，将消息存储并发送给客户端。如果需要将数据传输到端点节点，则后端服务器将选择与端点的连接性最佳的网关，并在下行链路上转发消息。后端已经通过数据包 ID 标识了该设备，并且预先配置可强制将数据发送到最终目的地。在 Sigfox 架构中，无法直接访问设备。后端和基站都不会直接连接到端点设备。

后端也负责管理、许可和为客户提供服务。Sigfox 云将数据路由到客户选择的目的地。云服务通过拉（Pull）模型提供 API，以将 Sigfox 云功能集成到第三方平台中。可以通过另一个云服务注册设备。Sigfox 还提供对其他云服务的回调，这是检索数据的首选方法。图 7-16 显示了 Sigfox 拓扑，它利用了自己专有的非 IP 协议，并将数据作为 IP 数据聚合到 Sigfox 网络后端。

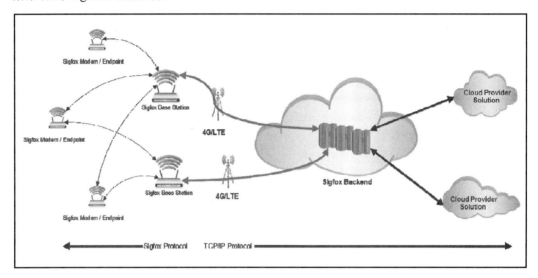

图 7-16　Sigfox 拓扑

原　　文	译　　文
Sigfox Modem/Endpoint	Sigfox 调制解调器/端点
Sigfox Base Station	Sigfox 基站
Sigfox Backend	Sigfox 后端
Sigfox Protocol	Sigfox 协议
TCP/IP Protocol	TCP/IP 协议
Cloud Providers Solution	云提供商解决方案

　　为了确保发后不理（Fire and Forget，也称为发后即忘）通信模型的数据完整性，多个网关可以从一个节点接收传输。所有后续的消息都将转发到 Sigfox 后端，并将删除重复项。这为数据接收增加了一定程度的冗余。

　　附加 Sigfox 端点节点旨在简化安装，并没有配对或信号处理的问题。

7.4　小　　结

虽然远距离通信技术的类型之间存在一些共性，但它们也针对不同的用例和细分市场。物联网架构师应该明智地选择最适用的远距离系统，因为与物联网系统的其他组成部分一样，LPWAN 部署后很难更改。

选择 LPWAN 时应注意以下方面。

❑　物联网部署需要使用什么数据速率？

❑　解决方案可以跨区域使用相同的 LPWAN 进行扩展吗，是否有适当的覆盖范围或是否需要构建？

❑　合适的传输范围是多少？

❑　该物联网解决方案是否有任何延迟方面的要求？该解决方案能否以很高的延迟（几秒）工作？

❑　物联网终端是否由电池供电，维修它们的成本是多少？

❑　端点的成本约束是什么？

ⓘ 注意：

事实上，还存在其他一些 LPWAN 技术，如美国的 Ingenu 和 Weightless 技术（即 Weight-N、Weightless-W 和 Weightless-P）。Weightless 很有趣，因为它是在电视空白空间中运行的唯一 LPWAN。MuLTE Fire 是由高通与诺基亚开发和推广的使用非授权许可频段的新技术。它为 LTE 蜂窝服务提供了类似 Wi-Fi 的部署，本质上是使私有 LTE 运营商能够部署私有蜂窝网络。

表 7-7 列出了本章重点介绍的 LPWAN 协议之间的异同。

在介绍了从传感器捕获数据到通过 PAN 和 WAN 架构进行数据通信之后，接下来该讨论物联网数据的封送（Marshaling）处理。第 8 章就将介绍对数据进行打包、保护和路由到正确位置的第一种方法。该位置可能是边缘节点/雾节点或云。我们将讨论网关在提供该网络桥接器中的作用以及在边缘处理数据的能力。此外，还将详细介绍将数据从边缘传输到云所需的基于 IP 的通信协议的类型（如 MQTT 和 CoAP）。后面的章节还将介绍对物联网生成数据的采集、存储和分析。

表 7-7　本章介绍的 LPWAN 协议的对比

规格	Cat-0 (LTE-M) 版本 12	Cat-1 版本 8	Cat-M1 版本 13	Cat-NB 版本 13	LoRa/LoRaWAN	Sigfox
ISM 频段	否	否	否	否	是	是
总带宽	20 MHz	20 MHz	1.4 MHz	180 kHz	125 kHz	100 kHz
下行链路峰值速率	1 Mbps	10 Mbps	1 Mbps 或 375 kbps	200 kbps	0.3~5 kbps 自适应	100 bps
上行链路峰值速率	1 Mbps	5 Mbps	1 Mbps 或 375 kbps	200 kbps	0.3~5 kbps 自适应	600 bps
范围	LTE 范围	LTE 范围	约为 Cat-1 的 4 倍	约为 Cat-1 的 7 倍	城市 5 km 农村 15 km	最高 50 km
最大耦合损耗 (MCL)	142.7 dB	142.7 dB	155.7 dB	164 dB	165 dB	168 dB
睡眠功率	低 —	高 约 2 mA 空闲	非常低 约 15 μA 空闲	非常低 约 15 μA 空闲	极低 15 μA	极低 1.5 μA
双工配置	半/全	全	半/全	半	半	半
天线 (MIMO)	1	2 MIMO	1	1	1	1
延迟	50~100 ms	50~100 ms	10~15 ms	1.6~10 s	500 ms~2 s	最高达 60 s
发射功率 (UE)	23 dB	23 dB	20 dB	23 dB	14 dB	14 dB
设计复杂度	Cat-1 的 50%	复杂	Cat-1 的 25%	Cat-1 的 10%	低	低
成本 (相对定价)	约 15 $	约 30 $	约 10 $	约 5 $	约 15 $	约 3 $
移动性	移动	移动	移动	有限制	移动	有限制

第 8 章　路由器和网关

由于最终将部署的设备数量以及这些设备将产生的数据量，物联网受到了很多行业和经济实体的关注。物联网采用的联网形式有以下两种。

- ❑ 边缘级传感器和设备将提供通往云的直接路径。这意味着这些边缘级节点和传感器将具有足够的资源、硬件、软件和服务级协议，以直接在 WAN 上传输数据。
- ❑ 边缘级传感器将在网关和路由器周围形成聚合和群集，以提供暂存区域、协议转换和边缘/雾处理能力，并将管理传感器与 WAN 之间的安全性和身份验证。

对于功率和成本受限的边缘级传感器、执行器或设备而言，第一种形式既困难又昂贵，后一种才是更合乎逻辑的形式。传感器或边缘设备的路由器或网关的角色包括现代路由器提供的正式联网功能，如链路路由、端口转发、隧道、安全性和配置。有关 TCP/IP 路由和桥接的原理很多文献都有提及，且超出了本书的讨论范围，因此这里不再讨论。本章将要探讨的是边缘级路由器的作用和必要性，并提供了有关在部署大规模物联网解决方案时要考虑的功能的提示和建议。

8.1　路　由　功　能

在考虑物联网架构时，路由器在系统的整体管理、扩展和安全性中起着重要作用。通常情况下，路由器的角色都被人们忽视，认为它们只是充当从一个协议到另一个协议（蜂窝到蓝牙转换器）的网关，但事实上，对于商业或工业部署，尤其是当设备位于远程和移动系统中时，往往还需要考虑更多内容。

8.1.1　网关功能

本书前面已经讨论了若干种无线通信类型，所有这些类型都需要某种形式的发送器和接收器，以及将流量桥接到互联网的机制。这是物联网边缘网关最重要的角色。无论介质是需要桥接节点的蓝牙网格还是需要蜂窝网络 eNodeB 的蓝牙，其角色都是相似的。网关将在两个不同的网络之间桥接和封送数据。

路由器可以是网关。路由器管理和引导相似网络之间的流量。在物联网架构中，可能有一个 6LoWPAN 网格（Mesh）网络，该网格网络是可寻址 IPv6 的，它通过一种设备与外界通信（该设备充当将 802.15.4 协议连接到 Wi-Fi 或 802.3 物理传输的网关），而且它还将使用 Internet 和 6LoWPAN 网格之间共享的 IP 层路由数据。

通常情况下，边缘网关也会是中央 PAN 控制器。这意味着边缘网关负责管理 PAN 网络，提供安全保护、认证和配置新节点、控制数据和电源管理设备等所有功能。

8.1.2　路由

路由器的基本功能是桥接网段之间的连接。路由被认为是 OSI 标准模型第 3 层的功能，因为路由利用 IP 地址层来指导数据包移动。本质上，所有路由器都依赖路由表来指导数据流。路由表用于查找与数据包的目标 IP 地址的最佳匹配。

有若干种经过验证的算法可用于高效路由。一种路由选择类型是动态路由选择，其中算法将对网络和拓扑的变化做出反应。有关网络状态的信息是通过路由协议在定时的基础上或在触发更新时共享的。动态路由的示例是距离矢量路由（Distance-Vector Routing）和链路状态路由（Link-State Routing）。另外，对于需要在路由器之间配置特定路径的小型网络，静态路由非常重要且有用。静态路由是非自适应的，因此无须扫描拓扑或更新指标。这些是在路由器上预设的。

- ❑ 最短路径路由（Shortest Path Routing）：该算法将构建一个表示网络上路由器的图。节点之间的弧线表示已知的链路或连接。该算法只是找到从任何源地址到任何目的地的最短路径。

- ❑ 泛洪（Flooding）：每个数据包都重复发送，并从每个路由器广播到其链路上的每个端点。这会产生大量重复的数据包，并在数据包的报头中需要一个跳数计数器（Hop Counter），以确保数据包的生存时间有限。还有一种替代性的方法是选择性泛洪（Selective Flooding），它仅在目标的一般方向上泛洪网络。泛洪网络是蓝牙网格网络的基础。

- ❑ 基于流的路由（Flow-Based Routing）：在确定路径之前检查网络中的当前流。对于任何给定的连接，如果已知容量和平均流量，则计算该链路上的平均数据包延迟。该算法要找到的是最小平均值。

- ❑ 距离矢量路由（Distance-Vector Routing）：路由器表包含到每个目的地的最知名距离（Best-Known Distance）。该表由相邻路由器更新，包含子网中每个路由器的条目，每个条目均包含首选路线/路径以及到目的地的估计距离。该距离可以是跳数、等待时间或队列长度的度量。

- ❑ 链路状态路由（Link-State Routing）：路由器最初通过特殊的 HELLO 数据包发现其所有邻居。路由器通过发送 ECHO 数据包来测量对其每个邻居的延迟。然后，该拓扑和计时信息将与子网中的所有路由器共享。该算法将构建完整的拓扑并在所有路由器之间共享。

❏ 分层路由（Hierarchical Routing）：路由器被划分为区域，并具有分层拓扑。每个路由器都对自己的区域（而不是整个子网）保持了解。分层路由也是控制受限设备中路由器表大小和资源的有效方法。

❏ 广播路由（Broadcast Routing）：每个数据包都包含目标地址列表。广播路由器将调查地址，并确定要传输数据包的输出路线的集合。路由器将为每条输出路线生成一个新的数据包，并且仅包括该新形成的数据包中所需的目的地。

❏ 组播路由（Multicast Routing，也称为多播路由）：将网络划分为定义明确的组（Group）。应用程序可以将数据包发送到整个组，而不是单个目的地或广播。

ℹ️ 注意：

路由选择中的一个重要指标是收敛时间。当网络中的所有路由器共享相同的拓扑信息和状态时，就会发生收敛。

典型的边缘路由器可支持的路由协议包括边界网关协议（Border Gateway Protocol，BGP，也称为边缘网关协议）、开放式最短路径优先（Open Shortest Path First，OSPF）、路由信息协议（Routing Information Protocol，RIP）和 RIPng 等。在现场使用边缘路由器的架构师需要了解使用某种路由协议的拥塞情况和经济成本，这也是他们选择路由协议的主要参考依据，尤其是在路由器之间的互连有 WAN 连接数据上限的情况下，更应该仔细考虑这些因素。

❏ 边界网关协议（BGP）：BGP-4 是 Internet 域路由协议的标准，有关其说明详见RFC 1771（该资料有中文版）。大多数 ISP 都使用 BGP。BGP 是一种距离矢量动态路由算法，可以在路由更新消息中广告整个路径。如果路由表很大，则需要大量带宽。BGP 将每 60 s 发送 19 B（字节）的保持活动消息以维护连接。对于网格拓扑而言，BGP 可能是不太好的路由协议，因为 BGP 维持与邻居的连接。另外，在大型拓扑中，BGP 的路由表会不断增长，这也是它让人苦恼的地方。BGP 也是唯一基于 TCP 数据包的路由协议，这是它的独特之处。

❏ 开放式最短路径优先（OSPF）：有关该协议的说明详见 RFC 2328（该资料有中文版），它提供了网络扩展和收敛的优势。Internet 骨干网和企业网络大量使用OSPF。OSPF 是一种链路状态算法，支持 IPv4 和 IPv6（RFC 5340）并在 IP 数据包上运行。它具有在几秒钟内检测到动态链接变化并做出响应的优势。

❏ 路由信息协议（RIP）：RIP 的第二个版本是一种距离矢量路由算法，该算法使用内部网关协议，并且基于跳点计数。RIP 最初基于 Bellman-Ford 算法，现在支持可变大小的子网，克服了原始版本中的限制。路由表中的循环则通过限制路径中的最大跳数（15）来进行限制。RIP 基于 UDP，仅支持 IPv4 流量。与诸如 OSPF 之类的协议相比，RIP 的收敛时间更长，但是对于小型边缘路由器拓扑而言，RIP 更易于管理。尽管如此，仅使用几个路由器进行 RIP 的收敛仍需要几分钟。

❑ RIPng：RIPng 代表的是下一代 RIP（RIP next generation）。有关该协议的说明详见 RFC 2080。它支持 IPv6 流量和 IPsec 身份验证。

Cradlepoint IBR900 路由器等产品中使用的典型路由表如下所示：

```
[administrator@IBR900-e11: /]$ route
Table: wan
Destination        Gateway      Device UID  Flags    Metric   Type
default            96.19.152.1  wan         onlink   0        unicast

Table: main
Destination        Gateway      Device UID  Flags    Metric   Type
96.19.152.0/21     *            wan                  0        unicast
172.86.160.0/20    *            iface:pertino0       0        unicast
172.86.160.0/20    None         None                 256      blackhole
192.168.1.0/24     *            primarylan           0        unicast
2001:470:813b::/48 *            *iface:pertino0      256      unicast
fe80::/64          *            lan                  256      unicast

Table: local
Destination        Gateway      Device UID  Flags    Metric   Type
96.19.152.0        *            wan                  0        broadcast
96.19.153.13       *            wan                  0        local
96.19.159.255      *            wan                  0        broadcast
127.0.0.0          *            *iface:lo            0        broadcast
.
.
.
```

在上面的示例中有 3 个表：wan、main 和 local，每个表都包含特定于该接口的特定路由路径。

❑ Destination（目标）：数据包目标的完整或一部分 IP 地址。如果该表包含 IP，它将引用条目的其余部分，以解析接口并路由到以斜杠（/）开头的部分地址。这指定了要解析的地址的固定位（bit）位置。例如，192.168.1.0/24 中的 /24 指定 192.168.1 的高 24 位是固定的，而低 8 位可以解析 192.168.1.* 子网中的任何地址。

- ❑ Gateway（网关）：这是将数据包定向到与目的地查找匹配的接口。在上面的示例中，网关被指定为 96.19.152.1，并且目的地是 default。这意味着在 96.19.152.1 处的出站 WAN 将用于所有目标地址。这本质上是 IP 直通。
- ❑ Device UID（设备 UID）：这是用作数据定向目的地的接口的字母数字标识符。例如，172.19.152.0/21 子网中的任何目的地都会将数据包路由到标有 iface: pertino0 的接口。一般来说，此字段将采用数字 IP 地址而不是符号引用来表示。
- ❑ Flags（标志）：用于诊断并指示路由状态。状态可以是 route up（路由完成）或 user gateway（使用网关）。
- ❑ Metric（指标）：这是到目的地的距离，通常以跳数计算。
- ❑ Type（类型）：可以使用以下若干种路由类型。
  - ➢ unicast（单播）：该路由是到达目的地的真实路径。
  - ➢ unreachable（无法访问）：目标无法访问。丢弃数据包，并生成指示主机不可访问的 ICMP 消息。本地的发送者将收到 EHOSTUNREACH 错误。
  - ➢ blackhole（黑洞）：目的地无法到达。与 prohibit 类型不同，数据包将被静默丢弃。本地的发送者将收到 EINVAL 错误。
  - ➢ prohibit（禁止）：目的地无法到达。数据包将被丢弃，并生成 ICMP 消息。本地的发送者将收到 EACCES 错误。
  - ➢ local（本地）：将目的地分配给该主机。数据包将环回（Loop Back）并在本地传送。
  - ➢ broadcast（广播）：数据包将作为广播，通过接口发送到所有目的地。
  - ➢ throw（丢弃）：特殊的控制路由，用于强制丢弃数据包并生成无法到达的 ICMP 消息。

在前面的示例中还应注意，IPv6 地址与 IPv4 地址混合在一起。例如，主表中的 2001:470: 813b::/48 是具有 /48 位子网的 IPv6 地址。

8.1.3 故障转移和带外管理

故障转移（Failover）是某些物联网边缘路由器的一项关键功能，尤其是对于移动中的车辆和患者护理应用。顾名思义，故障转移是在主要的来源丢失时从一个 WAN 接口切换到另一个。WAN 的丢失可能归因于隧道中蜂窝连接的丢失。例如，拥有冷藏车队的物流公司在全国范围内的蜂窝服务可能有所不同，但是它仍需保证连接性。通过使用多个 SIM 身份从一个蜂窝提供商到另一个蜂窝提供商的故障转移可以帮助缓解和平滑连接。另一个用例是，可以使用客户家里的 Wi-Fi 作为主要的 WAN 接口进行家庭健康监控，但是如果 Wi-Fi 信号丢失，则可以将故障转移到蜂窝 WAN。故障转移应该是无缝且自动的，不会丢失数据包，也不会对数据延迟造成明显的影响。

物联网设备也应考虑带外管理（Out-Of-Band Management，OOBM）。OOBM 在需要专用且隔离的通道来管理设备的故障安全条件下很有用。如果主系统离线、损坏或断电，则这有时也称为失电管理（Light-Out Management，LOM）。人们仍然能够通过边带通道（Sideband Channel）远程管理和检查设备。在物联网中，这对于需要保证正常运行时间和远程管理的情况很有用，如石油和天然气监控或工业自动化。设计良好的带外管理（OOBM）系统不应依赖于受监视的系统是否正常运行。典型的管理平面（如 VNC 或 SSH 隧道）要求能够启动设备并使其正常运行。

OOBM 需要是附属的并且与系统隔离，如图 8-1 所示。

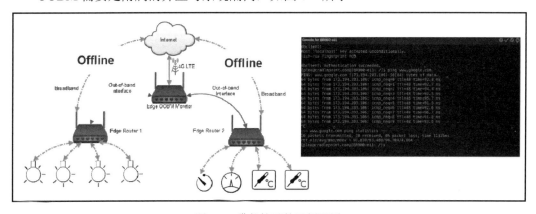

图 8-1　带外管理的示例配置

原　　文	译　　文
Offline	离线
Broadband	广播带
Edge Router 1	边缘路由器 1
Out-Of-band Interface	带外接口
Edge OOBM Monitor	边缘 OOBM 监控
Edge Router 2	边缘路由器 2

8.1.4　虚拟局域网

虚拟局域网（Virtual Local Area Network，VLAN）的功能类似于任何其他物理 LAN，

但是它可以将计算机和其他设备组合在一起，即使它们并未在物理上连接到同一网络交换机。分区发生在 OSI 模型的数据链路层（第 2 层）中。虚拟局域网（VLAN）是设备、应用或用户的网络分段的一种形式，尽管它们共享相同的物理网络。VLAN 也可以将主机分组在一起，尽管它们不在同一网络交换机上，这从根本上减轻了划分网络的负担，而无须使用额外的电缆。IEEE 802.1Q 是构建 VLAN 的标准。本质上，VLAN 使用以太网帧中包含 12 位的标识符或标签。因此，单个物理网络上能够拥有的 VLAN 数有硬性限制，那就是最多只能拥有 $2^{12} = 4096$ 个。

交换机可以分配端口以直接映射到特定 VLAN。由于 VLAN 设计是在协议栈的第 2 层中，因此可以在第 3 层中传输流量，从而使地理上分隔开的 VLAN 也可以共享一个公共拓扑，如图 8-2 所示。

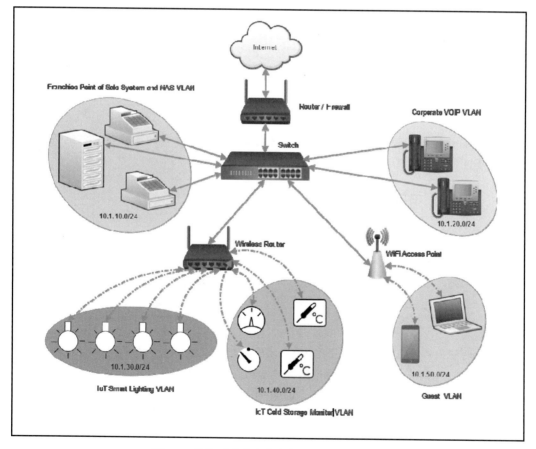

图 8-2　特许或零售方案中的 VLAN 架构示例

原　文	译　文
Franchise Point of Sale System and NAS VLAN	特许销售点系统和 NAS VLAN
Router/Firewall	路由器/防火墙
Corporate VOIP VLAN	企业 VOIP VLAN
Switch	交换机
Wireless Router	无线路由器
Wi-Fi Access Point	Wi-Fi 接入点
IoT Smart Lighting VLAN	物联网智能照明 VLAN
IoT Cold Storage Monitor|VLAN	物联网冷存储监控器| VLAN
Guest VLAN	访客 VLAN

图 8-2 中显示了公司销售点（Point-Of-Sale，POS）系统和基于 IP 的语音传输（Voice Over Internet Protocol，VOIP）系统，这两个系统与一组物联网设备以及访客 Wi-Fi 实际上是隔离的。尽管系统共享相同的物理网络，但这是通过 VLAN 寻址完成的。在这里，我们假设这是一个智能物联网部署，其中的所有边缘物联网设备和传感器都带有 IP 协议栈，并且可以通过 LAN 寻址。

提示：

VLAN 设计在物联网领域特别有用。将物联网设备与公司的其他功能系统隔离开是典型的情况。VLAN 仅在处理 IP 可寻址设备时才有用。

8.1.5　虚拟专用网

虚拟专用网（Virtual Private Network，VPN）通道用于建立通过公共网络进入远程网络的安全连接。例如，公司职员在旅行时可以通过 Internet 使用 VPN 通道安全连接到公司的内部网络，或者将两个办公网络用作一个网络。这两个网络通过指定 VPN 加密协议来建立一个安全连接，以连接到（一般来说）无安全保护的互联网。

注意：

对于物联网部署来说，必须使用 VPN 才能将数据从远程传感器和边缘设备移至公司或专用 LAN。一般来说，公司将位于防火墙后面，而 VPN 则是将数据直接移动到专用本地服务器的唯一方法。在这些情况下，VPN 可能是路由器桥接网络的必要组件。在本章后面讨论"软件定义网络"时，我们将提出保护网络安全的另一种方法。

目前存在以下几种 VPN。

❑　Internet 协议安全性（Internet Protocol Security，IPSec）VPN：这是 VPN 技术的

传统形式，驻留在 OSI 堆栈的网络层上，并通过两个端点之间的隧道（Tunnel）保护数据安全。

❑ OpenVPN：这是一个开源 VPN，用于在路由或桥接配置中实现安全的点对点和站点到站点连接。它结合了使用 SSL/TLS（OpenSSL）的自定义安全协议，用于密钥交换以及对控制和数据平面的加密。它可以在 UDP 和 TCP 传输上运行。SSL 在大多数浏览器应用程序中很常见，因此 SSL VPN 系统可以基于应用而不是整个网络提供安全隧道。

❑ 通用路由封装（Generic Routing Encapsulation，GRE）：通过类似于 VPN 隧道的隧道在端点之间创建点对点连接，但封装其有效负载。它将内部数据包包装在外部数据包中，这使得数据有效载荷可以不受干扰地通过其他 IP 路由器和隧道。此外，GRE 隧道可以传输 IPv6 和多播传输。

❑ 第 2 层隧道协议（Layer Two Tunneling Protocol，L2TP）：通过 UDP 数据报在两个专用网络之间创建连接，该数据报通常用于 VPN 或作为 ISP 传递服务的一部分。在该协议中没有内置安全性或加密功能，因此它常依赖于 IPsec 实现该功能。

VPN 必须要么信任底层网络协议，要么提供其自身的安全性。VPN 隧道通常使用 IPsec 对通过隧道交换的数据包进行身份验证和加密。要在一端设置 VPN 隧道路由器，则在另一端上的另一台设备（通常是路由器）也必须支持 IPsec。Internet 密钥交换（Internet Key Exchange，IKE）是 IPsec 中的安全协议。IKE 有两个阶段：第一个阶段负责建立安全的通信通道；第二个阶段负责建立 IKE 对等方使用的通道。路由器在每个阶段都有若干个不同的安全协议选项，但是默认选择对于大多数用户而言已经足够。每个 IKE 交换使用一种加密算法、一个哈希函数和一个 DH 组进行安全交换。

❑ 加密（Encryption）：用于加密 IPsec 发送和接收的消息。典型的加密标准和算法包括 AES 128、AES 256、DES 和 3DES。

❑ 哈希（Hash）：用于比较、验证和确认 VPN 中的数据，以确保数据以预期的形式到达，并派生 IPSec 使用的密钥。企业级路由器期望的典型哈希函数包括 MD5、SHA1、SHA2 256、SHA2 384 和 SHA2 512。请注意，某些加密/哈希组合（如 3DES 和 SHA2 384/512）在计算上的成本非常高，会影响 WAN 性能。AES 同样可以提供良好的加密，并且性能比 3DES 好得多。

❑ DH 组（DH Group）：DH（Diffie-Hellman）组是 IKE 的属性，用于确定与密钥生成相关的素数的长度。生成密钥的强度部分取决于 DH 组的强度。例如，Group 5 的强度显然优于 Group 2。

➢ Group 1：768 位密钥。

> ➢　　Group 2：1024 位密钥。
> ➢　　Group 5：1536 位密钥。

在 IKE 的第一个阶段中，如果使用 aggressive 交换模式，则只能选择一个 DH 组。

这些算法按优先级顺序列出。可以通过单击上下拖动算法来重新排序此优先级列表。任何选择的算法都可以用于 IKE，但是列表顶部的算法更有可能被频繁使用。

💡 提示：

在移动和功耗受限的物联网部署上要谨慎。传统的 VPN 无法忍受持久网络连接的不断移入或移出（例如，蜂窝漫游、运营商交换或偶尔供电的设备）。如果网络隧道中断，则会导致超时、断开连接和失败。一些移动 VPN 软件，如来自互联网工程任务组（Internet Engineering Task Force，IETF）的主机身份协议（Host Identity Protocol，HIP）就尝试通过取消漫游到 VPN 逻辑连接时使用的不同 IP 地址的关联来解决此问题。另一种选择是软件定义网络（Software Defined Network，SDN），下文将有详细介绍。

8.1.6　流量整形和 QoS

流量整形（Traffic Shaping）和服务质量（Quality of Service，QoS）功能对于在处理拥塞或可变网络负载时需要保证服务水平的部署很有用。例如，在物联网用例中，当混合存在直播视频流和公共 Wi-Fi 时，视频输送可能需要更高的优先级并保证质量水平，尤其是在公共安全或监视的情况下。由 WAN 到边缘路由器的传入数据将按照先来先服务（First-Come-First-Serve）的原则进行服务。

- ❑　QoS 功能：允许管理员为路由器或特定端口托管的给定 IP 地址分配优先级。QoS 功能仅控制上行链路信道。在上行链路信道的容量比下行链路少得多的情况下，它们特别有用。一般来说，消费者宽带可能会有 5 Mbps 上行链路和 100 Mbps 下行链路之类的速度，而 QoS 确实提供了一种对受约束的上行链路进行负载平衡的方法。QoS 不会分配硬性限制，也不会像流量整形那样对链路进行分段。

- ❑　流量整形功能：流量整形是预先分配带宽的静态形式。例如，可以将 15 Mbps 的链路划分为较小的 5 Mbps 的段。这些段将被预先分配。一般来说，这是比较浪费的，因为如果需要，带宽不一定必须返回到聚合。

- ❑　动态整形和数据包优先级：现代路由器可以启用动态整形属性。这些属性允许管理员动态地将带宽分段规则分配给入口和出口流量。它还可以为实时应用程序管理对延迟敏感的数据包（如视频或用户界面）。动态整形和数据包优先级允许根据数据或应用的类型而不是仅基于 IP 地址或端口来创建规则。

ℹ 注意：

分类和管理网络流量的方法是差分服务（Differentiated Service，DiffServ）。DiffServ 在 IP 标头中使用 6 位差分服务代码点（Differentiated Service Code Point，DSCP）进行数据包分类。DiffServ 的概念是，边缘路由器可以在网络边缘执行复杂功能（如数据包分类和策略管理），然后将数据包标记为接收每一跳行为的特定类型。进入 DiffServ 路由器的流量将受到分类和限制。此外，DiffServ 路由器可以自由地由其他路由器更改先前标记的数据包的分类。DiffServ 是用于流量管理的粗粒度工具，因为链路中的路由器链并不需要全部支持它。路由器将通过 QoS 功能管理不同的数据包类别。另外，代表集成服务（Integrated Services）的 IntServ 可以帮助 QoS 并要求链中的所有路由器都支持 QoS。这是一种细粒度 QoS 的形式。

网络质量的另一个方面是平均意见得分（Mean Opinion Score，MOS）。从用户的角度来看，MOS 是各个值在系统质量上的算术平均值。这通常在基于 IP 的语音传输（Voice Over Internet Protocol，VOIP）应用中使用，但是可以肯定地用于视觉系统、图像、流数据和用户界面可用性。它基于 1~5 的主观评分（1 表示最差质量，5 表示最佳质量），应在反馈环路中使用，以增加容量或减小数据大小，从而匹配容量。

如果边缘路由器负责将 PAN 桥接到基于 IP 的 WAN，则可以使用多种选项来响应链路质量的变化和网络服务的降级。例如，在运输车队的物联网部署中，运营商的信号可能会下降。在这种情况下，路由器可以使用 TCP 性能增强代理（Performance Enhancing Proxy，PEP）来克服和补偿质量变化（详见 RFC 3135）。PEP 可以在堆栈的传输层或应用层中使用，并且根据物理介质而有所不同。PEP 的形式包括以下两种。

❏ 代理 PEP（Proxy PEP）：在这里，代理充当模仿端点的中间人。

❏ 分发 PEP（Distribution PEP）：PEP 可以在链路的一端或两端（分发模型）运行。

💡 提示：

PEP 由以下功能组成。

❏ 拆分 TCP（Split TCP）：PEP 将端到端连接分为多个段，以克服影响 TCP 窗口的较大延迟时间。这些通常用于卫星通信。

❏ ACK 过滤（ACK Filtering）：在数据速率不对称的链路中（如 Cat-1：10 Mbps 下行，5 Mbps 上行），ACK 过滤器可通过累加或抽取 TCP ACK 来提高性能。

❏ 侦听（Snooping）：这是一种集成代理的形式，用于隐藏无线链路上的干扰和冲突。它将拦截网络中重复的 ACK，然后丢弃并用丢失的数据包替换。这样可以防止发送方任意减小 TCP 窗口大小。

❏ D 代理（D-Proxy）：PEP 通过将 TCP 代理分发到链路的每一端来协助无线网络。

代理通过查找包丢失来监视 TCP 数据包序列号。一旦检测到，代理将打开一个临时缓冲区并吸收数据包，直到丢失的数据包被恢复并重新排序为止。

8.1.7　安全功能

边缘路由器或网关还扮演着另一个重要角色，那就是它们可以在 WAN、Internet、底层 PAN 和物联网设备之间提供一个安全性层。许多物联网设备都缺少必要的资源、内存和计算能力，无法提供强大的安全性和资源调配。架构师无论是构建自己的网关服务还是购买网关服务，都应考虑使用以下功能来保障物联网组件的安全。

防火墙保护是最基本的安全形式。电信防火墙有两种基本形式：第一种是网络防火墙，它过滤和控制从一个网络到另一个网络的信息流；第二种是基于主机的防火墙，用于保护该计算机本地的应用程序和服务。就物联网边缘路由器而言，我们关注的是网络防火墙。默认情况下，防火墙将阻止某些类型的网络流量流入受防火墙保护的区域，但是允许该区域内产生的所有流量都向外流出。防火墙将根据复杂程度，通过数据包、状态或应用查找和隔离信息。一般来说，将在网络接口周围创建区域，并使用规则来控制区域之间的流量。一个示例是使用边缘路由器将访客 Wi-Fi 区域和公司专用区域隔离开来。

数据包防火墙可以根据源或目标 IP、端口、MAC 地址、IP 协议以及数据包报头中包含的其他信息来隔离并包含某些流量。有状态防火墙在 OSI 堆栈的第 4 层运行，它将收集并聚合数据包以查找模式和状态信息，如新连接与现有连接。应用过滤功能则更加复杂，因为它可以搜索某些类型的应用网络流，包括 FTP 流量或 HTTP 数据。

防火墙还可以利用非军事区（Demilitarized Zone，DMZ）。DMZ 也称为隔离区，只是一个逻辑区域。从 Internet 上的任何计算机都可以尝试以 DMZ IP 地址远程访问网络服务的意义上来说，DMZ 主机实际上没有经过防火墙保护。典型用途包括运行公共 Web 服务器和共享文件。DMZ 主机通常由直接 IP 地址指定。

端口转发（Port Forwarding）是使防火墙后面的某些端口可以公开的概念。一些物联网设备需要一个开放的端口来提供由云组件控制的服务。同样，我们可以构造一条规则，该规则允许防火墙区域内的指定 IP 地址具有公开的端口。

💡 **提示：**

DMZ 和端口转发都会在受其他保护的网络中打开端口和接口。所以应该谨慎行事，以确保这是架构师的真实意思。在具有许多边缘路由器的大规模物联网部署中，某个打开端口的通用规则可能对一个位置有用，而对另一个位置则存在重大安全风险。另外，对 DMZ 和开放端口进行审核应该是一个安全的过程，因为网络拓扑和配置会随着时间而变化。DMZ 随时可能导致网络安全方面的一个漏洞。

8.1.8　指标和分析

在许多情况下，使用 4G LTE 等计量数据时，物联网边缘设备将处于服务级别协议或数据上限之下。而在其他情况下，边缘路由器或网关又可能是其他 PAN 网络和物联网设备的主机，它应该作为控制 PAN 网络/网格运行状况的中心设备（仅限本地）。指标和分析对于收集和解决连接性和成本挑战非常有用，尤其是随着物联网规模的扩大，这种分析尤其必要。典型的指标和集合应包括以下内容。

- ❑ WAN 正常运行时间分析（WAN Uptime Analytics）：历史趋势、服务级别。
- ❑ 数据使用情况（Data Usage）：每个客户端、每个应用的入口、出口、聚合。
- ❑ 带宽（Bandwidth）：进出的随机或计划安排的带宽分析。
- ❑ PAN 运行状况（PAN Health）：带宽、异常流量、网格重组。
- ❑ 信号完整性（Signal Integrity）：信号强度、现场勘测。
- ❑ 位置（Location）：GPS 坐标、运动、位置变化。
- ❑ 访问控制（Access Control）：附加的客户端、管理员登录名、路由器配置更改、PAN 身份验证成功/失败。
- ❑ 故障转移（Failover）：故障转移事件的数量、时间和持续时长。

这些类型的指标应定期进行收集和监控。此外，当在边缘看到某些事件或异常行为时，高级路由器应该能够构造规则并发出警报。

8.1.9　边缘处理

正如我们将在本章后面有关云和雾计算的内容中探讨的那样，边缘路由器能够在靠近数据生成位置的地方提供计算资源。这是边缘路由器的一个重要特征，对于物联网解决方案来说尤其如此。随着越来越多的物联网解决方案构建在偏远和不同的地点，对于许多用例而言，具有本地计算能力至关重要。边缘计算可能涉及通过以下技术影响用户数据。

- ❑ 过滤和聚合。
- ❑ 变性数据。
- ❑ 安全和入侵检测分析。
- ❑ 密钥管理。
- ❑ 规则引擎/事件处理器。
- ❑ 缓存和存储。

边缘路由器的大小和计算能力会有所不同。它们不是数据中心服务器或机架式硬件。一般来说，边缘路由器上的资源与表 8-1 所示相当。

表 8-1　边缘路由器性能和配置分类

性能	消费级路由器	中端边缘路由器	高端雾节点
品牌	Apple Airport Extreme	Advantech WISE-3310	HP Edgeline EL20 网关
建议零售价	约 199 $	约 547 $	约 1400 $
SOC/处理器	Broadcom 53019	Freescale i.MX6	Intel 4300U
CPU 类型和速度	2 核 ARM A9 @ 1 GHz	ARM A9 @ 1 GHz	双核 Intel Core i5 @ 1.9 GHz
内存	512 MB DDR3	1 GB DDR3 8	GB DDR3
存储	32 MB 串行闪存	4 GB eMMC	64 GB SSD（可选 SATA）

路由器的主要功能是作为网络代理，上述可用资源需要与用户设计为边缘或雾计算软件的任何东西共享。

边缘设备需要在边缘上管理和保护客户部署的解决方案，因为在许多情况下，该设备与程序员或管理员之间的距离非常远。需要在与云开发的软件和服务相同的上下文中考虑边缘。提供边缘计算服务的路由器将提供 API 或 SDK 接口，以使用设备上的资源并部署程序。

8.2　软件定义网络

软件定义网络（Software-Defined Networking，SDN）是一种将定义网络控制平面（Control Plane）的软件和算法与管理转发平面（Forwarding Plane）的底层硬件分离的方法。此外，网络功能虚拟化（Network Function Virtualization，NFV）被定义为提供通用网络功能（也就是说，该网络功能可以运行在任何硬件上，这样就去除了供应商的相关性）。NFV 描述了虚拟化网络功能的方法，这些功能通常可以在堆栈的第 4～7 层中找到。这两种范例均以非常灵活的方式构建，为扩展和部署非常复杂的网络架构提供了行业方法。至关重要的是，由于大多数服务都可以在云中运行，因此可以大大降低企业在网络基础架构中的成本。

为什么这对于边缘设备很重要，它适用于物联网的地方在哪里？我们在本书中花了很多篇幅，详细介绍了从传感器到云端的数据移动，以及如何扩展整个互联网络基础架构，以使它能适应网络上的数以十亿计的节点。架构师固然可以要求 IT 管理员在公司网络中将额外的数以百万计的端点放置在节点异构的公司网络中，但是这些端点有些位于很远的位置，有些则是在移动的车辆上，架构师需要了解它们对整体网络基础架构的影响。由于传统网络无法扩展，因此我们将被迫考虑以最小的影响和最低的成本构建大型网络的替代方法。

8.2.1　SDN 架构

在 IEEE 期刊文章《软件定义网络：全面调查》中指出，软件定义网络（SDN）具有以下 4 个特征。

- ❑ 控制平面（Control Plane）与数据平面（Data Plane）分离。数据平面硬件成为简单的数据包转发设备。
- ❑ 所有转发决定都是基于流的，而不是基于目的地的。流是一组匹配标准或过滤器的数据包。流中的所有数据包都将使用相同的转发和服务策略进行处理。流编程（Flow Programming）允许通过虚拟交换机、防火墙和中间件轻松扩展，并且可以提供灵活性。
- ❑ 控制逻辑也称为 SDN 控制器（SDN Controller）。它是陈旧硬件的软件版本，能够在商用硬件和基于云的实例上运行。其目的是命令和管理简化的交换节点。从 SDN 控制器抽象到达交换节点需要借助于南向接口（Southbound Interface）。也就是说，SDN 控制器对网络的控制主要是通过南向接口协议实现的，包括链路发现、拓扑管理、策略制定、表项下发等。
- ❑ 网络应用软件可以通过北向接口（Northbound Interface）驻留在 SDN 控制器上。SDN 北向接口是通过控制器向上层业务应用开放的接口，其目标是使得业务应用能够便利地调用底层的网络资源和能力。也就是说，网络应用软件可以使用诸如深度数据包检查、防火墙和负载均衡器之类的服务与底层的数据平面进行交互并操纵数据平面。

🔵 提示：

上述 IEEE 期刊文章名称为中文意译名，具体资料来源为：

D. Kreutz, F. M. V. Ramos, P. E. Veríssimo, C. E. Rothenberg, S. Azodolmolky and S. Uhlig. Software-Defined Networking: A Comprehensive Survey. Proceedings of the IEEE, 2015, 103(1): 14-76.

SDN 的基础架构与传统网络相似，因为它使用类似的硬件：交换机、路由器和中间盒。它们之间的主要区别在于：SDN 利用了快速的服务器级的现成计算能力，但是却没有复杂和独特的嵌入式控制硬件。这些服务器平台通常位于云中，以软件而非自定义专用集成电路（Application Specific Integrated Circuit，ASIC）的形式执行网络服务。边缘路由器本质上是比较笨拙的，因为它并没有自治控制。SDN 架构分离了控制平面（逻辑和功能控制）和数据平面（执行数据路径决策并转发流量）。现在数据平面由与 SDN 控制器关联的路由器和交换机组成。

　　在数据平面转发硬件之上的所有东西一般来说都可以驻留在云端或私有数据中心的硬件上，如图 8-3 所示。

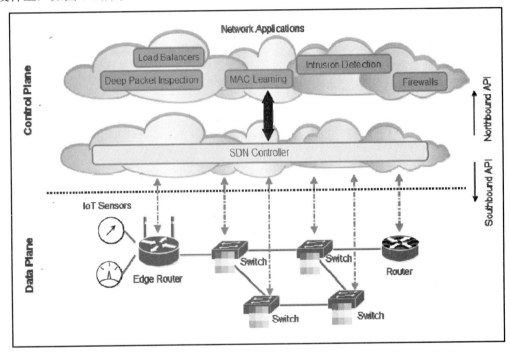

图 8-3　典型的 SDN 架构抽象

原　　文	译　　文	原　　文	译　　文
Network Applications	网络应用	Northbound API	北向 API
Load Balancers	负载均衡器	Southbound API	南向 API
Deep Packet Inspection	深度数据包检查	Data Plane	数据平面
MAC Learning	MAC 学习	IoT Sensors	物联网传感器
Intrusion Detection	入侵检测	Edge Router	边缘路由器
Firewalls	防火墙	Switch	交换机
Control Plane	控制平面	Router	路由器
SDN Controller	SDN 控制器		

图 8-3 显示了驻留在数据平面上的简化的交换和转发节点,并沿着可驻留在云实例中的抽象 SDN 控制器确定的规定路径来封送(Marshal)信息。SDN 控制器通过与转发节点的南向接口管理控制平面。网络应用程序可以驻留在 SDN 控制器的上层,并通过安全风险监控和入侵检测等服务来操纵数据平面。这些服务通常需要由客户部署和管理的自定义和独特的硬件解决方案。

8.2.2　传统互联网络

典型的互联网络(Inter-Networking)架构将使用一组托管的硬件/软件组件,这些组件具有单一用途并包含嵌入式软件/解决方案。一般情况下,它们使用无商品硬件和专用集成电路(ASIC)设计,典型功能包括路由、托管交换机、防火墙、深度数据包检查和入侵检测、负载均衡器以及数据分析器等。一般来说,此类专用设备需要由客户管理,并配备受过训练的网络 IT 人员进行维护和管理。这些组件可能来自多个供应商,并且需要非常不同的管理方法。

在这种配置中,数据平面和控制平面是统一的。当系统需要添加或删除另一个节点或设置新的数据路径时,许多专用系统需要使用新的虚拟局域网(VLAN)设置、QoS参数、访问控制列表(ACL)、静态路由和防火墙直通规则进行更新。当处理数千个端点时,这可能还可以应付得过来。但是,当扩展到数百万个远程节点时,这种传统技术的移动和连接/断开通常就变得不那么可靠了,如图 8-4 所示。在典型的互联网场景中,提供安全性、深度数据包检查、负载均衡和指标收集等服务的系统需要自定义供应商硬件和管理系统。由于控制平面和数据平面是统一的,因此这实际上导致了大规模安装、远程设备和移动系统的管理和扩展等方面的难题。

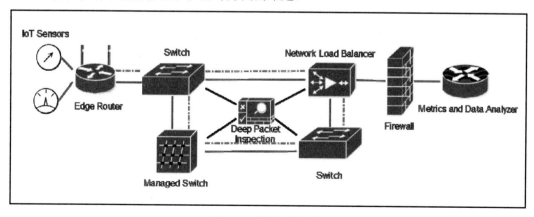

图 8-4　传统网络组件

原　　文	译　　文
IoT Sensors	物联网传感器
Edge Router	边缘路由器
Switch	交换机
Network Load Balancer	网络负载均衡器
Metrics and Data Analyzer	指标和数据分析器
Deep Packet Inspection	深度数据包检查
Managed Switch	托管的交换机
Switch	交换机
Firewall	防火墙

8.2.3　SDN 的好处

对于大规模物联网部署来说，应考虑使用 SDN 网络模型，尤其是当客户需要确定节点的来源和安全性时。架构师在使用 SDN 时应考虑以下情况。

❑　物联网边缘设备和与它通信的服务器或数据中心可以相距数千千米。

❑　物联网从数百万个端点增长到数十亿个端点的规模，这需要在当前互联网基础架构的辐射型（Hub-and-Spoke）模型之外的适当扩展技术。

SDN 的 3 个方面使其对物联网部署具有吸引力。

❑　服务链（Service Chaining）：这使得客户或提供商可以单点出售服务。可以链接和使用基于订阅的云网络服务，如防火墙、深度数据包检查、VPN、身份验证服务和策略代理等。一些客户可能需要全套功能，而其他客户则可能不选择任何功能或会定期更改其配置。服务链为部署提供了极大的灵活性。

❑　动态负载管理（Dynamic Load Management）：SDN 享有云架构的灵活性，通过设计，它可以根据负载动态扩展资源。这种灵活性对于物联网来说至关重要，因为架构师需要根据设备数量的指数增长来规划容量和规模。只有云中的虚拟网络才可以在需要时扩展容量。例如，假设我们需要在游乐园和其他场所进行人员追踪，人数会因季节变化、一天中的时间和天气等而有很大的不同。在这种情况下，动态网络可以根据访问者的数量进行调整，而无须更改提供商的硬件。

❑　带宽日历（Bandwidth Calendaring）：这使得操作员可以将数据带宽和使用情况划分为指定的时间和日期。这与物联网有关，因为许多边缘传感器仅定期或在一天的特定时间报告数据。可以构造复杂的带宽共享算法以对时间切片容量进行时间分配。

　　在本书后面的第 12 章"物联网安全性"中，我们将介绍软件定义边界（Software-Defined Perimeters，SDP），它是网络功能虚拟化的另一个示例。我们还将讨论如何将其用于创建微分段（Micro-Segments）和设备隔离，这对于物联网安全至关重要。

8.3　小　　结

　　路由器和网关在物联网开发中起着不可或缺的作用。边缘路由器提供的功能可实现企业级的安全性、路由、弹性和服务质量。网关在将非 IP 网络转换为基于 IP 的协议中扮演着重要角色（这样的转换是 Internet 和云连接所必需的）。同样重要的是，架构师要认识到，物联网数十亿个节点的增长将在低成本和受电子限制的条件下实现。企业路由、隧道和 VPN 等功能都需要强大的硬件和处理能力，因此使用路由器和网关来实现该服务功能是很有意义的。在本书后面的章节中，我们还将探讨边缘路由器如何在边缘处理和雾计算中发挥至关重要的作用。

　　第 9 章将通过工作示例深入介绍基于物联网的协议，如 MQTT 和 CoAP。这些协议是物联网的轻量级语言，通常不使用网关和边缘路由器作为转换器。

第 9 章　物联网边缘到云协议

到目前为止，我们已经介绍了从运行在网络边缘的设备生成数据或事件的方式。前文讨论了各种电信介质和技术，可以从 WPAN、WLAN 和 WAN 移动数据。从非基于 IP 的 PAN 网络到基于 IP 的 WAN 网络，这些网络的建立和桥接都存在许多复杂性和微妙之处。我们还需要了解协议转换。标准协议是一种工具，它可以对来自传感器的原始数据进行绑定和封装，并经过格式化以使云能接受。物联网系统与机器对机器（Machine to Machine，M2M）系统之间的主要区别之一是，M2M 可以通过 WAN 与专用服务器或系统通信，而无须任何封装协议。根据定义，物联网是基于端点和服务之间的通信，而互联网则是常见的网络结构。

本章还将详细介绍物联网空间中普遍存在的必要协议，如消息队列遥测传输（Message Queue Telemetry Transport，MQTT）和 CoAP。

9.1　协　　议

为什么在 HTTP 之外没有任何协议可以跨 WAN 传输数据？HTTP 在二十多年来为 Internet 提供了重要的服务和功能，但 HTTP 是为客户端/服务器模型中的通用计算而设计和架构的。物联网设备可能是受限的、远程的，且带宽有限。因此，需要更有效、安全和可扩展的协议来管理各种网络拓扑（如网格网络）中的大量设备。

在将数据传输到 Internet 时，设计被降级到 TCP/IP 基础层。TCP 和 UDP 协议是数据通信中显而易见的唯一选择。TCP 的实现比 UDP（作为多播协议）要复杂得多，但是 UDP 不具有 TCP 的稳定性和可靠性，从而迫使某些设计通过在 UDP 之上的应用层中添加弹性来进行补偿。

本章中列出的许多协议都是面向消息的中间件（Message Orientation Middleware，MOM）的实现。MOM 的基本思想是两个设备之间的通信使用分布式消息队列进行。MOM 将消息从一个用户空间应用传递到另一个用户空间应用。一些设备产生要添加到队列中的数据，而其他设备则使用存储在队列中的数据。一些实现要求代理（Broker）或中间人作为中央服务。在这种情况下，生产者和使用者与代理之间具有发布（Publish）和订阅（Subscribe）类型的关系。AMQP、MQTT 和 STOMP 都是 MOM 实现，其他还包括 CORBA 和 Java 消息服务（Java Message Service，JMS）。使用队列的 MOM 实现可以使用它们来提高设计的弹性，即使服务器发生故障，数据也可以保留在队列中。

MOM 实现的替代方法是 RESTful。在 RESTful 模型中，服务器拥有资源的状态，但是状态不会在消息中从客户端传输到服务器。RESTful 设计使用 HTTP 方法（如 GET、PUT、POST 和 DELETE），将请求放置在资源的通用资源标识符（Universal Resource Identifier，URI）上（见图 9-1）。在此架构中不需要代理或中间代理。由于它们基于 HTTP 堆栈，因此它们将享受所提供的大多数服务，如 HTTPS 安全性。RESTful 设计是客户端-服务器架构的典型代表。客户端通过同步请求-响应模式启动对资源的访问。

此外，即使服务器发生故障，客户端也要对错误负责。图 9-1 说明了 MOM 与 RESTful 服务。左侧是使用中间的代理服务器（Broker Server）的消息传递服务（基于 MQTT）以及事件的发布者（Publisher）和订阅者（Subscriber）。在这里，许多客户端既可以是发布者，也可以是订阅者，信息可能会也可能不会存储在队列中以提高弹性。右侧是 RESTful 设计，该架构建立在 HTTP 之上，并使用从客户端（Client）到服务器（Server）进行通信的 HTTP 范式。

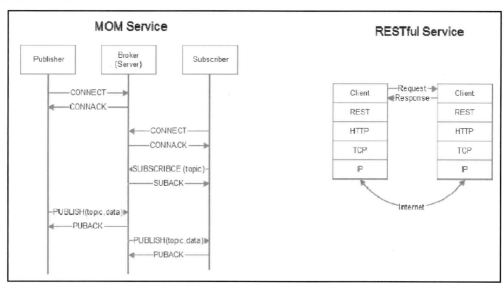

图 9-1　一个将 MOM 与 RESTful 实现进行比较的示例

原　　文	译　　文	原　　文	译　　文
MOM Service	MOM 服务	RESTful Service	RESTful 服务
Publisher	发布者	Request	请求
Broker(Server)	代理（服务器）	Response	响应
Subscriber	订阅者		

ⓘ 注意：

URI 用作基于 Web 的数据流量的标识符。最值得注意的 URI 是通用资源定位符（Universal Resource Locator，URL），例如：

http://www.iotforarchitects.net:8080/iot/?id="temperature"

可以按网络堆栈的各个层级划分 URI 的组成部分。

- ❑　协议方案（Scheme）：http://。
- ❑　服务器地址（Authority）：www.iotforarchitects.net。
- ❑　端口号（Port）：8080。
- ❑　路径（Path）：/iot。
- ❑　查询字符串（Query）：?id="temperature"。

9.2　MQTT

IBM Websphere Message Queue 技术于 1993 年首次提出，旨在解决独立和非并行的分布式系统中的问题以安全地进行通信。IBM 的 Andy Stanford-Clark 和 Arlen Nipper 于 1999 年创建了 Websphere Message Queue 的派生版，以解决通过卫星连接远程石油和天然气管道的特殊限制。该协议被称为 MQTT。此基于 IP 的传输协议的目标如下。

- ❑　实现起来必须简单。
- ❑　提供一定的服务质量。
- ❑　非常轻量级，高效使用带宽。
- ❑　数据无关性，即任何数据都可以通过 MQTT 传输。
- ❑　具有持续的会话意识。
- ❑　解决安全问题。

MQTT 就是应这些要求而提出的。标准机构（mqtt.org）很好地定义了一种考虑该协议的方式，它提供了该协议的非常明确的总结。

"MQTT 指的是消息队列遥测传输（Message Queue Telemetry Transport）。它是一种采用发布/订阅模型，极其简单和轻量级的消息传递协议，设计用于受约束的设备以及低带宽、高延迟或不可靠的网络。设计原则是最大限度地减少网络带宽和设备资源需求，这些原则也使该协议成为新兴的机器对机器（Machine to Machine，M2M）或物联网互联设备世界的理想选择，并且也适用于带宽和电池电量非常宝贵的移动应用。"

MQTT 多年来一直是 IBM 的内部专有协议，直到 2010 年以免版税产品的形式发布了 3.1 版。2013 年，MQTT 被标准化并被 OASIS 联盟接受。2014 年，OASIS 公开发布了 MQTT 3.1.1 版。MQTT 也是 ISO 标准（详见 ISO/IEC PRF 20922）。

9.2.1　MQTT 发布-订阅模型

尽管客户端-服务器架构多年来一直是数据中心服务的主流，但发布-订阅模型代表了一种可用于物联网的有用替代方案。发布-订阅也称为 pub/sub，是一种将发送消息的客户端与另一个接收消息的客户端分离的方式。与传统的客户端-服务器模型不同（客户端不知道任何物理标识符，如 IP 地址或端口），MQTT 是一种发布/订阅架构，但不是消息队列。本质上，消息队列存储消息，而 MQTT 则不存储消息。在 MQTT 中，如果没有人订阅（或收听）某个主题，则该主题将被忽略并丢失。消息队列还维护一个客户端-服务器拓扑，拓扑中一个使用者将与一个生产者配对。

ℹ️ **注意：**

MQTT 中也有保留的消息，稍后将进行详细介绍。保留的消息是已保留的一条消息的单个实例。

传输消息的客户端称为发布者（Publisher）；接收消息的客户端称为订阅者（Subscriber）；中心是一个 MQTT 代理，负责连接客户端和过滤数据。此类过滤器提供以下功能。

- ❑ 主题过滤（Subject Filtering）：根据设计，客户端将订阅主题和某些主题分支，并且不会收到比它们想要的更多的数据。每个发布的消息都必须包含一个主题，并且代理负责将该消息重新广播到订阅的客户端或者忽略它。
- ❑ 内容过滤（Content Filtering）：代理可以检查和过滤发布的数据。因此，任何未加密的数据都可以在存储或发布给其他客户端之前由代理进行管理。
- ❑ 类型过滤（Type Filtering）：侦听订阅的数据流的客户端也可以应用自己的过滤器。它可以解析传入的数据，并进一步处理或忽略数据流。

如图 9-2 所示，MQTT 可能有许多生产者和使用者。客户端在边缘运行，并发布或订阅由 MQTT 代理管理的主题。这里假设有两个主题：湿度（humidity）和温度（temperature）。客户端可以订阅多个主题。该图表示的是智能传感器，这些传感器包括足够的资源来管理自己的 MQTT 客户端（如左上角的智能湿度传感器），也包括一些边缘路由器。因为有些传感器或设备是不支持 MQTT 的（如左上角的 Wi-Fi 现场显示器和 HVAC 执行器，右上角的蓝牙温度传感器），它们需要由边缘路由器来提供 MQTT 客户端服务。

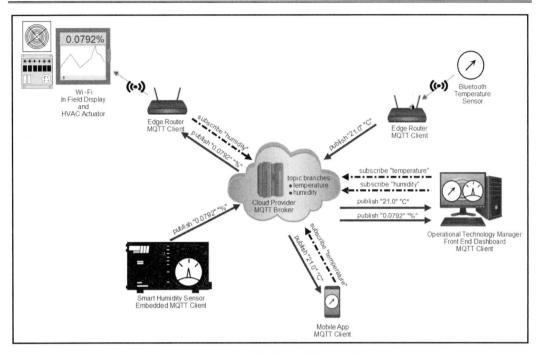

图 9-2　MQTT 发布/订阅模型和拓扑

原　　文	译　　文
Wi-Fi In Field Display and HVAC Actuator	Wi-Fi 现场显示器和 HVAC 执行器
Edge Router	边缘路由器
MQTT Client	MQTT 客户端
Bluetooth Temperature Sensor	蓝牙温度传感器
topic branches	主题分支
Cloud Provider MQTT Broker	云提供商 MQTT 代理
Smart Humidity Sensor	智能湿度传感器
Embedded MQTT Client	嵌入式 MQTT 客户端
Mobile App	移动 App
MQTT Client	MQTT 客户端
Operational Technology Manager	运营技术经理
Front End Dashboard	前端仪表板
MQTT Client	MQTT 客户端

🛈 **注意：**

关于发布-订阅模型的一个注意事项是：发布者和订阅者都必须在开始传输之前知道主题分支和数据格式。

MQTT 成功地使发布者与使用者脱钩。由于代理是发布者和使用者之间的管理机构，因此无须根据物理方面的信息（如 IP 地址）直接识别发布者和使用者。这在物联网部署中非常有用，因为物理身份可能是未知的或无处不在的。MQTT 和其他发布/订阅模型也是时不变（Time-Invariant）的，这意味着订阅者可以随时读取和响应由一个客户端发布的消息。订阅者可能处于非常低的功率/带宽限制状态（如 Sigfox 通信），并在几分钟或几小时后才响应消息。由于没有物理和时间关系，发布/订阅模型可以很好地扩展到极限容量。

云托管的 MQTT 代理通常每小时可以接收数百万条消息，并支持数以万计的发布者。

MQTT 是与数据格式无关的。任何类型的数据都可以驻留在有效载荷中，这就是发布者和订阅者都必须理解并同意数据格式的原因。可以在有效载荷中传输文本消息、图像数据、音频数据、加密数据、二进制数据、JSON 对象或几乎任何其他结构。但是，JSON文本和二进制数据是最常见的数据有效载荷类型。

💡 **提示：**

MQTT 中允许的最大数据包大小为 256 MB，这意味着它允许的有效载荷是非常大的。

但是请注意，最大数据有效载荷的大小取决于云和代理。例如，IBM Watson 允许的有效载荷最大为 128 KB，而 Google 则支持 256 KB。另外，发布的消息也可以包括零长度的有效载荷。有效载荷字段是可选的。建议与云提供商联系以确保有效载荷大小的匹配。否则，将导致出现错误，并且与云代理的连接也将断开。

9.2.2　MQTT 架构细节

MQTT 其实有点"名不副实"，因为协议中并没有固有的消息队列（MQ）。尽管它也可以对消息进行排队，但这并不是必需的，而且经常没有完成。 MQTT 是基于 TCP 的，因此可以保证包被可靠地传输。

MQTT 是不对称协议（Asymmetric Protocol），而 HTTP 则是非对称协议（Nonsymmetric Protocol）。假设节点 A 需要与节点 B 进行通信，A 和 B 之间的不对称协议只需要一侧（A）使用该协议即可，但是重组数据包所需的所有信息都必须包含在 A 发送的分段报头中。不对称系统具有一个主方和一个从方（FTP 是一个典型示例）。而在对称协议中，A 和 B 都需要安装该协议，A 或 B 都可以担当主角色或从角色（telnet 是其主要示例）。

MQTT 具有独特的作用，在传感器/云拓扑中很有意义。

　　MQTT 可以无限期地在代理上保留一条消息。这种操作模式由正常消息传输中的标志控制。代理上的保留消息将发送到预订该 MQTT 主题分支的任何客户端。该消息将立即发送到新客户端。这允许新客户端无须等待即可从新订阅的主题接收状态或信号。一般来说，订阅主题的客户端在发布新数据之前可能需要等待几个小时甚至几天。

　　MQTT 定义了一个称为最后遗嘱（Last Will and Testament，LWT）的可选工具。LWT 是客户端在连接阶段指定的消息，包含 lastWill 主题、QoS 和实际消息。如果客户端不正常地从代理连接断开（例如，keepAlive 超时、I/O 错误或客户端在没有断开连接的情况下关闭会话），则代理必须将 LWT 消息广播给所有其他订阅了该主题的客户端。

　　即使 MQTT 基于 TCP，连接仍然可能丢失，尤其是在无线传感器环境中。设备可能会断电、信号强度下降或干脆在现场崩溃，会话将进入半开（Half-Open）状态。在这里，服务器将认为连接仍然可靠并且需要数据。为了补救这种半开状态，MQTT 使用了保持活动状态（keepAlive）的系统。使用该系统，MQTT 代理和客户端都可以确保即使一段时间没有传输，连接仍然有效。客户端将 PINGREQ 数据包发送到代理，代理再通过 PINGRESP 确认消息。在客户端和代理端都预设了一个计时器。如果在预定的时限内未发送任何消息，则应发送保持活动状态数据包。PINGREQ 或消息都将重置保持活动状态的计时器。

　　如果未收到保持活动状态数据包且计时器到期，则代理将关闭连接并将 LWT 数据包发送给所有客户端。客户端稍后可能会尝试重新连接。在这种情况下，代理将关闭半开连接，并打开与客户端的新连接。

🛈 注意：

　　保持活动状态的最长时间为 18 小时 12 分钟 15 秒。如果在内部将保持活动状态的时间设置为 0，则实际上是禁用了保持活动状态功能。计时器由客户端控制，可以动态更改以反映睡眠模式或信号强度的变化。

　　虽然保持活动状态有助于断开连接，但是重新建立客户端的所有订阅和 QoS 参数可能会导致不必要的开销，进而达到数据连接上限。为了减少这些额外的数据，MQTT 允许持久连接（Persistent Connection）。持久连接将在代理端保存以下内容。

- ❑　所有客户端的订阅。
- ❑　客户端未确认的所有 QoS 消息。
- ❑　客户端错过的所有新 QoS 消息。

client_id 参数将引用此信息以标识唯一客户端。客户端可以请求持久连接，但是代理可以拒绝该请求并强制重新启动干净会话。连接后，代理将 cleanSession 标志用于允许或拒绝持久连接。客户端可以使用 CONNACK 消息确定是否存储了持久连接。

💡 **提示：**

持久会话应用于即使在离线时也必须接收所有消息的客户端。如果客户端仅需将数据发布到（写入）主题，则不应使用它们。

MQTT 中的服务质量（QoS）分为 3 个级别。

- ❏ QoS-0（无保证的传输）：这是最低的 QoS 级别，类似于在一些无线协议中的发后不理（Fire and Forget）模型（详见第 7.3.2 节 "Sigfox MAC 层"）。这是尽力而为的传递过程，无须接收者确认消息，发送者也不会尝试重新发送。
- ❏ QoS-1（有保证的传输）：此模式将确保至少将消息传递给接收者一次。消息可能会被多次传递，并且接收方将通过 PUBACK 响应发送回确认。
- ❏ QoS-2（应用上的有保证的服务）：这是 QoS 的最高级别，可确保正确传输并将通知发送方和接收方消息已正确传输。此模式通过发送方和接收方之间的多步握手产生更多流量。如果接收方收到设置为 QoS-2 的消息，则以 PUBREC 消息响应发送方。这将确认该消息，并且发送方将以 PUBREL 消息进行响应。PUBREL 允许接收者安全地丢弃消息的任何重发。然后，接收者通过 PUBCOMP 确认 PUBREL。为了安全起见，在发送 PUBCOMP 消息之前，接收方将缓存原始消息。

MQTT 中的 QoS 由发送方定义和控制，每个发送方可以有不同的策略。

💡 **提示：**

上述 3 个 QoS 级别的典型用例如下。

- ❏ *QoS-0：在不需要消息排队时使用。最适合有线连接或系统带宽严重受限的情况。*
- ❏ *QoS-1：是默认用法。QoS-1 比 QoS-2 快得多，并大大降低了传输成本。*
- ❏ *QoS-2：用于关键任务应用。需要注意的是，多次发送重复的消息可能会导致故障。*

9.2.3　MQTT 封包结构

MQTT 数据包位于 OSI 模型网络堆栈的 TCP 层的顶部。该数据包由一个 2 字节固定报头（必须始终存在）、一个可变大小的报头（可选）组成，并以有效载荷结尾（同样是可选的），如图 9-3 所示。

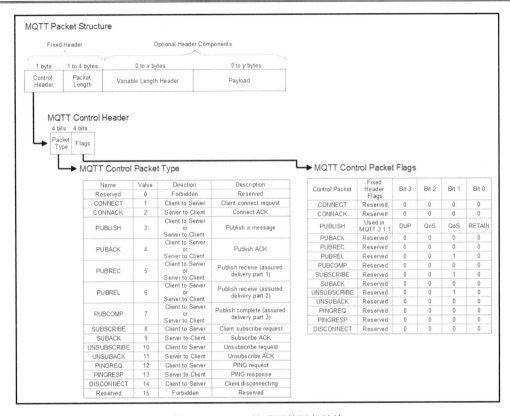

图 9-3　MQTT 的通用数据包结构

原　　文	译　　文	原　　文	译　　文
MQTT Packet Structure	MQTT 数据包结构	Variable Length Header	可变长度报头
Fixed Header	固定报头	Payload	有效载荷
Optional Header Components	可选报头组成部分	MQTT Control Header	MQTT 控制报头
1 byte	1 字节	4 bits	4 位
1 to 4 bytes	1～4 字节	Packet Type	包类型
0 to x bytes	0～x 字节	Flags	标志
0 to y bytes	0～y 字节	MQTT Control Packet Type	MQTT 控制包类型
Control Header	控制报头	MQTT Control Packet Flags	MQTT 控制包标志
Packet Length	包长度		

9.2.4　MQTT 通信格式

使用 MQTT 的通信链路从客户端向代理发送 CONNECT 消息开始。只有客户端可以发起会话，并且客户端无法与另一个客户端直接通信。代理将始终以 CONNACK 响应和状态代码响应 CONNECT 消息。连接建立之后将保持打开状态。下面将详细介绍 MQTT 消息和格式。

❑ CONNECT 格式（从客户端到服务器）：表 9-1 列出了典型的 CONNECT 消息包含的内容（在发起会话时，只有 clientID 是必需的）。

表 9-1 典型的 CONNECT 消息包含的内容

字 段	要 求	说 明
clientID	必需	标识客户端。每个客户端都有一个唯一的客户端 ID，长度为 1～23 个 UTF-8 字节
cleanSession	可选	0：服务器必须恢复与客户端的通信，客户端和服务器断开连接后必须保存会话状态。1：客户端和服务器必须放弃上一个会话并开始一个新的会话
username	可选	服务器用于身份验证的名称
password	可选	0～65536 字节的二进制密码，以 2 字节的长度为前缀
lastWillTopic	可选	要发布的消息的主题分支
lastWillQos	可选	2 位，在发布 Will 消息时指定 QoS 级别
lastWillMessage	可选	定义 Will 消息有效载荷
lastWillRetain	可选	指定在发布时是否保留 Will 消息
keepAlive	可选	时间间隔（以秒为单位）。客户端负责在 keepAlive 计时器到期之前发送消息或 PINGREQ 数据包。服务器将在 1.5 倍的 keepAlive 时间期限内断开网络连接。设置为零（0）值将禁用 keepAlive 机制

❑ CONNECT 返回码（从服务器到客户端）：代理将使用响应代码来响应 CONNECT 消息。架构师应注意，并非所有连接都可以由代理批准。表 9-2 显示了不同响应代码及其说明。

表 9-2 响应代码及其说明

响 应 代 码	说 明
0	成功连接
1	连接被拒绝：MQTT 协议版本不可接受
2	连接被拒绝：客户端标识为正确的 UTF-8，但服务器不允许
3	连接被拒绝：服务器不可用
4	连接被拒绝：用户名或密码错误
5	连接被拒绝：客户端无权连接

❑ PUBLISH 格式（从客户端到服务器）：在成功建立连接之后，客户端可以将数

据发布到主题分支。每个消息都包含一个主题。表 9-3 显示了 PUBLISH 格式中的各个字段及其说明。

表 9-3　PUBLISH 格式中的字段及说明

字　　段	要　　求	说　　明
packetID	必需	用于在可变报头中唯一标识数据包。设置 packetID 是 MQTT 客户端库的责任。对于 QoS-0 质量级别来说，始终设置为零（0）
topicName	必需	要发布的主题分支（例如，中国/北京市/海淀区/温度）
qos	必需	QoS 级别，值为 0、1 或 2
retainFlag	必需	服务器用于身份验证的名称
payload	可选	与数据格式无关的有效载荷
dupFlag	必需	消息重复，并且已重新发送

❑ SUBSCRIBE 格式（从客户端到服务器）：订阅数据包的有效载荷，包括至少一对 UTF-8 编码的 topicID 和 QoS 级别。在此有效载荷中可能有多个订阅的 topicID，以使客户端免于多次广播。表 9-4 提供了 SUBSCRIBE 格式中的各个字段及其说明。在单个消息中可以使用通配符以订阅多个主题。对于这样的示例，其主题的完整路径如：

```
"{country}/{states}/{cities}/{temperature,humidity}"
```

➤ +：单层通配符，"+"号通配符仅仅匹配一个主题层次。
例如，finance/stock/+ 匹配 finance/stock/ibm 或 finance/stock/xyz，但是不匹配 finance/stock/ibm/closingprice，因为单层通配符仅仅匹配一个层次。另外，finance/+ 不匹配 finance。

➤ #：多层通配符，"#"号通配符可以匹配主题内的任何层次。
例如，订阅 finance/stock/ibm/#，则可以接收到以下主题的消息：
finance/stock/ibm

finance/stock/ibm/closingprice

finance/stock/ibm/currentprice

多层通配符可以代表零或多个层次，因此，finance/# 也能够匹配 finance。多层通配符在主题树内必须是最后一个使用的字符。例如，finance/# 有效，但是 finance/#/closingprice 则是无效的。

➤ $：特殊主题，这是 MQTT 代理的特殊统计模式。客户端无法发布到 $ 主题。目前没有官方标准可以使用。可以按以下方式使用$SYS：$SYS/broker/clients/connected。

表 9-4 SUBSCRIBE 格式中的字段及说明

字　　段	要　　求	说　　明
packetID	必需	在可变报头中唯一标识数据包。设置 packetID 是 MQTT 客户端库的责任
topic_1	必需	已订阅的主题分支
qos_1	必需	发布到 topic_1 的消息的 QoS 级别
topic_2	可选	服务器用于身份验证的名称
qos2	可选	发布到 topic_2 的消息的 QoS 级别

提示：

MQTT 服务器应该在主题名称中支持通配符（但是其规范没有明确要求）。如果不支持通配符，则服务器必须拒绝它们。设置 packetID 是 MQTT 客户端库的责任。

在 MQTT 规范中还包含其他一些说明。有关 MQTT 编程 API 的更多详细信息，可参阅 2014 年发布的 OASIS MQTT Version 3.1.1 标准，其网址如下：

http://docs.oasis-open.org/mqtt/mqtt/v3.1.1/os/mqtt-v3.1.1-os.pdf

9.2.5 MQTT 工作示例

作为一个有效的工作示例，Google Cloud Platform（GCP）可用作 MQTT 接收器和采集器（Ingestor），并将信息采集到其云中。大多数 MQTT 云服务都遵循类似的模型，因此该框架可用作参考。我们将使用开源工具来启动 MQTT 客户端，并使用一个简单的 Python 示例将 hello world 字符串发布到主题分支。

开始使用 GCP 需要一些前提步骤。在继续操作之前，需要保护 Google 账户和付款系统的安全。有关 Google IoT Core 的入门知识，请阅读以下网页的说明：

https://cloud.google.com/iot/docs/how-tos/getting-started

在 GCP 中继续进行操作，以创建设备、启用 Google API、创建主题分支并将成员添加为 pub/sub 发布者。

Google 的独特之处在于，它需要 MQTT 之上的强加密（TLS）才能使用 JSON Web 令牌（JSON Web Tokens，JWT）和证书代理对所有数据包进行加密。每个设备将创建一个公钥/私钥对。Google 确保每台设备都有唯一的 ID 和密钥。万一受到攻击，将仅影响单个节点并防止攻击面的蔓延。

MQTT 代理首先导入若干个库。paho.mqtt.client Python 库是 Eclipse 支持的项目，并且是原始 IBM MQTT 项目的引用宿主。Paho 还是 Eclipse M2M Industry Working Group

（Eclipse M2M 行业工作组）的核心工作成果。MQTT 消息代理还有其他变体，如 Eclipse Mosquitto 项目和 Rabbit MQ。

```
# Google Cloud Platform 简单 MQTT 客户端发布示例
import datetime
import os
import time
import paho.mqtt.client as mqtt
import jwt

project_id = 'name_of_your_project'
cloud_region = 'us-central1'
registry_id = 'name_of_your_registry'
device_id = 'name_of_your_device'
algorithm = 'RS256'
mqtt_hostname = 'mqtt.googleapis.com'
mqtt_port = 8883
ca_certs_name = 'roots.pem'
private_key_file = '/Users/joeuser/mqtt/rsa_private.pem'
```

下一步是使用 Google 进行身份验证（需要使用密钥）。在这里，我们将使用一个 JWT 对象来包含证书。

```
# Google 要求每台设备使用 JSON Web 令牌（JWT）进行基于证书的身份验证
# 这可以限制攻击面
def create_jwt(project_id, private_key_file, algorithm):
    token = {
            # 令牌发行的时间
            'iat': datetime.datetime.utcnow(),
            # 令牌过期的时间
            'exp': datetime.datetime.utcnow() +
datetime.timedelta(minutes=60),
            # Audience field = project_id
            'aud': project_id
    }

    # 读取私钥文件
    with open(private_key_file, 'r') as f:
        private_key = f.read()
    return jwt.encode(token, private_key, algorithm=algorithm)
```

然后，使用 MQTT 库定义若干个回调函数，如错误、连接、断开连接和发布。

```
# 典型 MQTT 回调
def error_str(rc):
    return '{}: {}'.format(rc, mqtt.error_string(rc))

def on_connect(unused_client, unused_userdata, unused_flags, rc):
    print('on_connect', error_str(rc))

def on_disconnect(unused_client, unused_userdata, rc):
    print('on_disconnect', error_str(rc))

def on_publish(unused_client, unused_userdata, unused_mid):
    print('on_publish')
```

MQTT 客户端的主要结构如下。

首先，我们按照 Google 的规定注册客户。Google IoT 需要标识一个项目、一个区域、一个注册表 ID 和一个设备 ID。我们还跳过用户名，并通过 create_jwt 方法使用密码字段。这也是我们在 MQTT 中启用 SSL 加密的地方——许多 MQTT 云提供商需要此设置。

在连接到 Google 的云 MQTT 服务器之后，该程序的主循环将一个简单的 hello world 字符串发布到已订阅的主题分支。还要注意的是在发布消息中设置的 QoS 级别。

如果参数是必需的，但未在程序中显式设置，则客户端库必须使用默认值（例如，在 PUBLISH 消息期间将 RETAIN 和 DUP 标志用作默认值）。

```
def main():
    client = mqtt.Client(
            client_id=('projects/{}/locations/{}/registries/{}/ devices/{}'
                    .format(
                            project_id,
                            cloud_region,
                            registry_id,
                            device_id)))      # Google 明确要求使用此格式

    client.username_pw_set(
            username='unused',               # Google 将忽略该用户名
            password=create_jwt(             # Google 需要 JWT 进行身份验证
                    project_id, private_key_file, algorithm))

    # 启用 SSL/TLS 支持
    client.tls_set(ca_certs=ca_certs_name)
    # 回调函数，在本示例中未使用
    client.on_connect = on_connect
    client.on_publish = on_publish
```

```
client.on_disconnect = on_disconnect

# 连接到 Google pub/sub
client.connect(mqtt_hostname, mqtt_port)

# 循环
client.loop_start()

# 根据标志发布到事件或状态主题
sub_topic = 'events'
mqtt_topic = '/devices/{}/{}'.format(device_id, sub_topic)

# 每秒一次将 num_messages 消息发布到 MQTT 桥
for i in range(1,10):
    payload = 'Hello World!: {}'.format(i)
    print('Publishing message\'{}\''.format(payload))
    client.publish(mqtt_topic, payload, qos=1)
    time.sleep(1)

if __name__ == '__main__':
    main()
```

9.3　MQTT-SN

MQTT 在传感器网络（Sensor Network，SN）方面的衍生品被称为 MQTT-SN（有时也称为 MQTT-S）。MQTT-SN 与 MQTT 的原理相同，与边缘设备的轻量级协议保持一致，但专门为传感器环境中典型的无线个人局域网的细微差别而设计。这些特征包括对低带宽链路、链路失败、短消息长度和资源受限硬件的支持。实际上，MQTT-SN 非常轻巧，可以在低功耗蓝牙和 Zigbee 上成功运行。

MQTT-SN 不需要 TCP/IP 堆栈。它可以在串行链路（首选方式）上使用，在这种情况下，简单的链路协议（以区分线路上的不同设备）的开销确实很小。另外，它可以通过 UDP 使用，而 UDP 的需求比 TCP 少。

9.3.1　MQTT-SN 架构和拓扑

MQTT-SN 拓扑中有 4 个基本组成部分。

❑　网关（Gateway）：在 MQTT-SN 中，网关负责从 MQTT-SN 到 MQTT 的协议转

换，反之亦然（当然也可能转换为其他协议形式）。网关也可以是聚合的或透明的（下文将会有介绍）。

- ❏ 转发器（Forwarder）：传感器和 MQTT-SN 网关之间的路由可能会采用许多路径，并且会沿途跳过多个路由器。源客户端和 MQTT-SN 网关之间的节点称为转发器，它们会将 MQTT-SN 帧重新封装为新的和未更改的 MQTT-SN 帧，然后将其发送目的地，直到它们到达正确的 MQTT-SN 网关进行协议转换为止。
- ❏ 客户端（Client）：该拓扑中客户端的行为与 MQTT 中的行为相同，并且能够订阅和发布数据。
- ❏ 代理（Broker）：代理的行为与 MQTT 中的行为相同。

图 9-4 显示了 MQTT-SN 拓扑。可以看到，无线传感器要么与 MQTT-SN 网关通信，要么与 MQTT-SN 转发器通信。MQTT-SN 网关可以将 MQTT-SN 转换为 MQTT 或其他协议形式，而 MQTT-SN 转发器则可以将接收到的 MQTT-SN 帧简单封装为 MQTT-SN 消息，然后转发到网关。

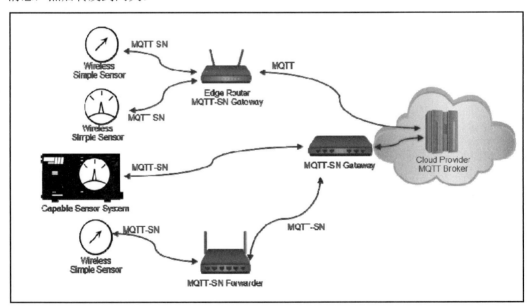

图 9-4　MQTT-SN 拓扑

原　　文	译　　文
Wireless Simple Sensor	简单的无线传感器
Capable Sensor System	强大的传感器系统

原　　文	译　　文
Edge Router	边缘路由器
MQTT-SN Gateway	MQTT-SN 网关
MQTT-SN Forwarder	MQTT-SN 转发器
Cloud Provider MQTT Broker	云提供商 MQTT 代理

9.3.2　透明和聚合网关

在 MQTT-SN 中，网关可以扮演两个不同的角色。首先，透明网关将管理来自传感器设备的许多独立的 MQTT-SN 流，并可以将每个流转换为 MQTT 消息。其次，聚合网关可以将许多 MQTT-SN 流合并，以减少 MQTT 流的数量，然后发送到云提供商 MQTT代理。聚合网关的设计更为复杂，但会减少通信开销和服务器上同时打开的并发连接数。为了使聚合网关拓扑起作用，客户端需要发布或订阅相同的主题。如图 9-5 所示，透明网关仅对每个传入的 MQTT-SN 流执行协议转换，并且与 MQTT-SN 的连接和与代理的MQTT 连接具有一对一的对应关系。但是，聚合网关则会将多个 MQTT-SN 流合并为与云提供商 MQTT 代理的单个 MQTT 连接。

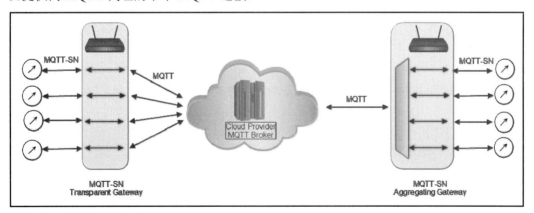

图 9-5　MQTT-SN 网关配置

原　　文	译　　文
MQTT-SN Transparent Gateway	MQTT-SN 透明网关
Cloud Provider MQTT Broker	云提供商 MQTT 代理
MQTT-SN Aggregating Gateway	MQTT-SN 聚合网关

9.3.3　网关广告和发现

由于 MQTT-SN 的拓扑结构比 MQTT 复杂得多，因此可以使用发现过程来建立通过多个网关和转发器节点的路由。

加入 MQTT-SN 拓扑的网关首先需要绑定到 MQTT 代理。之后，可能会向连接的客户端或其他网关发出 ADVERTISE 数据包。网络上可以存在多个网关，但是客户端只能连接到单个网关。客户端负责存储活动网关及其网络地址的列表。该列表是根据正在广播的各种 ADVERTISEMENT 和 GWINFO 消息构建的。

由于在 MQTT-SN 中采用了新类型的网关和拓扑，因此可以使用以下新消息来帮助发现和广告。

❑ ADVERTIESE：从网关定期广播以广告其存在。

❑ SEARCHGW：在搜索特定网关时由客户端广播。该消息的一部分是 radius 参数，该参数说明 SEARCHGW 消息在网络拓扑中应遵循的跳数。例如，值 1 表示在非常密集的网络中的单个跃点，在该网络中，每个客户端都可以通过单跳到达。

❑ GWINFO：这是网关在收到 SEARCHGW 消息后的响应。它包含网关 ID 和网关地址，仅当从客户端发送 SEARCHGW 时才广播。

9.3.4　MQTT 和 MQTT-SN 之间的区别

MQTT-SN 与 MQTT 相比主要有以下特点。

❑ MQTT-SN 中有 3 条 CONNECT 消息，而 MQTT 中只有 1 条。MQTT-SN 中另外两条 CONNECT 消息用于显式传输 Will 主题和 Will 消息。

❑ MQTT-SN 可以在简化的介质和 UDP 上运行。

❑ 主题名称将替换为简短的两字节长的主题 ID 消息。这是为了协助无线网络中的带宽限制。

❑ 无须注册即可使用预定义的主题 ID 和简短的主题名称。要使用此功能，客户端和服务器都需要使用相同的主题 ID。简短的主题名称足够短，可以嵌入发布消息中。

❑ 引入了发现过程，以帮助客户端找到服务器和网关的网络地址。拓扑中可能存在多个网关，可用于客户端共享通信的负载。

❑ cleanSession 已扩展到 Will 功能。客户端订阅可以保留和预置格式，现在 Will 数据也可以预置格式。

❑ MQTT-SN 中使用了修订的 keepAlive 过程。这是为了支持客户端睡眠功能，在客户端睡眠时，所有发送给它们的消息均将由服务器或边缘路由器缓冲，并在客户端唤醒时再传递给它们。

9.4　受限应用协议

受限应用协议（Constrained Application Protocol，CoAP）是 IETF 的产品（详见 RFC 7228）。2014 年 6 月，IETF 受限 RESTful 环境（Constrained RESTful Environments，CoRE）工作组拟定了该协议的初稿，但在创建该协议方面该工作组已经工作了多年。CoAP 专门用作受限设备的通信协议，现在的核心协议基于 RFC 7252。该协议是唯一的，因为它是为边缘节点之间的机器对机器（Machine-to-Machine，M2M）通信量身定制的。它还支持通过使用代理映射到 HTTP。HTTP 映射是通过互联网获取数据的内置工具。

受限应用协议（CoAP）擅长提供和 HTTP 类似的简单的资源寻址结构，这对于任何有使用 Web 经验的人来说都是熟悉的，同时它还减少了资源和带宽需求。Colitti 等人进行了一项通过标准 HTTP 展示 CoAP 效率的研究，结果表明，CoAP 能够提供类似的功能，而开销和功率需求却大大减少。有关该研究的信息，详见 Colitti, Walter & Steenhaut, Kris & De, Niccolò. Integrating Wireless Sensor Networks with the Web,2017。

此外，在相似的硬件上，CoAP 的某些实现比 HTTP 同等实现的性能要好 64 倍。表 9-5 列出了它们之间的比较。

表 9-5　CoAP 和 HTTP 的性能比较

协　　议	每个事务的字节数	功率/mW	电池寿命/d
CoAP	154	0.744	151
HTTP	1451	1.333	84

9.4.1　CoAP 架构详解

CoAP 的开发基于使用轻量级物联网的概念，旨在模仿和替换 HTTP 的重资源使用。CoAP 当然不是 HTTP 的替代品，因为它确实缺少很多功能。HTTP 需要功能更强大且面向服务的系统。CoAP 的功能可以总结如下。

❑ 类似于 HTTP。

❑ 无连接协议。

❑　通过 DTLS 实现安全性而非常规 HTTP 传输中的 TLS。

❑　异步消息交换。

❑　轻量级设计和资源要求，降低开销。

❑　支持 URI 和内容类型。

❑　基于 UDP。正常 HTTP 会话基于 TCP/UDP 构建。

❑　无状态 HTTP 映射，允许代理成为 HTTP 会话的上层桥梁。

CoAP 具有两个基本层。

❑　请求/响应层：负责发送和接收基于 RESTful 的查询。REST 查询搭载在 CON 或 NON 消息上。REST 响应则会搭载在相应的 ACK 消息上。

❑　事务层：使用 4 种基本消息类型之一处理端点之间的单个消息交换，还支持多播和拥塞控制。

HTTP 堆栈与 CoAP 堆栈的对比如图 9-6 所示。

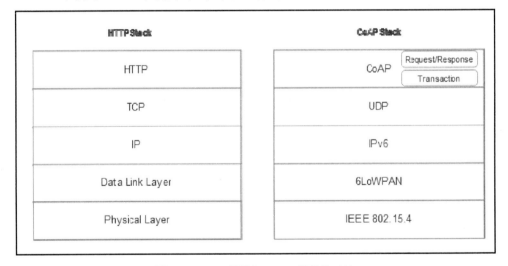

图 9-6　HTTP 堆栈与 CoAP 堆栈的对比

原　　文	译　　文
HTTP Stack	HTTP 堆栈
Data Link Layer	数据链路层
Physical Layer	物理层
CoAP Stack	CoAP 堆栈
Request/Response	请求/响应层
Transaction	事务层

CoAP 共享与 HTTP 相似的上下文、语法和用法。CoAP 中的寻址方式也类似于 HTTP。地址扩展到 URI 结构。像在 HTTP URI 中一样，用户必须事先知道地址才能访问资源。与 HTTP 一样，CoAP 在最高级别使用诸如 GET、PUT、POST 和 DELETE 之类的请求。同样，响应代码也模仿 HTTP，举例如下。

❑　2.01：已创建。

❑　2.02：已删除。

❑　2.04：已更改。

❑　2.05：内容。

❑　4.04：未找到（资源）。

❑　4.05：不允许的方法。

CoAP 中典型 URI 的形式如下：

```
coap://host[:port]/[path][?query]
```

CoAP 系统具有 7 个主要的参与者。

❑　端点（Endpoint）：是 CoAP 消息的来源地和目的地。端点的具体定义取决于所使用的传输方式。

❑　代理（Proxy）：CoAP 端点，由 CoAP 客户端委托以代表其执行请求。代理的作用包括减轻网络负载、访问睡眠节点并提供安全层等。代理可以由客户端明确选择（正向代理），也可以用作原位服务器（反向代理）。或者，代理也可以将一个 CoAP 请求映射到另一个 CoAP 请求，甚至可以转换为其他协议（交叉代理）。常见的情况是边缘路由器代理从 CoAP 网络到基于云的 Internet 连接的 HTTP 服务。

❑　客户端（Client）：请求的发起者。响应的目标端点。

❑　服务器（Server）：请求的目标端点。响应的发起者。

❑　中介（Intermediary）：既充当服务器，又充当原始服务器的客户端。代理就是一种中介。

❑　原始服务器（Origin Server）：给定资源所在的服务器。

❑　观察者（Observer）：观察者客户端可以使用修改后的 GET 消息注册自己，然后将观察者连接到资源，如果该资源的状态发生变化，服务器将向观察者发送通知。

ℹ️ 注意：

观察者在 CoAP 中是唯一的，并允许设备监视对特定资源的更改。从本质上讲，这类似于 MQTT 订阅模型中的节点订阅事件。

下面我们来看一个 CoAP 架构的示例。如图 9-7 所示，作为轻量级的 HTTP 系统，CoAP 客户端可以相互通信，也可以与支持 CoAP 的云中的服务通信；或者可以使用代理桥接到云中的 HTTP 服务。CoAP 端点即使在传感器级别也可以彼此建立关系。观察者允许对资源的类似于订阅的属性，以类似于 MQTT 的方式获得资源的更改消息。该图中还有包含要共享资源的原始服务器。

在图 9-7 中有两个代理，允许 CoAP 执行 HTTP 转换或允许代表客户端转发请求。

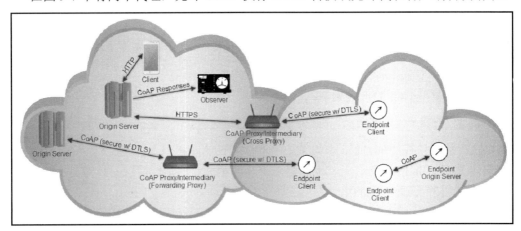

图 9-7　CoAP 架构

原　　文	译　　文
Origin Server	原始服务器
Client	客户端
CoAP Responses	CoAP 响应
Observer	观察者
CoAP Proxy/Intermediary (Forwarding Proxy)	CoAP 代理/中介 （转发代理）
CoAP Proxy/Intermediary (Cross Proxy)	CoAP 代理/中介 （交叉代理）
Endpoint Client	端点 客户端
Endpoint Origin Server	端点 原始服务器

ℹ️ 注意：

CoAP 使用端口 5683。提供资源的服务器必须支持该端口，因为该端口用于资源发现。启用 DTLS 后，将使用端口 5684。

9.4.2　CoAP 消息格式

基于 UDP 传输的协议暗示该连接并不一定是可靠的。为了解决可靠性问题，CoAP 引入了两种消息类型，这两种消息类型的区别在于，一种需要确认（ACK），而另外一种则不需要确认。此外，CoAP 的另一个特点是消息可以是异步的。

在 CoAP 中，共有 4 类消息。

□　可确认（Confirmable，CON）：需要 ACK。如果发送了 CON 消息，则必须在 ACK_TIMEOUT 与 ACK_TIMEOUT * ACK_RANDOM_FACTOR 之间的随机时间间隔内接收到 ACK。如果未收到 ACK，则发送方以指数级递增的间隔反复发送 CON 消息，直到接收到 ACK 或 RST 为止。本质上，这是拥塞控制的 CoAP 形式。MAX_RETRANSMIT 设置了最大尝试次数。这是一种弹性机制，目的是为了解决 UDP 缺乏弹性的问题。

□　不可确认（Non-Confirmable，NON）：不需要 ACK。本质上是发后不理（Fire-and-Forget）的消息或广播。

□　确认（Acknowledgement，ACK）：确认 CON 消息。ACK 消息可以与其他数据一起搭载。

□　重置（Reset，RST）：表示已收到 CON 消息，但缺少上下文。RST 消息可以与其他数据一起搭载。

CoAP 是一种 RESTful 设计，使用在 CoAP 消息上搭载请求/响应消息的方法，来实现更高的效率和带宽保留，如图 9-8 所示。

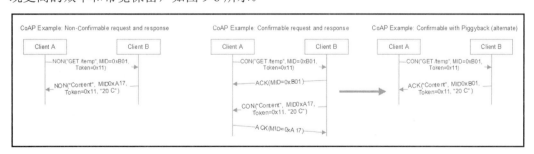

图 9-8　CoAP NON 和 CON 消息传递

原　　文	译　　文
CoAP Example:Non-Confirmable request and response	CoAP 示例：不可确认（NON）请求和响应
CoAP Example:Confirmable request and response	CoAP 示例：可确认（CON）请求和响应

续表

原　　文	译　　文
CoAP Example:Confirmable with Piggyback(alternate)	CoAP 示例：搭载可确认消息
Client A	客户端 A
Client B	客户端 B

图 9-8 显示的 CoAP 不可确认和可确认的请求/响应事务的 3 个示例。列举并描述如下。

- 不可确认的请求/响应（左）：使用典型的 HTTP GET 结构在客户端 A 和客户端 B 之间广播的消息。客户端 B 稍后会使用 Content 数据进行交互，可以看到它返回的温度为 20℃。
- 可确认的请求/响应（中）：包括消息 ID，这是每个消息的唯一标识符。令牌表示在交换期间必须匹配的值。
- 可确认的请求/响应（右）：在该示例中，消息是可确认的。每次消息交换后，客户端 A 和客户端 B 都将等待 ACK。为了优化通信，客户端 B 可以选择将返回的数据搭载在 ACK 上。

CoAP 事务的实际日志可以在 Firefox 55 版的 Copper Firefox 扩展中看到。如图 9-9 所示，可以看到一些 CON-GET 客户端将消息发送到 californium.eclipse.org:5683。URI 路径指向 coap://californium.eclipse.org:5683/.well-known/core。当令牌未使用且可选时，MID 将随每个消息递增。

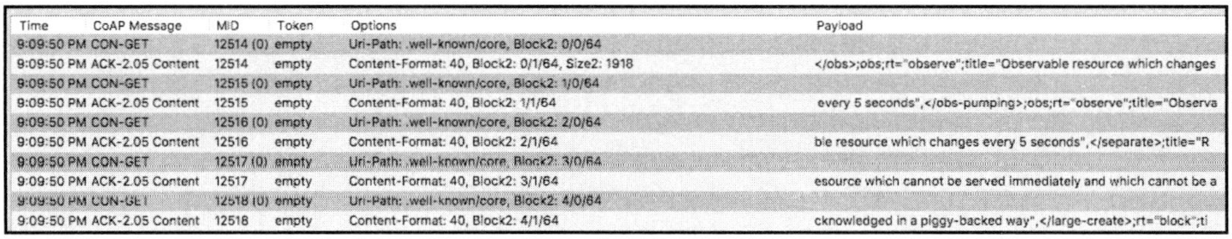

Time	CoAP Message	MID	Token	Options	Payload
9:09:50 PM	CON-GET	12514 (0)	empty	Uri-Path: .well-known/core, Block2: 0/0/64	
9:09:50 PM	ACK-2.05 Content	12514	empty	Content-Format: 40, Block2: 0/1/64, Size2: 1918	</obs>;obs;rt="observe";title="Observable resource which changes
9:09:50 PM	CON-GET	12515 (0)	empty	Uri-Path: .well-known/core, Block2: 1/0/64	
9:09:50 PM	ACK-2.05 Content	12515	empty	Content-Format: 40, Block2: 1/1/64	every 5 seconds",</obs-pumping>;obs;rt="observe";title="Observa
9:09:50 PM	CON-GET	12516 (0)	empty	Uri-Path: .well-known/core, Block2: 2/0/64	
9:09:50 PM	ACK-2.05 Content	12516	empty	Content-Format: 40, Block2: 2/1/64	ble resource which changes every 5 seconds",</separate>;title="R
9:09:50 PM	CON-GET	12517 (0)	empty	Uri-Path: .well-known/core, Block2: 3/0/64	
9:09:50 PM	ACK-2.05 Content	12517	empty	Content-Format: 40, Block2: 3/1/64	esource which cannot be served immediately and which cannot be a
9:09:50 PM	CON-GET	12518 (0)	empty	Uri-Path: .well-known/core, Block2: 4/0/64	
9:09:50 PM	ACK-2.05 Content	12518	empty	Content-Format: 40, Block2: 4/1/64	cknowledged in a piggy-backed way",</large-create>;rt="block";ti

图 9-9　Copper CoAP 日志

图 9-10 说明了重传过程。为了解决 UDP 中缺乏弹性的问题，CoAP 在与可确认消息进行通信时使用了超时（Timeout）机制。如果超时到期（发送 CON 或接收 ACK 失败），则发送方将重新发送该消息。发送方负责管理超时并重新传输（重传有最大次数限制）。请注意，失败的 ACK 的重传会重用相同的 Message_ID。

虽然其他消息传递架构需要中央服务器才能在客户端之间传播消息，但 CoAP 允许在任何 CoAP 客户端（包括传感器和服务器）之间发送消息。CoAP 包括一个简单的缓存模型，可通过消息头中的响应代码控制缓存，一个可选的数字掩码将确定它是否为缓存

键。Max_Age 选项用于控制缓存元素的生存期并确保数据的新鲜度。也就是说，Max_Age
设置的是响应可以被缓存的最长时间。在这个时间之后，响应必须被刷新。Max_Age 默
认为 60 s，最长缓存跨度可达 136.1 年。代理在缓存中也起作用。例如，睡眠的边缘传感
器可以使用代理来缓存数据以节省电量。

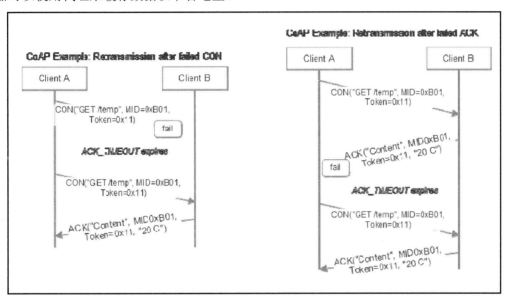

图 9-10　CoAP 重传机制

原　　　文	译　　　文
CoAP Example:Retransmission after failed CON	CoAP 示例：发送 CON 失败之后的重传
Client A	客户端 A
Client B	客户端 B
fail	失败
CoAP Example:Retransmission after failed ACK	CoAP 示例：接收 ACK 失败之后的重传

　　CoAP 消息头专门设计用于最大效率和带宽保留。消息头的长度为 4 字节，典型的请
求消息仅包含 10～20 字节的报头。一般来说，它比 HTTP 标头小 10 倍。该结构由消息
类型标识符（Message Type Identifier，T）组成，消息类型标识符（T）必须与每个相关
的唯一消息 ID（Message ID）一起包含在每个报头中。Code 字段用于表示通道之间的错
误或成功状态。报头之后，所有其他字段都是可选的，包括可变长度的令牌（Token）、
选项（Option）和有效载荷（Payload），如图 9-11 所示。

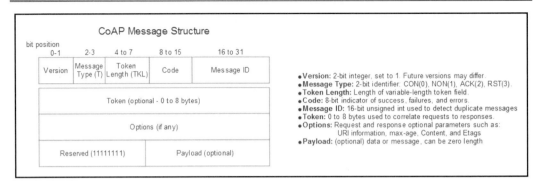

图 9-11　CoAP 消息结构

原　　文	译　　文
CoAP Message Structure	CoAP 消息结构
❑ Version: 2-bit integer, set to 1. Future versions may differ.	❑ Version（版本）：2 位整数，设置为 1。将来的版本可能会有所不同
❑ Message Type: 2-bit identifier: CON(0), NON(1), ACK(2), RST(3).	❑ Message Type（消息类型）：2 位标识符：CON(0)，NON(1)，ACK(2)，RST(3)
❑ Token Length: Length of variable-length token field.	❑ Token Length（令牌长度）：可变长度令牌字段的长度
❑ Code: 8-bit indicator of success, failures, and errors.	❑ Code（代码）：指示成功、失败和错误的 8 位指示器
❑ Message ID: 16-bit unsigned int used to detect duplicate messages.	❑ Message ID（消息 ID）：16 位无符号整数，用于检测重复消息
❑ Token: 0 to 8 bytes used to correlate requests to responses.	❑ Token（令牌）：0～8 字节，用于将请求与响应相关联
❑ Options: Request and response optional parameters such as: URI information, max-age, Content,and Etags.	❑ Options（选项）：请求和响应的可选参数，例如：URI information、Max_Age、Content 和 Etags
❑ Payload: (optional) data or message,can be zero length.	❑ Payload（有效负载）：（可选）数据或消息，长度可以为 0

UDP 还可能导致 CON 和 NON 传输的重复消息同时到达。如果在规定的 EXCHANGE_LIFETIME 内将相同的 Message_ID 传递给接收者，则认为存在重复项。如图 9-10 所示，当 ACK 丢失或被丢弃并且客户端使用相同的 Message_ID 重新传输消息时，显然会发生这种情况。CoAP 规范指出，接收者应确认收到的每条重复消息，但只能处理一个请求或响应。如果 CON 消息传输的请求是幂等的，则可以放宽此要求。

💡 **提示：**

　　幂等（Idempotent）操作执行任意多次所产生的结果与执行一次的结果是一样的。

　　如前文所述，CoAP 允许观察者在系统中扮演角色。这是比较独特的，因为它使 CoAP 的行为类似于 MQTT。观察过程允许客户端注册以进行观察，并且每当被监视的资源更改状态时，服务器都会通知客户端。观察的持续时间可以在注册期间定义。此外，当观察者客户端发送 RST 或另一个 GET 消息时，观察关系即告结束，如图 9-12 所示。

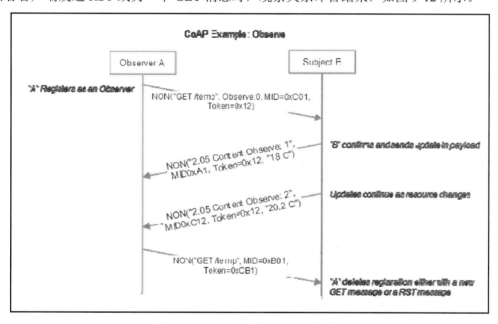

图 9-12　CoAP 观察者注册和更新过程

原　　　文	译　　　文
CoAP Example:Observe	CoAP 示例：观察
Observer A	观察者 A
Subject B	被观察对象 B
"A" Registers as an Observer	A 注册为观察者
"B" confirms and sends update in payload	B 确认并在有效载荷中发送更新
Updates continue as resource changes	当资源状态发生变化时持续更新
"A" deletes registration either with a new GET message or a RST message	A 可以发送 RST 或另一个 GET 消息以结束观察者注册

　　如前文所述，CoAP 标准中并没有固有的身份验证或加密，用户必须依靠 DTLS 来提

供安全性层。如果使用 DTLS，则示例 URI 为：

```
// 不安全
coap://example.net:1234/~temperature/value.xml

// 安全
coaps://example.net:1234/~temperature/value.xml
```

CoAP 还提供资源发现机制。只需将 GET 请求发送到 /.well-known/core，就会显示设备上已知资源的列表。此外，还可以在请求中使用查询字符串以应用特定过滤器。

9.4.3　CoAP 用法示例

CoAP 是轻量级的，并且它在客户端和服务器上的实现都应占用很少的资源。在这里，我们将使用基于 Python 的 aiocoap 库。有关 aiocoap 的更多信息，请参见 Amsüss, Christian, and Wasilak, Maciej. aiocoap: Python CoAP Library. Energy Harvesting Solutions, 2013–. http://github.com/chrysn/aiocoap/。

目前还有许多免费的 CoAP 客户端和服务器，其中一些以低级 C 代码编写，用于极其受限的传感器环境。在这里，为简洁起见，我们使用的是 Python 环境。

客户端实现如下：

```
#!/usr/bin/env python3
import asyncio          # 在 Python 中进行异步处理所必需
from aiocoap import *   # 使用 aiocoap 库
```

以下是客户端的主循环。客户端使用 PUT 将温度广播到已知的 URI：

```
async def main():
 context = await Context.create_client_context()

 await asyncio.sleep(2)                         # 初始化后等待 2 s

 payload = b"20.2 C"
 request = Message(code=PUT, payload=payload)

 request.opt.uri_host = '127.0.0.1'            # localhost 地址的 URI
 request.opt.uri_path = ("temp", "celcius")    # /temp/celcius 的 URI

 response = await context.request(request).response
 print('Result: %s\n%r'%(response.code, response.payload))
```

```
if __name__ == "__main__":
 asyncio.get_event_loop().run_until_complete(main())
```

服务器实现如下：

```
#!/usr/bin/env python3
import asyncio                        # 在 Python 中进行异步处理所必需
import aiocoap.resource as resource   # 使用 aiocoap 库
import aiocoap
```

以下代码说明了 PUT 和 GET 方法的服务：

```
class GetPutResource(resource.Resource):

 def __init__(self):
 super().__init__()
 self.set_content(b"Default Data (padded) "


 def set_content(self, content):              # 应用内容填充
 self.content = content
 while len(self.content) &lt;= 1024:
 self.content = self.content + b"0123456789\n"

 async def render_get(self, request):        # GET 处理程序
 return aiocoap.Message(payload=self.content)

 async def render_put(self, request):        # PUT 处理程序
 print('PUT payload: %s' % request.payload)
 self.set_content(request.payload)
 # 使用接收的有效载荷替换 set_content
 return aiocoap.Message(code=aiocoap.CHANGED, payload=self.content)
 # 设置响应代码为 2.04
```

主循环如下所示：

```
def main():
 root = resource.Site()                      # 包含服务器上所有资源的根元素

 root.add_resource(('.well-known', 'core'),
 # 这就是典型的 .well-known/core
 resource.WKCResource(root.get_resources_as_linkheader))
 # .well-known/core 的资源列表
 root.add_resource(('temp', 'celcius'), GetPutResource()))
 # 添加资源 /tmp/celcius
```

```
asyncio.Task(aiocoap.Context.create_server_context(root))

asyncio.get_event_loop().run_forever()

if __name__ == "__main__":
 main()
```

9.5　其他协议

在物联网和 M2M 部署中，人们还使用或提出了许多其他消息传递协议。到目前为止，使用最多的是 MQTT 和 CoAP。接下来我们将探讨一些针对特定用例的替代方法。

9.5.1　STOMP

STOMP 代表的是面向简单文本消息的中间件协议（Simple Text Message-Oriented Middleware Protocol）或面向流文本消息的中间件协议（Streaming Text Message-Oriented Middleware Protocol）。它是 Codehaus 设计的基于文本的协议，可与面向消息的中间件（Message-Oriented Middleware，MOM）一起使用。用一种编程语言编写的代理可以从以另一种编程语言编写的客户端接收消息。该协议与 HTTP 相似，并通过 TCP 进行操作。STOMP 由帧头和帧主体组成，当前规范是 STOMP 1.2（截至作者写稿时，最近更新日期为 2012 年 10 月 22 日），可以通过免费授权许可的形式获得。

STOMP 与目前的许多协议都不一样，因为它不涉及订阅主题或队列。它仅使用带有"目标"字符串的类似 HTTP 的语义（如 SEND）。代理必须剖析消息并映射到客户端的主题或队列。数据的使用者将 SUBSCRIBE（订阅）代理提供的目的地。

STOMP 的客户端使用 Python（Stomp.py）、TCL（tStomp）和 Erlang（stomp.erl）编写。某些服务器具有原生 STOMP 支持，如 RabbitMQ（通过插件），而某些服务器则是使用特定语言（如 Ruby、Perl 或 OCaml）设计的。

9.5.2　AMQP

AMQP 代表的是高级消息队列协议（Advanced Message Queuing Protocol）。它是经过强化和验证的 MOM 协议，已被海量数据源（如摩根大通集团）用于每天处理超过 10 亿条的消息，而美国国家科学基金的 Ocean Observatory Initiative（海洋观测站计划）则每天收集超过 8 TB 的海洋学数据。AMQP 最初是在 2003 年由摩根大通设计的，摩根大通在 2006 年领导成立了由 23 家公司组成的工作组，负责该协议的架构和治理。2011 年，该工作组被合并到 OASIS 组。

如今，AMQP 已在银行和信贷交易行业占据了重要的地位，且在物联网中也占有一席之地。此外，AMQP 已通过 ISO 和 IEM 标准化为 ISO/IEC 19464：2014。可以通过以下网址找到正式的 AMQP 工作组：

www.amqp.org

AMQP 协议位于 TCP 堆栈的顶部，并使用端口 5672 进行通信。数据通过 AMQP 序列化，这意味着消息以单位帧的形式广播。帧在用唯一 channel_id 标识的虚拟信道中传输。帧由帧头、channel_id、有效载荷信息和结束字节标记（Footer）组成。但是，一个信道只能与一个主机关联。消息被分配了唯一的全局标识符。

AMQP 是流控制、面向消息的通信系统。它是线级（Wire-Level）协议和低级接口。所谓线级协议，是指网络物理层上方的 API。线级 API 允许不同的消息传递服务，如.NET（NMS）和 Java（JMS）相互通信。

AMQP 尝试使发布者与订阅者脱钩。与 MQTT 不同的是，它具有用于负载均衡和形式排队的机制。

基于 AMQP 的常用协议是 RabbitMQ。RabbitMQ 是用 Erlang 编写的 AMQP 消息代理。此外，还有几个 AMQP 客户端可用，如用 Java、C#、JavaScript 和 Erlang 编写的 RabbitMQ 客户端，以及用 Python、C++、C#、Java 和 Ruby 编写的 Apache Qpid。

虚拟主机有自己的名称空间、交换和消息队列，它们将驻留在中央服务器上。生产者和使用者将订阅交换服务（Exchange Service）。

交换服务将从发布者那里接收消息，并将数据路由到关联的队列。这种关系称为绑定（Binding），绑定可以直接指向一个队列，也可以指向多个队列（就好像广播一样）。或者，绑定也可以使用路由键将一个交换与一个队列相关联，这被正式命名为直接交换（Direct Exchange）。交换的另一种类型是主题交换（Topic Exchange）。

在路由键中可以使用通配符，如*.temp.# 可以匹配 idaho.temp.celsius 和 wisconsin.temp.fahrenheit。

图 9-13 显示了 AMQP 架构拓扑。在典型的 AMQP 实现中，存在着生产者（Producer）和使用者（Consumer）。生产者可以使用不同的语言和名称空间，因为 AMQP 具有 API 和线级协议，所以它是与语言无关的。代理（Broker）驻留在云中，为每个生产者的交换提供服务。它将根据绑定规则把路由消息交换到适当的队列。队列是消息缓冲区，它们将向等待的使用者发送产生的消息。

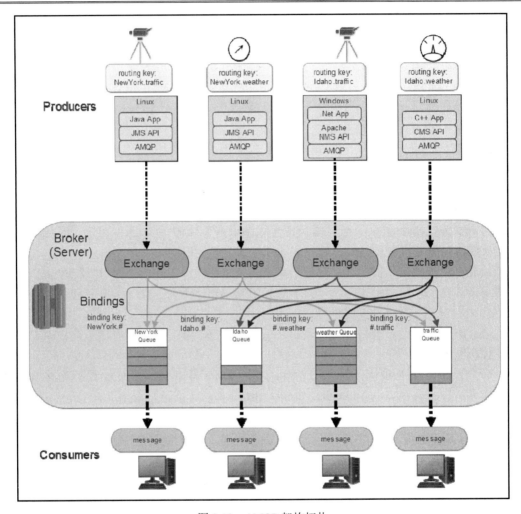

图 9-13 AMQP 架构拓扑

原 文	译 文
Producers	生产者
routing key	路由键
Broker(Server)	代理（服务器）
Bindings	绑定
binding key	绑定键
Consumers	使用者
message	消息

AMQP 部署的网络拓扑是中心辐射型的，具有通过中心相互通信的能力。AMQP 由节点和链路组成。节点是命名的源或消息的接收器。消息帧通过单向链路在节点之间移动。如果消息通过节点传递，则全局标识符不变。如果节点执行了任何转换，则会分配一个新的 ID。链路具有过滤消息的能力。AMQP 中可以使用 3 种不同的消息传递模式。

- ❑ 异步定向消息（Asynchronous Directed Message）：无须接收方确认即可发送消息。
- ❑ 请求/答复（Request/Reply）或发布/订阅（Pub/Sub）：类似于 MQTT，将中央服务器用作发布/订阅服务。
- ❑ 存储并转发（Store and Forward）：用于中心中继，消息被发送到中心，然后发送到其目的地。

下面是使用 Python 编写的基本定向交换代码（用到了 RabbitMQ 和 pika Python 库）。在该示例中，创建了一个简单的直接交换，也就是 Idaho，并将其绑定到一个名为 weather 的队列中：

```python
#!/usr/bin/env python
# AMQP 基本 Python 示例，使用了 pika Python 库

from pika import BlockingConnection, BasicProperties, ConnectionParameters

# 初始化连接
connection = BlockingConnection(ConnectionParameters('localhost'))
channel = connection.channel()

# 声明一个直接交换
channel.exchange_declare(exchange='Idaho', type='direct')

# 声明队列
channel.queue_declare(queue='weather')

# 绑定
channel.queue_bind(exchange='Idaho', queue='weather', routing_key='Idaho')

# 生成消息
channel.basic_publish(exchange='Idaho', routing_key='Idaho', body='new
important task')

# 使用消息
method_frame, header_frame, body = ch.basic_get('weather')

# 确认
channel.basic_ack(method_frame.delivery_tag)
```

9.6 有关协议的总结和比较

表 9-6 给出了各种协议的总结和比较。应该指出的是,其中某些类别是例外。例如,虽然 MQTT 不提供内置的安全性配置,但它可以在应用级分层。在所有情况下都有例外,并且该表是根据正式规范构建的。

表 9-6 协议的总结和比较

协议	MQTT	MQTT-SN	CoAP	AMQP	STOMP	HTTP/RESTful
模型	MOM 发布/订阅	MOM 发布/订阅	RESTful	MOM	MOM	RESTful
发现协议	否	是(通过网关)	是	否	否	是
资源需求	低	非常低	非常低	高	中	非常高
报头大小(字节)	2	2	4	8	8	8
平均功耗	最低	低	中	高	中	高
身份验证	否(SSL/TLS)	否(/TLS)	否(DTLS)	是	否	是(TLS)
加密	否(SSL/TLS)	否(SSL/TLS)	否(DTLS)	是	否	是(TLS)
访问控制	否	否	否(代理)	是	否	是
通信开销	低	非常低	非常低	高	高,冗长	高
协议复杂度	低	低	低	高	低	非常高
TCP/UDP	TCP	TCP/UDP	UDP	TCP/UDP	TCP	TCP
广播	间接	间接	是	否	否	否
服务质量(QoS)	是	是	使用 CON 消息	是	否	否

9.7 小 结

到目前为止,MQTT、CoAP 和 HTTP 是业界主要的物联网互联网协议,几乎所有云提供商都提供了对它们的支持。MQTT 和 MQTT-SN 提供了可扩展且高效的数据通信发布/订阅模型,而 CoAP 提供了 HTTP RESTful 模型的所有相关功能,并且没有开销。架构师必须考虑支持给定协议所需的开销、功率、带宽和资源,并具有足够的前瞻性以确保解决方案能够扩展。

至此,我们已经掌握了将数据封送至 Internet 的传输方法,接下来就需要考虑如何处理这些数据。第 10 章将重点介绍云和雾架构,讨论涉及基本原理和更高级的配置。

第 10 章　云和雾拓扑

没有云，物联网的增长和市场就无从谈起，因为从本质上说，如果没有云，那么物联网就只是数十亿个笨拙的且未连接的端点设备，它们将需要自己管理自己，根本无法共享或聚合数据。这样，数十亿个小型嵌入式系统也就无法为客户增加边际价值。物联网真正的价值就在于它产生的数据——不只是在单个端点上产生，而是在成千上万个端点上产生。云提供了使简单的传感器、摄像头、开关、信标和执行器以共同的语言相互参与的能力。云是数据货币的公分母，也是物联网大数据从量变到质变的关键。

现在到处都有人在谈论云，它其实是一个隐喻，指的是随需应变的计算服务基础架构。资源池（包括计算、网络、存储和相关的软件服务）可以根据平均负载或服务质量动态扩展或缩小。云通常是大型数据中心，可以按使用付费（Pay-For-Use）模式向客户提供向外的服务。这些中心让用户产生了单一云资源的错觉，而实际上可能会使用许多地理位置分散的资源，这又给用户带来了位置无关的感觉。云资源是弹性的（意味着可扩展），服务是按使用付费的，从而为提供商带来经常性的收入流。在云中运行的服务在结构和部署上与传统软件不同。基于云的应用程序可以更快地开发和部署，并且环境变化程度较小。因此，云部署具有非常快速的特征。

有人认为，对于云最早的描画源于 20 世纪 90 年代中期的美国 Compaq 公司，一些技术未来主义者预测了这样一种计算模型，它会将计算转移到 Web 上，而不是在主机平台上。从本质上讲，这是云计算的基础，但是直到某些其他技术的出现，云计算才在业界变得可行。传统上，电信行业建立在点对点电路系统上。VPN 的创建允许对集群的安全和受控访问，从而使得私有-公共云的混合体能够存在。

本章将讨论云架构和以下领域。

❏　云拓扑和本地语言的正式定义。

❏　OpenStack 云的架构概述。

❏　仅支持云的架构的基本问题研究。

❏　雾计算概述。

❏　OpenFog 参考架构。

❏　雾计算拓扑和用例。

本章将讨论若干个用例，以帮助读者了解大数据语义对物联网传感器环境的影响。

10.1 云服务模型

云提供商通常支持一系列的"一切即服务"（Everything as a Service，XaaS）产品，即一切都可以作为按使用付费的软件服务。该系列的服务包括网络即服务（Networking as a Service，NaaS）、软件即服务（Software as a Service，SaaS）、平台即服务（Platform as a Service，PaaS）和基础设施即服务（Infrastructure as a Service，IaaS）等。每种模型都引入了越来越多的云提供商服务。这些服务产品实质上是云计算的附加值。这些服务至少应抵消客户购买和维护此类数据中心设备所面临的资本支出，并将其替换为运营支出。美国国家标准与技术研究院（National Institute of Standards and Technology，NIST）提供了云计算的标准定义，详见 Peter M. Mell and Timothy Grance. SP 800-145. The NIST Definition of Cloud Computing. Technical Report. NIST, Gaithersburg, MD, United States 2011。

图 10-1 说明了在本章后续各节中将要介绍的云模型在管理方面的差异。值得一提的是，作为和云模式的对比，本地部署（On-Premise）模式是指所有服务、基础设施和存储都由所有者管理的一种模式。

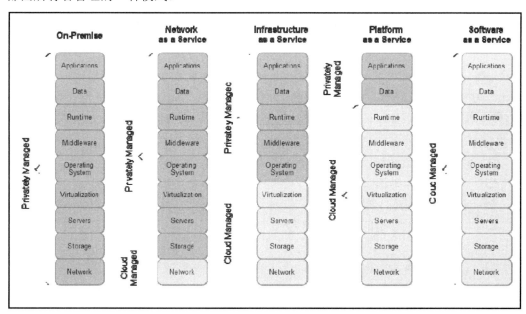

图 10-1 云架构模型

原　　文	译　　文	原　　文	译　　文
On-Premise	本地部署	Servers	服务器
Privately Managed	私有管理	Storage	存储
Applications	应用程序	Network	网络
Data	数据	Network as a Service	网络即服务（NaaS）
Runtime	运行时	Cloud Managed	云托管
Middleware	中间件	Infrastructure as a Service	基础设施即服务（IaaS）
Operating System	操作系统	Platform as a Service	平台即服务（PaaS）
Virtualization	虚拟化	Software as a Service	软件即服务（SaaS）

NaaS 包括软件定义边界（Software Defined Perimeter，SDP）和软件定义网络（Software Defined Network，SDN）之类的服务，IaaS 将硬件系统和存储推到云端，PaaS 不仅包含基础架构，而且还管理着云中的操作系统和系统运行时（Runtime）或容器，SaaS 最为彻底，它将所有基础设施和服务都推向云端。

10.1.1　NaaS

网络即服务（NaaS）的典型服务包括软件定义网络（SDN）和软件定义边界（SDP）。这些产品都是由云托管和组织的机制，用于提供覆盖网络和企业安全性。可以使用云方法来形成虚拟网络，而不是建立用于支持公司通信的全球范围的基础设施和资产。这使网络可以根据需求以最佳方式扩展或缩减资源，并且可以快速购买和部署新的网络功能。有关 SDN 主题的深入介绍详见第 8.2 节"软件定义网络"。

10.1.2　SaaS

软件即服务（SaaS）是云计算的基础。提供商提供的应用程序或服务可通过客户端（如移动设备、瘦客户端或其他云上的框架）向最终用户公开。从用户的角度来看，SaaS 层实际上在其客户端上运行。这种软件抽象使行业能够在云中实现实质性增长。SaaS 服务包括 Google Apps、Salesforce 和 Microsoft Office 365 等比较有名的应用。

10.1.3　PaaS

平台即服务（PaaS）是指由云提供商提供的基础硬件和较低层的软件设施。在这种情况下，最终用户只需使用提供商的数据中心硬件、操作系统、中间件和各种框架来托管其私有应用程序或服务。

中间件可以由数据库系统组成。许多行业和企业都使用了云提供商的商业硬件，如瑞典银行（Swedbank）、Trek 自行车（Trek Bicycles）和东芝（Toshiba）。

比较知名的公共 PaaS 提供商有 IBM Bluemix、Google App Engine 和 Microsoft Azure 等。与基础设施即服务（IaaS）相比，PaaS 部署的价值在于可以通过云基础设施获得可伸缩性和 OPEX 的好处，而且还可以从提供商那里获得成熟的中间件和操作系统。这是诸如 Docker 之类的系统的领域（在 Docker 中，软件作为容器部署）。如果整体应用程序不受供应商提供的框架和基础设施限制，则可以确保更快地将产品推向市场，因为这可以保证大多数组件、操作系统和中间件都可用。

10.1.4　IaaS

基础设施即服务（IaaS）是云服务的原始概念。在此模型中，提供商将在云中构建可伸缩的硬件服务，并提供少量软件框架来构建客户端虚拟机。这为部署提供了最大的灵活性，但需要更多的客户部分的支持。

10.2　公共、私有和混合云

在云环境中，通常使用 3 种不同的云拓扑模型：公共云、私有云和混合云。无论采用哪种模型，云框架均应具备动态扩展、快速开发和部署的能力，并且无论其接近度（Proximity）如何，都具有本地性（Locality）的外观，如图 10-2 所示。

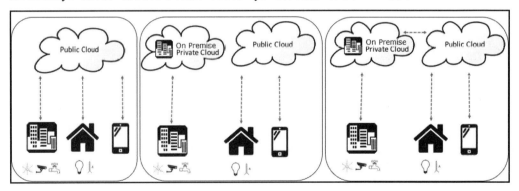

图 10-2　左：公共云；中：私有云与公共云；右：混合云

原　　文	译　　文
Public Cloud	公共云
On Premise Private Cloud	本地部署私有云

私有云还意味着本地部署托管组件。现代企业系统倾向于使用混合架构来确保关键任务应用程序和本地数据的安全，并使用公共云来实现连接性、简化部署和快速开发。

10.2.1　私有云

在私有云中，基础设施是为单个组织或公司提供的。在所有者自己的基础设施之外没有资源共享或池化（Pooling）的概念。在本地部署中，共享和池化是共有的。存在私有云的原因很多，包括安全性和保证（即保证信息仅限于客户管理的系统）。但是，要被视为云，必须存在类似云服务的某些方面，如虚拟化和负载平衡。私有云可以是本地部署的，也可以是第三方专门提供的专用机器。

10.2.2　公共云

公共云与私有云刚好相反。公共云为众多客户和应用程序按需提供了基础设施。基础设施是一个资源池，任何人都可以随时用作其服务水平协议（Service Level Agreement，SLA）的一部分。公共云的好处是，庞大的云数据中心规模为许多客户提供了空前的可扩展性，而对于这些客户来说，他们的限制仅在于希望购买多少服务。

10.2.3　混合云

混合云（Hybrid Cloud）架构模型是私有云和公共云的组合。这样的组合可以是同时使用的多个公共云，也可以是公共云和私有云基础设施的组合。如果敏感数据需要独特的管理，则组织倾向于采用混合模型，而前端接口则可以利用云的覆盖范围和规模。另一个用例是维护一个公共云协议，以防止业务量间歇性暴涨，超出公司私有云基础设施可伸缩性的情况发生。在这种情况下，公共云将被用作负载均衡器，直到数据激增和使用率下降到私有云可以处理为止。此用例称为云爆发（Cloud Bursting），是指将云用作应急资源配置。

10.3　OpenStack 云架构

OpenStack 是用于构建云平台的开源 Apache 2.0 许可框架。它主要是基础设施即服务（IaaS），自 2010 年以来一直在开发人员社区中。OpenStack Foundation 管理该软件，并获得了 500 多家公司的支持，其中包括 Intel、IBM、Red Hat 和 Ericsson。我们将使用

OpenStack 作为其他云提供商的参考架构，因为它的许多组件和术语都已在商业云中重用。

　　OpenStack 始于 2010 年左右，是 NASA 和 Rackspace 之间的一个联合项目。该架构具有其他云系统的所有主要组件，包括计算和负载均衡、存储组件（包括备份和恢复）、网络组件、仪表板、安全性和身份、数据和分析包、部署工具、监视器和仪表以及应用程序服务等，这些都是架构师在选择云服务时需要的组件。

　　从架构方面来说，OpenStack 是组件的交织层。图 10-3 显示了 OpenStack 云的基本形式。每个服务都有特定的功能和唯一的名称（如 Nova）。该系统作为一个整体，提供可伸缩的企业级云功能。

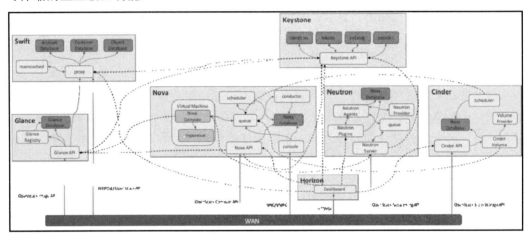

图 10-3　OpenStack 顶层架构示意图

原　　文	译　　文	原　　文	译　　文
Account Database	账号数据库	Virtual Machine	虚拟机
Container Database	容器数据库	hypervisor	Hypervisor 虚拟机管理程序
Object Database	对象数据库	scheduler	调度程序
memcached	memcached 缓存系统	queue	队列
proxy	代理	conductor	Conductor 引擎
Glance Database	Glance 数据库	Nova Database	Nova 数据库
Glance Registry	Glance 注册表	console	控制台
identities	身份	Neutron Agents	Neutron 代理
tokens	令牌	Neutron Plugins	Neutron 插件
catalog	目录	Neutron Server	Neutron 服务器
policies	策略	Dashboard	仪表板

OpenStack 组件内的所有通信都是通过高级消息队列协议（Advanced Message Queueing Protocol，AMQP）消息队列完成的，特别是 RabbitMQ 或 Qpid。消息可以是非阻塞的，也可以是阻塞的，具体取决于消息的发送方式。消息将作为 JSON 对象发送到 RabbitMQ 中，接收者将从同一服务中查找并获取其消息。这是主要子系统之间通信的松散耦合的远程过程调用（Remote Procedure Call，RPC）方法。在云环境中的好处是，客户端和服务器是完全分离的，这允许服务器动态扩展或缩小；消息不是广播而是定向的，这可以将流量保持在最低水平。如前文所述，AMQP 是物联网领域中使用的常见消息协议。

10.3.1 Keystone：身份和服务管理

Keystone 是 OpenStack 云的身份管理器服务。身份管理器（Identity Manager）将建立用户凭证和登录授权。它实质上是云的起点或入口点。该资源将维护用户及其访问权限的中央目录。这是确保用户环境相互排斥和安全的最高安全级别。Keystone 可以在企业级目录中与 LDAP 之类的服务建立连接。Keystone 还维护一个令牌数据库（Token Database），并向用户交付临时令牌，类似于 Amazon Web Services（AWS）建立凭证的方式。服务注册表（Service Registry）用于以编程方式查询用户可以使用哪些产品或服务。

10.3.2 Glance：镜像服务

Glance 为 OpenStack 提供了虚拟机管理的核心。大多数云服务将提供一定程度的虚拟化，并具有类似于 Glance 的模拟资源。镜像（Image）服务 API 是 RESTful 服务，它允许客户开发虚拟机（Virtual Machine，VM）模板、发现可用的虚拟机、将镜像克隆到其他服务器、注册虚拟机，甚至可以将正在运行的虚拟机移动到其他物理服务器而不会中断。Glance 将调用 Swift（对象存储）以检索或存储不同的镜像。Glance 支持以下不同样式的虚拟镜像。

- ❑ raw：非结构化镜像。
- ❑ vhd：VMWare、Xen、Oracle VirtualBox。
- ❑ vmdk：通用磁盘格式。
- ❑ vdi：QEMU 仿真器镜像。
- ❑ iso：光盘驱动器镜像（CD ROM）。
- ❑ aki/ari/ami：Amazon 镜像。

ℹ️ **注意：**

虚拟机由整个硬盘驱动器卷的镜像内容组成，包括客户操作系统（Guest Operating System）、运行时、应用程序和服务。

10.3.3　Nova 计算

Nova 计算是 OpenStack 计算资源管理服务的核心，其目的是根据需求识别并适当地计算资源。它还负责控制系统 Hypervisor 虚拟机管理程序和虚拟机。如上所述，Nova 将与多个虚拟机（如 VMware 或 Xen）一起使用，或者它也可以管理容器。按需扩展是任何云产品的重要特性。

Nova 基于 RESTful API Web 服务，用于简化控制。

要获取服务器列表，可以通过 API 将以下内容 GET 到 Nova 中：

```
{your_compute_service_url}/servers
```

要创建一组服务器（最少 10 个，最多 20 个），可以 POST 以下内容：

```
{
    "server": {
        "name": "IoT-Server-Array",
        "imageRef": "8a9a114e-71e1-aa7e-4181-92cc41c72721",
        "flavorRef": "1",
        "metadata": {
            "My Server Name": "IoT"
        },
        "return reservation_id": "True",
        "min_count": "10",
        "max_count": "20"
    }
}
```

Nova 会回复一个 Reservation_id：

```
{
    "reservation_id": "84.urcyplh"
}
```

因此，为了管理基础设施，编程模型相当简单。

需要 Nova 数据库来维护集群中所有对象的当前状态。例如，集群中各种服务器可以包括的一些状态如下。

❑ ACTIVE：服务器正在活跃运行。

❑ BUILD：服务器正在构建中，尚未完成。

❑ DELETED：服务器已被删除。

❑ MIGRATING：服务器正在迁移到新主机。

Nova 依靠调度程序（Scheduler）来确定要执行的任务以及在何处执行。调度程序可以随机关联亲和性（Affinity），也可以使用过滤器来选择与某些参数集最匹配的一组主机。过滤器的最终产品是要使用的主机服务器的有序列表，其排序从最佳到最差（从列表中删除不兼容的主机）。

以下是用于分配服务器亲和性的默认过滤器：

```
scheduler_available_filters = nova.scheduler.filters.all_filters
```

可以创建一个自定义过滤器（例如，名为 IoTFilter.IoTFilter 的 Python 或 JSON 过滤器），并将其附加到调度程序，如下所示：

```
scheduler_available_filters = IoTFilter.IoTFilter
```

要设置过滤器以通过 API 查找具有 16 个 VCPU（编程方式上的虚拟 CPU）的服务器，可以构造一个 JSON 文件，如下所示：

```
{
    "server": {
        "name": "IoT_16",
        "imageRef": "8a9a114e-71e1-aa7e-4181-92cc41c72721",
        "flavorRef": "1"
    },
    "os:scheduler_hints": {
        "query": "[&gt;=,$vcpus_used,16]"
    }
}
```

另外，OpenStack 还允许通过命令行接口控制云：

```
$ openstack server create --image 8a9a114e-71e1-aa7e-4181-92cc41c72721 \
  --flavor 1 --hint query='["&gt;=","$vcpus_used",16]' IoT_16
```

OpenStack 具有丰富的过滤器集，可用于自定义服务器和服务的分配。这些过滤器可以非常明确地控制服务器的配置和扩展。这是云设计的经典且非常重要的方面。此类过滤器包括但不限于以下方面。

❑ 内存大小。

❑　磁盘容量和类型。
❑　IOPS 级别。
❑　CPU 分配。
❑　组亲和性。
❑　CIDR 亲和性。

10.3.4　Swift：对象存储

Swift 为 OpenStack 数据中心提供了一个冗余存储系统。Swift 允许通过添加新服务器来扩展集群。对象存储将包含账户和容器等。用户的虚拟机可以在 Swift 中存储或缓存。Nova 计算节点可以直接调用 Swift 并在第一次运行时下载镜像。

10.3.5　Neutron：网络服务

Neutron 是 OpenStack 网络管理和虚拟局域网（VLAN）服务。整个网络是可配置的，并提供以下服务。
❑　域名服务（Domain Name Service，DNS）。
❑　动态主机配置协议（Dynamic Host Configuration Protocol，DHCP）。
❑　网关功能。
❑　VLAN 管理。
❑　L2 连接。
❑　软件定义网络（Software Defined Network，SDN）。
❑　覆盖和隧道协议（Overlay and Tunneling Protocol）。
❑　VPN。
❑　NAT（SNAT 和 DNAT）。
❑　入侵检测系统。
❑　负载均衡。
❑　防火墙。

10.3.6　Cinder：块存储

Cinder 为 OpenStack 提供了云所需的持久性块存储服务。它用作数据库和动态增长的文件系统（包括数据湖）等用例的存储即服务（Storage as a Service），这在物联网流方案中尤为重要。像 OpenStack 中的其他组件一样，存储系统本身是动态的，可以根据需要扩展。该架构建立在高可用性和开放标准之上。

Cinder 提供的功能包括以下方面。

❑ Nova 计算实例的存储设备的创建、删除和绑定。

❑ 多个存储提供商的互操作性（HP 3PAR、EMC、IBM、Ceph、CloudByte、Scality）。

❑ 支持多种接口（光纤通道、NFS、共享 SAS、IBM GPFS、iSCSI）。

❑ 磁盘镜像的备份和检索。

❑ 时间点的快照镜像。

❑ 虚拟机镜像的备用存储。

10.3.7　Horizon

Horizon 是 OpenStack 仪表板。对于客户而言，这是 OpenStack 的单一窗格视图。它提供了构成 OpenStack 的各种组件（如 Nova、Cinder、Neutron 等）的基于 Web 的视图。

Horizon 提供了云系统的用户界面视图，作为 API 上的替代方法。Horizon 是可扩展的，因此第三方可以将其小部件或工具添加到仪表板。可以添加新的计费组件，然后为客户实例化 Horizon 仪表板元素。

大多数使用云部署的物联网将包括具有类似功能的某种形式的仪表板。

10.3.8　Heat：编排引擎（可选）

Heat 可以启动多个复合云应用程序，并基于 OpenStack 实例上的模板管理云基础设施。 Heat 与 Telemetry 集成在一起，可以自动缩放系统以适应负载需求。Heat 中的模板尝试遵守 AWS CloudFormation 格式，并且可以按类似方式指定资源之间的关系（例如，该卷已连接到此服务器）。

Heat 模板可能如下所示：

```
heat_template_version: 2015-04-30

description: example template

resources:
  my_instance:
    type: OS::Nova::Server
    properties:
      key_name: { get_param: key_name }
```

```
image: { get_param: image }
flavor: { get_param: flavor }
admin_pass: { get_param: admin_pass }
user_data:
  str_replace:
    template: |
      #!/bin/bash
      echo hello_world
```

10.3.9　Ceilometer：计费（可选）

OpenStack 提供了一项称为 Ceilometer 的可选服务，可用于 Telemetry 数据收集和每种服务使用的资源计量。

公共云在计费方面有以下 3 个层次。

- □　计量（Metering）：收集资源的使用数据，其数据信息主要包括使用对象、使用者、使用时间和用量等。
- □　计费（Rating）：将资源使用数据按照商务规则转化为可计费项目并计算费用。
- □　结算（Billing）：启动付款过程。

Ceilometer 的目标是计量，可以为上层的计费、结算或者监控应用提供统一的资源使用数据。Ceilometer 还提供计费和结算工具。计费可以将结算值转换为等值货币，而结算工具将启动付款过程。

Ceilometer 可以监视和计量不同事件，如启动服务、附加卷和停止实例。它还可以收集有关 CPU 使用情况、内核数、内存使用情况和数据移动的指标。所有这些都已收集并存储在 MongoDB 数据库中。

10.4　物联网云架构的约束

云服务提供商位于物联网边缘设备之外，并负责广域网。物联网架构的一个特征是：PAN 和 WPAN 设备可能不符合 IP 规范。诸如低功耗蓝牙（BLE）和 Zigbee 之类的协议不是基于 IP 的，而包括云在内的 WAN 上的所有协议都是基于 IP 的。因此，边缘网关的作用就是执行该级别的转换。

此外，边缘网关对于解决延迟问题也具有非常重要的作用，如图 10-4 所示。

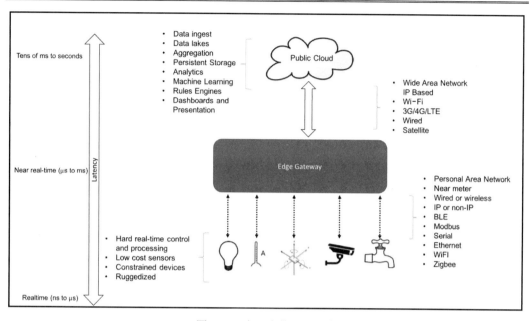

图 10-4　在云中的延迟影响

严格的实时响应在许多物联网应用中至关重要，并迫使处理过程更靠近端点设备

原　　文	译　　文
Tens of ms to seconds	从数十毫秒到秒
Near real-time(μs to ms)	接近实时（从微秒到毫秒）
Realtime(ns to μs)	实时（从纳秒到微秒）
Latency	延迟
❏ Hard real-time control and processing	❏ 严格的实时控制和处理
❏ Low cost sensors	❏ 低成本传感器
❏ Constrained devices	❏ 受限设备
❏ Ruggedized	❏ 坚固耐用
❏ Data ingest	❏ 数据采集
❏ Data lakes	❏ 数据湖
❏ Aggregation	❏ 聚合
❏ Persistent Storage	❏ 永久存储
❏ Analytics	❏ 分析工具
❏ Machine Learning	❏ 机器学习
❏ Rules Engines	❏ 规则引擎
❏ Dashboards and Presentation	❏ 仪表板和演示

续表

原　文	译　文
Public Cloud	公共云
Edge Gateway	边缘网关
❏　Wide Area Network IP Based	❏　基于 IP 的广域网
❏　Wi-Fi	❏　Wi-Fi
❏　3G/4G/LTE	❏　3G/4G/LTE
❏　Wired	❏　有线
❏　Satellite	❏　卫星
❏　Personal Area Network	❏　个人区域网（PAN）
❏　Near meter	❏　接近米距离
❏　Wired or wireless	❏　有线或无线
❏　IP or non-IP	❏　IP 或非 IP
❏　BLE	❏　低功耗蓝牙（BLE）
❏　Modbus	❏　Modbus
❏　Serial	❏　串行接口
❏　Ethernet	❏　以太网
❏　Zigbee	❏　Zigbee

物联网云架构的另一个影响因素是延迟和事件的响应时间。当靠近传感器时，便进入了严格的实时需求领域。这些系统通常是深度嵌入式系统或微控制器，它们具有由实际事件设置的延迟。例如，摄像头对帧速率（通常为 30 fps 或 60 fps）敏感，并且必须在数据流管道中按顺序执行多个任务（例如，去马赛克、做标识、白平衡和伽玛调整、色域映射、缩放和压缩等）。流经视频成像管道的数据量约为 1.5 GB/s（这里计算的是每通道 8 位的 60 fps 的 1080 p 全高清视频）。每个帧都必须实时流过此管道，因此大多数视频图像信号处理器都在芯片中执行这些转换。

如果我们将堆栈向上移动，则网关是具有次佳响应时间的设备，并且通常在几毫秒的范围之内。响应时间的可控因素是 WPAN 延迟和网关上的负载。如本书前面关于 WPAN 的章节（第 5 章和第 6 章）所述，大多数 WPAN（如 BLE）的延迟都是可变的，并且取决于网关下 BLE 设备的数量、扫描间隔和广告间隔等。BLE 连接间隔可以低至 7.5 ms，但也可以根据客户的要求调整广告间隔以最大限度地减少功耗。Wi-Fi 信号通常具有 1.5 ms 的延迟。此级别的延迟需要与 PAN 的物理接口。人们不会希望将原始的 BLE 数据包传递到云，而几乎都希望实现实时控制。

　　云组件在 WAN 上引入了另一种程度的延迟。网关和云提供商之间的路由可以根据数据中心和网关的位置采用多条路径。云提供商通常会提供一组区域数据中心来规范流量。要了解云提供商真正的延迟影响，必须在数周或数月的时间内跨区域采样 ping 延迟。表 10-1 提供了这样一个 ping 数据示例。

表 10-1　ping 数据示例

区　　域	延迟/ms	区　　域	延迟/ms
美国东部（弗吉尼亚州）	80	亚太地区（孟买）	307
美国东部（俄亥俄州）	87	亚太地区（首尔）	192
美国西部（加利福尼亚州）	48	亚太地区（新加坡）	306
美国西部（俄勒冈州）	39	亚太地区（悉尼）	205
加拿大（中部）	75	亚太地区（东京）	149
欧洲（爱尔兰）	147	南美洲（圣保罗）	334
欧洲（伦敦）	140	中国（北京）	436
欧洲（法兰克福）	152	GovCloud（美国）	39

　　本表数据来自 US West Client 的 Amazon AWS CloudPing，由 CloudPing.info 提供。有关更多信息，请访问：

http://www.cloudping.info

CLAudit 保存了对云延迟和响应时间的详尽分析。有关更多信息，请访问：

http://claudit.feld.cvut.cz/index.php#

　　此外，目前还有其他一些分析延迟的工具，如 Fathom 和 SmokePing。有关更多信息，请访问：

https://oss.oetiker.ch/smokeping/

　　这些站点每天研究、监视和存档在全球许多地区的 AWS 和 Microsoft Azure 之间的 TCP、HTTP 和 SQL 数据库延迟，这样就可以最好地了解云解决方案可能对整体延迟产生的影响。例如，图 10-5 显示了在美国境内的测试客户端与在美国西部的 Amazon AWS 和 Microsoft Azure 服务器进行通信的单日往返时间（Round-Trip Time，RTT）。请注意，该 RTT 的可变性也是很有用的，因为尽管在许多应用中可以容许 5 ms 的峰值，但是它却可能导致严格实时控制系统或工厂自动化生产出现故障。

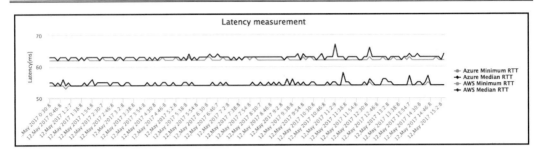

图 10-5　云提供商的往返时间和延迟

该图说明了两个云提供商在若干个小时内的延迟（以 ms 为单位）

原　　文	译　　文	原　　文	译　　文
Latency measurement	延迟测量	Azure Median RTT	Azure 中位数 RTT
Latency(ms)	延迟（ms）	AWS Minimum RTT	AWS 最低 RTT
Azure Minimum RTT	Azure 最低 RTT	AWS Median RTT	AWS 中位数 RTT

　　一般来说，如果不考虑传入数据处理的任何开销，云延迟将在数十毫秒左右（而不是几百毫秒）。现在，当为物联网构建基于云的架构时，应该对响应水平的变化做出期望。接近设备架构（Near-Device Architecture）允许 10 ms 以下的响应，并且还具有可重复性和确定性的优势。云解决方案可以将可变性引入响应时间，其响应时间要比接近边缘设备（Near-Edge Device）长得多（超过一个数量级）。架构师需要根据这两种效果来考虑将解决方案的各个部分部署在何处。

　　此外，架构师还应根据其数据中心部署模型选择云提供商。如果物联网解决方案将要在全球范围内部署，或者可能会扩展到涵盖多个区域，则云服务应将数据中心设在地理上相似的区域，以帮助规范响应时间。图 10-5 揭示了基于单个客户端访问全球数据中心的很大的延迟差异，这显然不是最佳架构。

10.5　雾　计　算

　　雾计算（Fog Computing）是边缘云计算的进化扩展。本节将详细介绍雾计算和边缘计算之间的区别，并提供雾计算的各种拓扑结构和架构参考。

10.5.1　雾计算的 Hadoop 哲学

　　雾计算从 Hadoop 和 MapReduce 的成功中吸取了经验，为了更好地理解雾计算的重要性,值得花一些时间来思考 Hadoop 的工作方式。MapReduce 是一种映射方法,而 Hadoop 是基于 MapReduce 算法的开源框架。

MapReduce 包含 3 个步骤:映射(Map)、混洗(Shuffle)和归约(Reduce)。在映射阶段,将计算功能应用于本地数据。混洗步骤可根据需要重新分配数据,这是至关重要的一步,因为系统试图将所有相关数据搭配合并到一个节点。最后一步是归约,在该阶段,所有节点之间的处理并行进行。

一般认为,MapReduce 尝试将处理转移到数据所在的位置,而不是将数据转移到处理器所在的位置。这种方案有效地消除了具有庞大的结构化或非结构化数据集的系统中的通信开销和自然瓶颈。该范例也适用于物联网。在物联网领域,数据(可能是海量的数据)作为数据流实时生成,这就是物联网的大数据。它不是像数据库或 Google 存储集群这样的静态数据,而是来自世界各个角落的无休止的实时数据流。基于雾的设计是解决此类全新的大数据问题的自然方法。

10.5.2　雾计算、边缘计算与云计算

我们已经将边缘计算(Edge Computing)定义为靠近数据生成位置的移动处理。在物联网的用例中,边缘设备可能是带有小型微控制器或能够进行 WAN 通信的嵌入式系统的传感器本身。其他时候,边缘设备将是架构中的一个网关,有一些特别受限的端点挂在这个网关上。边缘处理(Edge Processing)通常也蕴含机器对机器(M2M)的意思,指的是边缘(客户端)与其他位置的服务器之间存在紧密的关联。

如前文所述,边缘计算的存在是为了解决延迟和不必要的带宽消耗问题,并在数据源附近添加安全性等服务。边缘设备与云服务建立关系时可能会产生延迟和带宽消耗,所以它不会积极连接到云基础设施。

雾计算与边缘计算的范例略有不同。雾计算首先与其他雾节点或云服务共享框架 API 和通信标准。雾节点是云的扩展,而边缘设备可能会也可能不会涉及云。

雾计算的另一个主要原则是雾可以存在于层次结构中。雾计算还可以实现负载均衡并控制数据从东西向转为南北向,以帮助实现资源均衡。根据前文对云及其提供的服务的定义,可以将这些雾节点视为混合云中更简单(当然功能也更弱)的基础设施。

ⓘ 注意:

雾计算可以控制数据从东西向转为南北向。"东西向"是指层次结构中相同层次的节点之间的通信,而"南北向"则是指不同层次节点之间的通信。

10.5.3 OpenFog 参考架构

诸如云框架之类的雾架构框架对于理解各个层之间的互通和数据联系是必不可少的。接下来我们将讨论 OpenFog Consortium Reference Architecture（OpenFog 联盟参考架构），有关其官方说明，可参阅以下文档：

https://www.openfogconsortium.org/wp-content/uploads/OpenFog_Reference_Architecture_2_09_17-FINAL.pdf

OpenFog 联盟是一个非营利性行业组织，其宗旨是为雾计算定义互操作性标准。虽然不是标准制定机构，但它在行业内颇具影响力，能够影响其他组织的方向。OpenFog 参考架构是一个模型，可以在架构师和业务主管进行雾计算设计时提供思路上的帮助，包括选择硬件、开发软件以及搭建基础设施等。OpenFog 实现了基于云的解决方案，并希望在不牺牲延迟和带宽的情况下将计算、存储和网络扩展到边缘。

OpenFog 参考架构包含分层的方法，从底部的边缘传感器和执行器到顶部的应用服务，都在这个分层结构中。该架构与典型的云架构（如 OpenStack）有一些相似之处，但由于它与 PaaS 而非 IaaS 更相似，因此它实际上进行了进一步的扩展。为此，OpenFog 提供了完整的堆栈，并且通常与硬件无关，或者可以说至少将平台从系统的其余部分抽象出来了，如图 10-6 所示。

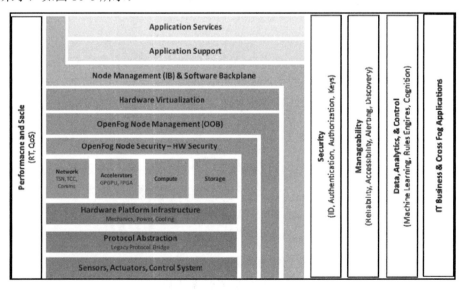

图 10-6　OpenFog 参考架构

原　　　文	译　　　文
Performance and Scale	性能和扩展
Application Services	应用服务
Application Support	应用支持
Node Management(IB)&Software Backplane	节点管理（IB）和软件支持
Hardware Virtualization	硬件虚拟化
OpenFog Node Management(OOB)	OpenFog 节点管理（OOB）
OpenFog Node Security-HW Security	OpenFog 节点安全性-硬件安全性
Network	网络
TSN,TCC,Comms	时间敏感网络（TSN）、时序协调运算（TCC）、通信
Accelerators	加速器
Compute	计算
Storage	存储
Hardware Platform Infrastructure	硬件平台基础设施
Mechanics,Power,Cooling	机械、动力、冷却
Protocol Abstraction	协议抽象
Legacy Protocol Bridge	传统协议桥接
Sensors,Actuators,Control System	传感器、执行器、控制系统
Security (ID,Authentication,Authorization,Keys)	安全性 （ID、认证、授权、密钥）
Manageability (Reliability,Accessibility,Alerting,Discovery)	可管理性 （可靠性、可访问性、警报、发现）
Data,Analytics, & Control (Machine Learning,Rules Engines,Cognition)	数据、分析与控制 （机器学习、规则引擎、识别）
IT Business & Cross Fog Applications	IT 业务和交叉雾应用

1．应用服务

服务层的作用是提供任务所需的窗格和自定义服务，包括提供与其他服务的连接器、托管数据分析包、在需要时提供用户界面以及提供核心服务等。

应用层中的连接器可以将服务连接到支持层。协议抽象（Protocol Abstraction）层为连接器直接与传感器对话提供了途径。每个服务都应被视为容器中的微服务（Microservice）。OpenFog 联盟主张将容器部署（Container Deployment）作为在边缘部署软件的正确方法。将边缘设备视为云的扩展很有意义。容器部署的示例如图 10-7 所示，其中每个圆柱体代表一个单独的容器，可以单独部署和管理。每个服务都会公开 API，以便在容器和层之间相互连接。

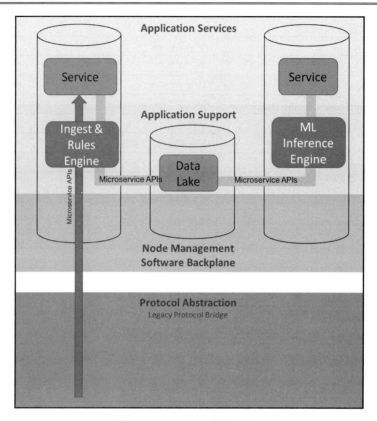

图 10-7　OpenFog 应用示例

原　　文	译　　文	原　　文	译　　文
Application Services	应用服务	Legacy Protocol Bridge	传统协议桥接
Application Support	应用支持	Service	服务
Data Lake	数据湖	Ingest & Rules Engine	数据采集和规则引擎
Node Management	节点管理	Microservice APIs	微服务 API
Software Backplane	软件支持	ML Inference Engine	机器学习推理引擎
Protocol Abstraction	协议抽象		

可以部署多个容器，每个容器提供不同的服务和支持功能。

2．应用支持

应用支持是基础架构的组成部分，可帮助构建最终的客户解决方案。就部署方式（例如，作为容器部署）而言，此层可能具有依赖性。应用支持有多种形式，包括以下方面。

❑　应用管理（图像识别、图像验证、图像部署、身份验证）。

❑ 日志工具。

❑ 组件和服务的注册。

❑ 运行时引擎（容器、虚拟机）。

❑ 运行时语言（Node.js、Java、Python）。

❑ 应用服务器（Tomcat）。

❑ 消息总线（RabbitMQ）。

❑ 数据库和档案库（SQL、NoSQL、Cassandra）。

❑ 分析框架（Spark）。

❑ 安全服务。

❑ Web 服务器（Apache）。

❑ 分析工具（Spark、Drool）。

OpenFog 建议将这些服务打包为容器（见图 10-7）。当然，参考架构并不是一个严格的、必须遵守的指导原则，所以架构师应根据自己的需要选择可以在受限边缘设备上启用的、正确的应用支持数量。例如，边缘设备的处理能力和资源可能只允许使用简单的规则引擎，而不允许使用流处理器等，更不用说循环神经网络（RNN）了。

3. 节点管理和软件支持

节点管理和软件支持是指带内（In-Band，IB）管理，并控制雾节点如何与其域中的其他节点通信。还可以通过此接口管理节点，以进行升级、状态管理和部署。软件支持（Software Backplane）可以包括节点的操作系统、自定义驱动程序和固件、通信协议和管理、文件系统控制、虚拟化软件以及微服务的容器化等。

该级别的软件堆栈几乎涉及 OpenFog 参考架构中的所有其他层。软件支持的典型功能包括以下方面。

❑ 服务发现：支持自组织的雾对雾（Fog-to-Fog）信任模型。

❑ 节点发现：类似于云集群技术，允许添加雾节点并加入集群。

❑ 状态管理：为包含多个节点的有状态（Stateful）和无状态（Stateless）计算提供不同的计算模型。

❑ 发布/订阅管理：允许推送（Push）而不是拉取（Pull）数据。另外，还允许在软件构造中支持抽象层。

OpenFog 参考架构或与此相关的任何基于雾的架构都应允许进行分层部署。也就是说，雾架构不仅限于连接到与少数传感器相连的雾网关的云。实际上，该架构存在多种拓扑，具体模型将取决于可设计的规模、带宽、要处理的负载和经济性。参考架构应为其自身提供多种拓扑，就像真实的云可以根据需求动态地扩展和平衡负载一样。

4．硬件虚拟化

像典型的云系统一样，OpenFog 将硬件定义为虚拟化层。应用程序不应与特定的硬件绑定。在这里，系统应在整个雾中实现负载均衡，并根据需要迁移或添加资源。所有硬件组件都在此级别虚拟化，包括计算、网络和存储。

5．OpenFog 节点安全性

OpenFog 联盟将节点安全性级别定义为堆栈的硬件安全性部分。较高级别的雾节点应该能够监视较低级别的雾节点，这也是拓扑层次结构的一部分（稍后将详细介绍）。对等节点应该能够监视其东西向的邻居。

该层还具有以下职责。

❑　加密。

❑　防篡改和物理安全监视器。

❑　数据包检查和监视（东西向和南北向）。

6．网络

网络是硬件系统层的第一个组件。网络模块是东西向和南北向的通信模块。网络层可以识别雾拓扑和路由，具有在物理上路由到其他节点的作用，这与虚拟化所有内部接口的传统云网络有很大不同。对于 OpenFog 架构来说，网络在物联网部署中是有意义的，并且是有地理意义的存在。例如，某个父节点托管了 4 个子节点，这 4 个子节点均连接到摄像头，父节点可能负责聚合来自 4 个源的视频数据，并将图像内容融合在一起以创建 360°视野。为此，它必须知道哪个子节点属于哪个方向，并且不能任意或随机地这样做。

对网络组件的要求包括以下方面。

❑　弹性（Resilient）：防止通信链路中断。实际上，这可能需要了解如何重建网格以保持数据畅通。

❑　网络层也是从非 IP 传感器到 IP 协议的数据转换和重新打包的地方。例如蓝牙、Z-Wave 和有线传感器。

❑　处理故障转移的情形。

❑　绑定到各种通信结构（Wi-Fi、有线、5G）。

❑　提供企业部署所需的典型网络基础设施（安全性、路由等）。

7．加速器

OpenFog 与其他云架构不同的另一个方面是加速器（Accelerator）服务的概念。现在通用图形处理器（General Purpose Graphic Processing Unit，GPGPU）甚至现场可编程门阵列（Field Programmable Gate Array，FPGA）形式的加速器很普遍，可提供用于成像、机器学习、计算机视觉和感知、信号处理以及加密/解密的服务。OpenFog 设想雾节点可以根据需要进行资源分配。架构师可以强制增加层次结构中第 2 层或第 3 层的节点服务器，以根据需要动态提供其他计算设施。

架构师甚至可以强制在雾中加入其他形式的加速，例如：

❑　如果需要生成大型数据湖，则可以添加专用于海量存储的节点。

❑　为了防止包括所有陆基通信丢失的灾难性事件，可以添加替代性通信链路的节点，如卫星无线电。

8．计算

OpenFog 参考架构堆栈的计算部分类似于 OpenStack 云架构中 Nova 层的计算部分。其主要功能如下。

❑　任务执行。

❑　资源监控和配置。

❑　负载均衡。

❑　能力查询。

9．存储

OpenFog 架构的存储部分维护着与雾存储的低级接口。我们之前谈到的存储类型，如数据湖（Data Lake）或工作区内存，可能需要在边缘进行严格实时分析。存储层还将管理所有传统类型的存储设备，例如：

❑　RAM 阵列。

❑　硬盘。

❑　Flash 闪存。

❑　磁盘阵列（RAID）。

❑　数据加密。

10．硬件平台基础设施

基础设施层不是软件和硬件之间的实际层，而是雾节点的更多物理和机械结构。由于雾化设备将位于条件恶劣且偏远的地区，因此它们必须坚固、有弹性且能自我维护。

OpenFog 定义了雾部署中需要考虑的情况，如下所示。

❑　尺寸、功率和重量特性。

❑　冷却系统。

❑　机械支持和保护。

❑　可服务性机制。

❑　防范和报告物理攻击。

11．协议抽象

协议抽象层将物联网系统最底层的元素（传感器）与雾节点的其他层、其他雾节点和云绑定在一起。OpenFog 提倡一种抽象模型，以通过协议抽象层识别传感器设备并与之通信。通过抽象连接到传感器和边缘设备的接口，可以将传感器的异构混合设备部署在单个雾节点上，如经过数模转换器的模拟设备以及数字传感器。即使是连接到传感器的接口也可以进行个性化设置。例如，车辆中通过蓝牙连接的温度设备，可以连接到发动机上的传感器、车辆上各种电子设备的 SPI 接口传感器以及车门 GPIO 传感器和防盗传感器。通过抽象化接口，软件堆栈的上层可以使用标准化方法访问这些不同的设备。

12．传感器、执行器和控制系统

传感器、执行器和控制系统是物联网堆栈的底端，它们是实际的传感器和边缘设备。这些设备可以是智能的、无声的、有线的、无线的、近距离的、远距离的等。当然，这些设备之间存在的关联是它们以某种方式与雾节点通信，并且雾节点将负责配置、保护和管理该传感器。

10.5.4　Amazon Greengrass 和 Lambda 函数

本节将介绍一种名为 Amazon Greengrass 的替代雾服务。Amazon（亚马逊）公司提供了领先的云服务和基础设施，如 AWS、S3、EC2、Glacier 等。自 2016 年以来，Amazon 公司投资了一种名为 Greengrass 的新型边缘计算。Greengrass 是 AWS 的扩展，允许程序员将客户端下载到雾计算设备、网关或智能传感器设备。

和其他雾框架类似，Greengrass 的目的是提供一种解决方案，以减少延迟和响应时间，降低带宽成本并为边缘设备提供安全性。Greengrass 的功能包括以下方面。

- ❑　缓存数据以防连接丢失。
- ❑　重新连接时将数据和设备状态同步到 AWS 云。
- ❑　本地安全性（身份验证和授权服务）。
- ❑　设备上和设备外的消息代理。
- ❑　数据过滤。
- ❑　设备和数据的命令与控制。
- ❑　数据聚合。
- ❑　离线时也能运行。
- ❑　迭代学习。
- ❑　直接从边缘的 Greengrass 调用任何 AWS 服务。

为使用 Greengrass，程序将在 AWS 物联网中设计一个云平台，并在云中定义某些 Lambda 函数。然后，这些 Lambda 函数将分配给边缘设备，并部署到运行客户端的设备，再授权执行 Greengrass Lambda 函数。目前，Lambda 函数是用 Python 2.7 编写的。Shadows 是 Greengrass 中的 JSON 抽象，代表设备和 Lambda 函数的状态。如有需要，它们将被同步回 AWS。

在后台，边缘的 Greengrass 和云中的 AWS 之间的通信是通过 MQTT 完成的。

ℹ️ 注意：

不要将 Lambda 函数与前面提到的 Lambda 架构混淆在一起。Greengrass 上下文中的 Lambda 函数是指事件驱动的计算函数。

Greengrass 中使用的 Lambda 函数定义示例如下所示。在 AWS 的控制台中，可运行以下工具，并通过名称指定 Lambda 函数定义：

```
aws greengrass create-function-definition --name "sensorDefinition"
```

这将输出以下内容：

```
{
  "LastUpdatedTimestamp": "2017-07-08T20:16:31.101Z",
  "CreationTimestamp": "2017-07-08T20:16:31.101Z",
  "Id": "26309147-58a1-490e-a1a6-0d4894d6ca1e",
  "Arn":"arn:aws:greengrass:us-
west-2:123451234510:/greengrass/definition/functions/26309147-58a1-490e-
a1a6-0d4894d6ca1e",
  "Name": "sensorDefinition"
}
```

现在可以使用 Lambda 函数定义创建一个 JSON 对象，并使用上面提供的 ID，从命令行调用 create-functiondefinition-version。

❑ Executable 是按名称执行 Lambda 函数。

❑ MemorySize 是要分配给处理程序的内存量。

❑ Timeout 是超时计数器到期前的超时时间（以 s 为单位）。

以下是与 Lambda 函数一起使用的 JSON 对象的示例：

```
aws greengrass create-function-definition-version --function-definition-id
"26309147-58a1-490e-a1a6-0d4894d6ca1e". --functions
'[
{
    "Id": "26309147-58a1-490e-a1a6-0d4894d6ca1e",
```

```
    "FunctionArn": "arn:aws:greengrass:us-
west-2:123451234510:/greengrass/definition/functions/26309147-58a1-490e-
a1a6-0d4894d6ca1e",
    "FunctionConfiguration": {
        "Executable": "sensorLambda.sensor_handler",
        "MemorySize": 32000,
        "Timeout": 3
    }
}]'
```

在边缘节点和云之间配置和创建订阅还需要执行其他几个步骤，但是部署 Lambda 处理程序就这么简单。它提供了雾计算的替代性视图。可以将这种模型视为一种将云服务扩展到边缘节点的方法，该边缘将被授权调用云提供的任何资源。按照定义，这其实是一个真正的雾计算平台。

10.5.5　雾拓扑

雾拓扑可以以多种形式存在，并且架构师在设计端到端雾系统时需要考虑多个方面。特别是，在设计拓扑时，诸如成本、处理负载、制造商接口和东西向流量等约束条件都会发挥作用。雾网络可以像启用了雾的边缘路由器一样简单，将传感器连接到云服务。它也可以变得很复杂，形成具有不同程度的处理能力和角色的多层雾层次结构，并且在必要时（东西向和南北向）同时分配处理负载。决定该模型的因素如下。

❑ 数据量：例如，系统是否需要从数千个传感器或摄像头中收集非结构化视频数据，汇总数据并实时查找特定事件？如果是，那么数据集的减少将非常重要，因为成千上万的摄像头每天将产生数百吉字节（GB）的数据，而雾节点需要将大量数据提取为简单的"是""不是""危险""安全"等事件令牌。

❑ 边缘设备的数量：如果物联网系统只是一个传感器，则数据集很小，可能根本无法证明雾边缘节点的合理性。但是，如果传感器的数量不断增加，或者在最坏的情况下，传感器的数量是不可预测且动态的，则雾化拓扑可能需要动态扩展或收缩。像这样的用例很多，如使用蓝牙信标的体育馆场地。随着观众在某些场所的增长，该系统必须能够非线性扩展。而在其他时候，体育馆可能只占一小部分空间，只需要少量的处理和连接资源。

❑ 雾节点功能：根据拓扑结构和成本，某些节点可能更适合与 WPAN 系统的连接，而层次结构中的其他节点则可能具有用于机器学习、模式识别或图像处理的能力。例如，边缘雾节点可以管理安全的 Zigbee 网格网络，并具有用于故障转移或 WPAN 安全的特殊硬件。而在该雾节点层次之上，还存在一个雾处理节点，该节点将具有额外的 RAM 和 GPGPU 硬件，以支持处理来自 WPAN 网关的原始数据流。

- ❑ 系统可靠性：架构师可能需要考虑物联网模型中的故障形式。如果一个边缘雾节点发生故障，则另一节点应该可以代替它执行某些操作或服务。这种情况在与生命相关的关键任务或实时环境中很重要。以相同的方式，可以按需提供额外的雾节点，在容错情况下可能需要冗余节点。在没有其他冗余节点的情况下，某些处理可能会与邻居节点共享，虽然这会消耗系统资源和产生延迟，但系统将保持正常运行。最终的用例是邻居节点彼此充当看门狗。如果有雾节点发生故障或与该节点的通信失败，看门狗将向云发出故障事件信号，并可能在本地执行一些对生命至关重要的操作。例如，假设有某个雾节点无法监视高速公路上的交通，在这种情况下，邻居节点可能会看到该点的故障，于是向云发出警报事件，并在高速公路的广告牌上显示对应信息以提醒驾驶员降低车速。

最简单的雾解决方案是放置在传感器阵列附近的边缘处理单元（它可能是网关、瘦客户机或路由器等）。在这里，雾节点可以用作 WPAN 网络或网格网络的网关并与主机通信。如图 10-8 所示，就是这样一个简单的雾拓扑，边缘雾设备管理传感器阵列，并且可以按 M2M 方式与另一个雾节点通信。

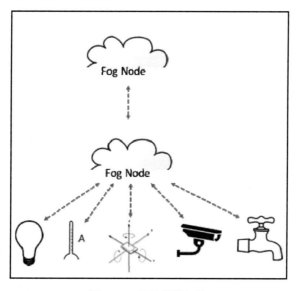

图 10-8　简单的雾拓扑

原　　文	译　　文
Fog Node	雾节点

　　第二个要介绍的雾拓扑也是一种基本拓扑，它包括了云，云服务将作为雾网络之上的父级节点。在这种情况下，雾节点将聚合数据，保护边缘并执行与云通信所需的处理。该模型与边缘计算的区别在于，雾节点的服务和软件层共享与云框架的关系，如图 10-9所示。

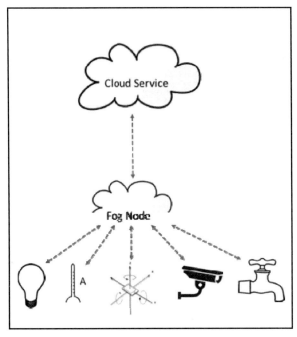

图 10-9　雾到云拓扑

雾节点建立了到云提供商的链路

原　　文	译　　文
Cloud Service	云服务
Fog Node	雾节点

　　第三个要介绍的模型可使用多个雾节点负责服务和边缘处理，并且每个雾节点都连接到一组传感器。作为父节点的云将像配置单个雾节点那样配置每个雾节点。每个节点都有唯一的身份，以便根据地理位置提供唯一的服务集。例如，每个雾节点可能在零售联营店的不同位置。雾节点还可以控制在边缘节点之间的东西向通信和传输数据。这方面的用例是在冷藏环境中，需要维护和控制许多冷却器和冰柜以防止食物变质。零售联营店可能在多个位置有多个冷却器，所有冷却器都由一个云服务管理，但在边缘则使用

雾节点。该模型的拓扑如图 10-10 所示。

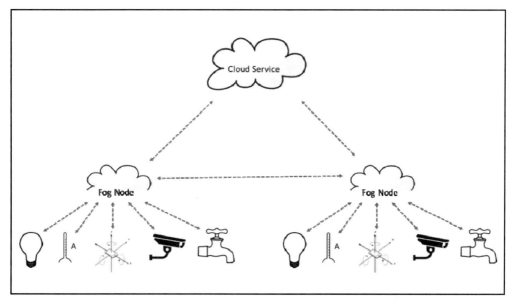

图 10-10　具有单个主云的多个雾节点

原　　文	译　　文
Cloud Service	云服务
Fog Node	雾节点

第四个要介绍的模型是第二个拓扑的扩展，它能够从多个雾节点安全、私密地与多个云提供商通信。在此模型中，可以部署多个父云。例如，在智慧城市中，可能存在多个地理区域，并且这些地理区域在不同的城市范围内。每个市政当局可能更愿意选择某一个云提供商而不是其他云提供商，但是所有市政当局都应使用一个获得批准和预算的摄像头和传感器制造商。在这种情况下，摄像头和传感器制造商将使他们的单个云实例与多个城市共存。雾节点必须能够将数据引导到多个云提供商，如图 10-11 所示。

雾节点也不需要严格的一对一关系，将传感器桥接到云。雾节点可以堆叠、分层，甚至保持静止状态，直到再次需要它时为止。如果尝试减少延迟，则将雾节点的层次彼此层叠可能听起来有悖常理，但是如前文所述，节点可以是专用的。例如，距离传感器较近的节点可能会提供严格的实时服务或具有成本限制，要求它们具有最少的存储和计算量。通过使用其他大容量存储设备或 GPGPU 处理器，它们之上的一层可以提供聚合存储、机器学习或图像识别所需的计算资源。以下城市照明示例就是一个很好的用例。

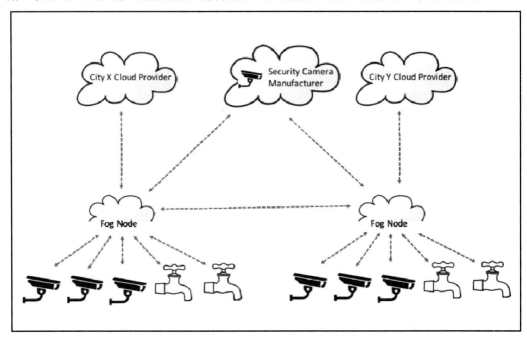

图 10-11　具有多个云提供商的多个雾节点

云可以是公共云和私有云的混合物

原　　文	译　　文
City X Cloud Provider	X 市的云提供商
Security Camera Manufacturer	安全摄像头制造商
City Y Cloud Provider	Y 市的云提供商
Fog Node	雾节点

　　在该示例中，许多摄像头可以感应到行人和交通。最靠近摄像头的雾节点执行聚合和特征提取，然后将这些特征向上传递给父节点。父级雾节点将通过深度学习算法检索特征并执行必要的图像识别。如果看到了感兴趣的事件（例如，夜间沿着某一条道路行走的行人），则会将该事件报告给云。云组件将记录该事件并向行人附近的一组路灯发出信号，以增加路灯亮度。只要雾节点看到行人移动，这种模式就会继续。最终目标是通过不将每个路灯的亮度始终都保持最大来节省电量。这个多层次的雾拓扑如图 10-12所示。

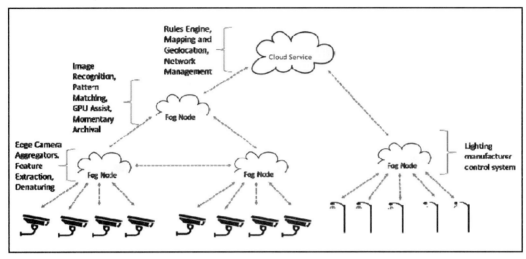

图 10-12　多层雾拓扑

雾节点堆叠在一个分层结构中，以提供其他服务或抽象

原　　文	译　　文
Rules Engine,Mapping and Geolocation,Network Management	规则引擎、映射和地理位置、网络管理
Cloud Service	云服务
Image Recognition,Pattern Matching,GPU Assist,Momentary Archival	图像识别、模式匹配、GPU 辅助、瞬间存档
Fog Node	雾节点
Edge Camera Aggregators,Feature Extraction,Denaturing	边缘摄像头聚合器、特征提取、变性
Lighting manufacturer control system	路灯制造商控制系统

10.6　小　　结

分析来自传感器的数据并从中得出有意义的结论是物联网的目标。当物联网设备不停地扩展，从数千到数百万甚至到数十亿个，并且这些设备都需要进行通信和流式传输数据时，我们必须引入先进的工具来提取海量数据，存储、传送、分析含义和做出预测。云计算是以可伸缩硬件和软件的群集形式实现该服务的要素之一。雾计算使云处理更接近边缘，以解决延迟、安全性和通信成本方面的问题。这两种技术共同运行，以规则引擎的形式运行分析包，以处理复杂的事件。

选择云提供商、框架、雾节点和分析模块的模型是一项重要的任务，许多文献资料都深入探讨了编程和构建这些服务的语义。架构师必须了解系统的拓扑结构和最终目标，才能构建满足当前的需求并且未来还可以扩展的架构。

在第 11 章中，我们将讨论物联网的数据分析部分。云计算当然可以承载许多分析功能，但是架构师在设计时需要做好准备，因为有些分析应该在靠近数据源（传感器）的边缘执行，或者，如果有必要，分析也可以使用长期历史数据在云端进行。

第 11 章 云和雾中的数据分析与机器学习

物联网系统的价值不在于单个传感器事件，也不在于将一百万个传感器事件存档之后就束之高阁。物联网的重要价值在于对数据的解释和这种解释（预测）对决策的影响。

尽管这个世界上已经有数十亿个物联网设备相互连接和通信，并且云也运行得很好，但是其真正的价值仍蕴含在数据所包含的和不包含的内容中，也蕴含在数据模式告诉我们的内容中。对于这些价值的提取，正是物联网的数据科学和数据分析部分所要做的工作。就像沙里淘金一样，这可能是对于客户来说最有价值的领域。

物联网数据分析将处理以下方面。

❑ 结构化数据（SQL 存储），一种可预测的数据格式。

❑ 非结构化数据（原始视频数据或信号），高度的随机性和方差。

❑ 半结构化数据（微博之类的语料），形式上存在一定程度的差异和随机性。

数据也可能需要作为流传输的数据流进行实时解释和分析，或者可能被存档和检索以便在云中进行深度分析。这是数据的采集（Ingest）阶段。根据使用情况，我们可能需要将数据与其他仍然在不断产生数据的来源相关联。而在其他情况下，可能仅需要记录数据并将其转储到 Hadoop 数据库之类的数据湖中。

接下来是某种类型的分阶段处理，这意味着像 Kafka 这样的消息传递系统会将数据路由到流处理器或批处理器，或者同时路由到两者。流处理可以承受连续的数据流。由于数据是在内存中处理的，因此处理通常受到硬件约束，但速度会非常快。也正因为如此，处理速度必须与进入系统的数据速率一样快或更快。尽管流处理在云中提供了近乎实时的处理，但是当我们考虑工业机械和自动驾驶汽车时，流处理并不能提供严格的实时操作特性。

另一方面，批处理在处理大量数据方面非常有效。当物联网数据需要与历史数据相关时，它特别有用。

在此阶段之后，可能会有一个预测和响应阶段。在该阶段中，信息可能会以某种形式的仪表板呈现并记录下来，或者系统可能会响应边缘设备，以便在设备上采取纠正措施来解决某些问题。

本章将讨论从复杂事件处理到机器学习的各种数据分析模型。不同的数据分析模型有不同的应用领域，在某个地方起作用的模型，在其他用例中可能会失败。本章将通过若干示例帮助读者理解这一点。

11.1　物联网中的基本数据分析

数据分析通常想要在一系列流式传输的数据中查找事件。实时流分析机器必须提供多种类型的事件和角色。Srinath Perera 和 Sriskandarajah Suhothayan 的工作提供了实时流分析功能的超集。有关详情可参考 Srinath Perera, Sriskandarajah Suhothayan. Solution patterns for real-time streaming analytics. In Proceedings of the 9th ACM International Conference on Distributed Event-Based Systems (DEBS '15). ACM, New York, NY, USA, 247-255。

以下是这些分析功能的枚举列表。

- ❑ 预处理（Preprocessing）：过滤掉无关紧要的事件、去掉数据的无关性质、提取特征、分段、将数据转换为更合适的形式（尽管数据湖不希望立即进行转换）、给数据添加诸如标签之类的属性（数据湖确实需要标签）。

- ❑ 警报（Altering）：检查数据，如果超过某个边界条件，则发出警报。最简单的例子是温度升高到传感器设定的极限值以上。

- ❑ 窗口化（Windowing）：创建事件滑动窗口（Slide Window），仅在该窗口上绘制规则。该窗口可以基于时间（例如，1 小时）或长度（例如，2000 个传感器样本）。它们可以是滑动窗口（例如，仅检查 10 个最新的传感器事件并在出现新事件时产生结果），也可以是批处理窗口（例如，仅在窗口末尾产生事件）。窗口化对于规则和计数事件很有用。例如，可以查看过去 1 小时的温度峰值，并确定某些机器上将出现故障。

- ❑ 联接（Join）：将多个数据流合并为一个新的单个流。有一个物流示例就属于这种情况。假设一家船运公司使用资产跟踪信标来跟踪其货物，并且其卡车、飞机和各种设施也都具有地理位置信息流。最初有两个数据流，一个用于包裹，一个用于给定的卡车。当卡车装运包裹时，这两个流即联接合并在一起。

- ❑ 错误（Error）处理：在拥有数百万个传感器的情况下，当然会生成数据丢失、数据乱码以及数据乱序。查找和处理这样的错误对于具有多个异步和独立数据流的物联网用例来说是很重要的。例如，如果车辆进入地下停车场，则数据可能会在蜂窝 WAN 中丢失。这种分析模式将关联其自己的流中的数据，以尝试查找这些错误情况。

- ❑ 数据库（Database）引用：分析软件包将需要与某些数据仓库进行交互。例如，如果数据从多个传感器的视觉画面流入，或者是在蓝牙资产标签中发现某件物品被盗或丢失时，则会引用缺少标签 ID 的数据库，从所有网关追溯该标签 ID

在系统中的数据流。

❑ 时间事件（Temporal Event）和模式（Pattern）：经常与前面提到的窗口化模式
一起使用。在这里，时间事件的序列构成了让我们感兴趣的模式。可以将其视
为状态机（State Machine）。假设我们正在根据温度、振动和噪声监控机器的运
行状况，则时间事件的序列可以如下。

➢ 检测温度是否超过 100℃。

➢ 然后检测振动是否超过 1 m/s。

➢ 再检测机器是否发出 110 dB 的噪声。

➢ 如果上述事件按此顺序发生，则发出警报。

❑ 跟踪（Tracking）：跟踪关注的是何时何地存在某物、发生了某个事件，或在何
时本应存在的东西却不存在了。一个非常基本的示例是提供服务的卡车的地理
位置，公司可能需要确切地知道卡车在哪里以及它从何时起停在目前的位置。
这已在农业、人类运动、跟踪患者、跟踪高价值资产、行李存托系统、智慧城
市垃圾回收系统、道路除雪等方面得到了应用。

❑ 趋势（Trend）：此模式对于预测性维护特别有用。在这里，规则被设计为检测
（发现）事件，检测的基础是与时间相关的序列数据。这类似于前面介绍的时
间事件，区别在于时间事件其实没有时间的概念，只有序列的顺序，而趋势模
型则在过程中使用时间作为维度。与时间相关数据的运行历史可用于查找模式，
如农业中的牲畜传感器。在该模式中，可能会为牛戴上检测动物运动和体温的
传感器，这样就可以构建事件序列，以查看这头牛在最近一天是否移动过。如
果没有移动，则牛可能已经生病或死亡。

❑ 批处理查询（Batch Query）：批处理通常比实时流处理更全面、更深入。精心
设计的流传输平台可以分叉分析并调用批处理系统。稍后我们将以 Lambda 处理
的形式对此进行讨论。

❑ 深度分析路径（Deep Analytics Pathway）：在实时处理中，我们将即时确定是
否发生了某些事件。至于该事件是否确实应发出警报，则可能需要进一步的处
理，这些处理不会实时进行。之所以这样处理，是因为这些事件应该很少发生，
这些信息将传递给详细的分析引擎，而实时的新事件流应设计在系统中。一个
例子是视频监视系统。假设某个智慧城市将为失踪的孩子发出安珀警告（Amber
Alert）。该智慧城市可以为实时流引擎发布简单的特征提取和分类模型。该模
型将检测儿童所在的可能车辆的车牌号或儿童衬衫上的徽标图案。首先是拍摄
车辆的车牌号或行人衣服上的徽标图案，然后将其发送到云中。分析包可以对
数百万个图像样本中感兴趣的车牌或徽标图案进行第一级的筛选识别，然后可以

将识别通过的帧（以及周围的视频帧）传递到更深层的分析包，该包使用更深的对象识别算法（图像融合、超分辨率、机器学习）来解析图像，以消除误报。

❑ 模型（Model）和训练（Training）：在"深度分析路径"中介绍的第一级识别模型实际上可以是机器学习系统的推理引擎。这些机器学习工具建立在经过训练的模型上，可用于动态的实时分析。

❑ 发出信号（Signaling）：通常情况下，操作需要传播回边缘和传感器。典型的用例是工厂自动化和安全性系统。例如，如果温度升高到机器上的某个特定限制值以上，则记录事件，同时将信号发送回边缘设备以降低机器的运行速度。该系统必须能够双向通信。

❑ 控制（Control）：最后，还需要一种控制这些分析工具的方法。无论是启动、停止、报告、日志记录还是调试，都需要适当的设施来管理该系统。

接下来，我们将重点关注如何构建基于云的分析架构，该架构必须能够采集不可预测和无法停止的数据流，并尽可能接近实时地提供对这些数据的解释。

11.1.1　顶层云管道

如图 11-1 所示，是从传感器到仪表板的典型数据流。数据将通过若干种中间媒介（WPAN 链路、宽带、数据湖形式的云存储等）进行传输。需要注意的是，在考虑使用以下架构来构建云分析解决方案时，还必须考虑到将来的扩展问题。例如，当端点物联网设备的数量增长到数千个且基于多个地区时，在设计初期做出的仅适合 10 个物联网节点和单个云集群的方案可能无法有效扩展。

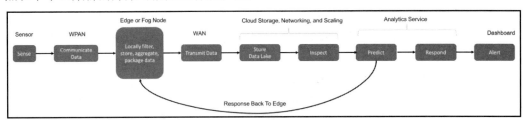

图 11-1　从传感器到云的典型物联网管道

原　　文	译　　文
Sensor	传感器
Sense	感知
Communicate Data	通信数据
Edge or Fog Node	边缘或雾节点

原　文	译　文
Locally filter,store,aggregate,package data	在本地进行过滤、存储、聚合、打包数据
Transmit Data	传输数据
Cloud Storage,Networking,and Scaling	云存储、联网和扩展
Store Data Lake	存储数据湖
Inspect	检查
Analytics Service	分析服务
Predict	预测
Respond	响应
Dashboard	仪表盘
Alert	警报
Response Back To Edge	将响应信号发送回边缘设备

云的分析（预测-响应）部分可以采取以下几种形式。

❑　规则引擎（Rules Engine）：这些规则引擎仅定义一个操作并产生结果。

❑　流处理（Stream Processing）：将传感器读数等事件注入流处理器中。该处理路径是一幅图形，图形中的节点代表操作者（Operator），并将事件发送给其他操作者。节点包含该部分处理的代码，以及连接到图形中下一个节点的路径。该图形可以在集群上并行复制和执行，因此可以扩展到数百台计算机。

❑　复杂事件处理（Complex Event Processing，CEP）：这是基于诸如 SQL 之类的查询，并且是用高级语言编写的。它基于事件处理，并针对低延迟进行了调整。

❑　Lambda 架构（Lambda Architecture）：此模型尝试通过对大量数据集并行执行批处理和流处理来平衡吞吐量及延迟。

我们讨论实时分析的原因是，物联网数据会不停地从数百万个节点以同步和异步方式传输各种错误、格式问题和时序。

举例来说，纽约市有 25 万盏路灯，详情可访问：

http://www.nyc.gov/html/dot/html/infrastructure/streetlights.shtml

假设每盏灯都是智能的，这意味着它会监视附近是否有人和物移动的情况，如果有，则变亮。否则，它将保持调暗状态以节省功耗（2 字节）。每盏灯还可能检查路灯是否有需要维护的问题（1 字节）。此外，每盏灯都在监视温度（1 字节）和湿度（1 字节），以帮助生成微气候天气预报。最后，数据还包含路灯的 ID 和时间戳（8 字节）。所有路灯名义上每秒产生 250000 条消息，由于高峰时段、人群、旅游景点、假期等因素，峰值可能达到 325000 条消息。

总而言之，假设云服务每秒可以处理 250000 条消息，这意味着每秒最多可能积压 325000-250000=75000 个事件。如果高峰时间确实是 1 小时，那么每小时将积压 270000000 个事件。只有在集群中提供更多处理能力或减少传入流时，系统才能赶上来。如果在安静时间内传入流下降到 200000 条消息/秒，则云集群将花费 1.1 个小时来解决并消耗 585 MB 的内存（2.7 亿个积压消息，每个消息 13 字节）。

以下方程式正式确定了云系统的容量：

$$C = Cluster\ capacity \left(\frac{events}{s} \right)$$

$$R_{event} = Event\ rate$$

$$T_{burst} = Time\ of\ burst\ of\ events$$

$$T_c = Time\ to\ complete\ backlog$$

$$M_{backlog} = Message\ backlog(size)$$

$$Backlog = \begin{cases} 0\ where\ R_{event} \leqslant C \\ R_{event} - C\ where\ R_{event} > C \end{cases}$$

$$M_{backlog} = Backlog \times M_{size}$$

$$T_c = \frac{(R_{event} \times T_{burst}) + M_{backlog}}{C}$$

原　　文	译　　文
Cluster capacity	集群容量
events	事件
s	秒
Event rate	事件速率
Time of burst of events	事件高峰的时间
Time to complete backlog	处理完积压事件所需的时间
Message backlog(size)	积压的消息（大小）

11.1.2　规则引擎

规则引擎（Rule Engine）只是一种对事件执行操作的软件构造。例如，如果房间中的湿度超过 50%，则向主人发送一条短信。这些也称为业务规则管理系统（Business Rule Management System，BRMS）。

规则引擎可能有也可能没有状态，有状态称为 Stateful，也就是说，它可能具有事件的历史记录，并根据事件的顺序、数量或历史记录中事件发生的方式采取不同的操作。无状态称为 Stateless，即它们不维护状态，而仅检查当前事件。图 11-2 显示了简单的规则引擎示例。

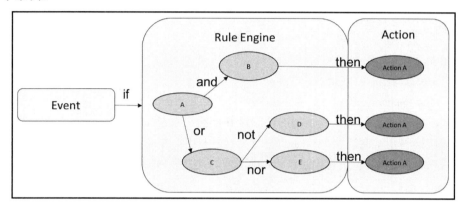

图 11-2　简单的规则引擎示例

原　　文	译　　文
Event	事件
Rule Engine	规则引擎
Action	操作

在规则引擎的示例中，我们不妨来看一下 Drool。Drool 是 Red Hat 开发的业务规则管理系统（BRMS），是基于 Java 的开源规则引擎（根据 Apache 2 许可）。JBoss Enterprise 是该软件的生产版本。所有感兴趣的对象都驻留在 Drool 工作内存（Working Memory）中。将工作内存视为感兴趣的一组物联网传感器事件，可以进行比较以满足给定规则。Drools 可以支持两种形式的链推理：正向链推理（Forward Chaining）和反向链推理（Backward Chaining）。链推理是一种从博弈论中得出推理方法。

正向链推理将获取可用数据，直到满足规则链。例如，规则链可以是一系列的 if...then 子句，如图 11-2 所示。正向链推理将连续搜索以满足 if...then 路径之一，最终推断出操作。反向链推理则相反，它不是从要推断的数据开始，而是从操作开始并反向推断。以下伪代码演示了一个简单的规则引擎：

```
Smoke Sensor = Smoke Detected
Heat Sensor = Heat Detected

if (Smoke_Sensor == Smoke_Detected) && (Heat_Sensor == Heat_Detected) then
Fire
if (Smoke_Sensor == !Smoke_Detected) && (Heat_Sensor == Heat_Detected) then
```

```
Furnace_On
if (Smoke_Sensor == Smoke_Detected) && (Heat_Sensor == !Heat_Detected) then
Smoking
if (Fire) then Alarm
if (Furnace_On) then Log_Temperature
if (Smoking) then SMS_No_Smoking_Allowed
```

现在先来假设一下状态。

❑　Smoke_Sensor：Off。

❑　Heat_Sensor：On。

正向链推理将解决第二个子句的前因，并推断正在记录温度。

反向链推理则试图证明 Furnace（炉子）已经打开，并通过如下一系列步骤反向推理。

（1）我们可以证明正在记录温度吗？看一下这段代码：

```
if (Furnace_On) then Log_Temperature
```

（2）由于正在记录温度，因此前提（Furnace_On）就变成了新目标：

```
if (Smoke_Sensor == !Smoke_Detected) && (Heat_Sensor == Heat_Detected)
then Furnace_On
```

（3）由于事实证明该炉已经开启，因此新的前提分为两个部分：Smoke_Sensor 和
Heat_Sensor。现在，规则引擎将其分为两个目标：

```
Smoke_Sensor off
Heat_Sensor on
```

（4）规则引擎尝试同时满足两个子目标。这样，推断就完成了。

正向链推理的优势是可以在新数据到达时对其做出响应，从而触发新的推理。

Drools 的语义语言非常简单，由以下基本元素组成。

❑　会话（Session），用于定义默认规则。

❑　入口点（Entry Point），用于定义要使用的规则。

❑　When 语句，条件子句。

❑　Then 语句，要采取的操作。

以下伪代码中显示了基本的 Drool 规则。insert 操作会在工作内存中放置一项修改。
一般来说，当规则的评估结果为 true 时，将对工作内存进行更改。

```
rule "Furnace_On"
when
Smoke_Sensor(value > 0) && Heat_Sensor(value > 0)
then
```

```
insert(Furnace_On())
end
```

执行完 Drool 中的所有规则之后，程序可以查询工作内存，以查看使用语法将哪些规则评估为 true，如下所示：

```
query "Check_Furnace_On"
$result: Furnace_On()
end
```

规则有如下两种模式。

❑ 语法（Syntactic）：数据格式、奇偶校验、哈希、值范围。
❑ 语义（Semantic）：值必须属于列表中的一个集合，高温值的计数在 1 小时内不得超过 20。本质上，这些是有意义的事件。

Drool 支持创建非常复杂的规则，以至于可能需要一个规则数据库来存储它们。该语言的语义允许定义模式、范围评估、显著性、规则生效的时间和类型匹配等，并且还可以处理对象集合。

11.1.3　采集：流、处理和数据湖

物联网设备通常与某些传感器或旨在测量/监视物理世界的设备相关联。它相对于其余物联网技术堆栈而言是异步的。也就是说，无论云节点或雾节点是否正在侦听，传感器始终尝试广播数据。这很重要，因为公司所需的价值就蕴含在数据中。即使生成的大多数数据都是冗余的，也总是有机会从中看到要发生的重大事件，这就是数据流的特点。

总之，从传感器到云的物联网数据流假定有以下特点。

❑ 持续不断。
❑ 异步。
❑ 非结构化或结构化的数据。
❑ 尽可能接近实时。

在第 10 章"云和雾拓扑"中，我们讨论了云延迟的问题，还介绍了如何通过雾计算来帮助解决延迟问题。但是，即使没有雾计算节点，我们也需要努力优化云架构，以支持物联网实时需求。为此，云需要维持数据流并保持其移动。从本质上讲，数据从云中的一项服务转移到另一项服务必须作为管道来进行，而无须轮询数据。处理数据的另一种形式称为批处理（Batch Processing）。大多数硬件架构都以相同的方式处理数据流，将数据从一个块移到另一个块，并且数据到达的处理将触发下一个功能。

此外，谨慎使用存储和文件系统访问权限对于减少总体延迟至关重要。

有鉴于此，大多数流传输框架都支持内存中（In-Memory）的操作，并且完全避免了

临时存储到海量文件系统的成本。Michael Stonebraker 等人指出了以这种方式进行数据流传输的重要性，有关详细信息可参阅 Michael Stonebraker, Uğur Çetintemel, and Stan Zdonik. The 8 Requirements of Real-time Stream Processing. SIGMOD Rec. 34, 4 (December 2005), 42-47。

经过仔细设计的消息队列对于此模式的实现是有帮助的。要构建一个成功的云架构，有必要考虑从数百个节点扩展到数百万个节点的情形。

当然，数据的流传输也不是完美的。随着成百上千的传感器经常流传输异步数据，数据将会出现丢失（传感器丢失通信）、数据格式不正确（传输错误）或数据顺序不正确（数据可能会从多个路径传入）等问题。因此，流传输系统至少必须做到以下方面。

- ❑　随事件增长和峰值而扩展。
- ❑　提供发布-订阅 API 以进行连接。
- ❑　实现接近实时（Near-Real-Time）延迟。
- ❑　提供规则处理的扩展。
- ❑　支持数据湖和数据仓库。

Apache 提供了若干个开源软件项目（根据 Apache 2 许可），这些项目有助于构建流处理架构。Apache Spark 是一个流处理框架，可小批量处理数据。当内存大小限制在云中的群集上（如小于 1 TB）时，此功能特别有用。Spark 基于内存中（In-Memory）处理，如前文所述，该处理方式具有减少文件系统依赖性和延迟的优势。批处理数据的另一个优点是，它在处理机器学习模型时特别有用，这将在本章后面有详细介绍。诸如卷积神经网络（Convolutional Neural Network，CNN）之类的几种模型都可以批量处理数据。Apache 的替代产品是 Storm。Storm 尝试在云架构中尽可能接近实时地处理数据。与 Spark 相比，Storm 具有低级 API，并且可以将数据作为大事件进行处理，而不是将它们分批处理，这具有低延迟（亚秒级性能）的效果。

为了提供流处理框架，我们可以使用 Apache Kafka 或 Flume。Apache Kafka 是从各种物联网传感器和客户端采集数据的 MQTT，并在出站侧连接到 Spark 或 Storm。MQTT 不缓冲数据。如果成千上万的客户端通过 MQTT 协议与云进行通信，则将需要某些系统对传入的流做出反应并提供所需的缓冲。这使 Kafka 可以按需扩展（这也是另一个重要的云属性），并且可以对事件的尖峰做出很好的反应。Kafka 可以支持每秒 100000 个事件的流。

另一方面，Flume 是一个分布式系统，可以将数据从一个源收集、聚合和移动到另一个源，并且更加易用。Flume 还与 Hadoop 紧密集成，其可扩展性略低于 Kafka，因为增加更多的使用者意味着改变 Flume 架构。

Apache Kafka 和 Flume 都可以在内存中（In-Memory）流传输而不进行存储。但是，一般来说不要这样做，因为我们希望获取原始传感器数据，并以尽可能原始的形式存储，而所有其他传感器则同时流式传输。

当我们面对物联网部署中数千甚至数以百万计的传感器和终端节点时，可以考虑利用数据湖来构建云环境。数据湖本质上是一个大型存储设施，可容纳来自许多源头的未经过滤的原始数据。数据湖是平面文件系统（Flat Filesystem）。典型的文件系统是按照基本意义上的卷、目录、文件和文件夹进行分层组织，数据湖则通过将元数据元素（标签）附加到每个条目来组织其存储中的元素。经典的数据湖模型是 Apache Hadoop，几乎所有云提供商都在其服务下使用某种形式的数据湖。

数据湖存储在物联网中特别有用，因为它将存储任何形式的数据，无论其是结构化的还是非结构化的。数据湖还假定所有数据都是有价值的，并将其永久保存。对于数据分析引擎而言，这种庞大的持久数据量是最佳的。许多数据分析算法都是馈入的数据量或用于训练模型的数据量越多则效果越好。

图 11-3 说明了使用传统批处理和流处理的概念架构。在该架构中，数据湖由 Kafka 实例提供。Kafka 可以批量提供 Spark 的接口，并将数据发送到数据仓库。

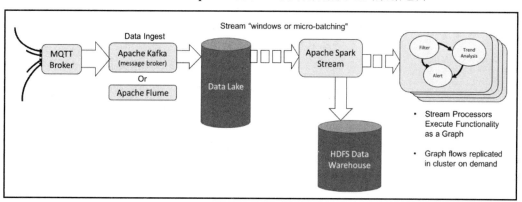

图 11-3　数据仓库的云采集引擎的基本示意图

Spark 充当流通道服务

原　　文	译　　文
MQTT Broker	MQTT 代理
Data Ingest	数据采集
APache Kafka (message broker)	Apache Kafka （消息代理）
Or	或
Data Lake	数据湖
Stream"windows or micro-batching"	流传输"窗口化或微型批处理"
Apache Spark Stream	Apache Spark 流处理

原　　文	译　　文
HDFS Data Warehouse	HDFS 数据仓库
Filter	过滤
Alert	警报
Trend Analysis	趋势分析
Stream Processors Execute Functionality as a Graph	流处理器以图形方式执行功能
Graph flows replicated in cluster on demand	按需在集群中复制图形流

有若干种方法可以重新配置图 11-3 中的拓扑，因为其组件之间的连接器都是标准化的。

11.1.4　复合事件处理

复合事件处理（Complex Event Processing，CEP）是另一个常用于模式检测的分析引擎。它于 20 世纪 90 年代起源于离散事件模拟和股票市场波动性交易，从本性上说，它是一种能够以接近实时的方式分析实时流数据的方法。随着成千上万的事件进入系统，它们被精简并提炼成更高级别的事件。这些事件比原始传感器数据更抽象。CEP 引擎的优势在于，与流处理器相比，其实时分析的处理时间更短（流处理器可以在毫秒时间帧内解决事件）。缺点是 CEP 没有与 Apache Spark 相同级别的冗余或动态扩展。

CEP 系统使用类似 SQL 的查询，但不使用数据库后端，而是在传入流中搜索用户建议的模式或规则。CEP 包含的元组是具有时间戳的离散数据元素。CEP 利用了本章开始时介绍的不同分析模式，并可以与事件的滑动窗口配合使用。由于它在语义上类似于 SQL，并且设计速度比常规数据库查询快得多，因此所有规则和数据都驻留在内存（通常为多 GB 数据库）中。另外，它们需要从诸如 Kafka 之类的现代流消息传递系统中获取。

CEP 具有滑动窗口、联接和序列检测等操作。另外，CEP 引擎可以像规则引擎一样基于正向链推理（Forward Chaining）或反向链推理（Backward Chaining）。行业标准的 CEP 系统是 Apache WSO2 CEP。WSO2 可以与 Apache Storm 结合使用，每秒可以处理超过 100 万个事件，而无须任何存储事件。WSO2 是使用 SQL 语言的 CEP，但可以用 JavaScript 和 Scala 编写脚本。另一个好处是，可以使用名为 Siddhi 的软件包对其进行扩展，以启用以下服务。

　　❑　地理位置。
　　❑　自然语言处理。
　　❑　机器学习。
　　❑　时间序列相关性和回归。
　　❑　数学运算。

❑　字符串和正则表达式。

可以使用以下 Siddhi QL 代码来查询数据流：

```
define stream SensorStream (time int, temperature single);
@name('Filter Query')
from SensorStream[temperature &gt; 98.6'
select *
insert into FeverStream;
```

所有这些都作为离散事件进行操作，从而允许将复杂的规则应用于同时发生的数百万个事件。

在理解了 CEP 的用法之后，架构师最好了解一下应该在哪里使用 CEP 和规则引擎。如果评估是简单状态，如两个温度范围，则系统是无状态的，应使用简单规则引擎。如果系统保持了时间概念或一系列状态，则应使用 CEP。

11.1.5　Lambda 架构

Lambda 架构尝试在延迟和吞吐量之间取得平衡。本质上，它将批处理与流处理混合在一起。与 OpenStack 或其他云框架的常规云拓扑类似，Lambda 将采集数据并存储到不可变的数据存储库中。图 11-4 显示了 Lambda 架构的复杂性。在这里，批处理层将数据迁移到 HDFS 存储，而速度层则通过 Spark 直接交付给实时分析包。

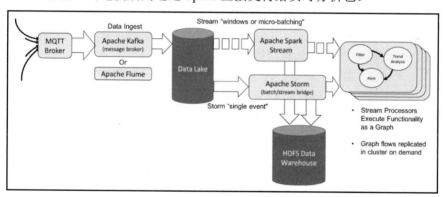

图 11-4　Lambda 拓扑

原　　文	译　　文
MQTT Broker	MQTT 代理
Data Ingest	数据采集
APache Kafka (message broker)	Apache Kafka （消息代理）

原　　文	译　　文
Or	或
Data Lake	数据湖
Stream"windows or micro-batching"	流传输"窗口化或微型批处理"
Apache Spark Stream	Apache Spark 流处理
Apache Storm (batch/stream bridge)	Apache Storm （批处理/流处理桥接）
Storm "single event"	Storm "单个事件"
HDFS Data Warehouse	HDFS 数据仓库
Filter	过滤
Alert	警报
Trend Analysis	趋势分析
Stream Processors Execute Functionality as a Graph	流处理器以图形方式执行功能
Graph flows replicated in cluster on demand	按需在集群中复制图形流

Lambda 拓扑分为 3 层。

❑　批处理层（Batch Layer）：批处理层通常基于 Hadoop 集群，其处理速度明显比流传输层慢。通过牺牲等待时间，它可以最大化吞吐量和准确性。

❑　速度层（Speed Layer）：这是实时的内存中（In-Memory）数据流。数据可能是错误的、丢失的和乱序的。如前文所述，Apache Spark 非常擅长提供流处理引擎。

❑　服务层（Service Layer）：服务层是批处理和流处理结果重组的存储、分析和可视化的地方。服务层的典型组件包括以下几个。

　　➢　Druid：提供了将批处理层和速度层结合在一起的工具。

　　➢　Apache Cassandra：用于可伸缩的数据库管理。

　　➢　Apache Hive：用于数据仓库。

从本质上讲，Lambda 架构比其他分析引擎更复杂。它们是混合的，这增加了额外的复杂性和成功运行所需的资源。

11.1.6　行业用例

现在，我们将尝试考虑采用物联网和云分析的各种行业中的典型用例。在设计解决方案的架构时，我们需要考虑规模、带宽、实时需求和数据类型，以得出正确的云架构和分析架构。

表 11-1 显示了一些通用示例。架构师在绘制相似的表格时，必须了解整个流程以及将来的规模、容量。

表 11-1 物联网和云分析行业用例

行业	用 例	云 服 务	典 型 带 宽	实 时	分 析
制造业	□ 运营技术 □ 棕地 □ 资产追踪 □ 工厂自动化	□ 仪表板 □ 大容量存储 □ 数据湖 □ SDN(混合云拓扑) □ 低延迟	□ 每天生产 500 GB/工厂 □ 2 TB/min 的数据挖掘操作	□ 少于 1 s	□ 循环神经网络 □ 贝叶斯网络
物流和运输	□ 地理位置跟踪 □ 资产追踪 □ 设备感应	□ 仪表盘 □ 记录 □ 存储	□ 车辆: 4 TB/d/车 (50 个传感器) □ 飞机: 2.5~10 TB/d (6000 个传感器) □ 资产跟踪: 1 MB/d/信标	□ 少于 1 s(实时) □ 每日(批处理)	规则引擎
医疗保健	□ 资产跟踪 □ 患者追踪 □ 家庭健康监测 □ 无线医疗设备	□ 可靠性和 HIPPA □ 私有云选项 □ 存储和归档 □ 负载均衡	1 MB/d/传感器	□ 少于 1 s: 攸关生命的关键任务 □ 与生命无关的非关键任务: 根据需要有所不同	□ 循环神经网络 (RNN) □ 决策树 □ 规则引擎
农业	□ 牲畜健康和位置跟踪 □ 土壤化学分析	□ 大容量存储和归档 □ 云到云配置	□ 512 KB/d/每头牲畜 □ 每个饲养场 1000~10000 头牛	□ 1 s(实时) □ 10 min(批处理)	规则引擎

续表

行业	用例	云服务	典型带宽	实时	分析
能源	□ 智能电表 □ 远程能源监控（太阳能、天然气、石油） □ 故障预测	□ 仪表板 □ 数据湖 □ 大容量存储，用于历史速率预测 □ SDN □ 低延迟	□ 100～200 GB/d/风力发电机 □ 1～2 TB/d/石油钻井机 □ 100 MB/d/智能电表	□ 少于 1 s：能源生产 □ 1 min：智能电表	□ RNN □ 贝叶斯网络 □ 规则引擎
消费者	□ 实时健康日志 □ 存在检测 □ 照明和暖气/空调 □ 安全性 □ 联网家庭	□ 仪表板 □ PaaS □ 负载均衡 □ 大容量存储	□ 安全摄像头：500 GB/d/摄像头 □ 智能设备：1～1000 KB/d/传感器设备 □ 智能家居：100 MB/d	□ 视频：少于 1 s □ 智能家居：1 s	□ 卷积神经网络（图像感应） □ 规则引擎
零售	□ 冷链感应 □ POS 机 □ 安全系统 □ 信标	□ SDN/SDP □ 微分段 □ 仪表板	□ 安全性：500 GB/d/摄像头 □ 常规：1～1000 MB/d/设备	□ POS 和信用卡交易：100 ms □ 信标：1 s	□ 规则引擎 □ 用于实现安全性的卷积神经网络
智慧城市	□ 智能停车 □ 智能垃圾收集 □ 环境传感器	□ 仪表板 □ 数据湖 □ 云到云服务	□ 能源监控器：2.5 GB/d/市（70000 个传感器） □ 停车位：300 MB/d（80000 个传感器） □ 废物监控器：350 MB/d（200000 个传感器） □ 噪声监控器：650 MB/d（30000 个传感器）	□ 电表：1 min □ 温度：15 min □ 噪声：1 min □ 废物：10 min □ 停车位：根据实际情况有所不同	□ 规则引擎 □ 决策树

11.2　物联网中的机器学习

机器学习并不是计算机科学的新发展，相反，数据拟合和概率的数学模型可以追溯到 19 世纪初，贝叶斯定理和数据拟合的最小二乘法也是如此。两者在当今的机器学习模型中仍被广泛使用，我们将在本节中简要探讨它们。

20 世纪 50 年代初，麻省理工学院的 Marvin Minsky 制作出称为感知器（Perceptron）的第一台神经网络设备，至此，计算机和学习得以统一。他后来在 1969 年写了一篇论文，被解释为对神经网络局限性的批评。当然，在此期间，计算机的计算能力还十分有限，数学需要的计算能力超出了 IBM S/360 和 CDC 计算机的合理资源范围。20 世纪 60 年代，在神经网络、支持向量机、模糊逻辑等领域都引入了人工智能的许多数学原理以及其他相关基础理论。

在 20 世纪 60 年代末和 70 年代，诸如遗传算法（Genetic Algorithm）和群体智能（Swarm Intelligence）之类的进化计算成为研究重点，这得益于由 Rechenberg 撰写的 Ingo Evolutionsstrategie（1973）。这些算法在解决复杂的工程问题上获得了一定的吸引力。如今，遗传算法仍在机械工程甚至自动软件设计中使用。

20 世纪 60 年代中期，像贝叶斯模型（Bayesian Model）一样，隐马尔可夫模型（Hidden Markov Model）的概念也被作为基于概率的 AI 的一种形式引入。后来，它被应用于手势识别和生物信息学的研究。

直到 20 世纪 80 年代，人工智能研究都因政府拨款枯竭而停滞不前。逻辑系统的出现改变了这种局面，这开启了被称为基于逻辑的人工智能（Logic-Based Artificial Intelligence）的 AI 领域，并支持称为 Prolog 和 LISP 的编程语言，从而使程序员可以轻松地描述符号表达式。研究人员发现这种 AI 方法存在局限性：主要是基于逻辑的语义不像人类那样思考，尝试使用反逻辑（Anti-Logic）或 Scruffy 模型来描述对象的效果也不是很好。本质上，是人们不能使用松散耦合的概念精确地描述对象。

在 20 世纪 80 年代后期，专家系统（Expert System）获得了广泛认可。专家系统是另一种形式的基于逻辑的系统，用于解决由该特定领域的专家训练的定义明确的问题。可以将它们视为控制系统的基于规则的引擎。事实证明，专家系统在公司和商业环境中是成功的，并成为出售的第一批商用 AI 系统。此后，围绕专家系统的新产业开始形成。随着这些类型的 AI 不断发展，IBM 运用这一思想构建了大名鼎鼎的 Deep Thought。1997 年 5 月 11 日，一台名为"深蓝"的超级计算机击败了国际象棋名家卡斯帕罗夫。

1965 年，模糊逻辑（Fuzzy Logic）首先出现在加州大学伯克利分校 Lotfi A. Zadeh

的研究中，但是直到 1985 年，日立公司的研究人员才证明模糊逻辑可成功地应用于控制系统。这引起了日本汽车和电子公司对将模糊系统应用于实际产品的极大兴趣。现在，模糊逻辑已在控制系统中成功使用。

尽管专家系统和模糊逻辑似乎是 AI 的主体，但它们在"可以做什么"和"永远无法做什么"之间存在越来越大的差距。20 世纪 90 年代初期，研究人员发现专家系统或基于逻辑的系统通常永远无法模仿人类的头脑。

隐马尔可夫模型和贝叶斯网络带动了统计 AI 的出现。本质上，这是计算机科学采用经济学、贸易和运筹学中常用的模型来做出决策。

支持向量机（Support Vector Machine，SVM）由 Vladimir N. Vapnik 和 Alexey Chervonenkis 于 1963 年首次提出，在经历了 20 世纪 70 年代和 80 年代初的 AI 寒冬之后开始流行。通过使用一种新颖的技术来找到最佳的超平面对数据集进行分类，SVM 成为线性和非线性分类的基础。该技术在手写分析中变得很流行，很快便应用于神经网络。

循环神经网络（RNN）在 20 世纪 90 年代也成为一个有趣的话题。这种类型的网络是独特的，与深度学习神经网络（如卷积神经网络）不同，因为它可以保持状态并可以应用于涉及时间概念的问题，如音频和语音识别。它们对当今的物联网预测模型有直接影响，下文我们将进行详细讨论。

2012 年，来自全球各地的团队参加了一次意义颇为重大的计算机科学竞赛，该竞赛要求采用 50×30 像素的缩略图来识别对象，识别完成之后，还需要在其周围绘制一个框，整个竞赛要求针对 100 万张图像执行此操作。来自多伦多大学的团队构建了第一个深度卷积神经网络来处理图像，从而赢得了比赛。过去，其他神经网络也曾尝试过这种机器视觉练习，但是该团队开发的算法可以比以前任何方法都更准确地识别图像，错误率仅有 16.4%。此后，Google 开发了另一种神经网络，使错误率降至 6.4%。几乎同时，Alex Krizhcvsky 开发了 AlexNet，该引擎将 GPU 引入方程式中，从而大大加快了训练速度。所有这些模型都是基于卷积神经网络构建的，其处理要求在 GPU 出现之前一直是被禁止的。

如今的人工智能可谓无处不在，如无人驾驶汽车、Siri 中的语音识别、在各种在线客户服务中模拟人类的工具、医学成像、在线零售商使用机器学习模型来识别消费者对购物和时尚的兴趣等，各种应用不一而足。图 11-5 大致总结了各种 AI 算法的范围。

读者可能会问，这与物联网有什么关系呢？业内的解释是，物联网为大量不断流式传输的数据打开了大门。传感器系统的价值并不是仅体现在一个传感器所测量的值上，而是体现在一组传感器所测量的值以及我们能够通过分析这些值获得的更大价值中。如前文所述，物联网将成为收集数据量阶梯函数的催化剂。其中一些数据将被结构化（例如，与时间相关的序列），其他数据将是非结构化的（例如，摄像头、合成传感器、音频和模拟信号）。客户希望根据这些数据为其业务创建有用的决策。

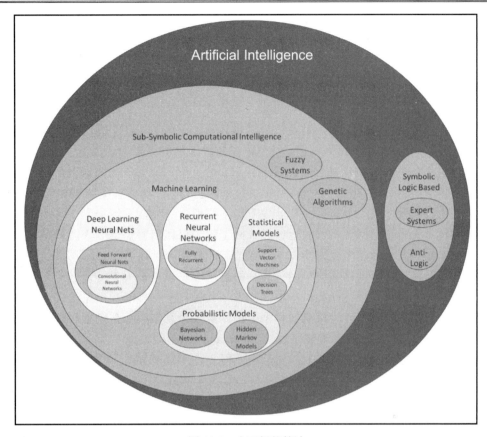

图 11-5　人工智能算法

原　　文	译　　文	原　　文	译　　文
Artificial Intelligence	人工智能	Statistical Models	统计模型
Sub-Symbolic Computational Intelligence	次符号计算智能	Support Vector Machines	支持向量机
Fuzzy Systems	模糊系统	Decision Trees	决策树
Genetic Algorithms	遗传算法	Probabilistic Models	概率模型
Machine Learning	机器学习	Bayesian Networks	贝叶斯网络
Deep Learning Neural Nets	深度学习神经网络	Hidden Markov Models	隐马尔可夫模型
Feed Forward Neural Nets	前馈神经网络	Symbolic Logic Based	基于符号逻辑的模型
Convolutional Neural Networks	卷积神经网络	Expert Systems	专家系统
Recurrent Neural Networks	循环神经网络	Anti-Logic	反逻辑
Fully Recurrent	全连接循环		

例如，有一家非常成熟的制造工厂，计划通过采用物联网和机器学习来优化运营支出以及潜在的资本支出（至少这是管理者热衷的方式），当我们考虑工厂物联网用例时，发现该制造商拥有许多相互依赖的系统。他们有一些组装工具，可以生产小部件；有一台机器人，可以从金属或塑料中切削出零件；还有一台机器，可以进行某种类型的注塑成型；此外，他们还拥有传送带、照明和加热系统、包装机、供应和库存控制系统、机器人移动物料以及各种级别的控制系统等。实际上，该公司还在不同的地理区域中分布了许多此类厂房。这样的工厂采用了所有传统的效率模型，管理者阅读了 W. Edwards Deming（爱德华兹·戴明，知名质量管理专家）的文献，懂得如何改进质量和管理，但是所做的这些仍然不够，因为下一次工业革命将以物联网和机器智能的形式出现。

传统企业依靠专业人士来判断和处理不稳定事件。例如，已经操作了其中一台组装机多年的技术人员会根据该机器的运行方式来了解该机器何时需要维修。但是，该机器可能早就以某种方式开始吱嘎作响，或者在拾起和放置零件时屡屡出错，甚至在最近的几天里效率严重下降，而这些简单的行为是机器学习可以早在人类发现之前就能看到和预测到的。传感器可以围绕此类设备监视和感知其操作，并推断其操作结果。在我们讨论的这个用例中，机器学习可以感知整个工厂，基于该系统中每台机器和每个工人的数百万或数十亿个事件的集合，准确了解该工厂在某一时刻的表现。

面对这么多的数据，只有机器学习系统才能筛选出噪声并找到相关性。这样的任务超出了人类的能力范围，也只有大数据和机器学习才能胜任这样的管理任务。

11.2.1　机器学习模型

现在，我们将重点介绍适用于物联网的特定机器学习模型。首先需要知道的是，没有任何一个模型可以"包打天下"，适用于任何一组数据。事实上，每个模型都有其特定的优势和服务的用例。任何机器学习工具的目标都是针对一组数据告诉人们的内容进行预测或推断，并且效果应该比人们抛硬币猜正反面要更加靠谱。

有以下两种类型的学习系统可供考虑。

❑　监督学习（Supervised Learning，也称为有监督学习）：意味着提供给模型的训练数据的每个条目都有一个关联的标签。例如，一组图片的集合，每个图片都标有该图片的内容，如猫、狗、香蕉、汽车等。目前有许多机器学习模型都是监督学习类型的。监督学习允许解决分类和回归问题。下文将详细讨论。

❑　无监督学习（Unsupervised Learning）：用于训练的数据没有标签。显然，这种学习无法将狗的图像解析为标签"狗"。这种类型的学习模型主要是使用数学规则来减少冗余。典型的用例是查找相似事物的聚类。

另外还有一种模型，就是这两种模型的混合，称为半监督学习（Semi-Supervised Learning），也就是将有标签的数据和无标签的数据混合在一起，目标是迫使机器学习模型组织数据并进行推理。

机器学习有 3 个基本用途，即分类、回归和异常检测。

我们可以将数十种机器学习和 AI 构造与物联网的应用放在一起进行讨论，但这将远远超出本书的范围。我们将聚焦在少量模型上，以理解它们在彼此之间的适合定位以及它们的目标和优势是什么。我们将探索统计、概率、深度学习和 RNN 的用途与局限性，因为这些都是适用于物联网人工智能的普遍领域。

在这些大型分类的每一个部分中，我们将概括并深入探讨以下内容。

❑　随机森林（Random Forest）：统计模型（快速模型，适用于具有异常检测所需的许多属性的系统）。

❑　贝叶斯网络（Bayesian Network）：概率模型。

❑　卷积神经网络（Convolutional Neural Network，CNN）：深度学习（用于非结构化图像数据的深度学习模型）。

❑　循环神经网络（Recurrent Neural Network，RNN）：用于时间序列分析的深度学习模型。

某些模型至少在我们考虑的物联网用例中不再适用于人工智能领域。因此，本章将不会讨论基于逻辑的模型、遗传算法或模糊逻辑等。

接下来，我们将首先讨论有关分类和回归的一些初始术语。

11.2.2　分类

在众多的机器学习模型中，我们将从讨论分类问题开始。分类（Classification）是监督学习的一种形式，其中数据用于选择名称、值或类别。例如，要使用神经网络扫描图像以查找鞋子的图片。在此领域中，有两种分类方法。

❑　二项式（Binomial）：如果是在两种类别（如咖啡和茶）中选择其一，则可以使用该方法。

❑　多类（Multi-Class）：如果有两个以上的选择，则使用该方法。

我们将使用斯坦福线性分类器工具来帮助理解超平面（Hyperplane）的概念。有关该工具的详细信息，请访问：

http://vision.stanford.edu/teaching/cs231n-demos/linear-classify/

图 11-6 显示了受过训练的学习系统试图找到最佳的超平面来划分彩球的尝试。可以

看到，在经过数千次迭代之后，划分在某种程度上是最优的，但是右上角区域仍然存在问题，其中对应的超平面（蓝色线切割的超平面）包括了应该属于顶部超平面的红色小球。这显示的是非最佳分类的示例。

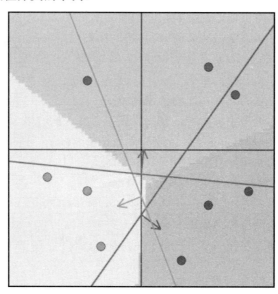

图 11-6　非最佳分类

💡 提示：

由于黑白印刷的缘故，本书部分图片可能难以辨识颜色差异，为此我们提供了一个PDF 文件，其中包含本书使用的屏幕截图和图表的彩色图像。读者可以通过以下地址下载：

https://www.packtpub.com/sites/default/files/downloads/InternetofThingsforArchitects_ColorImages.pdf

请注意，在上面的斯坦福示例中，超平面是一条直线，这被称为线性分类器（Linear Classifier），包括支持向量机（试图最大化线性）和逻辑回归（可用于二项式分类和多分类拟合）等结构。

图 11-7 显示了两个数据集的二项式线性分类：圆形和菱形。在这里，一条线试图形成一个超平面，以划分两个不同的变量区域。可以看到，这个最佳线性关系确实包含错误。

非线性关系在机器学习中也很常见，使用线性模型会导致严重的错误率。图 11-8 显示了线性拟合与非线性曲线的拟合。非线性模型的一个问题是过拟合（Overfitting）测试序列的趋势。正如我们将在后面看到的那样，这倾向于使机器学习工具在训练测试数据上执行时准确无误，但在实际应用场合却毫无用处。

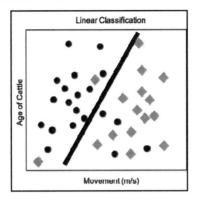

图 11-7　线性分类器

原　　文	译　　文
Linear Classification	线性分类
Age of Cattle	牛的年龄
Movement(m/s)	移动（m/s）

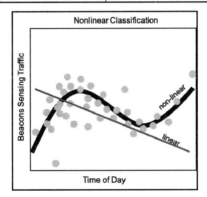

图 11-8　线性分类器与非线性分类器的比较

在这里，n 阶多项式曲线试图建立一组更精确的数据点模型。高精度模型
倾向于很好地拟合已知的训练集，但在应用于真实数据时却很容易失败

原　　文	译　　文
Nonlinear Classification	非线性分类
Beacons Sensing Traffic	信标感应流量
non-linear	非线性
linear	线性
Time of Day	一天中的时间

11.2.3　回归

分类与预测离散值（圆形或菱形）有关，而回归模型则用于预测连续值。例如，人们可以使用回归分析基于其所在社区和周围社区中所有房屋的售价来预测房屋的平均售价。

存在以下几种形成回归分析的技术。

❑　最小平方法（Least Squares Method，又称最小二乘法）。

❑　线性回归（Linear Regression）。

❑　逻辑回归（Logistics Regression）。

11.2.4　随机森林

随机森林是一个称为决策树（Decision Tree）的机器学习模型的子集。正如图 11-5 所示，决策树是一组学习算法，它们是统计模型集合的一部分。决策树只考虑了几个变量，并产生一个对集合进行分类的输出。评估的每个元素称为集合（Set）。决策树根据输入生成采取某路径的一组概率。决策树的一种形式是 Breiman 在 1983 年开发的分类和回归测试（Classification and Regression Test，CART）。

现在来介绍引导聚合（Bootstrap Aggregating）的概念。该术语也被称为 Bagging，其名称正是衍生自 Bootstrap AGGregatING。当训练单个决策树时，容易受到噪声注入的影响并可能形成偏差，而如果训练许多决策树，则可以减少偏置的机会。每棵树将随机选择一组训练数据或样本。

随机森林训练的输出将基于训练数据的随机选择和变量的随机选择来处理决策树，如图 11-9 所示。

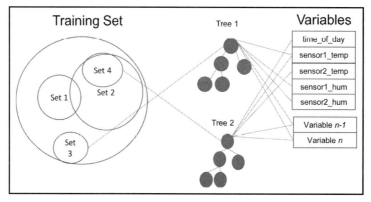

图 11-9　随机森林模型

它构造了两个森林来选择随机变量，而不是选择整个变量集

原　　文	译　　文
Training Set	训练集
Variables	变量

从图 11-9 中可以看到，随机森林不仅通过选择随机样本集，而且通过选择合格特征数的子集来扩展引导聚合。这是违反直觉的，因为一般来说人们都希望能够训练尽可能多的数据。随机森林这样做的理由如下。

- ❑　大多数树都是准确的，并且可以为大多数的数据提供正确的预测。
- ❑　决策树中的错误可能发生在不同树的不同地方。

这是群体思维（Group Think）和多数决策（Majority Decision）的规则。如果几棵树的结果彼此一致（即使它们是通过不同的路径做出的决定），而只有一棵树是离群值，则它自然会与多数树保持一致。与单个决策树模型相比，这会创建一个具有低方差的模型，而单个决策树模型可能会有很大的偏差。这里不妨来看一下图 11-10 中的示例，在该随机森林中有 4 棵树，每一棵树都接受过不同数据子集的训练，并选择了随机变量，结果是其中 3 棵树的结果为 9，而第 4 棵树的结果则不一样。

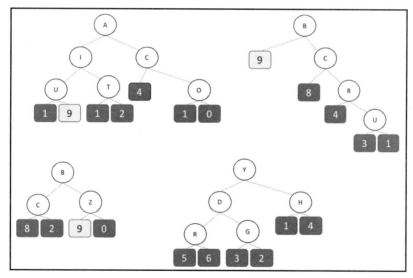

图 11-10　随机森林的多数决策

在这里，基于变量的随机集合的 3 棵树的结果都是 9。

通过基于不同的输入得出相似的答案，通常可以增强模型

不管第 4 棵树产生的结果是什么，基于由不同的数据集、不同的变量和不同的树结构同意的多数决策规则，该逻辑的结果应为 9。

11.2.5　贝叶斯模型

贝叶斯模型（Bayesian Model）基于 1812 年的贝叶斯定理（Bayes' Theorem）。贝叶斯定理可以根据系统的先验知识描述事件发生的概率。例如，根据设备的温度，预测机器发生故障的概率是多少。

贝叶斯定理可表示为：

$$P(A\,|\,B) = \frac{P(A \cap B)}{P(B)}$$

其中，A 和 B 是感兴趣的事件。$P(A\,|\,B)$ 表示给定事件 B 已发生时事件 A 发生的概率。它们彼此没有关系，并且是互斥的。

可以使用总概率定理重写该方程，以总概率定理代替 $P(B)$。还可以将其扩展到 i 个事件。$P(B\,|\,A)$ 是在给定事件 A 已经发生的情况下事件 B 发生的概率。以下是贝叶斯定理的正式定义：

$$P(A_i\,|\,B) = \frac{P(B\,|\,A_i) \times P(A_i)}{P(B\,|\,A_1) \times P(A_1) + P(B\,|\,A_1) \times P(A_1) + \ldots + P(B\,|\,A_i) \times P(A_i)}$$

在这种情况下，我们要处理的是单个概率及其补值（Complement），即单个事件通过或失败的概率。该公式可以重写为：

$$P(A\,|\,B) = \frac{P(B\,|\,A) \times P(A)}{P(B\,|\,A) \times P(A) + P(B\,|\,A') \times P(A')}$$

下面看一个示例。假设有两台机器为小部件生产相同的零件。若机器的温度超过一定的值就会失败（生产出瑕疵品）。如果机器 A 的温度超过特定温度，则它将在 2% 的时间内失败；如果机器 B 超过某个温度，则它将在 4% 的时间内失败。机器 A 生产 70% 的零件，机器 B 生产剩余的 30%。如果随机拿起一个零件而它是一个瑕疵品，那么它是由机器 A 或机器 B 生产的概率是多少？

在这种情况下，A 是机器 A 生产的产品，而 B 是机器 B 生产的产品，F 表示所选的失败的瑕疵品零件，于是有如下结果。

❑　$P(A) = 0.7$。

❑　$P(B) = 0.3$。

❑　$P(F\,|\,A) = 0.02$。

❑　$P(F\,|\,B) = 0.04$。

因此，挑选出由机器 A 生产的有瑕疵零件的概率为：

$$P(A\,|\,F) = \frac{P(F\,|\,A) \times P(A)}{P(F\,|\,A) \times P(A) + P(F\,|\,B) \times P(B)}$$

代入值：

$$P(A\,|\,F) = \frac{0.02 \times 0.7}{(0.02 \times 0.7) + (0.04 \times 0.3)}$$

因此，$P(A\,|\,F) = 53\%$，而 $P(B\,|\,F)$ 则是其补值 $(1-0.53) = 47\%$。

贝叶斯网络是贝叶斯定理的扩展，其形式为图形概率模型，特别是有向无环图（Directed Acyclic Graph，DAG）。注意，该图形单向流动，并且没有到达先前状态的回路。图 11-11 显示了贝叶斯网络的要求。

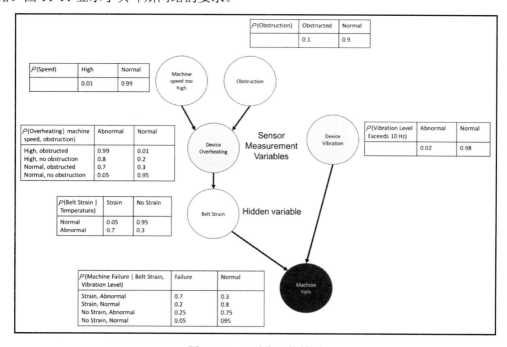

图 11-11　贝叶斯网络模型

原　　　文	译　　　文
Machine speed too high	机器速度过快
Obstruction	堵塞
Device Overheating	机器过热
Sensor Measurement Variables	传感器测量变量
Device Vibration	设备振动
Belt Strain	皮带张力
Hidden variable	隐藏变量
Machine Fails	机器失败，即生产出瑕疵品

在这里，每种状态的各种概率来自专家知识、历史数据、日志、趋势或这些的组合。例如，*P*(Obstruction) 表示机器堵塞的概率，其中 Obstructed（堵塞）的概率为 0.1，Normal（正常）的概率为 0.9。*P*(Speed) 表示机器的速度过快的概率。这是贝叶斯网络的训练过程。这些规则可以应用于物联网环境中的学习模型。随着传感器数据流的进入，该模型可以预测机器失败的概率。此外，该模型还可用于推断。例如，如果传感器的读数显示机器过热，则可以推断出它有可能与机器的速度过快或堵塞有关。

贝叶斯网络的各种变体超出了本书的讨论范围，但它对于某些类型的数据和问题集显然是有优势的。其变体如下。

❑ 朴素贝叶斯（Naive Bayes）。
❑ 高斯朴素贝叶斯（Gaussian Naive Bayes）。
❑ 贝叶斯信念网络（Bayesian Belief Network）。

贝叶斯网络非常适合无法完全观察到的物联网环境。另外，在数据不可靠的情况下，贝叶斯网络具有优势。与其他形式的预测分析相比，不良的样本数据、嘈杂的数据和丢失的数据对贝叶斯网络的影响较小。需要注意的是，样本数量需要非常大。贝叶斯方法还避免了过拟合（Overfitting）问题，稍后将在神经网络中对此进行讨论。此外，贝叶斯模型非常适合流数据，而这正是物联网中的典型用例。贝叶斯网络已被用于发现传感器信号和时间相关序列中的畸变，以及在网络中发现和过滤恶意数据包。

11.2.6　卷积神经网络

卷积神经网络（Convolutional Neural Network，CNN）是机器学习中的一种人工神经网络。本小节我们将讨论 CNN，这一小节将介绍循环神经网络（RNN）。CNN 已被证明在图像分类方面非常可靠和准确，并且已在物联网部署中用于视觉识别，尤其是在安全系统中。

了解任何人工神经网络背后的过程和数学原理是一个很好的学习起点。在 CNN 看来，任何数据都可以表示为固定位图（例如，3 个平面中的 1024×768 像素图像）。CNN 尝试根据可分解特征的附加集将图像分类为标签（例如，猫、狗、鱼、鸟）。构成图像内容的原始特征是由少量的水平线、垂直线、曲线、阴影、渐变方向等构成的。

1. 第 1 层和滤波器

CNN 的第 1 层中的基本特征集应该是特征标识符，如小曲线、细线、色斑、小区别特征（在使用图像分类器的情况下）。滤波器（Filter）将围绕图像进行卷积以寻找相似之处。卷积算法将使用滤波器，并将结果矩阵值相乘求和。当特定特征导致较高的激活值时，滤波器被激活，如图 11-12 所示。

图 11-12　CNN 第 1 层

大图元将用于模式匹配输入

2．最大池化和二次采样

下一层通常是池化层或最大池化层（Max Pooling Layer）。该层将使用来自最后一层的值的输入，并返回一组相邻神经元的最大值，它将用作下一个卷积层中单个神经元的输入。这实际上是二次采样（Subsampling）的一种形式。一般来说，池化层将采用 2×2 的子区域矩阵作为结果，如图 11-13 所示。

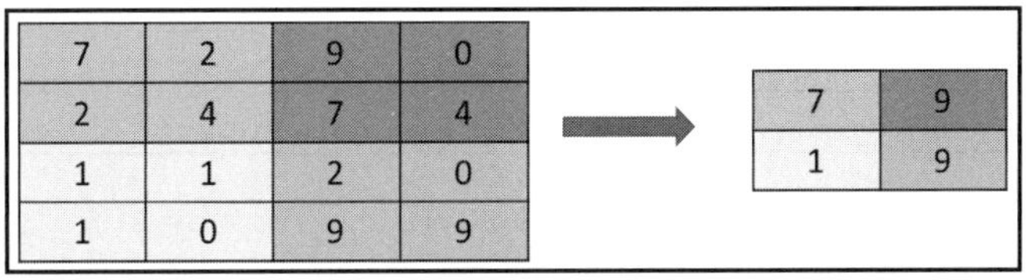

图 11-13　最大池化

尝试在整个图像的滑动窗口中找到最大值

池化有多种选择，包括最大化（见图 11-13）、求平均值和其他复杂的方法。最大池化的目的是声明在图像区域内找到了特定特征。我们不需要知道确切的位置，只需知道一般性的地点。该层还重复了我们必须处理的维度，这最终会影响神经网络的性能、内存和 CPU 使用率。最大池化还可以控制过拟合的问题。研究人员已经了解到，如果在没有这种二次采样的情况下将神经网络微调（Fine-Tuning）到拟合图像，则该神经网络虽然可以很好地用于其编程的训练数据集，但是应用于现实世界的图像时却会严重失败。

3．隐藏层和前向传播的形式描述

第二个卷积层使用第 1 层的结果作为输入。请记住，第 1 层的输入是原始位图，而第 1 层的输出实际上表示的是 2D 位图中的位置，在其中可以看到特定图元。第 2 层的特征比第 1 层更复杂。第 2 层将具有复合结构，如样条曲线（Spline）和曲线（Curve）。在这里，我们将描述神经元的作用，以及强制神经元输出所需的计算。

神经元的作用是输入所有权重之和（这些权重是针对像素值输入神经元的）。在图 11-14 中可以看到，神经元以权重和位图值的形式接受来自上一层的输入。神经元的作用是对权重与值求和，并强制它们通过激活函数，以作为下一层的输入。

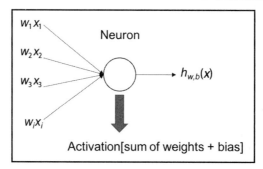

图 11-14　卷积神经网络（CNN）基本元素

在这里，神经元是使用权重和其他位图值作为输入的基本计算单位。

神经元根据激活函数激发（或不激发）

原　　文	译　　文
Neuron	神经元
Activation[sum of weights + bias]	激活函数[权重和+偏置]

神经元函数的方程为：

$$\sigma\left(\sum_i w_i x_i + b\right)$$

这可能是一个非常大的矩阵乘法问题。输入图像被展平为一维数组。偏置（Bias）提供了一种在不与实际数据交互的情况下影响输出的方法。图 11-15 是一个权重矩阵乘以扁平的一维图像并添加了偏置的示例。请注意，在实际的 CNN 设备中，可以将偏置添加到权重矩阵，并将单个 1.0 值添加到位图矢量的底部以作为一种优化形式。在该图中，结果矩阵中的第二个值 29.6 是所选的值。

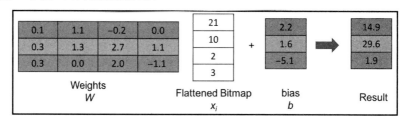

图 11-15　CNN 的矩阵关系

可以看到，权重和位图矩阵相乘并添加了偏置

原　　文	译　　文	原　　文	译　　文
Weights	权重	bias	偏置
Flattened Bitmap	被展平为一维数组的图像	Result	结果

输入值将乘以每个进入神经元的权重。这是矩阵数学中的简单线性变换。该值需要通过激活函数来确定神经元是否应该激发（Fire）。建立在晶体管上的数字系统将电压作为输入，如果电压达到阈值，则晶体管导通。在生物方面对此的类比就是神经元可以根据输入表现出非线性。由于我们正在对神经网络建模，因此可以尝试使用非线性激活函数。可以选择的典型激活函数如下。

- ❑　Logistic 函数，也称为 Sigmoid 函数。
- ❑　tanH。
- ❑　线性整流函数（Rectified Linear Unit，ReLU）。
- ❑　指数线性单元（Exponential Linear Unit，ELU）。
- ❑　正弦（Sinusoidal）函数。

Sigmoid 激活函数可以将变量映射到（0，1），表示为：

$$\sigma(x) = \frac{1}{(1 + e^{-x})}$$

如果没有 Sigmoid（或任何其他类型的激活函数）层，则该系统将是线性变换函数，并且对于图像或图案识别的准确性将大大降低。

4．CNN 示例

图 11-16 显示了一个 4 层 CNN。可以看到，图像先被卷积以基于图元提取较大的特征，然后使用最大池化层对图像进行二次采样，再馈入特征滤波器作为其输入。全连接层（Fully Connected Layer）结束 CNN 路径并输出最佳猜测。

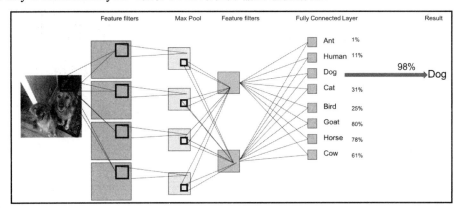

图 11-16　4 层 CNN 示例

原　　文	译　　文	原　　文	译　　文
Feature Filters	特征滤波器	Fully Connected Layer	全连接层
Max Pool	最大池化	Result	结果

TensorFlow 提供了一个使用图元特征训练神经网络的 Playground 网站，在浏览器中即可运行，用户可以直观地看到训练的过程和结果，从而更好地了解神经网络的工作原理，其网址如下：

http://playground.tensorflow.org

TensorFlow 系统示例在输入层 1 上具有 6 个特征，其后是 4 个神经元的 33 个隐藏层，再就是两个神经元，并以另外两个神经元结束。在此模型中，特征将尝试对点的颜色分组进行分类。

在这里，我们尝试找到描述两个彩色球的螺旋的最佳特征集。初始特征的图元基本上是线条和条纹。这些将结合在一起并通过受过训练的权重进行增强，以描述斑点的下一层。向右移动时，将形成更详细的复合表示。

我们的测试运行了数千个 Epoch，试图显示右侧描述螺旋的区域。右上方是 OUTPUT（输出）曲线，该曲线指示训练过程中的错误量。错误实际上是在训练过程中出现的，因为在反向传播过程中会看到混乱和随机的影响。然后，系统会修正，并进行优化以达到最终结果。神经元（Neurons）之间的线条表示在描述螺旋形时权重的强度。线条越粗，表示权重越大，如图 11-17 所示。

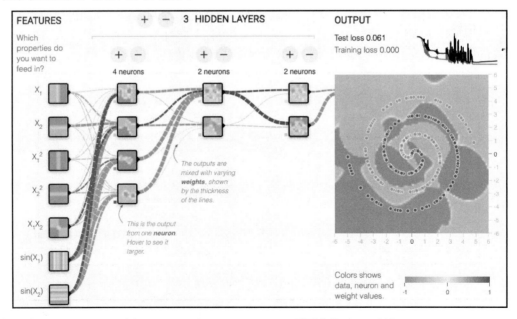

图 11-17　TensorFlow Playground 页面中的 CNN 示例

（资料来源：Daniel Smilkov 和 TensorFlow Playground）

原　　　文	译　　　文
FEATURES	特征
Which properties do you want to feed in	要输入的属性
3 HIDDEN LAYERS	3 个隐藏层
4 neurons	4 神经元
2 neurons	2 神经元
This is the output from one neuron.Hover to see it larger	这是一个神经元的输出，鼠标悬停在其上可以在右侧看到大图
The outputs are mixed with varying weights. shown by the thickness of the lines	混合了不同权重的输出，权重通过线条的粗细表示
OUTPUT	输出
Test loss 0.061	测试损失 0.061
Training loss 0.000	训练损失　0.000
Colors shows data,neuron and weight values	显示数据、神经元和权重值的颜色

在图 11-17 中，使用了称为 Tensorflow Playground 的学习工具对 CNN 进行建模。在这里，训练了一个 4 层神经网络，其目的是对不同颜色的球的螺旋进行分类。左侧的特征（Feature）是初始图元，如水平颜色变化或垂直颜色变化。隐藏层（Hidden Layer）通过反向传播进行训练。权重因子由到下一个隐藏层的线的粗细表现（线条越粗，权重越大）。经过几分钟的训练，结果显示在右侧。

最后一层是全连接层（Fully Connected Layer），之所以这样称呼，是因为要求最后一层中的每个节点都连接到上一层中的每个节点。全连接层的作用是最终将图像解析为标签。它将检查最后一层的输出和特征，并确定特征集对应于特定标签（如汽车）。

5．CNN 训练和反向传播

我们已经看到了 CNN 执行时的前向传播（Forward Propagation，也称为正向传播）过程。训练 CNN 则依赖于误差和梯度的反向传播（Backward Propagation）、获得新结果以及不断地校正误差的过程。其网络同样包含所有的池化层、激活函数和矩阵，它们被用作反向传播流，以尝试优化或校正权重。

图 11-18 显示了 CNN 在训练和推理过程中的前向传播流。

反向传播实际上指的是误差的反向传播。在这里，误差函数将基于神经网络权重计算误差函数的梯度。梯度的计算被强制向后遍历所有隐藏层。图 11-19 显示的就是误差的反向传播过程。

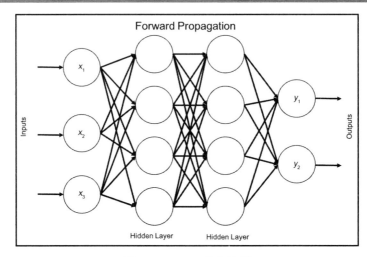

图 11-18　CNN 前向传播

原　　文	译　　文	原　　文	译　　文
Forward Propagation	前向传播	Outputs	输出
Inputs	输入	Hidden Layer	隐藏层

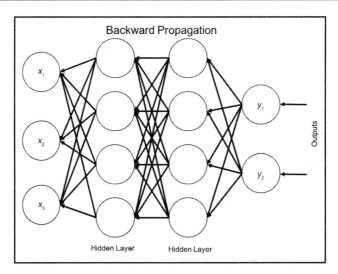

图 11-19　CNN 在训练期间的反向传播

原　　文	译　　文	原　　文	译　　文
Backward Propagation	反向传播	Hidden Layer	隐藏层
Outputs	输出		

现在我们来讨论一下训练过程。

首先，必须为神经网络提供标准化的训练集（Training Set）。下文将详细介绍训练集，它对于开发表现良好的系统至关重要。训练数据将包含图像和已知标签。

其次，对于需要训练的每个神经元来说，神经网络的每个权重由相同的初始值或随机值组成。第一次的正向传递会导致重大误差，这些误差会进入损失函数：

$$W(t) = W(t-1) - \lambda \times \left(\frac{-\partial E}{\partial W}(t) \right)$$

在这里，新的权重是基于先前的权重 $W(t-1)$ 减去权重 W 上的误差 E 的偏导数（损失函数），这也称为梯度（Gradient）。在等式中，Lambda 是指学习率（Learning Rate），这是可以由设计师调整的值。如果比率很高（大于 1），则算法将在尝试过程中使用较大的步骤。这可能会使网络更快地收敛到最佳答案，或者也可能会产生训练效果不佳的网络，永远不会收敛到解决方案。如果将 Lambda 设置为较低的值（小于 0.01），则训练将采取非常小的步骤，并且收敛时间会更长，但是模型的准确性可能会更好。在图 11-20 所示的示例中，最佳收敛是表示误差和权重的曲线的最底部。如果学习率太高，那么将永远无法到达谷底，并且会朝着某一边勉强接受靠近底部的位置。

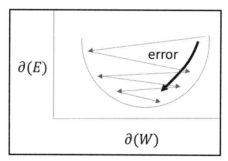

图 11-20　全局最小值

该图显示了学习函数的基础，目的是通过梯度下降找到最小值。

学习模型的准确性与收敛到最小值所需的步骤（时间）成正比

原　文	译　文
error	误差

训练过程并不能保证找到误差函数的全局最小值。也就是说，可能会找到局部最小值并错误地将其解析为全局最小值。一旦找到，该算法通常会在转义局部最小值时遇到麻烦。图 11-21 显示了正确的全局最小值和局部最小值是如何被确定的。

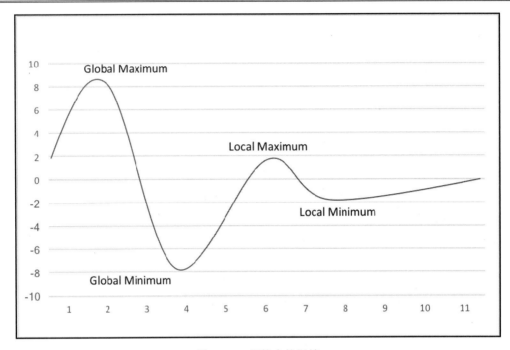

图 11-21　训练中的误差

我们看到了真正的全局最小值和最大值。由于训练步长甚至下降的初始起点等因素，

CNN 训练可能会找到错误的最小值

原　　文	译　　文
Global Maximum	全局最大值
Global Minimum	全局最小值
Local Maximum	局部最人值
Local Minimum	局部最小值

在网络的首次运行期间，损失将尤其严重。我们可以通过 TensorFlow Playground 网站将其可视化。同图 11-17 中的示例一样，我们将训练神经网络来识别螺旋。刚开始训练时，损失很大，为 0.425。在经过 1531 个 Epoch（时期）之后，我们得出了该网络的权重，并且损失降低到 0.106。

但是，在图 11-22 中可以看到，该训练仍然无法解决一定程度的误差。

在该示例中，可以看到从左到右的训练进度是越来越准确的。左图清楚地显示了水平和垂直图元特征的严重影响。经过多个 Epoch 后，训练开始收敛在真正的解决方案上。即使在 1531 个 Epoch 之后，也仍然会有一些误差情况，训练并没有收敛于正确答案。

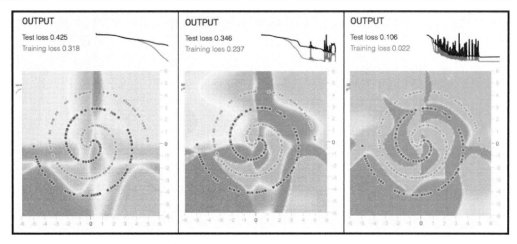

图 11-22　TensorFlow 训练示例

由 Daniel Smilkov 和 TensorFlow Playground 提供

原　　文	译　　文	原　　文	译　　文
OUTPUT	输出	Training loss 0.237	训练损失 0.237
Test loss 0.425	测试损失 0.425	Test loss 0.106	测试损失 0.106
Training loss 0.318	训练损失 0.318	Training loss 0.022	训练损失 0.022
Test loss 0.346	测试损失 0.346		

11.2.7　循环神经网络

循环神经网络（Recurrent Neural Network，RNN）本身就是机器学习的一个领域，并且是与物联网数据相关的非常重要的领域。RNN 和 CNN 之间的最大区别在于：CNN 处理固定大小的数据向量上的输入，将它们视为二维图像，即已知大小的输入。CNN 也作为固定大小的数据单元从一层传递到另一层。RNN 虽然也有相似之处，但本质上是不同的：RNN 不是获取固定大小的图像数据块，而是将一个向量作为输入，并输出另一个向量。从本质上讲，输出的向量不受刚刚输入的单个输入的影响，而是受输入的整个输入历史的影响。这意味着 RNN 理解事物的时间性质，或者说它可以维持状态。信息有从数据推断出的，也有从数据发送顺序推断出的。

RNN 在物联网领域具有特殊价值，尤其是在与时间相关的一系列数据中，如描述图像中的场景，描述一系列文本或值的情感以及对视频流进行分类。数据可以从包含（时间：值）元组的传感器阵列馈送到 RNN，那将是要发送到 RNN 的输入数据。尤其是，此类 RNN 模型可用于预测分析中，以查找工厂自动化系统中的故障、评估传感器数据中的异常情况、评估电表中带有时间戳的数据，甚至检测音频数据中的模式。来自工业设备的信号数据是另一个很好的例子。RNN 可用于查找电信号或电波中的模式，而 CNN 面对此类用例时则基本上束手无策。如图 11-23 所示，RNN 将向前运行，并预测如果该值超出可能指示故障或重大事件的预测范围之外，则序列中的下一个值将是什么。

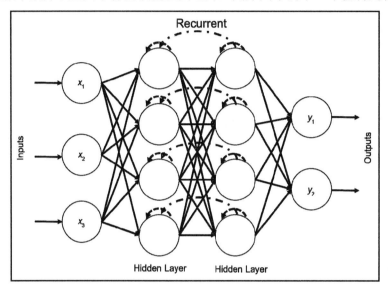

图 11-23　RNN 和 CNN 之间的主要区别在于对时间或序列顺序的引用

原　　文	译　　文	原　　文	译　　文
Inputs	输入	Outputs	输出
Recurrent	循环	Hidden Layer	隐藏层

如果要检查 RNN 中的神经元，则看起来好像是在循环回自己。本质上，RNN 是状态回溯的集合。如果考虑在每个神经元上展开 RNN，则这是很明显的。图 11-24 说明了来自前一步骤的输入将送入下一步骤，并以此作为 RNN 算法的基础。

RNN 系统的挑战在于，它们很难通过 CNN 或其他模型进行训练。如前文所述，CNN 系统使用反向传播来训练和增强模型，而 RNN 系统则没有反向传播的概念。每当我们将输入发送到 RNN 时，它都会带有唯一的时间戳。这导致了前面讨论的梯度消失的问题，从而降低了网络的学习率，使其变得无用。CNN 也有梯度消失的问题，但是与 RNN 的区别在于：RNN 的深度可以追溯许多迭代，而 CNN 传统上只有几个隐藏层。

例如，要使用 RNN 解析下面句子的结构：

```
A quick brown fox jumped over the lazy dog
```

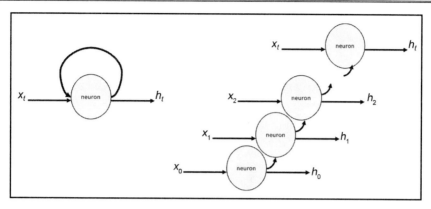

图 11-24　RNN 神经元

原　　文	译　　文
neuron	神经元

它将向后延伸 9 个级别。这可以直观地想到消失梯度的问题：如果网络中的权重很小，则梯度将呈指数级缩小，从而导致梯度消失。如果权重的分量很大，则梯度将呈指数级增长，并可能爆炸（NaN）。爆炸会导致明显的崩溃，但在发生爆炸之前，梯度通常会被截断或封顶。因此，相比之下，消失的梯度对于计算机来说更难处理。

解决此问题的方法之一是使用在第 11.2.6 节"卷积神经网络"中曾经提到过的线性整流函数（Rectified Linear Unit，ReLU）。此激活函数提供的结果为 0 或 1，因此不容易消失梯度。另一种选择则是长短期记忆（Long Short-Term Memory，LSTM），该概念由研究人员 Sepp Hochreiter 和 Juergen Schmidhuber 提出。有关资料详见 Neural Computation，1997，9（8）：1735-1780。

长短期记忆（LSTM）解决了梯度消失问题，并允许对 RNN 进行训练。在这里，RNN 神经元由 3 个或 4 个门（Gate）组成。这些门允许神经元保存状态信息，并由逻辑函数控制，其值介于 0 和 1 之间。

❑　保留门（Keep Gate）K：控制将值保留在记忆中的数量。

❑　写入门（Write Gate）W：控制新值对记忆有多大影响。

❑　读取门（Read Gate）R：控制在记忆中使用多少值来创建输出激活函数。

通过控制相对于离散值的多少，可以看到这些门本质上是模拟的。LSTM 单元会在单元的记忆中捕获误差，这称为误差轮播（Error Carousel），并允许 LSTM 单元在很长一段时间内反向传播误差。LSTM 单元类似于以下逻辑结构，其中神经元在所有外观上都与 CNN 基本相同，但在内部维持状态和记忆。RNN 的 LSTM 单元如图 11-25 所示。

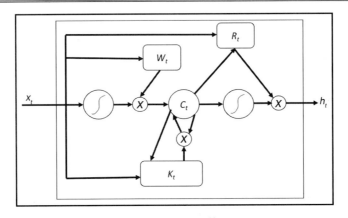

图 11-25　LSTM 单元

这是使用内部记忆处理任意输入序列的 RNN 基本算法

RNN 将在训练过程中建立记忆。在图 11-26 中，可以将记忆视为隐藏层下的状态层。RNN 不会像 CNN 一样在图像上搜索相同的模式。相反，它将跨越多个连续步骤（可能是时间）搜索模式。

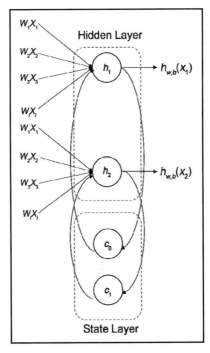

图 11-26　隐藏层从上一步骤馈入，作为下一步的附加输入

原　　文	译　　文
Hidden Layer	隐藏层
State Layer	状态层

我们可以看到使用 LSTM 逻辑数学进行训练时的计算量，并且常规反向传播比 CNN 的计算量要大。训练过程涉及通过网络反向传播梯度直至零时间。但是，从过去（如零时间）开始，梯度的贡献接近零，并且不会对学习有所贡献。

一个很好地可以说明 RNN 的用例是信号分析问题。在工业环境中，如果机器出现故障或某些组件中的热量失控，则可能需要收集历史信号数据并尝试从中推断原因。我们会将传感器设备连接到采样工具，并对数据执行傅里叶分析。然后可以检查频率分量以查看是否存在特定的反常现象。在图 11-27 中，可以看到一个简单的正弦波，它表示正常的行为，这也许是使用铸辊和轴承的机器的正常行为。另外还有两个明显的反常现象（异常）。快速傅里叶变换（Fast Fourier Transform，FFT）常用于基于谐波查找信号中的反常现象。在该图中，缺陷是类似于 Dirac delta 或脉冲函数的高频尖峰。

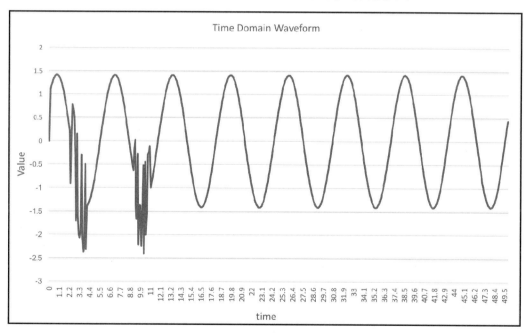

图 11-27　RNN 用例

可以将来自音频分析的包含异常的波形用作 RNN 的输入

原　　文	译　　文
Time Domain Waveform	时域波形
Value	值
time	时间

如图 11-28 所示，FFT 仅记录载波频率，看不到异常。

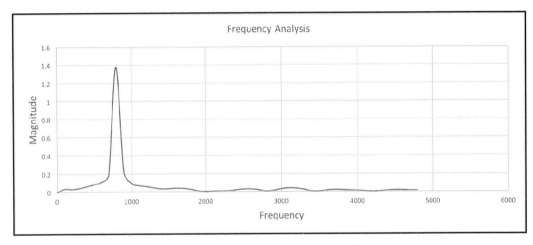

图 11-28　通过 FFT 获得高频率尖峰

原　　文	译　　文
Frequency Analysis	频率分析
Magnitude	幅度
Frequency	频率

对于 RNN 来说，经过专门训练以识别特定音调或音频序列的时间序列相关性是其非常简单的应用。在这种情况下，RNN 可以代替 FFT，尤其是当使用多个频率或状态序列对系统进行分类时，它就是声音或语音识别的理想选择。

工业预测性维护工具可以在热量和振动检测的基础上，依靠这种信号分析来发现不同机器的故障。但是，如前文所述，这种传统方法有其局限性。相反，机器学习模型（特别是 RNN）可用于检查特定特征（频率）分量的输入数据流，并且可以发现点故障（如图 11-28 所示）。在该用例中，原始数据可以说从来没有像正弦波那么清晰。一般来说，数据非常嘈杂，并且会有周期损失。

另一个用例是医疗保健领域中的传感器融合。诸如葡萄糖监测仪、心率监测仪、跌倒指示器、呼吸计和输液泵之类的医疗产品都将发送周期数据或流数据。这些传感器都彼此独立，但是组合在一起即构成了描画患者健康状况的图片。它们也是时间相关的。RNN 可以汇总这些非结构化数据，并根据患者全天的活动预测患者的健康状况。这对于家庭健康监测、运动训练、康复和老年护理很有用。

　　当然，开发人员在使用 RNN 时必须谨慎，因为尽管它们可以很好地推断时间序列数据，并且可以预测振荡和波动行为，但是它们的表现可能会比较混乱，并且很难训练。

11.2.8　物联网的训练和推理

　　尽管神经网络在感知、模式识别和分类方面具有显著优势，但这主要取决于训练和开发出一种运行良好的模型，能够做到低损失，并且没有过拟合的情况。

　　在物联网世界中，延迟是一个大问题，尤其是对于安全性至关重要的基础架构而言。资源限制则是另一个因素。当今存在的大多数边缘计算设备都没有可使用的硬件加速器，如使用通用图形处理器（General Purpose Graphics Processing Unit，GPGPU）和现场可编程门阵列（Field Programmable Gate Array，FPGA）来协助进行需要大量计算的矩阵数学运算和围绕神经网络的浮点运算。数据可以发送到云，但是这可能会带来严重的延迟影响以及带宽成本。OpenFog 小组将提供一个框架，在该框架中可以为边缘雾节点配置额外的计算资源，并根据需要为这些算法的大量计算提供帮助。

　　目前，神经网络的训练仍只是云的领域，这是因为在云中才有足够的计算资源并可以创建测试集。当训练模型失败或出现需要重新训练的新数据时，边缘设备应向云报告。云允许一次训练多次部署（Train Once-Deploy Many），这是一种优势。另外，明智的做法是在对不同的地区进行训练时要考虑加上该地区的偏差（Bias）参数。在这里，偏差的概念是，特定区域中的雾节点可能对有环境差异的某些模式更为敏感。例如，在北极地区，对设备现场的温度和湿度进行监控与热带地区会有很大不同。

　　边缘设备更擅长以推理模式运行经过训练的模型。但是，这需要很好地设计部署推理引擎。一些 CNN 网络（如 AlexNet）具有 6100 万个参数，消耗 249 MB 的内存，并执行 15 亿个浮点运算来对单个图像进行分类，显然这么大的运算量并不是所有的边缘设备都能够胜任的。

　　因此，降低精度、适当修剪或者采用其他技术对图像数据执行首轮启发式（First-Run Heuristic）算法将更适合边缘设备。此外，为上游分析准备好数据也会对减少运算量有所帮助。示例如下。

❑　发送上游数据（Sending Upstream）：仅发送满足特定条件（时间、感兴趣的事件）的数据。

❑　数据清理（Data Scrubbing）：将数据集减少、裁剪为仅包括相关内容。

❑　分段（Segment）：将数据强制转换为灰度图像以减少流量并为卷积神经网络（CNN）做准备。

11.2.9　物联网数据分析和机器学习的比较与评估

机器学习算法的使用在物联网中理应占有一席之地。典型的情况是，当有大量流数据需要产生一些有意义的结论时，在对延迟敏感的应用中，少量传感器可能仅需要边缘设备上的简单规则引擎，而其他的则可能需要将数据流式传输到云服务，并在其中应用规则，以满足那些对延迟不太敏感的系统的要求。当有大量结构化和非结构化数据，并且需要进行实时分析时，则需要考虑使用机器学习来解决一些最困难的问题。

在本节中，我们将详细介绍部署机器学习分析工具的一些技巧和提示，以及可能适用的具体用例等。

训练阶段如下。

❑　对于随机森林，可使用引导聚合（Bootstrap Aggregating，Bagging）技术创建集成学习（Ensemble Learning）。

❑　使用随机森林时，确保最大化决策树的数量。

❑　观察过拟合（Overfitting）的情况。过拟合将导致模型在应用于真实数据时表现不佳。诸如正则化和将噪声注入系统之类的技术都会增强该模式。

❑　不要在边缘设备上进行训练。

❑　梯度下降会导致误差。

❑　RNN 很容易受到攻击。

现场分析阶段如下。

❑　在有新数据集可用时应更新模型，使训练集保持最新。

❑　可以使用更大、更全面的云模型来增强边缘的运行模型。

❑　可以考虑使用修剪节点和降低精度之类的技术，在云中和边缘以最小的损失优化神经网络的执行。

表 11-2 提供了机器学习模型和物联网数据分析用例的比较。

表 11-2　机器学习模型和物联网数据分析用例的比较

模　型	最　佳　应　用	较差的拟合和副作用	资　源　需　求	训　　练
随机森林（统计模型）	□ 异常检测 □ 具有 1000 个选择点和数百个输入的系统 □ 回归和分类 □ 处理混合数据类型 □ 忽略缺失值 □ 与输入成线性关系	□ 特征提取 □ 时间和顺序分析	低	□ 基于引导聚合技术的训练，发挥最大功效 □ 训练足够的资源 □ 大部分是监督学习
RNN（基于时间和序列的神经网络）	□ 基于序列的事件预测 □ 流数据建模 □ 与时间相关的序列数据 □ 保持对过去状态的了解以预测新状态（电信号、音频、语音识别） □ 非结构化数据 □ 可能依赖也可能不依赖输入的变量	□ 图像和视频分析 □ 需要数个特征的系统	□ 对于训练的要求非常高 □ 执行推理的要求很高	□ 训练比 CNN 反向传播更麻烦 □ 很难训练 □ 监督学习
CNN（深度学习）	□ 根据周围的值预测对象 □ 模式和特征识别 □ 2D 图像识别 □ 非结构化数据 □ 可能依赖也可能不依赖输入的变量	□ 基于时间和顺序预测 □ 需要数个特征的系统	□ 对于训练的要求非常高（浮点集、大度、大训练集、大内存需求） □ 执行推理的要求很高	有监督和无监督学习
贝叶斯网络（概率模型）	□ 嘈杂和不完整的数据集 □ 流数据建模 □ 时间相关序列 □ 结构化数据 □ 信号分析 □ 模型开发迅速	□ 假设所有输入变量都是独立的 □ 数据维度较高时表现不佳	低	与其他人工神经网络相比，几乎不需要训练数据

11.3　小　　结

　　本章简要介绍了云和雾中的物联网数据分析。数据分析是从数百万或数十亿个传感器产生的数据中提取有价值的信息。分析是数据科学的领域，它试图找到隐藏的模式并根据大量的数据进行预测。想要让分析的结果更有价值，则所有分析都必须实时或接近实时，这样才能为关键决策提供科学指导。架构师需要了解要解决的问题，明确解决方案所需的数据，只有这样，才能很好地构建数据分析管道。本章介绍了多种数据分析模型，并介绍了 4 个相关的机器学习领域。

　　这些分析工具是提炼物联网价值的核心，可实时从大量数据的细微差别中获取有价值的见解。机器学习模型则可以根据当前和历史模式预测未来事件。架构师应该明白如何通过对 RNN 和 CNN 进行适当的训练来满足用例的需求。作为架构师，必须周密考虑管道、存储、模型和训练等因素。

　　第 12 章将从传感器到云的整体角度讨论物联网的安全性。我们将研究近年来针对物联网的特定真实攻击，以及未来应对此类攻击的方法。

第 12 章　物联网安全性

本书的第 1 章揭示了物联网（IoT）的规模、增长和潜力。当前的物联网有数十亿设备，并且还在以两位数的速度增长，物联网在将这个模拟世界连接到互联网的同时，也构成了地球上最大的受攻击面。全球范围内都有各种相关的漏洞、破坏和流氓代理在开发、部署和传播，损害了无数企业的利益，也造成了网络和生活的障碍。作为架构师，有责任了解物联网技术堆栈并确保其安全。

对于许多物联网部署而言，安全性方面的考量特别困难，它们通常是最后才被考虑的事项。一般来说，物联网设备和系统是非常受限的，要在简单的物联网传感器上部署安全性，即使不是不可能的，也很难构建现代 Web 和 PC 系统所能享受的企业级安全性。本章将在阐述所有相关技术的基础上讨论物联网的安全性。

我们将介绍一些针对物联网的特别严重的攻击，引导思考物联网安全性方面的脆弱程度以及可能造成的损失大小。我们还将讨论协议堆栈的每个级别（物理设备、通信系统和网络）的安全性规定，以及用于保护物联网数据价值的软件定义边界和区块链技术。本章还将介绍 2017 年美国网络安全改进法案及其对物联网设备的意义。

对于物联网安全性而言，最重要的事情是要保持全程维护，即从传感器到通信系统、路由器和云的所有级别上都需要安全性部署。

12.1　网络安全术语

网络安全有一组相关的定义，描述了不同类型的攻击和规定。本节将简要介绍这些行业术语，它们在后文将会用到。

12.1.1　攻击和威胁术语

以下是不同攻击或恶意网络威胁的术语和定义。

- ❑ 放大攻击（Amplification Attack）：放大发送给受害者的带宽。攻击者通常会使用 NTP、Steam 或 DNS 等合法服务来向受害者反射攻击。NTP 可以将带宽放大 556 倍，而 DNS 则可以放大 179 倍。
- ❑ ARP 欺骗（ARP Spoof）：一种攻击类型，通过发送伪造的 ARP 消息，将攻击者的 MAC 地址与合法系统的 IP 链接起来。

❑ 横幅扫描（Banner Scan）：一种通常用于清点网络上系统的技术，攻击者还可以通过执行 HTTP 请求并检查操作系统和计算机返回的信息来获取有关潜在攻击目标的信息（如 nc www.target.com 80）。

❑ 僵尸网络（Botnets）：连接到 Internet 的设备受到恶意软件的感染和破坏，这些恶意软件通过共同控制起作用，通常用于同时从多个客户端生成大规模 DDoS 攻击。其他攻击包括垃圾电子邮件和间谍软件等。

❑ 暴力（Brute Force）破解：尝试通过穷举法来猜解密码，从而访问系统。

❑ 缓冲区溢出（Buffer Overflow）：利用正在运行的软件中的错误或缺陷，该错误或缺陷仅会使缓冲区或内存块的数据超出分配的数量，从而使缓冲区或内存块溢出。该溢出可以覆盖相邻存储器地址中的其他数据。攻击者可以在该区域中放置恶意代码，并迫使指令指针从该区域执行。由于诸如 C 和 C++之类的编译语言缺乏内部保护，因此特别容易受到缓冲区溢出攻击。大多数溢出错误是由于软件构造不良导致无法检查输入值的界限所致。

❑ C2：这里的 C2 表示命令（Command）和控制（Control），是指命令和控制服务器，将命令封送至僵尸网络。

❑ 相关功率分析攻击（Correlation Power Analysis Attack）：允许通过 4 个步骤发现存储在设备中的秘密加密密钥（Secret Encryption Keys）。首先，检查目标的动态功耗，并将正常加密过程的每个阶段都记录下来。然后，强制目标加密几个纯文本对象并记录其功耗。接下来，通过考虑每种可能的组合并计算建模功率与实际功率之间的皮尔逊相关系数（Pearson Correlation Coefficient，PCC），攻击密钥（子密钥）的一小部分。最后，将最佳子密钥放在一起以获得完整的密钥。

❑ 字典攻击（Dictionary Attack）：一种通过从包含用户名和密码对的字典文件中系统地输入单词来获得进入网络系统的方法。

❑ 分布式拒绝服务（Distributed Denial of Service，DDoS）：一种攻击，试图通过从多个（分布式）源中淹没在线服务来破坏在线服务或使在线服务不可用。

❑ 模糊（Fuzzing）攻击：包括将格式错误或非标准的数据发送到设备并观察设备的反应。例如，如果设备的性能不佳或显示出不良影响，则模糊攻击可能已经暴露出其弱点。

❑ 中间人（Man-In-The Middle，MITM）攻击：一种常见的攻击形式，它将设备放置在两个相互信任通信方的通信流的中间。该设备侦听、过滤和分配来自发送器的信息，然后将选择的信息重新发送到接收器。MITM 可以在循环中充当中继器，或者可以在边带（Sideband）中侦听传输而不会截取数据。

- NOP sleds：注入的 NOP 汇编指令序列，用于将 CPU 的指令指针"滑动"到所需的恶意代码区域。通常是缓冲区溢出攻击的一部分。

- 重放攻击（Replay Attack）：也称为回放攻击（Playback Attack），是一种网络攻击形式，其中，数据的创建者或对手会恶意地重复或重放数据，以拦截数据、存储数据并随意传输。

- RCE 漏洞（RCE Exploit）：远程执行代码，使攻击者可以执行任意代码。这通常以对 HTTP 或其他注入恶意软件代码的网络协议的缓冲区溢出攻击的形式出现。

- 面向返回的编程（Return-Oriented Programming，ROP）攻击：这是一种很难利用的安全漏洞，攻击者可能会利用该漏洞来潜在地破坏未执行内存或从只读内存执行代码的保护。如果攻击者通过缓冲区溢出或其他某种方式来控制进程堆栈，则他们可能会跳转到已经存在的合法且未更改的指令序列。攻击者通过寻找指令序列来调用可组合在一起以构成恶意攻击的小工具。

- 返回到 libc（Return-to-libc）：从缓冲区溢出开始的一种攻击，攻击者将跳转到注入进程的内存空间中的 libc 或其他常用的库中，以尝试直接调用系统例程，绕过不可执行的内存和保护带提供的保护。这是 ROP 攻击的一种特定形式。

- Rootkit：一般是恶意软件（尽管通常用于解锁智能手机），这些恶意软件使其他软件有效载荷无法被检测到。Rootkit 使用几种有针对性的技术（如缓冲区溢出）来攻击内核服务、系统管理程序和用户模式程序。

- 旁道攻击（Side Channel Attack）：一种攻击，用于通过观察物理系统的次要影响而不是查找运行时漏洞或零日漏洞来从受害者的系统中获取信息。旁道攻击的示例包括相关功率分析、声学分析，以及从内存中删除数据后读取数据残留。

- 欺骗（Spoofing）攻击：恶意方或设备冒充网络上的其他用户或设备。

- SYN 泛洪（SYN Flood）：当主机发送 TCP:SYN 数据包时，流氓代理将对其进行欺骗和伪造，这将导致主机创建到许多不存在地址的半开放连接，从而导致主机耗尽所有资源。

- 零日漏洞（Zero-Day Exploits）：设计者或制造商未知的商业或生产软件中的安全缺陷或错误。

12.1.2　防御术语

以下是不同网络防御机制和技术的术语和定义。

- 地址空间布局随机化（Address Space Layout Randomization，ASLR）：此防御

机制通过随机化将可执行文件加载到内存中的位置来保护内存并阻止缓冲区溢出攻击。注入缓冲区溢出的恶意软件无法预测将在内存中加载的位置，因此操纵指令指针将变得极具挑战性。这可以防止返回 libc 攻击。

❏ 黑洞（Black Hole）：也称为 Sinkhole。在检测到 DDoS 攻击之后，将从受影响的 DNS 服务器或 IP 地址建立路由，以将恶意数据强制送入黑洞或不存在的端点。Sinkhole 将进行进一步分析以过滤出良好的数据。

❏ 数据执行保护（Data Execution Prevention，DEP）：将区域标记为可执行或不可执行。这样可以防止攻击者运行通过缓冲区溢出攻击恶意注入该区域的代码。结果是系统错误或异常。

❏ 深度数据包检查（Deep Packet Inspection，DPI）：这是一种检查数据流中的每个数据包（数据以及可能的报头信息）的方法，以隔离入侵、病毒、垃圾邮件和其他要过滤的条件。

❏ 防火墙（Firewall）：一种网络安全结构，用于授予访问权限或拒绝对不受信任区域和受信任区域之间的数据包流的网络访问。可以通过路由器上的访问控制列表（Access Control List，ACL）来控制和管理流量。防火墙可以执行状态过滤，并根据目标端口和流量状态提供规则。

❏ 保护带（Guard Band）和不可执行内存（Non-Executable Memory）：保护可写且不可执行的内存区域，防止 NOP sleds 攻击。

❏ 蜜罐（Honeypot）技术：蜜罐对于狗熊这样的动物来说具有致命的吸引力，所以蜜罐技术其实是一种对攻击方进行欺骗，诱使攻击方实施攻击的技术，是用于检测、偏转或逆向工程恶意攻击的安全工具。蜜罐以合法网站或网络中可访问节点的形式出现，但实际上它是被隔离和受监视的。它将记录数据以及与设备的交互。

❏ 基于指令的内存访问控制（Instruction-Based Memory Access Control）：一种将堆栈的数据部分与返回地址部分分开的技术。此技术有助于防止 ROP 攻击，在受限的物联网系统中特别有用。

❏ 入侵检测系统（Intrusion Detection System，IDS）：一种网络结构，可通过对数据包流进行带外（Out-Of-Band，OOB）分析来检测网络中的威胁，因此不与源和目标在一条线上，也不会影响实时响应。

❏ 入侵防御系统（Intrusion Prevention System，IPS）：通过真正的在线分析以及对威胁的统计或签名检测，阻止对网络的威胁。

❏ Milkers：一种防御工具，可以模拟受感染的僵尸网络设备，并将其附加到恶意主机上，从而使人们能够理解并排除发送到受控僵尸网络的恶意软件命令。

❑ 端口扫描（Port Scanning）：一种在本地网络上找到开放且可访问的端口的方法。

❑ 公钥基础结构（Public Key Infrastructure，PKI）：提供验证程序层次结构的定义，以保证公钥的来源。证书由证书颁发机构签名。

❑ 公钥（Public Key）：公钥是使用私钥生成的，并且外部实体可以访问。公钥可用于解密哈希。

❑ 私钥（Private Key）：私钥是用公钥生成的，永远不会对外部发布，并且将安全地存储。它用于加密哈希。

❑ 信任根（Root of Trust，RoT）：从不可变的受信任内存源（如 ROM）开始在冷启动设备上执行。如果可以在无控制的情况下更改早期启动软件（BIOS），则不存在信任根。信任根通常是多阶段安全启动的第一阶段。

❑ 安全启动（Secure Boot）：设备的一系列启动步骤，从信任根开始，并通过操作系统和应用程序加载进行，其中每个组件签名均被验证为可信。验证是通过在先前的受信任启动阶段加载的公钥执行的。

❑ 堆栈金丝雀（Stack Canary）：金丝雀是警告信号的隐喻。金丝雀对瓦斯气体十分敏感，因此被矿工用作瓦斯检测指标。堆栈金丝雀可以防止进程堆栈空间溢出，并防止从堆栈中执行代码。

❑ 可信执行环境（Trusted Execution Environment，TEE）：处理器的安全区域，可确保位于该区域内的代码和数据是受到保护的。这通常是主处理器内核上的执行环境，用于安全启动、货币转账或私钥处理的代码将在这里执行，因为它们需要比大多数代码更高的安全级别。

12.2　物联网网络攻击剖析

有关网络安全领域的讨论非常广泛，这大大超出了本章的主题范围。但是，了解基于物联网的 3 种攻击类型及其利用则是非常有帮助的。由于物联网的拓扑由硬件、网络、协议、信号、云组件、框架、操作系统以及其间的所有内容组成，因此接下来我们将详细介绍 3 种常见的攻击形式。

❑ Mirai：Mirai 软件曾经通过远程区域中不安全的物联网设备引发了历史上最具破坏力的拒绝服务攻击。

❑ Stuxnet：Stuxnet 又称为震网病毒，是一种针对工业物联网设备的网络武器，最著名的案例是它对伊朗核计划造成了实质性和不可逆转的损害。

❑ 链式反应（Chain Reaction）：一种仅需通过灯泡即可利用 PAN 区域网络的研究方法，无须互联网。

通过了解这些威胁的行为和性质，架构师可以制定出自己的预防技术和流程，以减少类似事件的发生。

12.2.1　Mirai

Mirai 是 2016 年 8 月感染 Linux 物联网设备的恶意软件的名称。其攻击以僵尸网络的形式进行，该僵尸网络引发了大规模的 DDoS 风暴。备受瞩目的目标包括受欢迎的 Krebs on Security 网站、非常流行且广泛使用的 Internet DNS 提供商 Dyn，以及利比里亚的大型电信运营商 Lonestar cell。较小的目标包括意大利的政治网站、位于巴西的 Minecraft 服务器以及俄罗斯的拍卖网站。Dyn 上的 DDoS 对使用其服务的其他超大型提供商（如 Sony Playstation 服务器、Amazon、GitHub、Netflix、PayPal、Reddit 和 Twitter 等）具有次要影响。该次攻击总共感染了 600000 台物联网设备，并将这些设备作为僵尸网络的一部分。

Mirai 源代码已在 hackforums.net（黑客博客网站）上发布。研究人员通过追踪和日志从源头发现了 Mirai 攻击的工作原理和展开方式。

（1）扫描受害者：使用 TCP SYN 数据包执行快速异步扫描，以探测随机 IPv4 地址。它专门寻找 SSH/Telnet TCP 端口 23 和 2323。如果扫描和端口连接成功，则进入第二阶段。Mirai 包括要避免的地址的硬编码黑名单。该黑名单包含 340 万个 IP 地址，并且包含属于美国邮政服务、惠普、通用电气和国防部的 IP 地址。Mirai 能够以每秒约 250 字节的速度进行扫描。就僵尸网络而言，这相对较慢。像 SQL Slammer 这样的攻击以 1.5 Mbps 的速度生成扫描，其主要原因是与台式机和移动设备相比，物联网设备通常在处理能力上受到更多限制。

（2）暴力 Telnet：此时，Mirai 尝试通过使用 62 对字典攻击随机发送 10 个用户名和密码对来与受害者建立功能性 Telnet 会话。如果登录成功，则 Mirai 会将主机登录到中央 C2 服务器。Mirai 的后续变体使该机器人能够执行 RCE 攻击。

（3）感染：在该阶段，将加载程序从服务器发送到潜在受害者。它负责识别操作系统并安装特定于设备的恶意软件。然后，使用端口 22 或 23 搜索其他竞争进程并杀死它们（以及设备上可能已经存在的其他恶意软件）。随后，删除加载程序二进制文件，并模糊处理名称以隐藏其存在。该恶意软件没有驻留在持久性存储中，并且在重启后无法幸存。现在，僵尸程序将一直处于休眠状态，直到收到攻击命令为止。

攻击的目标设备是物联网设备，包括 IP 摄像头、DVR、消费类路由器、VOIP 电话、打印机和机顶盒。其中包括特定于被黑客攻击的物联网设备的 32 位 ARM、32 位 MIPS

和 32 位 X86 恶意软件二进制文件。

第一次扫描发生在 2016 年 8 月 1 日，来自美国的一个虚拟主机网站。扫描花费了 120 分钟，才在字典中找到带有开放端口和密码的主机。经过 1 分钟后，又感染了 834 台其他设备。在 20 小时内，感染了 64500 台设备。Mirai 在 75 分钟内将大小翻倍。尽管 DDoS 攻击的目标位于其他地区，但大多数变成僵尸网络的受感染设备位于巴西（15.0%）、哥伦比亚（14.0%）和越南（12.5%）。

其损害仅限于 DDoS 攻击。DDoS 攻击以 SYN 泛洪、GRE IP 网络泛洪、STOMP 泛洪和 DNS 泛洪的形式出现。在 5 个月的过程中，C2 服务器发出了 15194 个单独的攻击命令，并袭击了 5042 个互联网站点。2016 年 9 月 21 日，Mirai 僵尸网络对 Krebs on Security 网站发起了大规模的 DDoS 攻击，并产生了 623 Gbps 的流量。这是有史以来最糟糕的 DDoS 攻击。图 12-1 是在 Mirai 攻击期间使用 www.digitalattackmap.com 捕获的实时屏幕截图。

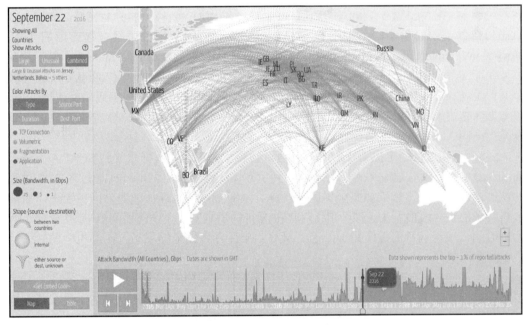

图 12-1　对 Krebs on Security 网站发起的 Mirai DDoS 攻击
（资料来源：www.digitalattackmap.com）

12.2.2　Stuxnet

Stuxnet 是第一个已知有记录的网络武器，可以对另一个国家的资产造成永久性的损害。Stuxnet 是一种蠕虫，其目的是损坏基于 SCADA 的西门子可编程逻辑控制器

（Programmable Logic Controllers，PLC），并使用 rootkit 在 PLC 的直接控制下修改电机的转速。蠕虫的设计者不遗余力地确保病毒仅针对具有从属变频驱动器旋转转速的设备，该设备连接到以 807 Hz 和 1210 Hz 旋转的 Siemens S7-300 PLC，因为它们通常用于铀浓缩设备的泵和气体离心机。

其攻击可能于 2010 年 4 月或 3 月开始。感染过程遵循以下步骤。

（1）初始感染：该蠕虫通过利用以前病毒攻击中发现的漏洞感染 Windows 主机。人们认为这是由于在最初的计算机中插入 U 盘而引起的。它同时使用了 4 个利用零日漏洞的程序（该复杂程度是前所未有的）。这些漏洞利用了使用用户模式和内核模式代码的 rootkit 攻击，并安装了来自 Realtek 的属于窃取但经过正确签名和认证的设备驱动程序。必须使用此内核模式签名，驱动程序才能越过防病毒程序"偷渡"Stuxnet。

（2）Windows 攻击和传播：通过 rootkit 安装后，该蠕虫开始在 Windows 系统中搜索西门子 SCADA 控制器 WinCC/PCS 7 SCADA（也称为 Step-7）的典型文件。如果该蠕虫碰巧找到了西门子 SCADA 控制软件，那么它会尝试使用两个具有迷惑性的 URL（www.mypremierfutbol.com 和 www.todaysfutbol.com）通过 C2 访问 Internet，以下载其有效载荷的最新版本。然后，它将进一步挖掘文件系统，以搜索名为 s7otbdx.dll 的文件，该文件是 Windows 机器与 PLC 之间的关键通信库。Step-7 包括一个硬编码的密码数据库，该数据库被另一次零日攻击所利用。Stuxnet 将自己插入 WinCC 系统与 s7otbdx.dll 之间，以充当中间人攻击者。该病毒通过记录离心机的正常运行来开始其操作。

（3）破坏：当决定协调攻击时，该消毒会将预先记录的数据重放到 SCADA 系统，而 SCADA 系统没有理由认为任何东西受到了破坏或行为异常。Stuxnet 通过对 PLC 进行两次不同的协同攻击来破坏整个伊朗核设施，从而造成了破坏。随着时间的流逝，对离心机转子的损坏缓慢发生。破坏以 15 或 50 分钟的增量发生，中间还间隔着 27 天的正常运行时间，使得病毒的破坏更加隐蔽。最终，破坏导致铀浓缩不当，离心机中的转子管破裂和永久损坏。

据悉，这次病毒攻击事件是对伊朗位于纳坦兹的主要铀浓缩设施的袭击，它使得 1000 多套浓缩铀离心机瘫痪并受到破坏。实际上，Stuxnet 被设计出来，就是为了寻找基础设施并破坏其关键部分。这是一种百分之百直接面向现实世界中工业程序的网络攻击。如今，Stuxnet 代码可在线获得，其网址如下：

https://github.com/micrictor/stuxnet

12.2.3 链式反应

事件结果包含事件发生条件的反应称为链式反应（Chain Reaction）。在这里，链式反应是一项学术研究，指的是针对 PAN 网格网络的新型网络攻击，这种网络攻击无须连接互联网即可执行。此外，它显示了远程物联网传感器和控制系统的脆弱性。攻击媒介是飞利浦 Hue 灯泡，它在普通消费者家庭中即可找到，可以通过互联网和智能手机应用程序进行控制。该漏洞可扩展到智能城市攻击，只需插入一个受感染的智能灯即可启动。

飞利浦 Hue 灯使用 Zigbee 协议建立网格。Zigbee 照明系统则应用了一个名为 Zigbee Light Link（ZLL）的协议，该协议是旨在强制实现照明互操作性的标准方法。ZLL 消息未经加密或未签名，但是如果将某个 Hue 灯添加到网格中，则 ZLL 消息将会被加密以保护交换的密钥。ZLL 联盟中的每个成员都知道此主密钥，此密钥随后被泄露。ZLL 还强制连接网格的灯泡非常靠近发起方（指尝试建立连接的设备，详见第 5.1.2 节"蓝牙"），这是为了防止他人接管邻居的灯。Zigbee 还提供了一种空中（Over-The-Air，OTA）重新编程方法。但是固件包已加密并签名。

研究人员使用了 4 个阶段的攻击计划。

（1）破解 OTA 固件包的加密和签名。

（2）编写并部署一个恶意固件。使用已经被破解的加密和签名密钥，升级单个灯泡的固件为恶意固件。

（3）已经被破坏的灯泡将基于被盗的主密钥加入网络，并通过在流行使用的 Atmel AtMega 部件中发现零日缺陷来利用邻近安全性。

（4）成功加入 Zigbee 网格后，将把有效载荷发送到相邻的灯光并迅速感染它们。这将基于渗流理论（Percolation Theory）进行扩展，并感染整个城市的照明系统。

Zigbee 使用 AES-CCM 加密（这是 IEEE 802.15.4 标准的一部分，下文将详细介绍）来加密 OTA 固件更新。为了破解固件加密，研究人员使用了相关功率分析（Correlation Power Analysis，CPA）和差分功率分析（Differential Power Analysis，DPA）。这是一种复杂的攻击形式，它将诸如灯泡控制器硬件之类的设备放在工作台上，并测量其消耗的功率。有了复杂的控制，就可以测量执行一条指令或移动数据的 CPU 使用的动态功率（例如，执行加密算法时）。这就是所谓的简单功率分析，通过这种方法仍然很难破解密钥。但是，CPA 和 DPA 通过使用统计相关性扩展了简单功率分析的能力。

CPA 可以解析字节宽的数量，而不是尝试一次确定一个密钥来破解一位。功率迹线由示波器捕获，并分为两组。第一组将要破解的中间值假定为 1，而另一组将其假定为 0。通过减去这些组的平均值，就可以得出中间值的真实值。

研究人员同时使用 DPA 和 CPA，按以下方式破解了 Philips Hue 照明系统。

❑ 使用 CPA 破解 AES-CBC。研究人员没有密钥，没有随机数，没有初始化向量。该方法解析出了密钥，然后以相同的方式攻击随机数。

❑ 使用 DPA 破解 AES-CTR 计数器模式以破解固件捆绑加密。研究人员发现了 AES-CTR 执行的 10 个位置，这创造了 10 倍的破解概率。

❑ 然后，研究人员集中精力打破 Zigbee 的接近保护功能，以加入网络。零日漏洞利用是通过检查 SOC 上的引导加载程序的 Atmel 源代码发现的。通过检查代码，研究人员发现在 Zigbee 中启动扫描请求时，接近性检查有效。如果他们以其他任何消息开头，则绕过了接近性检查。这使他们可以加入任何网络。

真实攻击可能会迫使被感染的灯泡用有效载荷感染数百米范围内的其他灯泡，从而消除每个灯泡的固件更新能力，使得它们永远也无法恢复。灯泡将受到有效的恶意控制，这意味着只能予以销毁。研究人员能够构建一个完全自动的攻击系统，并将其连接到一架无人驾驶飞机上，该无人驾驶飞机可以在校园环境中部署了飞利浦 Hue 照明灯的范围内飞行，并控制每一个飞利浦 Hue 照明灯。

ⓘ 注意：

有关对 Zigbee 执行 CPA 攻击的更多信息，请参阅 E. Ronen, A. Shamir, A. O. Weingarten and C. O'Flynn. IoT Goes Nuclear: Creating a ZigBee Chain Reaction. 2017 IEEE Symposium on Security and Privacy (SP), San Jose, CA, 2017: 195-212.

感兴趣的读者可以在 ChipWhisperer Wiki 上找到出色的教程和产生 CPA 攻击的源代码：

https://wiki.newae.com/AES-CCM_Attack

12.3　物理和硬件安全

许多物联网部署都是在偏远的和相对隔离的区域，这使得传感器和边缘路由器很容易受到物理攻击。此外，硬件本身也需要现代保护机制，就像在处理器、移动设备和个人电子设备电路中常见的保护一样。

12.3.1　信任根

硬件安全性的第 1 层是建立信任根。信任根（Root of Trust，RoT）是经过硬件验证的引导过程，可确保第一个可执行操作码从不可变的源开始。这是引导过程的基础，随后在引导系统的其余部分（从 BIOS 到操作系统再到应用程序）中起着重要作用。 RoT 是针对 Rootkit 的基准防护。

每个阶段都会验证引导过程的下一个阶段，并建立信任链。RoT 可以具有不同的启动方法。

□ 从 ROM 或不可写存储器引导以存储映像和根密钥。

□ 使用熔丝位（Fuse Bits）进行根密钥存储的一次性可编程存储器。

□ 从受保护的内存区域引导，将代码加载到受保护的内存存储中。

信任根（RoT）还需要验证引导的每个新阶段（Phase）。引导的每个阶段都维护一组加密签名的密钥，这些密钥用于验证引导的下一阶段，如图 12-2 所示。

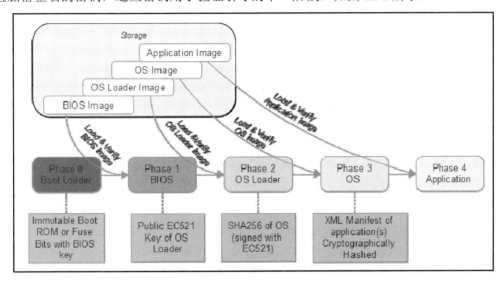

图 12-2　建立信任根

原　　文	译　　文
Storage	存储
Application Image	应用程序映像
OS Image	操作系统映像
OS Loader Image	操作系统加载程序映像
BIOS Image	BIOS 映像
Phase 0 Boot Loader	Phase 0 引导加载程序
Load & Verify BIOS Image	加载和验证 BIOS 映像
Phase 1 BIOS	Phase 1 基本输入输出系统（Basic Input Output System，BIOS）

续表

原　文	译　文
Load & Verify OS Loader Image	加载和验证操作系统加载程序映像
Phase 2 OS Loader	Phase 2 操作系统加载程序
Load & Verify OS Image	加载和验证操作系统映像
Load & Verify Application Image	加载和验证应用程序映像
Phase 3 OS	Phase 3 操作系统
Phase 4 Application	Phase 4 应用程序
Immutable Boot ROM or Fuse Bits with BIOS key	带有 BIOS 密钥的不可变引导 ROM 或熔丝位
Public EC521 Key of OS Loader	操作系统加载程序的公共 EC521 密钥
SHA256 of OS(signed with EC521)	操作系统的 SHA256（用 EC521 签名）
XML Manifest of application(s) Cryptographically Hashed	应用程序的 XML 清单加密哈希

这是建立信任链并从不可变只读存储器中的引导加载程序开始的 5 个阶段的引导。每个阶段都维护一个公用密钥，该公用密钥用于验证下一个加载的组件的真实性。

支持 RoT 的处理器在架构上是唯一的。ARM 和英特尔支持以下功能。

❑ ARM TrustZone：ARM 为 SOC 制造商提供了安全硅 IP 模块，该模块可以提供硬件的信任根以及其他安全服务。TrustZone 将硬件分为安全和非安全"世界"。TrustZone 是与非安全内核分离的微处理器。IT 运行专门为安全性而设计的 Trusted OS，它具有与非安全世界明确定义的接口。受保护的资产和功能位于受信任的内核中，并且在设计上应轻巧。安全和非安全世界之间的切换是通过硬件上下文切换完成的，从而无须使用安全监控软件。TrustZone 的其他用途是管理系统密钥、信用卡交易和数字版权。TrustZone 可用于 A（指的是 Application，应用程序）和 M（指的是 Microcontroller，微控制器）CPU。诸如 secure CPU、Trusted OS 和 RoT 之类的形式称为可信执行环境（Trusted Execution Environment，TEE）。

❑ 英特尔 Boot Guard：这是一种基于硬件的机制，可提供经过验证的启动，该启动以密码方式验证初始启动块或使用测量过程进行验证。Boot Guard 需要制造商生成 2048 位密钥来验证初始块。密钥分为私钥和公钥两部分。在制造过程中，将以编程方式产生熔丝位，并以此制作公钥。这些是一次性的熔丝，是不可改变的。私钥部分将生成签名，这是随后的引导阶段进行验证时需要的。

12.3.2 密钥管理和可信平台模块

公钥和私钥对于确保系统安全至关重要。密钥本身也需要适当的管理以确保其安全性。对于密钥的安全性，存在着硬件标准，一种特别流行的机制是可信平台模块（Trusted Platform Module，TPM）。TPM 规范是由 Trusted Computing Group 编写的，是 ISO 和 IEC 标准。截至作者撰写本书时，规范是 2016 年 9 月发布的 TPM 2.0 版本。出售给美国国防部的计算机资产则需要符合 TPM 1.2 标准。

TPM 是分立的硬件组件，在制造过程中已将秘密 RSA 密钥刻录到设备中。

一般来说，TPM 用于保存、保护和管理服务的其他密钥，如磁盘加密、信任根启动、验证硬件（以及软件）的真实性以及密码管理。TPM 可以在"已知良好"配置中创建一系列软件和硬件的哈希，这些哈希可用于在运行时验证篡改。其他服务包括协助 SHA-1 和 SHA-256 哈希、AES 加密块、非对称加密以及随机数生成。有多家供应商生产 TPM 设备，如 Broadcom、Nation Semiconductor 和 Texas Instruments 等。

12.3.3 处理器和内存空间

我们已经讨论了各种作为对策的漏洞利用和处理器技术。在 CPU 和操作系统设备中需要注意的两种主要技术包括非执行内存和地址空间布局随机化。这两种技术都旨在减轻或防止缓冲区溢出和堆栈溢出类型的恶意软件注入。

- ❑ 不可执行或可执行空间保护：这是操作系统所使用的硬件启用的功能，用于将内存区域标记为不可执行（Non-Execution），目的是仅将已验证和合法代码所在的区域映射为可以执行操作的可寻址内存的唯一区域。如果尝试通过堆栈溢出类型的攻击来植入恶意软件，则堆栈将被标记为不可执行，并且试图强制指令指针在该处执行将导致计算机异常。不可执行的内存使用 NX 位（NX 指 Non-Execution）作为将区域映射为不可执行的方式（通过转换 Lookaside 缓冲区）。具体而言，英特尔使用的是 XD 位（XD 指 eXecutable Disable，禁止执行），而 ARM 使用的是 XN 位（XN 指 eXecute Never，从不执行）。大多数操作系统（如 Linux、Windows 和多个 RTOS 等）都支持此类功能。
- ❑ 地址空间布局随机化（Address Space Layout Randomization，ASLR）：尽管操作系统对虚拟内存空间的处理多于硬件功能，但考虑 ASLR 非常重要。这类对策针对缓冲区溢出以及返回 libc 攻击。这些攻击基于攻击者了解内存的布局并强制调用某些良性代码和库的情况。如果每次启动时内存空间都是随机的，则调用这些库将变得特别麻烦。Linux 使用 PAX 和 Exec Shield 补丁程序提供 ASLR

功能。Microsoft 还为堆、堆栈和进程块提供保护。

12.3.4　存储安全

一般来说，物联网设备将在边缘节点或路由器/网关上具有持久性存储。智能雾节点也需要某种持久性存储。因此，必须确保设备上数据的安全性，以防止部署恶意软件，或者在物联网设备被盗的情况下仍能够保护数据。大多数大容量存储设备（如闪存模块和硬盘）的模型均具有加密和安全技术。

ℹ️ **注意：**

FIPS（Federal Information Processing Standard，联邦信息处理标准）140-2 是一项政府法规，详细说明了管理或存储敏感数据的 IT 设备的加密和安全要求。它不仅规定了技术要求，还规定了政策和程序。FIPS 140-2 具有以下多个合规性级别。

- ❏ 级别 1：纯软件加密。安全性有限。
- ❏ 级别 2：必须使用基于角色的身份验证。要求具有使用防篡改密封件检测物理篡改的能力。
- ❏ 级别 3：包括物理防篡改功能。如果设备被篡改，它将删除关键的安全参数。包括加密保护和密钥管理，以及基于身份的身份验证。
- ❏ 级别 4：针对在不受物理保护的环境中工作的产品提供高级防篡改功能。

除了加密外，还必须考虑停用或处置介质时的安全性。从旧的存储系统（如陈旧硬盘、二手笔记本电脑或智能手机等）中检索内容相当容易。关于如何安全地擦除存储介质上的内容，还有其他标准（无论是基于磁性介质的硬盘，还是基于相变的闪存组件）。美国国家标准与技术研究院（National Institute of Standards and Technology，NIST）还发布了有关安全擦除内容的说明文档，如 NIST Special Publication 800-88 for Secure Erase。

12.3.5　物理安全

防篡改和物理安全性对于物联网设备尤其重要。在许多情况下，物联网设备是远程的，并且没有像本地设备那样的安全保障，例如第二次世界大战中的恩尼格玛密码机（Enigma Machine，Enigma 是德语，意为"哑谜"），由于极其难以破解而保证了德国海军无线电通信的安全，但是从德国潜艇 U-110 取回的一台工作机帮助盟军破解了密码，而蒙在鼓里的德军却仍然相信自己的通信是"安全"的，最终遭致惨败。

同样地，在某些用例中，物联网设备的物理安全是非常重要的，因为攻击者在可以接触到物联网设备的情况下，就可以随意使用任何工具来破解系统，正如我们在链式反应（Chain Reaction）研究项目中所看到的那样。

在链式反应研究项目中，不但利用了各种漏洞，还使用了旁道攻击（Side Channel Attack）处理功率分析，其他形式的攻击还包括定时攻击、缓存攻击、电磁场发射和扫描链攻击等。旁道攻击的共同特点是，落入危险的设备本质上是被测设备（Device Under Test，DUT）。这意味着攻击者可以在掌控的环境中对设备进行观察和测量。

另外，诸如差分功率分析（Differential Power Analysis，DPA）之类的技术常被用来通过统计分析方法寻找随机输入与输出的相关性。当使用相同的输入而系统每次运行的表现也相同时，统计分析即可起作用。

表 12-1 列出了旁道攻击的各种方法。

表 12-1 旁道攻击方法

旁道攻击类型	方　法
定时攻击	尝试利用算法定时上的微小差异。例如，测量密码解码算法的时间并观察例程的早期退出。攻击者还可以观察缓存利用率，以见证算法的特征
简单功率分析（SPA）	与定时攻击类似，但是可测量由于算法和操作码的行为而引起的动态功率或电流的大变化。公钥特别容易受到攻击。分析需要很少的痕迹即可工作，但是痕迹需要高度的精确度。由于大多数密码算法在数学上都很密集，因此不同的操作码将在轨迹中显示为不同的功率签名
差分功率分析（DPA）	DPA 可以测量动态功率，但可以观察到由于太小而无法像 SPA 中那样直接观察到的变化。通过将随机输入（如不同的随机密钥）注入系统，攻击者可以执行数千次跟踪以构建与数据相关的集合。例如，攻击 AES 算法仅意味着根据要破解的位（0 或 1）的值构建两组迹线。对这些集合进行平均，并绘制 0 和 1 集合之间的差，即可显示随机输入对输出的影响

旁道攻击的预防方法是众所周知的，有若干种方法可以被许可并用于各种硬件。这些类型的攻击的对策包括以下方面。

❑ 修改加密功能以最大限度地减少密钥的使用。根据实际密钥的哈希值使用短暂的会话密钥。

❑ 对于定时攻击，随机插入不会干扰原始算法的函数。使用不同的随机操作码为攻击创建大型的工作函数。

❑ 删除依赖于密钥的条件分支。

❑ 对于功率方面的攻击，则尽量减少泄露，并限制每个密钥的操作次数，这样可以减少攻击者的工作集。

❑ 将噪声引入电源线。使用可变的定时操作或偏斜时钟。

❑ 更改独立操作的顺序。这可以减少围绕 S 盒（S-Box）计算的相关因子。

ℹ️ **注意：**

其他硬件注意事项如下。

❑ 防止访问调试端口和通道。一般来说，它们在 PCA 上作为串行端口和 JTAG 端口公开。在安全要求极为严格的情况下，应去掉接头并使用熔丝位，以防止调试访问。

❑ ASIC 通常使用球栅阵列（Ball Grid Array，BGA）封装技术连接到 PCA，包装周围应使用高性能黏合剂和耐热胶水。这样，如果被篡改，则可能会造成无法弥补的损坏。

12.4 密 码 学

加密和保密性是物联网部署的绝对要求。它们用于保护通信、保护固件和身份验证。关于加密，通常考虑 3 种形式。

❑ 对称密钥加密（Symmetric Key Encryption）：加密和解密密钥相同。RC5、DES、3DES 和 AES 都是对称密钥加密的形式。

❑ 公钥加密（Public Key Encryption）：加密密钥公开发布，供任何人使用和加密数据，仅接收方具有用于解密消息的私钥，这也称为非对称加密（Asymmetric Encryption）。非对称密码管理数据保密性，对参与者进行身份验证，并强制不可否认性。众所周知的 Internet 加密和消息协议（如椭圆曲线算法、PGP、RSA、TLS 和 S/MIME）均被视为公钥。

❑ 加密哈希（Cryptographic Hash）：将任意大小的数据映射到位字符串（称为 digest，摘要）。该哈希函数被设计为“单向”。本质上，重新创建输出哈希的唯一方法是强制每种可能的输入组合不能反向运行，如 MD5、SHA1、SHA2 和 SHA3 都是单向哈希的形式。这些通常用于编码数字签名，如签名的固件映像、消息认证码（Message Authentication Code，MAC）或认证。在加密密码之类的短消息时，输入内容可能太小而无法有效地创建公平的哈希值。在这种情况下，盐（Salt）或非私有字符串会附加到密码上以增加熵。盐是密钥派生函数（Key Derivation Function，KDF）的一种形式。

图 12-3 为对称密钥加密、非对称密钥加密和加密哈希的示意图。请注意对称加密和非对称加密中的密钥用法。对称加密要求使用相同的密钥来加密和解密数据，这虽然比

非对称加密更快，但它需要保护好密钥。

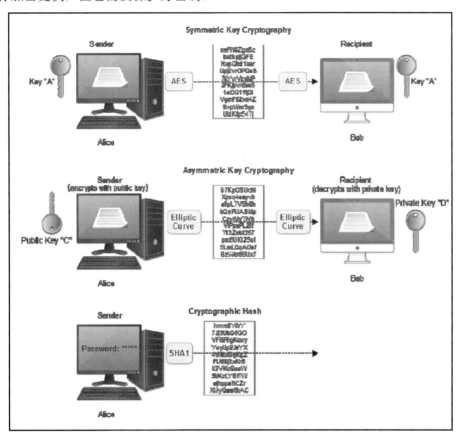

图 12-3 密码学要素

原　　文	译　　文	原　　文	译　　文
Symmetric Key Cryptography	对称密钥加密	Sender (encrypts with public key)	发送方（使用公钥加密）
Sender	发送方	Recipient (decrypts with private key)	接收方（使用私钥解密）
Recipient	接收方	Public Key "C"	公钥 C
Key "A"	密钥 A	Elliptic Curve	椭圆曲线算法
Alice	爱丽丝	Private Key "D"	私钥 D
Bob	鲍勃	Cryptographic Hash	加密哈希
Asymmetric Key Cryptography	非对称密钥加密	Sender	发送方

12.4.1　对称密码学

在加密中，明文（Plaintext）是指未加密的输入，而输出是加密的，因此称为密文（Ciphertext）。对称加密的加密标准是高级加密标准（Advanced Encryption Standard，AES），它取代了 20 世纪 70 年代的旧 DES 算法。AES 是 FIPS 规范和全球使用的 ISO/IEC 18033-3 标准的一部分。AES 算法使用 128、192 或 256 位的固定块。大于位宽的消息将被分成多个块。AES 在加密过程中具有 4 个基本操作阶段。通用 AES 加密的伪代码如下所示：

```
// AES-128 加密的伪代码
// in: 128 位（明文）
// out: 128 位（密文）
// w: 44 个字，每个字 32 位（扩展密钥）
// AES 密钥扩展算法是以字（Word）为一个基本单位（一个字为 4 个字节），刚好是密钥矩阵
的一列。因此 4 个字（128 位）密钥需要扩展成 11 个子密钥，共 44 个字
state = in

w=KeyExpansion(key)                    // 密钥扩展阶段（有效加密密钥本身）
AddRoundKey(state, w[0, Nb-1])         // 首轮


for round = 1 step 1 to Nr-1   // 128 bit= 10 rounds, 192 bit = 12 rounds
                               // 256 bit = 14 rounds
 SubBytes(state)                        // 在密码中提供非线性
 ShiftRows(state)                       // 避免对列进行独立加密，这会削弱算法
 MixColumns(state)                      // 变换每列并向密码添加混淆
 AddRoundKey(state, w[round*Nb, (round+1)*Nb-1])
                                        // 生成一个子密钥并将其与状态组合
end for

SubBytes(state)                        // 最后一轮和清理
ShiftRows(state)
AddRoundKey(state, w[Nr*Nb, (Nr+1)*Nb-1])

out = state
```

ℹ️ 注意：

AES 密钥长度可以是 128、192 或 256 位。一般来说，密钥长度越大，保护效果越好。密钥的大小与加密或解密块所需的 CPU 周期数成正比：128 位需要 10 个周期，192 位需要 12 个周期，而 256 位则需要 14 个周期。

分组密码（Block Cipher）表示基于对称密钥并在单个数据块上运行的加密算法。现

代密码以 Claude Elwood Shannon（克劳德·艾尔伍德·香农）于 1949 年对乘积密码（Product Cipher）的工作为基础。密码的工作模式是一种使用分组密码的算法，描述了如何重复应用密码来转换大量数据，这些数据由许多区块组成。即使重复输入相同的明文，大多数现代加密算法也需要初始化向量（Initialization Vector，IV）来确保生成不同的密文。这些算法有若干种运算模式，如下所示。

- ❑ 电子密码本（Electronic CodeBook，ECB）：这是 AES 加密的最基本形式，它与其他模式一起使用可建立更高级的安全性。数据分为多个块，每个块分别进行加密。相同的块将产生相同的密码，这使得该模式相对较弱。
- ❑ 密码块链接（Cipher Block Chaining，CBC）：明文消息在加密之前与以前的密文执行异或（XOR）运算。在这种方法中，每个密文块都依赖于它前面的所有明文块。同时，为了保证每条消息的唯一性，在第一个块中需要使用初始化向量 IV。
- ❑ 密码反馈链接（Cipher FeedBack chaining，CFB）：与 CBC 类似，但形成密码流（前一个密码的输出馈入下一个）。CFB 依赖于先前的分组密码为正在生成的当前密码提供输入，因此 CFB 无法并行处理。流密码允许在传输过程中丢失一个块，但随后的块可以从损坏中恢复。
- ❑ 输出反馈链接（Output FeedBack chaining，OFB）：类似于 CFB，也是一种流密码，但允许在加密之前应用纠错码。
- ❑ 计数器（Counter，CTR）模式：将分组密码转换为流密码，但使用计数器。递增计数器并行馈送每个块密码，以实现快速执行。随机数和计数器串联在一起，以提供分组密码。
- ❑ 使用消息验证码的 CBC（CBC with Message Authentication Code，CBC-MAC）：MAC（也称为标签或 MIC）用于验证消息并确认消息来自指定的发送者。然后将 MAC 或 MIC 添加到消息中，以供接收者进行验证。

这些模式最早是在 20 世纪 70 年代末和 80 年代初构建的，并由美国国家标准与技术研究院在 FIPS 81 中倡导为 DES 模式。这些模式为信息的机密性提供了加密，但不能防止其被修改或篡改。要做到这一点，需要数字签名，于是安全社区开发了用于身份验证的 CBC-MAC 模式。但是，很难将 CBC-MAC 与一种传统模式结合使用，直到建立了诸如 AES-CCM 之类的算法（它可以提供身份验证和保密性）。CCM 表示的是使用 CBC-MAC 的计数器模式（Counter with CBC-MAC Mode）。

🛈 注意：

CCM 是一种重要的加密模式，用于签名和加密数据，在本书讨论过的众多协议中均有使用，包括 Zigbee、低功耗蓝牙（BLE）、TLS 1.2（在密钥交换之后）、IPSEC 和 802.11 Wi-Fi WPA2 等。

AES-CCM 使用双重密码：CBC 和 CTR。AES-CTR 或计数器模式用于对流入的密文流进行常规解密。传入流包含已加密的身份验证标签。AES-CTR 将解密标签以及有效载荷数据。从该算法的这个阶段将形成"预期标签"。算法的 AES-CBC 阶段将来自 AES-CTR 输出的解密块和帧的原始标头标记作为输入。该数据被加密，但是认证所需的唯一相关数据是计算出的标签。如果 AES-CBC 计算出的标签与 AES-CTR 的预期标签不一样，则有可能是数据在传输过程中被篡改。

图 12-4 说明了传入的加密数据流，该数据流既使用 AES-CBC 进行了身份验证，又使用 AES-CTR 进行了解密。这样可以确保消息来源的保密性和真实性。

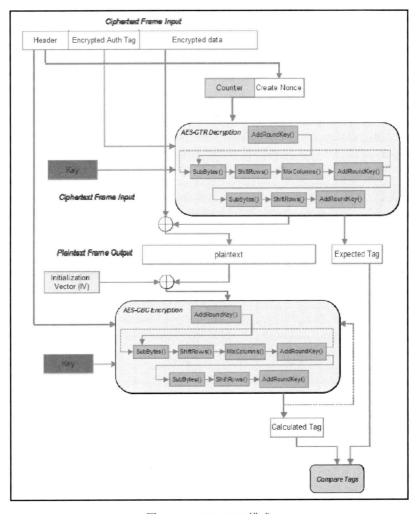

图 12-4　AES-CCM 模式

原　　文	译　　文
Ciphertext Frame Input	密码帧输入
Header	报头
Encrypted Auth Tag	已加密的身份验证标签
Encrypted data	已加密的数据
Counter	计数器
Create Nonce	创建随机数
AES-CTR Decryption	AES-CTR 解密
Key	密钥
Plaintext Frame Output	明文帧输出
plaintext	明文
Expected Tag	预期标签
Initialization Vector(IV)	初始化向量（IV）
AES-CBC Encryption	AES-CBC 加密
Calculated Tag	计算出的标签
Compare Tags	比较标签

ⓘ **注意：**

在完全连接的网格中进行物联网部署的考虑因素之一是所需的密钥数量。对于网格中需要双向通信的 n 个节点来说，有 $n(n-1)/2$ 个密钥或 $O(n^2)$。

12.4.2　非对称密码学

非对称加密也称为公钥加密。非对称密钥是成对生成的（加密和解密）。密钥可以互换，这意味着密钥既可以加密也可以解密，但这不是必需的。当然，通常的用途是生成一对密钥，并保持一个私有，另一个公开。本节描述了 3 种基本的公共密钥加密算法：RSA、Diffie-Hellman 和椭圆曲线（Elliptical Curve）。

ⓘ **注意：**

在对称加密中，任何节点均可与网格中的任何其他节点进行通信。对于网格中需要双向通信的 n 个节点来说，有 $n(n-1)/2$ 个密钥，而非对称加密中的密钥计数则不一样，它仅需要 $2n$ 个密钥或 $O(n)$。

第一种非对称公钥加密方法是 1978 年开发的 Rivest-Shamir-Adleman 算法（这是三位算法设计者的名字，一般称之为 RSA 算法）。该算法基于用户查找并发布两个大质数（Prime）的乘积和一个辅助值（公钥）。任何人都可以使用公钥来加密消息，但质数因子则是私有的。该算法的操作如下。

（1）找到两个大质数：p 和 q。p 和 q 越大越安全。

（2）$n = pq$。

（3）计算 n 的欧拉函数 $\varphi(n)$。$\varphi(n) = (p-1)(q-1)$。$m = \varphi(n)$。

（4）公钥：随机选择一个整数 e，使得 $1 < e < \varphi(n)$，e 与 $\varphi(n)$ 互质。典型值为 $2^{16} + 1 = 65537$。

（5）私钥：计算 d 来求解等价关系 $de \equiv 1 (\mathrm{mod}\,\varphi(n))$。

因此，要使用公钥 (n, e) 加密消息并使用私钥 (n, d) 解密消息。

❑ 加密：Ciphertext = (plaintext)^e mod n

❑ 解密：Plaintext = (ciphertext)^d mod n

常见的情形是在加密之前将人工填充插入 m（$n = \varphi(n)$）中，以避免短消息无法产生良好密文的情况。

非对称密钥交换的最著名形式也许是 Diffie-Hellman 密钥交换过程（以 Whitfield Diffie 和 Martin Hellman 的名字命名）。非对称加密的典型代表是单向陷门函数（Trapdoor Function），该函数采用给定值 A 并将产生输出 B。但是，陷门函数 B 并不会产生 A，因此它是单向的。

密钥交换的 Diffie-Hellman 方法允许两方（爱丽丝 A 和鲍勃 B）交换密钥，而无须事先知道任何共享的秘密密钥（Secret Key）s。该算法从质数 p 和质数生成器 g 的明文交换开始。生成器 g 是原根（Primitive Root Modulo p）。假设爱丽丝的私钥为 a，鲍勃的私钥为 b。然后，可以按如下方式计算爱丽丝的公钥 A（mod 表示求余）：

$$A = g^a \bmod p$$

按如下方式计算鲍勃的公钥 B：

$$B = g^b \bmod p$$

将爱丽丝的秘密密钥 s 计算为：

$$s = B^a \bmod p$$

将鲍勃的秘密密钥 s 计算为：

$$s = A^b \bmod p$$

一般来说，

$$(g^a \bmod p)^b \bmod p = (g^b \bmod p)^a \bmod p$$

图 12-5 以实际值演示了 Diffie-Hellman 密钥交换。该过程从约定的质数（Prime）p 和质数生成器（Generator）g 的明文交换开始。通过由爱丽丝和鲍勃生成的独立私钥，可以生成公钥并在网络上以明文形式发送。公钥将被用于生成爱丽丝和鲍勃的秘密密钥。

由于等式 $(g^a \bmod p)^b \bmod p = (g^b \bmod p)^a \bmod p$ 成立，因此爱丽丝和鲍勃的秘密密钥将会是一样的（图中它们均为 3），这就是共享的秘密密钥。秘密密钥将被用于加密和解密。

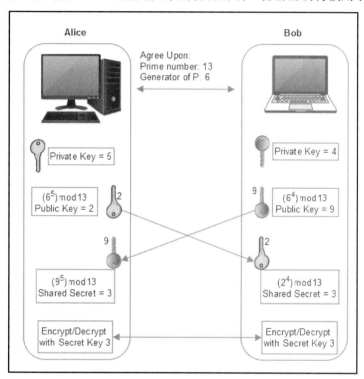

图 12-5 Diffie-Hellman 密钥交换实例

原　　文	译　　文
Alice	爱丽丝
Bob	鲍勃
Agree Upon:	公开参数：
Prime number: 13	质数 p：13
Generator of P: 6	质数生成器 g：6
Private Key = 5	爱丽丝的私钥：5
Private Key = 4	鲍勃的私钥：4
$(6^5)\bmod 13$	$A = g^a \bmod p = (6^5)\bmod 13$
Public Key = 2	爱丽丝的公钥：2
$(6^4)\bmod 13$	$B = g^b \bmod p = (6^4)\bmod 13$
Public Key = 9	鲍勃的公钥：9

续表

原　　文	译　　文
(9^5)mod 13 Shared Secret = 3	$s = B^a \bmod p = (9^5)$mod 13 爱丽丝的秘密密钥：3
(2^4)mod 13 Shared Secret = 3	$s = A^b \bmod p = (2^4)$mod 13 鲍勃的秘密密钥：3
Encrypt/Decrypt with Secret Key 3	使用共享的秘密密钥 3 进行加密和解密

这种安全密钥交换形式的优势是为每个私钥生成一个真实的随机数。它的主要问题是缺少身份验证，这可能导致中间人（MITM）攻击。

密钥交换的另一种形式是 Elliptic-Curve Diffie-Hellman（ECDH），由 Koblitz 和 Miller 于 1985 年提出。它基于有限域（Finite Field）上的椭圆曲线的代数原理。美国国家标准与技术研究院（NIST）已批准 ECDH，而美国国家安全局（NSA）则允许将使用 384 位密钥的 ECDH 用于绝密材料。椭圆曲线密码学（Elliptic Curve Cryptography，ECC）共享了有关椭圆曲线属性的如下基本原则。

❑　关于 x 轴对称。

❑　一条直线与椭圆曲线的交点不超过 3 个。

一条椭圆曲线是一组满足一个特定方程的点的集合。椭圆曲线的方程如下所示：

$$y^2 = x^3 + ax + b$$

如图 12-6 所示，ECC 的过程始于从边缘上的给定点朝向最大值（MAX）绘制直线。可以将这个过程想象成一个怪异的桌球游戏。取曲线上的任意两点并且沿它们作一条直线，这条直线与椭圆曲线有一个以上的交点。例如，从 A 点到 B 点绘制了一条线，就好像我们使用球从 A 点射向 B 点。当球撞上曲线时，按照"一条直线与椭圆曲线的交点不超过 3 个点"这个原则，这个球要么向上反弹（如果它位于 x 轴下方），要么向下反弹（如果它位于 x 轴上方）。

A 点函数（A dot Function）用于在两点之间绘制一条线，然后从新的未标记交点按照反弹方向继续绘制直线，从而产生新的交点。例如，当 A dot $A{\rightarrow}B$ 时，这条直线与椭圆曲线的第 3 个交点（未标记交点）在 x 轴的上方，所以它向下反弹，于是 A dot $B{\rightarrow}C$ 向下反弹产生了 C 点；当 A dot $C{\rightarrow}D$ 时，由于其第 3 个交点（未标记交点）在 x 轴的下方，所以它向上反弹到 D 点；当 A dot $D{\rightarrow}E$ 时，由于其第 3 个交点在 x 轴的上方，所以它向下反弹到 E 点。此过程重复 n 次，其中，n 是密钥大小。

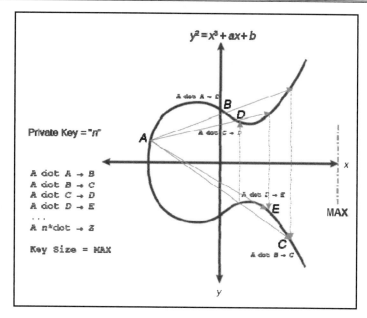

图 12-6　椭圆曲线密码学（ECC）

这是 x，y 轴上的标准椭圆曲线。该过程将绘制从给定点 A 到第 2 个点的直线

路径并找到第 3 个新的未标记交点，然后按照反弹方向重复并找到新的交点。

反弹直线显示为虚线。该过程将重复 n 个点，n 对应于密钥长度

事实证明，如果有两个点，一个是起点，一个是反弹 n 次后得到的终点，在只知道起点和终点的情况下，想找出 n 的值是很困难的。回到前面关于桌球的比喻，如果在任意一段时间内有人在房间内单独玩这个桌球游戏，对于他来说，通过上述规则反复击球将很容易到达终点。假设有另外的人在他击球后走进房间并看到球最终的位置，即使他知道这个游戏的规则以及球的起点，但在没有全程观察到击球过程的情况下，他也无法计算出击球的次数。正推很容易，但反推则几乎不可能，所以说这是一个非常完美的单向陷门函数的基础。

MAX 对应 x 轴上的最大值，这等于是给顶点延伸设置了一个极限。如果偶然的情况下顶点大于 MAX，则算法会将这个超出 MAX 极限的值强制限制为 MAX，并设置一个新点，新点与原点 A 的距离是 x-MAX。这就好像某些游戏中的角色，当它移动超出了屏幕顶端时，会从屏幕底部冒出来。或者当它移动超出了屏幕右侧时，又会从屏幕左侧出现。

MAX 实际上等于所使用的密钥大小（Key size = MAX）。更大的密钥会导致构造更多的顶点并增加保密强度。本质上，这是一个环绕函数。

ⓘ 注意:

椭圆曲线算法在应用上的普及已经逐渐超越 RSA。现代浏览器能够支持 ECDH，这是通过 SLL/TLS 进行身份验证的首选方法。下文我们将在有关比特币的讨论中介绍 ECDH 以及其他一些协议。仅当 SSL 证书具有匹配的 RSA 密钥时，才使用 RSA。

ECC 的另一个优点是密钥长度可以保持较短，并且仍具有与传统方法相同的加密强度。例如，ECC 中的 256 位密钥等效于 RSA 中的 3072 位密钥。对于资源受限的物联网设备，应考虑其重要性。

12.4.3　加密哈希（身份验证和签名）

哈希函数代表要考虑的第 3 种加密技术。这些技术通常用于生成数字签名。它们也被认为是单向的或无法反转的。在通过哈希函数后重新创建原始数据将只能是对每种可能的输入组合的暴力攻击。哈希函数的关键属性如下所示。

- ❑　始终从相同的输入生成相同的哈希值。
- ❑　快速计算但并非免费（参见区块链技术中的"工作量证明"）。
- ❑　是不可逆的，无法从哈希值重新生成原始消息。
- ❑　输入的微小变化将导致显著的熵或输出的变化。
- ❑　两个不同的消息永远不会具有相同的哈希值。

ⓘ 注意:

可以通过仅更改较长字符串中的一个字符来证明诸如 SHA-1（安全哈希算法）之类的加密哈希函数的效果。

- ❑　输入：Boise Idaho
  SHA-1 哈希输出：375941d3fb91836fb7c76e811d527d6c0a251ed4
- ❑　输入：Boise ldaho
  SHA-1 哈希输出：82b6109838f8f40dc1d1530e5535908853e3fd5f

SHA 算法广泛用于以下应用中。

- ❑　Git 存储库。
- ❑　用于 Web 浏览（HTTPS）的 TLS 证书签名。
- ❑　验证文件或磁盘映像内容的真实性。

大多数哈希函数都基于 Merkle-Damgård 构造而构建。在这里，输入被分成相等大小的块，这些块在进行压缩时，需要结合先前压缩的输出结果，这意味只能对其进行串行处理。初始化向量（Initialization Vector，IV）用于该过程的种子。通过使用压缩函数，哈希可以抵抗冲突。SHA-1 建立在如图 12-7 所示的 Merkle-Damgård 结构的基础上。

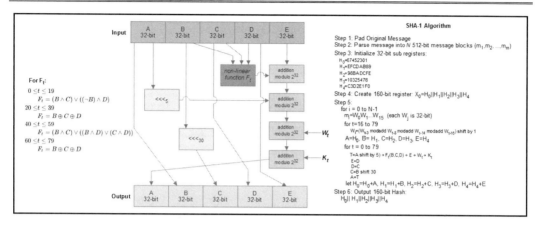

图 12-7　SHA-1 算法

输入分为 5 个 32 位块

原　　文	译　　文
Input	输入
Output	输出
non-linear function F_t	非线性函数 F_t
addition modulo 2^{32}	按 32 位字计算的模 2^{32} 加法
SHA-1 Algorithm	SHA-1 算法
Step1:Pad Original Message	步骤 1：填充原始消息
Step2:Parse message into N 512-bit message blocks	步骤 2：将消息解析为 N 个 512 位消息块
Step3:Initialize 32-bit sub registers	步骤 3：初始化 32 位子寄存器
Step4:Create 160-bit register	步骤 4：创建 160 位寄存器
Step5:	步骤 5：
Step6:Output 160-bit Hash	步骤 6：输出 160 位哈希值

一般来说，SHA 算法的输入消息必须小于 264 位，该消息按 512 位块顺序处理。SHA-1 现在已被强大的内核（如 SHA-256 和 SHA-3）取代。SHA-1 已经被发现在哈希内具有"冲突"。找到冲突大约需要 $2^{51}\sim2^{57}$ 个操作，而解决哈希问题仅需几千美元租用的 GPU 时间。因此，建议使用更强大的 SHA 模型。

12.4.4　公共密钥基础结构

非对称密码学（公共密钥）是互联网商务和通信的主体。它常用于网络上的 SSL 和 TLS 连接。公钥加密是一种典型的用法，其中传输中的数据由持有公钥的任何人加密，但只能由私钥持有者解密。数字签名的另一种用途是，使用发送者的私钥对数据块进行签名，如果接收方持有公钥，则接收方可以验证其真实性。

　　为了使用户能够放心地提供公用密钥，算法使用了称为公共密钥基础结构（Public Key Infrastructure，PKI）的过程。为了保证真实性，被称为证书颁发机构（Certificate Authority，CA）的受信任第三方管理了角色和策略以创建和分发数字证书。Symantec、Comodo 和 GoDaddy 是 TLS 证书的最大公共发行者。X.509 是定义公共密钥证书格式的标准，也是 TLS/SSL 和 HTTPS 安全通信的基础。X.509 定义了所使用的加密算法、到期日期和证书的颁发者等。

🛈 注意：

　　PKI 由证书注册机构（Registration Authority，RA）组成，该机构将验证发送者并管理特定的角色和策略，并可以吊销证书。RA 还与证书验证机构（Validation Authority，VA）进行通信以传输吊销列表。CA 将证书颁发给发送者。收到消息后，VA 可以验证该密钥，以确认该密钥尚未被撤销。

　　如图 12-8 所示，是 PKI 基础结构的示例，显示了 CA、RA 和 VA 系统的使用，以及授予和验证用于加密消息的密钥的阶段。

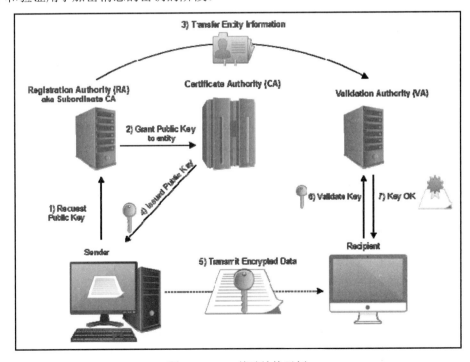

图 12-8　PKI 基础结构示例

原　　文	译　　文
Registration Authority(RA)	证书注册机构（RA）
aka Subordinate CA	又名下属 CA
1)Request Public Key	1）请求公钥
Sender	发送者
2)Grant Public Key to entity	2）授予实体公钥
3)Transfer Entity Information	3）传输实体信息
Certificate Authority(CA)	证书颁发机构（CA）
4)Issued Public Key	4）发布公钥
5)Transmit Encrypted Data	5）传输已加密数据
Recipient	接收者
6)Validate Key	6）验证密钥
7)Key OK	7）密钥确认无误
Validation Authority(VA)	证书验证机构（VA）

12.4.5　网络堆栈——传输层安全

本书的许多领域都讨论了传输层安全性（Transport Layer Security，TLS），从 MQTT 和 CoAP 的 TLS 和 DTLS，到 WAN 和 PAN 的安全性，都有某种形式的对 TLS 的依赖。 TLS 还汇集了我们提到的所有加密协议和技术。本节将简要介绍 TLS 1.2 技术和过程。

对于传输层安全，最初使用的是安全套接字层（Secure Socket Layer，SSL），它在 20 世纪 90 年代引入，但在 1999 年被 TLS 取代。截至作者撰写本书时，TLS 1.2 是 RFC 5246 的最新规范（截至 2008 年）。TLS 1.2 包括 SHA-256 哈希生成器，以取代 SHA-1 并用于 加强其安全性。

TLS 加密过程如下所示。

（1）客户端打开与支持 TLS 的服务器的连接（HTTPS 的端口 443）。

（2）客户端显示可以使用的受支持密码的列表。

（3）服务器选择密码和哈希函数并通知客户端。

（4）服务器向客户端发送数字证书，其中包括证书颁发机构和服务器的公钥。

（5）客户端确认机密的有效性。

（6）通过以下方式之一生成会话密钥。

❑ 用服务器的公钥加密一个随机数，并将结果发送到服务器。然后，服务器和客 户端使用随机数创建一个会话密钥，该会话密钥在通信期间使用。

❑ 使用 Dixie-Hellman 密钥交换来生成用于加密和解密的会话密钥。会话密钥一直
使用到关闭连接。

（7）通信开始使用加密通道。

图 12-9 显示了两个设备之间的 TLS 1.2 通信的握手过程。

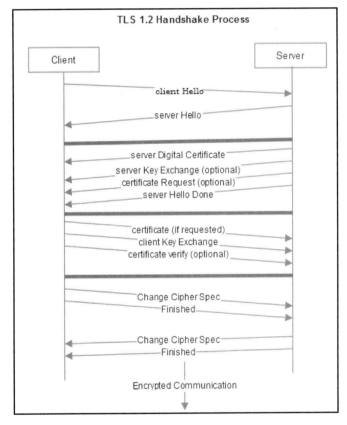

图 12-9　TLS 1.2 握手过程

原　　　文	译　　　文
TLS 1.2 Handshake Process	TLS 1.2 握手过程
Client	客户端
Server	服务器
client Hello	客户端向服务器发送 TLS 版本、加密方式、客户端随机数等
server Hello	服务器返回协商信息的结果，包括使用的 TLS 版本、加密方式（Cipher Suite）和服务器的随机数（random_s）等
server Digital Certificate	服务器数字校验

续表

原　　文	译　　文
server Key Exchange(optional)	服务器密钥交换（可选）
certificate Request(optional)	证书请求（可选）
server Hello Done	服务器 Hello 完成
certificate(if requested)	证书（如果有请求）
client Key Exchange	客户端密钥交换
certificate verify(optional)	证书验证（可选）
Change Cipher Spec	改变加密密钥
Finished	完成
Encrypted Communication	进行加密通信

数据报传输层安全性（Datagram Transport Layer Security，DTLS）是在数据报层上基于 TLS 的通信协议（DTLS 1.2 基于 TLS 1.2）。它旨在产生类似的安全保证。CoAP 轻量协议使用 DTLS 进行安全保护。

12.5　软件定义边界

在本书第 8.2 节"软件定义网络"中，讨论了软件定义网络（Software-Defined Networking，SDN）和重叠网（Overlay Network）的概念。虽然"重叠网"未在第 8 章中出现，但其实就是指应用层网络，它面向应用，不考虑或很少考虑网络层、物理层的问题。重叠网创建微分段（Micro-Segmentation）的能力非常强大，尤其是在大规模物联网扩展的情况下，它还可以缓解 DDoS 攻击。

软件定义网络有一个附加组件称为软件定义边界（Software-Defined Perimeter，SDP），这值得从整体安全性方面对它进行一些讨论。

软件定义边界（SDP）是一种在不存在信任模型的情况下保护网络和通信安全的方法。它基于美国国防信息系统局（Defense Information Systems Agency，DISA）的黑云（Black Cloud）。黑云意味着信息是在需要了解（Need-to-Know）的基础上共享的。SDP 可以缓解 DDoS、MITM、零日攻击和服务器扫描等攻击。除了为每个连接的设备提供覆盖和微分段外，该边界还在用户、客户端和物联网设备周围创建了仅限邀请（基于身份）的安全边界。

软件定义边界（SDP）可用于创建重叠网，而重叠网则是在另一个网络之上构建的网络。这在历史上是有先例可循的，如建立在现有电话网络上的传统 Internet 服务。在这种混合联网方法中，分布式控制平面保持不变，而边缘路由器和虚拟交换机将根据控制平面规则控制数据。我们可以在相同的基础设施上构建多个重叠网。由于软件定义网络（SDN）的持久性与有线网络几乎相同，因此它是实时应用程序、远程监视和复杂事件处理（CEP）的理想选择。

使用相同边缘组件创建多个重叠网的能力允许微分段，其中不同的资源与不同的数据使用者有直接关系。每个资源-使用者对（Resource-Consumer Pair）都是一个独立的不可变网络，只能根据管理员的选择在其虚拟覆盖范围之外查看。

ⓘ 注意：

使用相同的边缘组件创建多个重叠网的能力允许进行微分段，其中，全球分布的物联网网络中的每个端点都可以在现有网络基础架构上构建单个且隔离的网段。从理论上讲，每个传感器都可以彼此隔离。这是一个功能强大的工具，可实现物联网部署的企业连接，因为服务和设备可以相互隔离并相互保护。

图 12-10 所示为一个 SDN 重叠网的示例。在该图中，某家公司拥有 3 个远程特许经营连锁店，每个商店都有许多不同的物联网和边缘设备。网络驻留在 SDN 重叠网上，该网络具有微分段，可将 POS 收银系统和 VOIP 系统隔离开来，并通过各种传感器进行公司管理，以进行安全性、保险和冷藏监控。第三方服务提供商只能使用已被隔离且可保证安全的虚拟重叠网来管理其设备上的各种远程传感器。

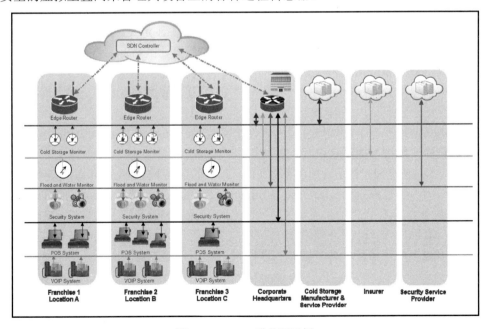

图 12-10　SDN 重叠网示例

原　　文	译　　文
SDN Controller	SDN 控制器
Edge Router	边缘路由器
Cold Storage Monitor	冷藏监控器
Flood and Water Monitor	水量和用水监控器
Security System	安全系统
POS System	POS 收银系统
VOIP System	VOIP 系统
Franchise 1	连锁店 1
Location A	A 地
Franchise 2	连锁店 2
Location B	B 地
Franchise 3	连锁店 3
Location C	C 地
Corporate Headquarters	企业总部
Cold Storage Manufacturer & Service Provider	冷藏设备制造商和服务提供商
Insurer	保险公司
Security Service Provider	安全服务提供商

SDP 可以通过开发邀请系统强制一对设备首先进行身份验证和第二次连接来进一步扩展安全性。只有预先获得授权的用户或客户端才能被添加到网络。控制平面将通过电子邮件或某些注册工具发出的邀请来扩展该授权。如果用户接受邀请，则客户端证书和凭据将仅扩展到该系统。扩展邀请的资源将保留扩展证书的记录，并且仅在双方都接受该角色时才提供对重叠网的连接。

ⓘ 注意：

在现实世界中，人们通过请帖或邀请函发送聚会邀请。邀请函会邮寄给选定的个人，并提供日期、时间、地址和其他详细信息。这些人可能会也可能不会参加聚会（由他们自己决定）。还有另一种邀请方法是在网络、电视和广播上宣传所要举办的派对，然后在每个人到达时对其身份进行验证。

12.6　物联网中的区块链和加密货币

区块链（Blockchain）是公共、数字化和去中心化的账本或加密货币交易。最初的区块链加密货币是比特币，但目前市场上充斥着太多的新货币，如以太坊、瑞波币和达世币等。区块链的力量在于去中心化，没有任何一个实体可以控制交易状态。另外，区块链还可以通过确保每个使用区块链的人也维护账本的副本来强制系统中的冗余。

除了去中心化之外，区块链给人类社会带来的另外一个巨大影响就是在无信任条件下的交易。区块链假定参与者没有内在的信任，系统必须生活在共识之中。

有些读者可能会问：如果我们已经通过非对称加密和密钥交换解决了身份管理和安全性问题，为什么还需要区块链来交换数据或货币呢？答案就是：仅仅解决了这些问题，对于金钱或有价值数据的交换是不够的。需要注意的一件事是，自从信息理论诞生以来，当鲍勃和爱丽丝这两台设备进行通信时，它们就发送一条消息或少量数据。即使爱丽丝收到了副本，鲍勃仍然保留该信息。而在交换金钱或合约时，该数据必须离开一个来源而到达另一个来源。换句话说，只能有一个实例。真实性和加密固然是保证通信安全所需的工具，但是还必须发明另一种新方法来保证所有权的转移。

图 12-11 显示了 3 种不同的账本拓扑。中心化的账本有一个控制代理维护"账簿"，而加密货币则使用去中心化或分布式账本。

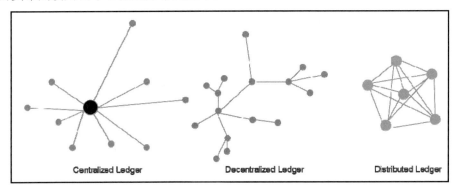

图 12-11　账本拓扑

原　　文	译　　文
Centralized Ledger	中心化账本
Decentralized Ledger	去中心化账本
Distributed Ledger	分布式账本

区块链安全加密货币与物联网有特别的相关性。具体的用例如下。

❑　机器对机器支付（Machine to Machine Payment）：物联网需要为货币的机器交换服务做好准备。

❑　供应链管理：在该用例中，库存、移动货物和物流的管理都可以用区块链的不变性（Immutability）和安全性代替基于纸张的跟踪。每个货柜、移动、位置和状态都可以被跟踪、验证和认证，这使得伪造、删除或修改跟踪信息的尝试变成一项不可能的任务。

❑　太阳能：想象一下住宅太阳能即服务（Residential Solar as a Service）的例子。在这个例子中，安装在客户房屋上的太阳能电池板可以为家庭发电。或者，可以将能量发送回电网以便为其他人供电（也许能换来碳排放信用额度）。事实上，各国都在探索这种"微电网"的发展。

12.6.1　比特币（基于区块链）

在很多人的概念中，比特币和区块链是一回事，但是它们其实有本质上的不同。区块链是一种技术（甚至可以称得上是一种哲学观念），而比特币则仅仅是这种技术的应用。由区块链技术可以发展出很多的应用，而比特币只是这些应用中比较出名的一个罢了。

比特币是一种人造货币，它没有像黄金一样的商品或价值支持，也不是物理意义上的，仅存在于网络结构中。比特币的供应或数量不是由世界各国的中央银行或任何其他机构决定的，它是完全去中心化的。像其他区块链一样，它是由公共密钥密码学、大型分布式对等网络以及定义比特币结构的协议构建的。中本聪（真实身份不详，有人认为这只是一个团队的别名）虽然不是第一个想到数字货币的人，但他在 2008 年发表了名为 *Bitcoin: A Peer-to-Peer Electronic Cash System*（比特币：点对点电子现金系统）的论文，并将数字货币列入了密码学名单。2009 年，第一个比特币网络上线，中本聪开采了第一个比特币，这也被称为创世区块（Genesis Block）。

区块链的概念意味着存在一个代表区块链当前部分的块（Block）。连接到区块链网络的计算机称为节点（Node）。每个节点都通过获取区块链的副本参与验证和中继交易，并且本质上是一个管理员。

对于比特币（或者任何其他区块链币）来说，构建一个基于对等拓扑（Peer-to-Peer Topology）的分布式网络是很容易的，问题在于如何扩大其价值。梅特卡夫定律（Metcalfe's Law）就适用于此。该定律指出：一个网络的价值等于该网络内的节点数的平方，而且该网络的价值与联网的用户数的平方成正比。也就是说，一个网络的用户数目越多，那么整个网络和该网络内的每台计算机的价值也就越大。因此，比特币这样的加密货币的价值就取决于网络的规模。

比特币网络维护着记录系统（账本）。但问题是，在哪里可以找到愿意共享其计算时间以监控账本的计算源？答案是建立一个名为比特币挖矿（Bitcoin Mining）的奖励系统。

图 12-12 显示了交易过程。交易过程从交易请求开始。该请求被广播到计算机（称为节点）的对等（P2P）网络。对等网络负责验证用户的真实性。验证后，将确认该交易并将其与其他交易合并，以便为分布式账本创建新的数据块。当一个块已满时，它将被添

加到现有的区块链中，使其不可变。简言之，比特币的交易过程主要包括认证、挖掘和
验证过程。

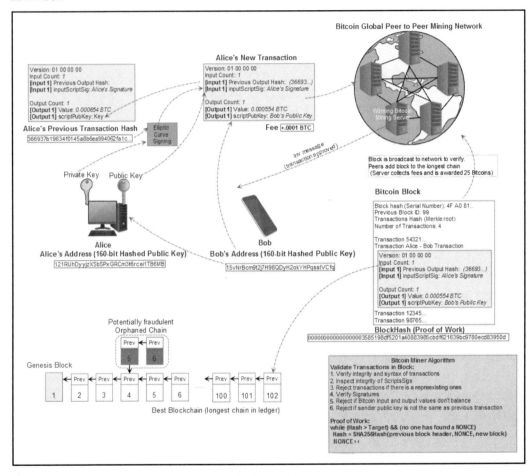

图 12-12　比特币区块链交易流程

原　　文	译　　文
Alice's New Transaction	爱丽丝的新交易
Alice's Previous Transaction Hash	爱丽丝的上一次交易哈希
Elliptic Curve Signing	椭圆曲线算法加密签名
Fee	服务费
Private Key	私钥
Public Key	公钥

续表

原 文	译 文
Alice	爱丽丝
Alice's Address(160-bit Hashed Public Key)	爱丽丝的地址（160 位哈希公钥）
Bob	鲍勃
Bob's Address(160-bit Hashed Public Key)	鲍勃的地址（160 位哈希公钥）
Potentially fraudulent	潜在欺诈
Orphaned Chain	孤块
Genesis Block	创世区块
Best Blockchain(longest chain in ledger)	最佳区块链（账本中最长的链）
Bitcoin Global Peer to Peer Mining Network	比特币全球对等挖矿网络
Winning Bitcoin	赢得比特币
Mining Server	挖矿服务器
Inv message(transaction approved)	不可逆消息（已批准交易）
Block is broadcast to network to verify Peers add block to the longest chain (Server collects fees and is awarded 25 Bitcoins)	块被广播到网络进行验证 对等节点将区块添加到最长的链中 （服务器收取费用并发放 255 比特币奖励） 注意，这里的奖励 25 比特币是早期的数字，详见下文说明
Bitcoin Block	比特币区块
BlockHash(Proof of Work)	区块哈希（工作量证明）
Bitcoin Miner Algorithm	比特币挖矿算法
Validate Transactions in Block: 1. Verify integrity and syntax of transactions 2. Inspect integrity of Scripts Sigs 3. Reject transactions if there is a repreexisting ones 4. Verify Signatures 5. Reject if Bitcoin input and output values don't balance 6. Reject if sender public key is not the same as previous transaction	在区块中验证交易： 1．验证交易的完整性和语法 2．检查脚本签名的完整性 3．如果存在与现有区块重复的交易，则拒绝交易 4．验证签名 5．如果比特币输入和输出值不平衡，则拒绝 6．如果发件人公钥与上次交易不同，则拒绝
Proof of Work	工作量证明

  图 12-12 中显示了爱丽丝和鲍勃之间的 0.000554 比特币（BTC）的交换，服务费为 0.0001BTC。交易由爱丽丝发起，她使用了上一次交易哈希和自己的私钥来签署交易内容。爱丽丝还将其公共密钥包含在 inputScriptSig 脚本中，然后将交易广播到比特币 P2P 网络

以包含在区块中并进行验证。网络会根据当前的复杂性强度来验证和发现工作的随机数（Nonce）。如果发现了一个块，则服务器会将该块广播给对等方（节点）以进行验证，然后将其包含在链中。

接下来是对区块链，特别是比特币处理的定性分析。重要的是要理解本章前面所有和安全性相关的基础知识。

（1）数字签名的交易：爱丽丝打算给鲍勃 1 比特币，第一步是向世界宣布爱丽丝打算给鲍勃 1 比特币。为此，爱丽丝编写了以下消息："爱丽丝会给鲍勃 1 比特币"，并用她的私钥对其进行数字签名以进行身份验证。在给定公共密钥的情况下，任何人都可以验证消息的真实性。当然，爱丽丝也可以重播此消息并人为伪造金钱。

（2）唯一标识：为了解决伪造问题，比特币创建了一个带有序列号的唯一标识。各国发行的货币都具有序列号，而一般来说，比特币也是如此。比特币使用哈希而不是集中管理的序列号。标识交易的哈希是作为交易的一部分自动生成的。

另外一个可能出现的严重问题是"一币两用"，也就是双重支出（Double Spending）的问题。即使交易已签名并进行了唯一的哈希处理，爱丽丝也可能会与其他方重用同一比特币。鲍勃将检查爱丽丝的交易，一切都会验证。如果爱丽丝也使用相同的交易但从查理那里买了东西，那么她实际上就是在欺骗系统。比特币网络非常大，但是盗窃的可能性仍然很小。比特币用户通过在区块链上收到付款时等待确认来防止双重支出。随着交易日期的延长，更多的确认出现，验证变得更加不可逆。

（3）通过对等方验证实现的安全性：为了防止双重支出作弊，在区块链中要做的是交易的接收者（鲍勃和查理）向网络广播其潜在付款，并请求对等方网络帮助使其合法化。请求协助以验证交易的服务并非免费提供。

（4）工作量证明负担：这仍然没有完全解决双重支出的问题。爱丽丝可以简单地用自己的服务器劫持网络，并声称她的所有交易都是有效的。为了最终解决此问题，比特币引入了工作量证明（Proof of Work）的概念。工作量证明的概念有两个方面：一个方面是验证交易的真实性对于计算设备而言在计算上应该是昂贵的。它不仅是在验证过程中验证密钥、登录名、交易 ID 和其他琐碎的步骤这么简单，它还有更多的计算负担。另一个方面是，需要奖励用户以帮助解决其他人的货币交换。

（5）比特币用于强制个人验证交易的工作功能的方法是将随机数附加到正在进行的交易的标头上。然后，比特币使用在加密形式上非常安全的 SHA-256 算法对随机数和标头消息进行哈希处理。其目的是不断更改随机数，并提供小于 256 位值的哈希前导值，即所谓的目标（Target）。较低的目标会使求解结果的计算量大得多。由于每个哈希基本上都会生成一个完全随机的数字，因此必须执行许多 SHA-256 哈希。平均而言，这大约需要 10 分钟才能求解出结果。

提示：

10 分钟的工作量证明还意味着一笔交易平均需要 10 分钟才能完成验证。矿工在区块上工作，这些区块是许多交易的集合。一个区块（当前）被限制为 1 MB 的交易，这意味着你的交易在当前区块完成之前将不会被处理。这可能会对需要实时响应的物联网设备产生影响。

（6）比特币采矿激励措施：为鼓励个人建立对等网络以验证其他人的支出，系统推出了激励措施，以奖励个人提供的服务。奖励有两种形式：一种是比特币采矿，它奖励那些验证某个区块交易的个人。另一种形式则是交易费，交易费将奖励给帮助验证区块的矿工，并被视为交易的一部分。最初，交易并没有任何费用，但是随着比特币的普及，费用逐渐增加。一次成功交易的平均费用约为 35 美元（译者注：这是以比特币的币值计算的，由于比特币的涨跌幅度巨大，该费用也是剧烈变化的。2020 年 4 月 30 日，比特币交易费飙升至 2.94 美元，这是自 2019 年 7 月以来的最高水平，相比本书英文版写作时的 35 美元，可见比特币的币值经历了多么惊心动魄的起伏）。作为进一步的激励，费用是动态的，并且可以增加费用，这人为地迫使用户更快地处理交易。该奖励机制意味着，即使比特币被挖光了，人们仍然有动机来管理交易。

注意：

最初的时候奖励很高（50 比特币），但是在发现 210000 个区块后，奖励每四年减少一半。这将持续到 2140 年，届时减半率将达到极限，奖励将低于比特币的最低单位价值。比特币的最低单位价值称为 Santoshi（源于中本聪的名字的日语发音），即百万分之一比特币或 10^{-8} 比特币。

假设每 10 分钟开采出一个区块，奖励每四年减半，我们就可以大概估算现有比特币的最大数量。我们还知道，开采的比特币的初始奖励是 50 比特币。这产生了一个收敛到 Santoshi 极限的序列：

$$50 \text{ BTC} + 25 \text{ BTC} + 12.5 \text{ BTC} + \cdots = 100 \text{ BTC}$$
$$210000 * 100 = 2100 \text{ 万比特币总数}$$

（7）通过链的顺序实现的安全性：交易发生的顺序对于货币的完整性也至关重要。如果将比特币从爱丽丝转移到鲍勃，然后转移到查理，那么你不会希望账本将事件记录为从鲍勃到查理，从查理到爱丽丝，再到鲍勃。区块链通过链接交易来管理顺序，添加到网络中的所有新块均包含指向链中已验证的最后一个块的指针。比特币声明，只有将其链接到最长的分叉，交易才是有效的，并且最长的分叉中至少要跟随 5 个区块。

这项规定解决了异步问题。假设爱丽丝试图"一币两用"，重复使用一个比特币与鲍勃和查理交易，将会发生什么情况呢？她可能会尝试与鲍勃广播一项交易，并与查理广播第二项交易。但是，当网络融合时，该过程将发现这种欺诈行为。与鲍勃的交易可能会成交，而与查理的交易则会被网络视为无效。

如果爱丽丝将一个比特币支付给自己，同时试图将同一个比特币支付给鲍勃，那么又会如何呢？顺序规则也会阻止她。假设她向鲍勃发送 1 比特币并等待验证交易（在它后面有 5 个区块）。然后，她立即向自己支付相同的比特币，而这将导致链中的分叉。她现在必须验证 5 个额外的比特币区块。如前文所述，这大约需要 50 分钟。这需要大量的计算能力，因为她的处理速度必须比其他所有矿工加起来还要快。

ⓘ 注意：

关于区块链的另一个有趣的概念是它们在应对拒绝服务（DoS）攻击中的用途。工作量证明系统（或协议/功能）是阻止拒绝服务攻击的经济实用的措施。DoS 攻击的目的无非是使网络充满尽可能多的数据，以使系统不堪重负。区块链的工作功能会降低此类攻击的有效性。这些方案的一个关键特征是它们的不对称性：工作在请求者一方必须适度困难（但可行），但要易于与服务提供商联系。

12.6.2　IOTA（基于有向无环图）

有人专门为物联网开发了一种有趣的新加密货币，称为 IOTA。对于 IOTA 来说，物联网设备本身就是可信任网络的骨干，其架构基于有向非循环图（Directed Acyclic Graph，DAG）。比特币的每笔交易都有相关费用，而 IOTA 则是免费的。这在可能为微交易（Micro-Transaction）服务的物联网世界中非常重要。例如，传感器可以向 MQTT 的许多订户提供服务报告。该服务具有总价值，但是每笔交易的价值却很小，小到提供该信息的比特币交易费用都可能大于数据的价值。

IOTA 架构具有以下特点。

- ❏ 没有中心化的货币控制。相形之下，如果使用区块链，则矿工可以组成大型团体，以增加他们可以挖掘的区块的数量并增加奖励。这可能会导致电力的大量消耗并可能损害网络。IOTA 没有这个问题。
- ❏ 没有昂贵的硬件设备。开采比特币需要处理的逻辑极其复杂，所以必须使用功能强大的处理器。IOTA 没有这个需要。
- ❏ 物联网数据级别的微型和纳米级的交易。
- ❏ 经过验证的安全性，甚至可以抵御量子计算的蛮力攻击。
- ❏ 数据可以像货币一样通过 IOTA 传输。数据经过全面认证和防篡改。
- ❏ 由于 IOTA 与交易的有效负载是不相干的，因此可以设计全国防篡改的投票系统。

❑　只要具有小型 SOC，就可以成为服务。例如，如果你拥有电钻、个人 Wi-Fi、微波炉或自行车等设备，只要它们具有小型 SOC 或微控制器，都可以加入 IOTA 并成为租赁收入的来源。

IOTA 的有向无环图（DAG）称为缠结（Tangle），用于将交易存储为分布式账本。交易由节点（物联网设备）发出，它们构成了缠结 DAG 上的一个集合。如果在交易 A 和交易 B 之间没有带方向的边，但是从 A 到 B 至少有长度为 2 的路径，则可以说 A 间接批准了 B。

在 IOTA 中也有创世（Genesis）交易的概念。由于没有挖掘图边缘（也没有激励或费用）来开始缠结，因此有一个节点包含所有令牌（Token）。创世事件将令牌发送到其他创始人（Founder）地址。这是所有令牌的静态集合，并且永远不会创建新的令牌。

当新交易到达时，它必须批准（或拒绝）之前的两笔交易，这称为直接批准（Direct Approval）。这在图形上形成直接边缘。进行交易的任何事物都需要产生代表缠结的"工作"产品。该工作涉及找到一个与一部分已批准交易的哈希值配合使用的随机数。因此，通过使用 IOTA，网络变得更加分散和安全。该交易可能有许多批准者。随着更多交易的发生，对交易合法的信心增加。如果节点尝试批准一个所有通信对象均认为不合法的交易，则它自身的交易可能会不断遭到拒绝并被遗忘。

尽管仍处于初期阶段，但 IOTA 是一项值得关注的技术。有关详细信息，可以访问：

http://iota.org

12.7　政府法规和干预

各国政府和监管机构对于物联网安全都有自己的建议和强制标准，要求供应商必须达到某些安全级别。在物联网系统攻击日益增加的情况下，各国政府越来越多地关注确保设备安全的标准。需要注意的是，各国的法律法规可能会有类似的地方，也可能会有完全不同的地方，这使得物联网架构在全球扩展时面临很大的困难。这些法律影响着个人和国家的隐私和安全。

12.7.1　美国国会的物联网相关法案

2016 年 10 月，发生了恶意软件 Mirai 攻击物联网设备事件，2017 年 5 月，WannaCry 勒索病毒大规模暴发，这使得物联网安全问题受到各国政府的关注。2017 年 8 月 1 日，美国参议院提出了国会两党法案，即 S.1691-Internet of Things (IoT) Cybersecurity

Improvement Act of 2017（2017 物联网网络安全改进法案），其文本内容详见：

https://www.congress.gov/bill/115th-congress/senate-bill/1691/text

该法案的目的是规范和监管将互联网连接设备出售给美国联邦机构所必须满足的最低安全标准。尽管该法案尚未成为法律，但这些规定清楚地表明物联网安全监管问题已经受到越来越多的关注。

该法案对提供联邦物联网解决方案的承包商特别提出了以下要求。

- ❑ 解决方案的硬件、软件和固件必须没有美国国家标准与技术研究院（NIST）国家漏洞数据库（National Vulnerability Database）中所述的漏洞。
- ❑ 软件和固件必须能够接受经过身份验证的更新和补丁。此外，承包商必须及时修补漏洞。承包商还应该负责技术支持部署，并说明何时终止支持以及如何管理物联网设备的支持。
- ❑ 仅应使用未被弃用的协议和技术，以用于通信、加密和互连。
- ❑ 没有安装用于远程管理的硬编码凭据。
- ❑ 必须提供一种方法来对任何与互联网连接的设备软件或固件进行任何部分的更新或修补，以修复漏洞。
- ❑ 物联网设备提供第三方技术的书面证明也必须符合这些标准。
- ❑ 美国白宫行政管理和预算局局长可以发布删除和更换被认为不安全的现有物联网设备的截止日期。
- ❑ 成为法律后的 60 天，美国国土安全部国家防护和计划局局长将在私人和学术技术人员的协助下，为联邦政府使用的所有物联网设备发布正式的网络安全指南。

该法案中还写入了允许机构采用或继续使用比法案中所写内容更好的安全技术的条款（需经管理和预算主管批准）。此外，该法案承认某些物联网设备在处理能力和内存方面受到严格限制，可能与该法案的规定不相称。同样，在这种情况下，将由局长处理弃权请求，并计划进行升级和更换。对于这些不合规的设备，该法案指出，可以在 NIST 和局长之间进行协调以批准以下技术并降低风险。

- ❑ 软件定义的网络分段和微分段。
- ❑ 操作系统级别的受控容器和微服务，用于隔离运行时。
- ❑ 多因素验证。
- ❑ 智能网络边缘解决方案，如可以隔离和补救威胁的网关。

12.7.2　其他政府机构

美国联邦政府中的其他机构已经发布了有关物联网的一系列技术的指南和建议，最著名的是美国国家标准与技术研究院（NIST）为连接设备的安全性制作的一些说明文档和参考指南。NIST 还维护有关安全性的国家和国际公认标准。有关辅助资料可以访问：

http://csrc.nist.gov

与加密和 FIPS 标准有关的重要文档包括以下方面。

❑ NIST Special Publication 800-121 Revision 2, Guide to Bluetooth Security。这为经典蓝牙和低功耗蓝牙指定了一组建议的安全性规定，其网址如下：

http://nvlpubs.nist.gov/nistpubs/SpecialPublications/NIST.SP.800-121r2.pdf

❑ NIST Special Publication 800-175A, Guidelines for Using Cryptographic Standards in the Federal Government。其网址如下：

http://nvlpubs.nist.gov/nistpubs/SpecialPublications/NIST.SP.800-175A.pdf

❑ NIST FIPS 标准。其网址如下：

https://csrc.nist.gov/publications/search?requestSeriesList=3requestStatusList= 1,3requestDisplayOption=briefrequestSortOrder=5itemsPerPage=All

美国国土安全部（DHS）为所有联邦机构在国家安全方面（包括信息技术领域）提供了具有约束力的操作指令。截至作者撰写本书时，最近的指令包括 18-01，该指令强制要求遵守网络卫生（Cyber Hygiene）操作，包括电子邮件策略，密钥管理，基于域的消息身份验证、报告和一致性（Domain-based Message Authentication, Reporting, and Conformance，DMARC），仅使用 HTTPS 的 Web 安全以及其他类似操作。美国国土安全部还提供了有关网络安全标准的其他说明性指南，有关详细信息，可访问：

https://www.dhs.gov/topic/cybersecurity

美国计算机紧急响应小组（Computer Emergency Response Team，US-CERT）对于任何关心网络安全性的人来说都很重要。自 2000 年以来，US-CERT 已被授权在全美范围内查找、隔离、通知和阻止网络安全威胁。US-CERT 可以为已知的零日漏洞利用和主动安全威胁提供数字取证、培训、实时监控、报告和可采取的防御措施等。当前的安全威胁警报和防御措施可以在以下网址找到：

https://www.us-cert.gov/ncas/alerts

12.8　物联网安全最佳实践

在设计之初，架构师就需要未雨绸缪，充分考虑物联网的安全性，而不是在项目结束时才改弦易辙或在发现问题时推倒重来，那时再做改变为时已晚，并且经济成本太大。从硬件到云，还需要全面考虑安全性。本节将演示一个从传感器到云的简单物联网项目，并说明要考虑的安全性方面的"空白"。我们的目的是部署一个具有各种级别的防护措施的系统，以提高攻击者的攻击门槛。

12.8.1 整体安全性

如果我们仅仅将目光盯在物联网的某一部分，则无法提供真正的安全性，并且可能在安全链中埋下薄弱的环节。架构师需要建立一种从传感器到云端，再从云端回到传感器的整体安全性。控制和数据链中的每个组件都应具有安全参数和启用清单。图 12-13 说明了在部署中要考虑的从传感器到云的安全层的示例。这是一个蓝牙传感器的示例，该传感器最终通过边缘网关与云服务通信。每一层都需要提供完整性和保护。安全性涉及硬件和软件组件，包括物理设备的安全性（防止篡改）、无线电信号（防止干扰和 DoS 攻击）、信任根（Root of Trust）硬件和 ASLR（防止恶意代码注入）、通过加密使用数据、通过身份验证进行配对和关联、通过 VPN 和防火墙的网络等。

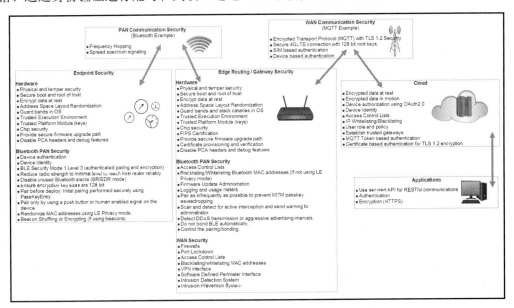

图 12-13　从传感器到云的整体安全性

原　　文	译　　文
PAN Communication Security (Bluetooth Example)	PAN 通信安全性（蓝牙示例）

续表

原　　文	译　　文
❑　Frequency Hopping ❑　Spread spectrum signaling	❑　跳频 ❑　速度频谱信令
WAN Communication Security (MQTT Example)	WAN 通信安全性 （MQTT 示例）
❑　Encrypted Transport Protocol(MQTT)with TLS 1.2 Security ❑　Secure 4G LTE Connection with 128 bit root keys ❑　SIM based authentication ❑　Device based authentication	❑　使用 TLS 1.2 安全协议的加密传输协议（MQTT） ❑　使用 128 位根密钥的安全 4G LTE 连接 ❑　基于 SIM 的身份验证 ❑　基于设备的身份验证
Endpoint Security	端点安全性
Hardware	硬件
❑　Physical and temper security ❑　Secure boot and root of trust ❑　Encrypt data at rest ❑　Address Space Layout Randomization ❑　Guard bands in OS ❑　Trusted Execution Environment ❑　Trusted Platform Module(keys) ❑　Chip Security ❑　Provide secure firmware upgrade path ❑　Disable PCA headers and debug features	❑　物理安全 ❑　安全启动和信任根 ❑　加密静态数据 ❑　地址空间布局随机化（ASLR） ❑　操作系统中的保护带 ❑　可信执行环境（TEE） ❑　可信平台模块（密钥） ❑　芯片安全 ❑　提供安全的固件升级路径 ❑　禁用 PCA 报头和调试功能
Bluetooth PAN Security	蓝牙 PAN 安全性
❑　Device authentication ❑　Device Identity ❑　BLE Security Mode 1 Level 3(authenticated pairing and encryption) ❑　Reduce radio strength to minimal level to reach host router reliably ❑　Disable unused Bluetooth stacks(BR/EDR mode) ❑　Ensure encryption key sizes are 128-bit ❑　Pair before deploy:Initial pairing performed securely using PassKeyEntry ❑　Pair only by using a push button or human enabled signal on the device ❑　Randomize MAC addresses using LE Privacy mode ❑　Beacon Shuffling or Encrypting(if using beacons)	❑　设备认证 ❑　设备标识 ❑　BLE 安全模式 1 级别 3（经过认证的配对和加密） ❑　将无线电信号强度降低到最低水平，以可靠地到达主机路由器 ❑　禁用未使用的蓝牙堆栈（BR/EDR 模式） ❑　确保加密密钥大小为 128 位 ❑　部署前配对：使用 PassKeyEntry 安全地执行初始配对 ❑　仅通过使用设备上的按钮或人为启用的信号进行配对 ❑　使用低功耗（LE）隐私模式随机化 MAC 地址 ❑　信标打乱或加密（如果使用了信标）

续表

原　文	译　文
Edge Routing/Gateway Security	边缘路由/网关安全性
❏ Physical and temper security	❏ 物理安全
❏ Secure boot and root of trust	❏ 安全启动和信任根
❏ Encrypt data at rest	❏ 加密静态数据
❏ Address Space Layout Randomization	❏ 地址空间布局随机化（ASLR）
❏ Guard bands and stack canaries in OS	❏ 操作系统中的保护带和堆栈金丝雀
❏ Trusted Execution Environment	❏ 可信执行环境（TEE）
❏ Trusted Platform Module(keys)	❏ 可信平台模块（密钥）
❏ Chip security	❏ 芯片安全
❏ FIPS Certification	❏ FIPS 认证
❏ Provide secure firmware upgrade path	❏ 提供安全的固件升级路径
❏ Certificate provisioning and verification	❏ 证书设置和验证
❏ Disable PCA headers and debug features	❏ 禁用 PCA 报头和调试功能
❏ Access Control Lists	❏ 访问控制列表（ACL）
❏ Blacklisting/Whitelisting Bluetooth MAC addresses (if not using LE Privacy mode)	❏ 将蓝牙 MAC 地址列入黑名单/白名单（如果未使用 LE 隐私模式）
❏ Firmware Update Administration	❏ 固件更新管理
❏ Logging and usage meters	❏ 日志记录和使用情况记录
❏ Pair as infrequently as possible to prevent MITM passkey eavesdropping	❏ 尽可能不频繁地配对以防止中间人（MITM）密钥窃听
❏ Scan and detect for active interception and send warning to administrator	❏ 扫描和检测主动拦截，并向管理员发送警告
❏ Detect DDoS transmission or aggressive advertising intervals	❏ 检测 DDoS 传输或激进的广告间隔
❏ Do not bond BLE automatically	❏ 不要自动绑定低功耗蓝牙（BLE）
❏ Control the pairing/bonding	❏ 控制配对/绑定
WAN Security	WAN 安全性
❏ Firewalls	❏ 防火墙
❏ Port Lockdown	❏ 端口锁定
❏ Access Control Lists	❏ 访问控制列表
❏ Blacklisting/whitelisting MAC addresses	❏ 将 MAC 地址列入黑名单/白名单
❏ VPN interface	❏ VPN 接口
❏ Software Defined Perimeter Interface	❏ 软件定义边界接口
❏ Intrusion Detection System	❏ 入侵侦测系统
❏ Intrusion Prevention System	❏ 入侵防御系统

续表

原　　文	译　　文
Cloud	云
❑ Encrypted data at rest	❑ 加密静态数据
❑ Encrypted data in motion	❑ 加密移动中的数据
❑ Device authorization using OAuth2.0	❑ 使用 OAuth2.0 进行设备授权
❑ Device Identity	❑ 设备标识
❑ Access Control Lists	❑ 访问控制列表（ACL）
❑ IP Whitelisting/Blacklisting	❑ IP 白名单/黑名单
❑ User role and policy	❑ 用户角色和策略
❑ Establish trusted gateways	❑ 建立可信网关
❑ MQTT Token based authentication	❑ 基于 MQTT 令牌的身份验证
❑ Certificate based authentication for TLS 1.2 encryption	❑ TLS 1.2 加密的基于证书的身份验证
Applications	应用
❑ Use secured API for RESTful communications	❑ 使用安全 API 进行 RESTful 通信
❑ Authentication	❑ 认证
❑ Encryption(HTTPS)	❑ 加密（HTTPS）

12.8.2　安全建议列表

以下是传统上比较有效的安全建议和思路列表。再强调一下，重要的是一定要注意维护整体安全性，不能有明显的安全弱点。

❑　使用最新的操作系统和库，以及所有相关的补丁。

❑　使用结合了安全功能，如可信执行环境（Trusted Execution Environment，TEE）、可信平台模块（Trusted Platform Module，TPM）和不可执行空间（Non-Execute Space）的硬件。

❑　混淆代码以希望黑客不会对其进行反向工程是相对没有用的，必须签名、加密和保护固件和软件映像，尤其是公司网站上免费提供的固件和软件映像。

❑　随机化默认密码。

❑　使用信任根和安全启动，以确保在客户设备上运行的软件具有一个值得信任的形象。

❑　消除 ROM 映像中的硬编码密码。

❑　默认情况下，所有 IP 端口必须保持关闭状态。

❑　通过现代操作系统在内存中使用地址空间布局随机化（Address Space Layout

Randomization，ASLR）、堆栈金丝雀和保护带。

❑ 使用自动更新。为制造商提供一种机制来修复现场错误或给漏洞打补丁。这需要模块化的软件架构。

❑ 指定报废计划。物联网设备的使用寿命可能很长，但是最终都有报废的时候。报废计划应该包括安全擦除和销毁设备上所有持久性存储（闪存）的方法。

❑ 使用漏洞赏金计划。奖励客户和用户发现并报告错误，尤其是可能暴露零日漏洞的缺陷。

❑ 订阅并参加 US-CERT 主动威胁管理，在第一时间了解主动攻击和网络威胁。

❑ 仅使用 MQTT、HTTP 或其他不安全协议来构建项目虽然很简单，但这样做显然是不够的，至少还需要通过 TLS 或 DTLS 启用安全性和身份验证。数据从传感器到云端或从云端返回传感器都必须加密。

❑ 在设备封装中可使用防调试熔丝。在安全要求极为严格的情况下，应去掉接头并使用熔丝位，以防止调试访问。

12.9　小　　结

本章详细介绍了物联网中的安全风险。像 Mirai 和 Stuxnet（震网）之类众所周知的攻击都是将物联网设备作为目标主机，而物联网的一些固有特点也为恶意攻击者提供了最佳的游戏空间，因此架构师从一开始就应该高度重视该问题，并在物联网部署中仔细设计可靠的安全性功能。

与服务器和 PC 系统相比，物联网系统的安全性通常较差，因为物联网设备提供了地球上最大的攻击面。另外，某些物联网系统可能地处偏远无人看管，使得攻击者可以实际出现并操纵硬件，而这在安全的办公室环境中是不会发生的。这些威胁都需要认真对待，因为可能会对设备、城市甚至国家产生明显影响。

以下是一些和安全性话题相关的链接。

❑ Black hat

https://www.blackhat.com

❑ Defcon

https://www.defcon.org

❑ Digital Attack Map

http://www.digitalattackmap.com

❑　Gattack

　　http://gattack.io

❑　IDA Pro Interactive Disassembler

　　https://www.hex-rays.com

❑　RSA Conference

　　https://www.rsaconference.com

❑　Shodan

　　https://www.shodan.io

第 13 章列出了一些联盟和组织的信息，当架构师进行物联网开发，需要查找技术、法规和标准时也许用得上。

第 13 章　联盟和技术社区

各种产业联盟的存在自有其内在原因，并且对于促进、治理和构建标准也起了很重要的作用。物联网技术与其他技术类似，也有专有标准和开放标准的划分，并且各自占有比较合理的份额。本章将介绍跨个人局域网（PAN）、协议、广域网（WAN）、雾和边缘计算的各种联盟。我们将详细描述每个联盟的类别，以帮助物联网架构师确定值得与之建立联系的组织（如果有的话）。应该指出的是，企业并不一定需要参与任何产业联盟，在不依赖联盟的情况下，企业照样可以创造出许多伟大的产品或开发出新颖的业务。但是，某些组织可能会要求企业必须成为其成员才能使用其徽标或按照其标准制造产品。

像物联网这样的不断增长的细分市场几乎注定会在其发展的早期产生联盟，因为许多参与者都在争夺制定标准的份额。在任何业务的快速增长阶段，这都是自然现象。一般来说，当一个相似的标准与另一个标准形成竞争时，联盟就形成了，组织会跨越竞争线来调整自己。在其他时候，也可能通过非营利性和学术场所为行业定义标准。本章提供的联盟列表无任何广告色彩，旨在为架构师提供设计所需的资源和技术支持。

本章将提供物联网行业中各种组织和联盟的背景、历史和成员信息，包括通信、云、雾和边缘等产业联盟。

13.1　个人局域网联盟

个人局域网（基于 IP 和非基于 IP 的网络）有多个联盟和治理委员会。许多是由创始合伙人组成的，要获得使用权，需要具有成员资格或隶属关系。

13.1.1　蓝牙 SIG

Bluetooth 公司的详细信息如下。

❑ 官网地址：www.bluetooth.org
❑ 成立于：1998 年。
❑ 企业会员：20000 名。

蓝牙 SIG（蓝牙技术联盟）于 1998 年由 5 家成员公司组成，包括爱立信、诺基亚、

IBM、东芝和英特尔。到 1998 年年底，已在组织中拥有 400 名成员。该组织的章程旨在推进蓝牙标准、论坛和市场的发展，普及蓝牙技术。该组织负责监督蓝牙的开发以及蓝牙的许可和商标。在组织结构方面，蓝牙技术联盟分为较小的重点小组，包括研究小组、跨多个蓝牙领域的专家小组、致力于开发新标准的工作小组以及专注于许可和营销的委员会。

　　蓝牙技术联盟的企业会员分为发起会员（Promoter）、合作会员（Associate Member）和接受会员（Adopter Member）3 类。发起会员的主要任务是制定规范和市场项目开发，他们影响整体方向并在 SIG 中拥有董事会席位。合作会员是一种付费的会员，他们具有访问各种早期规范草案的权利，还可以是蓝牙工作组、蓝牙结构检查委员会和其他 SIG 组的成员。接受会员是一种无付费的成员，只需要签订一个接受蓝牙规范的协议，保证开发的产品符合蓝牙规范的要求，在通过蓝牙认证过程后，就能够访问蓝牙草案规范版本。接受会员不能加入工作组。

13.1.2　Thread Group

　　Thread Group 的详细信息如下。
- 官网地址：www.threadgroup.org
- 成立于：2014 年。
- 企业会员：182 名。

　　Thread Group 最初由 Alphabet（Google 的控股公司）、三星、ARM、高通、NXP 和其他 6 个公司组成。Thread 是基于 6LoWPAN 的 PAN 协议，该协议基于 802.15.4。工作组使用公共域 BSD 许可模型许可 Thread。该小组的目的是直接与 Zigbee 协议竞争，尤其是在使用 PAN 网格网络的情况下。

　　Thread Group 企业会员分为 3 个级别：最底层是联盟会员（Affiliate）级别，有权使用徽标、进行新闻采访和访问可交付成果；中层是贡献者（Contributor）级别，允许访问工作组和委员会以及测试平台；最上层是赞助商（Sponsor）级别，提供董事会席位并可以监督组织预算。

13.1.3　Zigbee 联盟

　　Zigbee 联盟的详细信息如下。
- 官网地址：www.zigbee.org
- 成立于：2002 年。
- 企业会员：446 名。

Zigbee 联盟（Zigbee Alliance）是围绕 Zigbee 协议而成立的，该协议于 1998 年首次提出，旨在填补自组织和安全网格网络中的空白。Zigbee 和 Thread 一样，都是基于 802.15.4 之上而不是基于 IP 的。经过多次请求以提供更大的许可灵活性后，该软件堆栈仍基于 GPL。

Zigbee 联盟成员分为 3 个级别：接受会员（Adopter Member）可以获得早期规格说明，参加会议并可以使用 Zigbee 徽标；参与会员（Participant Member）可以在各种技术委员会中提出建议及开展工作，并对规格进行投票；发起会员（Promoter）则拥有董事会席位，并且是批准规格的唯一机构。

13.1.4　其他个人局域网联盟

其他个人局域网联盟还包括以下几个。

❑ DASH7 联盟：DASH 7 协议的管理机构。
官网地址：www.dash7-alliance.org
❑ ModBus 产业联盟：负责管理工业用例的 Modbus 协议。
官网地址：www.modbus.org
❑ Z-Wave 联盟：Z-Wave 特定技术的行业和管理机构。
官网地址：z-wavealliance.org

13.2　协　议　联　盟

协议联盟维护着更高层次的协议和抽象，如 MQTT。尽管许多协议都是开源的，但是成员可以拥有投票权并可参与新标准。

13.2.1　开放互连基金会

开放互连基金会的详细信息如下。

❑ 官网地址：www.openconnectivity.org
❑ 成立于：2015 年。
❑ 企业会员：300 名。

开放互连基金会（Open Connectivity Foundation，OCF）最初的称呼是 Open Interconnect Foundation，但在三星公司脱离工作组并增加了新成员之后，于 2016 年更名为 OCF。几年来，它一直是 Allseen 联盟（Allseen Alliance）的独立实体，但在 2016 年这两个组织合并。两个组织的合并章程旨在通过标准、框架和名为 Open Connectivity Foundation 的认证计划为消费者、企业和行业构建互操作性平台。

开放互连基金会涵盖多个领域，如汽车、消费电子、企业、医疗保健、家庭自动化、工业和可穿戴设备。他们的框架以通用即插即用（Universal Plug and Play，UPnP）规范以及现在的 IoTivity 和 AllJoyn 连接框架而闻名。他们使用 Internet 系统联盟（Internet Systems Consortium，ISC）许可模型，该模型在功能上等同于 BSD。

开放互连基金会有 5 种级别的会员，不同级别会员的年费也不相同。基本成员资格对所有人免费，并授予访问测试工具的权限和对规范的只读权限，另外还有一个非营利性的教育级别，可以访问工作组和进行认证。在此之上则是黄金、白金和钻石级别成员，从工作组参与到董事会成员，每种级别都有不同的访问权限。

13.2.2　OASIS

OASIS 的详细信息如下。
- ❑　官网地址：www.oasis-open.org
- ❑　成立于：1993 年。
- ❑　企业会员：300 名。

OASIS（Organization for the Advancement of Structured Information Standards，结构化信息标准促进组织）是一家大型的非营利组织，成立于 1993 年。该组织是数十种行业标准语言和协议的主要贡献者，并且定义了物联网社区中广泛使用的 MQTT 和 AMQP 协议。他们的技术涉及物联网、云计算、能源部门和应急管理等。

OASIS 支持 3 种类型的成员资格：贡献者（Contributor）级别提供无限制的委员会参与；赞助商（Sponsor）级别增加了知名度和营销优势，如 Intcrop 演示和徽标使用；基础赞助者（Foundation Sponsor）级别具有最高的知名度，包括在企业内的 OASIS 演讲和奖学金授予等福利。代表开放标准的行业领导企业通常会加入基础赞助者级别。企业年费取决于会员类型和雇员人数的函数。

13.2.3　对象管理组

对象管理组的详细信息如下。
- ❑　官网地址：www.omg.org
- ❑　成立于：1989 年。
- ❑　企业会员：250 名。

对象管理组（Object Management Group，OMG）最初是由惠普、IBM、Sun、苹果、美国航空和 Data General 合作成立的非营利组织，主要致力于计算中的异构对象标准。他们以设置 UML 标准和 CORBA 而闻名。最近，在物联网领域，OMG 联盟接管了工业互联网联盟（Industrial Internet Consortium）的管理。他们涉及工业物联网以及软件定义网络（SDN）的多个方面。物联网重点领域包括分布式数据服务，以确保网络互操作性以及物联网中的威胁管理。

对象管理组维护一个包含 3 个部分的治理模型：架构董事会、平台技术委员会和领域技术委员会。它有 5 个不同级别的成员资格。分析师（Analyst）成员资格仅适用于行业研究公司，其可以访问一些领域和平台技术会议。试用（Trial）会员资格对于公司来说是最便宜的选择，并且也包括一些委员会会议的邀请。接下来的两个级别是平台（Platform）和域（Domain），授予控股公司在其各自委员会中的投票权。最终的成员等级是贡献成员（Contributing Member），可以拥有所有委员会和董事会席位等。

13.2.4　IPSO 联盟

IPSO 联盟的详细信息如下。
- ❑　官网地址：www.ipso-alliance.org
- ❑　成立于：2008 年。
- ❑　企业会员：60 名。

IPSO 联盟不是标准组织，而是促进智能对象（Smart Object）的 IP 支持，并在使用 IP 解决互操作性问题方面引领业界。该小组的存在是通过各种工作组对 IETF 进行补充，这些工作组由语义（跨对象的元信息标准）、物联网协议以及对各种标准、安全性和隐私性的分析组成。

IPSO 联盟的成员分为 3 个级别：创新者（Innovator）级别适用于少于 10 名员工的组织；贡献者（Contributor）级别授予公司访问技术草案和委员会的权限；发起人（Promoter）级别则被授予董事会席位和其他待遇。

13.2.5　其他协议联盟

专注于物联网协议和安全性的其他各种组织还包括以下方面。
- ❑　在线信任联盟（Online Trust Alliance，OTA）：是一个全球性的非营利组织，致力于开发物联网安全性的最佳实践。
  官网地址：https://otalliance.org

❑　oneM2M：用于连接事物的通用服务层、协议和架构。
　　官网地址：http://www.onem2m.org

13.3　广域网联盟

广域网联盟涵盖了各种远程（LPWAN）通信和协议。有些要获得使用权必须具备成员资格，而另外一些则是开放协议。

13.3.1　Weightless

Weightless 的详细信息如下。
❑　官网地址：www.weightless.org
❑　成立时间：2012 年。
❑　公司成员：未知。
非营利性 Weightless SIG 的成立是为了赞助和支持各种 Weightless LPWAN 协议。SIG 支持 3 种标准：Weightless-N 用于低成本和较长的电池寿命；Weightless-P 用于双向通信，具有全部功能；Weightless-W 具有广泛的功能和特性。

Weightless 的目的是为诸如智能电表、车辆跟踪甚至乡村宽带之类的用例设置标准，主要集中在医疗和工业环境中。该标准是开放的，但同时它也有一个必需的资格认证过程。会员有权在免版税的基础上使用 Weightless IP，并可以访问认证项目。其成员资格相当简单，只有一个级别：开发人员。

13.3.2　LoRa 联盟

LoRa 联盟的详细信息如下。
❑　官网地址：www.lora-alliance.org
❑　成立于：2014 年。
❑　企业会员：419 名（另外还有 44 名机构成员）。
LoRa 联盟（LoRa Alliance）是一个非营利性联盟，支持的是 LPWAN 技术：LoRaWAN。LoRaWAN 是用于在千兆赫兹频谱内进行远程通信的协议层架构，通常适用于 M2M 和智慧城市部署。

LoRa 联盟企业会员有 4 个付费级别：接受会员（Adopter Member）级别，该级别授予持有人认证产品的权利、最终交付物的使用权以及某些会议的邀请；机构成员（Institutions Member）级别，授予持有人参加工作组并获得早期草案的权利；贡献者（Contributor）级别，添加了工作组中的投票权；赞助者（Sponsor）级别，该级别成员拥有董事会席位，可以监督运营数据以及主持工作组。

13.3.3　互联网工程任务组

互联网工程任务组的详细信息如下。

- ❑　官网地址：www.ietf.org
- ❑　成立时间：1986 年。
- ❑　企业会员：1200 名（IETF 会议中的一般与会者人数）。

互联网工程任务组（Internet Engineering Task Force，IETF）最初由 21 位美国研究人员建立，多年来发展迅速，并且以控制行业标准（如 TCP/IP 和各种 RFC 文件）而著称。该任务组现在涵盖了物联网的广泛领域，如 LPWAN 协议、6lo 和 802.15.4 上的 IPVS。在互联网过程任务组（IETF）中，存在负责规范过程的 Internet 工程指导小组（Internet Engineering Steering Group，IESG）。

互联网工程任务组在结构上分为 7 个区域，如路由区域或运输区域。每个区域还可以容纳数十个不同的工作组（有 140 多个工作组）。加入 IETF 很简单，只需订阅并加入工作组电子邮件列表，了解章程和标准，并积极与更广泛的团队互动即可。由于该小组定义了互联网通信的基础，因此标准流程非常严格。

13.3.4　Wi-Fi 联盟

Wi-Fi 联盟的详细信息如下。

- ❑　官网地址：www.wi-fi.org
- ❑　成立于：1999 年。
- ❑　企业会员：700 名。

Wi-Fi 联盟（Wi-Fi Alliance）是一个非营利性标准组织，旨在解决 20 世纪 90 年代中期无线互操作性的空白。随着 802.11b 的出现，成立了一个行业范围的联盟以建立有效的治理机构。联盟控制 Wi-Fi 认证过程以及符合其标准的设备的相关徽标和商标。Wi-Fi 联盟有 19 个工作区域和焦点组，如 802.11ax、安全性和物联网。

Wi-Fi 联盟的成员资格分为 3 个级别：实现者（Implementer）成员资格允许持有人将先前认证的 Wi-Fi 产品用于其最终解决方案；联盟会员（Affiliate）资格是一种独特的类

型，可获得 Wi-Fi 会员权益；贡献者（Contributor）会员允许企业参与认证计划和新技术定义。

13.4　雾和边缘联盟

雾和边缘计算正变得越来越重要，并且采用了一套分支行业标准。这需要行业组织和行业标准来帮助解决雾计算日益增长的互操作性问题。本节将重点介绍一些为行业互操作性建立标准和框架的组织。

13.4.1　OpenFog

OpenFog 的详细信息如下。

❑　官网地址：www.openfogconsortium.org
❑　成立于：2015 年。
❑　企业会员：55 名。

OpenFog 是建立标准和采用雾计算的非营利性公/私合作伙伴关系。该小组被授权在云互操作性、安全性以及在标准方面进行协作等领域影响其他标准机构。OpenFog 已与 IEEE 和 OPC 建立了合作伙伴关系，并由 15 名董事会成员组成。OpenFog 有一个技术委员会，下设 6 个工作组，专门研究架构、测试台和其他设计组件，还设有一个营销委员会，负责外部交流和营利部门。

OpenFog 组织提供非营利性学术级别的会员资格和政府/特殊利益集团的会员资格。典型的企业会员可以影响和参与标准制定工作，这样的企业会员也包括收入低于 5000 万美元的小型公司。

13.4.2　EdgeX Foundry

EdgeX Foundry 的详细信息如下。

❑　官网地址：www.edgexfoundry.org
❑　成立时间：2017 年。
❑　企业会员：50 名。

EdgeX Foundry 被授权提供一个边缘平台，该平台旨在通过开源软件解决物联网生态圈的硬件和操作系统的互操作性问题。这些微服务包括用于规则引擎、警报、日志记录、注册和设备连接的重要中间件。该项目由 Linux Foundation 托管，并以 Apache 模式获得许可。戴尔公司是初始代码设计的主要种子，这些代码是一系列与硬件无关的微服务。

EdgeX Foundry 会员分为 3 个级别：合作会员（Associate Member）、白银会员（Silver Member）和白金会员（Platinum Member）。合作会员仅限于非营利实体，白银会员可以选举一名代表进入理事会，白金会员则可以在理事会和其他几个委员会中拥有代表。所有成员均可参加股东大会和其他活动。

13.5　伞　状　组　织

伞状组织（Umbrella Organization）是主要由工业机构组成的团体，成员间互相协调行动以共享资源。下列组织管理或引导物联网（以及其他细分市场）的各种不同技术和功能方面，其代表协议、测试、可操作性、技术、通信和理论的各个方面。

13.5.1　工业互联网联盟

工业互联网联盟的详细信息如下。
- ❑　官网地址：www.iiconsortium.org
- ❑　成立于：2014 年。
- ❑　企业会员：258 名。

工业互联网联盟（Industrial Internet Consortium，IIC）是由 AT&T、Cisco、GE、IBM 和 Intel 于 2014 年发起的非营利组织，其存在是为了聚集行业合作伙伴，以协助采用和开发工业物联网。该联盟不是标准组织，而是为制造、卫生、运输、智慧城市和能源部门提供参考架构和测试平台。该联盟当前有 19 个工作组，涉及连接、安全、能源、智能工厂和医疗保健等众多领域。

工业互联网联盟（IIC）有 6 个级别的成员资格，分为政府级别和非营利级别。企业会员资格的影响力和费用是根据公司的年销售额来计算和评定的。测试台的定义是广泛而明确的，包括特定的工业用例，如航空行李处理测试。如前文所述，对象管理组（OMG）负责管理该集团的运营，但 IIC 本身也是一个组织。

13.5.2　IEEE 物联网

IEEE 物联网的详细信息如下。
- ❑　官网地址：iot.ieee.org
- ❑　成立时间：2014 年。
- ❑　企业会员：不详。

虽然不是联盟，但 IEEE 物联网是 IEEE 旗下的一个特殊兴趣小组。它是一个多学科组织，由学术机构、政府机构以及工业和工程专业人士组成，以推动物联网的发展。IEEE IoT 影响或托管物联网世界中的特定标准，如 802.15 协议和 802.11 Wi-Fi 标准。该小组提供免费的网络研讨会、课程和在线资料，以帮助发展该行业的知识基础。

IEEE 物联网小组经常会举办世界一流的会议、研讨会和有影响力的峰会。它还有一本活跃的研究期刊——*IEEE Internet of Things Journal*。

13.5.3　其他伞状组织

其他伞状组织还包括以下几个。

- ❏ Genivi：车载信息娱乐和联网汽车的开放软件组。
  官网地址：www.genivi.org
- ❏ HomeKit：Apple 消费者和移动家庭自动化标准。
  官网地址：https://developer.apple.com/homekit/
- ❏ HomePlug：用于连接的家庭和消费者应用的技术标准机构。
  官网地址：http://www.homeplug.org/
- ❏ Open Automotive Alliance（开放汽车联盟）：汽车和技术小组，主要目标是在车辆中使用 Android。
  官网地址：https://www.openautoalliance.net/#about
- ❏ Wireless Life Sciences Alliance（无线生命科学联盟）：面向互联和无线医疗保健计划及行业。
  官网地址：http://wirelesslifesciences.org/

13.6　美国政府物联网和安全实体

以下是物联网安全领域人士应该熟悉的一些美国政府和联邦组织。

- ❏ 美国国家标准与技术研究院（NIST）：定义有关安全性、加密和网络的美国国家标准。
  官网地址：https://www.nist.gov
- ❏ 美国国土安全部：（国家安全通信咨询委员会）被授权加强网络安全和全球通信基础设施。
  官网地址：https://www.dhs.gov/national-security-telecommunications-advisory-committee

❑　美国国家电信和信息管理局（National Telecommunications&Information Administration，NTIA）：隶属于美国商务部，负责控制美国的无线电频谱分配、域命名和安全性。

官网地址：https://www.ntia.doc.gov/home

❑　美国计算机紧急响应小组（Computer Emergency Response Team，US-CERT）：负责识别和应对国家级高影响力的计算机安全紧急情况。

官网地址：https://www.us-cert.gov/ncas/current-activity

13.7　小　　　结

联盟和行业组织以标准化、技术路线图和互操作性的形式为技术社区带来了巨大的收益。成为会员可以使对应机构不受限制地访问各种规范和文档。在许多情况下，要获得使用权都必须拥有成员资格和从属关系，之所以如此，是因为从战略上讲，成员机构数量上的多寡也可以体现出竞争优势，毕竟现在物联网领域中的各种协议和标准仍处于百家争鸣、百花齐放的态势。